TRAITÉ

DE MÉCANIQUE

24 863. — PARIS, TYPOGRAPHIE A. LAHURE
Rue de Fleurus, 9

TRAITÉ

DE

MÉCANIQUE

PAR

ÉDOUARD COLLIGNON

Ingénieur en chef des ponts et chaussées, Répétiteur à l'École polytechnique
Inspecteur de l'École des ponts et chaussées

PREMIÈRE PARTIE
CINÉMATIQUE

DEUXIÈME ÉDITION
Revue et augmentée

PARIS

LIBRAIRIE HACHETTE ET Cⁱᵉ
BOULEVARD SAINT-GERMAIN, 79

—

1880

PRÉFACE

——

Le *Traité de Mécanique* dont nous donnons ici le tome premier, comprend trois parties principales :

Cinématique,

Statique,

Dynamique et *Mécanique des fluides.*

A ces trois parties, qui s'adressent aux classes supérieures de mathématiques dans les lycées, aux élèves des facultés des sciences, de l'École polytechnique et des autres écoles spéciales, nous avons ajouté un complément, contenant les principes de la *mécanique analytique* et de la *mécanique vibratoire,* et destiné aux élèves de l'enseignement supérieur.

On trouvera dans l'introduction du présent volume les
motifs qui nous ont dirigé dans le classement des matières, point sur lequel tous les auteurs ne sont pas
d'accord. Pour quelques-uns, la statique n'est qu'un chapitre de la dynamique. Nous y voyons, au contraire, une
des grandes divisions de notre sujet. L'ordre que nous
suivons est celui qu'ont préféré presque tous les anciens
auteurs : c'est le seul qui donne à la statique sa véritable
importance, et qui la présente comme une science à part,
ayant son objet bien défini, ses axiomes spéciaux, sa méthode particulière.

La cinématique, dont il est exclusivement question
dans ce premier volume, comprend la *cinématique pure*,
dont nous exposons les principes dans les livres I, II et III,
et la *cinématique appliquée*, ou *théorie des mécanismes*,
matière du quatrième et dernier livre. On ne doit pas
s'étonner de cette division, qui fait succéder à des théories géométriques des descriptions de dispositifs tenant
de près à la mécanique industrielle et à la techno-
logie. La mécanique n'est pas une suite de propositions abstraites, c'est, au contraire, une science susceptible des plus nombreuses applications, et ce serait
en méconnaître le caractère et l'étendue, que de la res-
treindre systématiquement à de simples spéculations de
géométrie ou d'analyse.

Le but qu'on doit se proposer en écrivant un traité

scientifique, paraît être de mettre le lecteur au courant
des principales méthodes qui pourront plus tard le guider dans ses recherches personnelles. Pour atteindre plus
sûrement ce but, nous n'avons pas hésité à revenir souvent sur certaines questions, et à montrer quelques-
uns des divers procédés à l'aide desquels on arrive
à les résoudre. C'est d'ailleurs en insistant sur une
même proposition, en l'étudiant chaque fois à un
nouveau point de vue, que l'élève découvrira les liens
qui rattachent les unes aux autres les différentes
parties de la science, et qu'il finira par en saisir
l'unité, d'abord voilée pour lui sous la multiplicité
des propositions particulières. Néanmoins la géométrie, et par ce mot nous entendons la géométrie élémentaire, joue dans ce volume le rôle le plus important. Plusieurs raisons ont à cet égard déterminé notre
choix. De toutes les branches des mathématiques, la
géométrie est sans contredit la plus connue; son vo-
cabulaire est depuis longtemps formé; elle a beaucoup plus de puissance qu'on ne lui en attribue com-
munément; c'est, en un mot, un instrument propre
à rendre les meilleurs services, dès qu'il est placé
entre des mains exercées. Enfin l'exposition géométrique des principes de la mécanique n'en est plus aujour-
d'hui à faire ses preuves. Depuis vingt ans qu'on l'a
introduite dans l'enseignement supérieur, elle l'a rendu

plus clair et plus facile, et surtout elle a contribué dans une large mesure à développer chez les élèves la justesse du sens mécanique, précieuse faculté, que l'enseignement purement analytique semble impuissant à faire naître dans le plus grand nombre des esprits.

Ed. C.

Paris, le 20 octobre 1872.

TRAITÉ
DE MÉCANIQUE

INTRODUCTION

1. Un corps est en *mouvement* quand il occupe successivement diverses positions dans l'espace. Un corps est en *repos*
lorsqu'il conserve indéfiniment la position qu'il occupe à un
certain instant. Dans ces deux définitions entre la considération du *temps*.

L'idée de *temps* est une idée première qu'on ne peut définir et que tout le monde possède ; il nous suffit ici d'observer qu'une durée quelconque est une portion du temps, commençant à un certain instant et se terminant à un autre
instant ; l'instant est à la durée ce que le point géométrique
est à la longueur d'une ligne. On conçoit très bien ce que
sont deux durées égales, et par suite ce qu'est une durée
double, triple, ou moitié d'une autre. En un mot, le temps
est susceptible de mesure comme toute autre grandeur, et
on définit une durée en donnant le rapport de cette durée à
une unité arbitrairement choisie.

La seconde, la minute, l'heure, le jour, l'année, sont les
unités de temps que l'on adopte habituellement. Le jour et
l'année, durées définies par les mouvements naturels des
astres, sont les unités fondamentales. La seconde, la minute et l'heure sont des fractions connues du jour; on les
évalue à l'aide des appareils chronométriques, tels qu'une
montre, un sablier...

Le phénomène du mouvement fait donc intervenir deux
ordres d'idées bien distincts : le temps, et les grandeurs géométriques qui fixent la position du corps mobile. Ce n'est pas
tout. L'expérience nous apprend que pour mettre en mouvement un corps qui est en repos, il faut y appliquer un certain effort; qu'il faut de même déployer un certain effort
pour empêcher, dans certains cas, un mouvement de se produire : c'est ce qui a lieu, par exemple, quand la main soutient un poids qui tomberait si on l'abandonnait à lui-même.
Des faits analogues se renouvellent constamment dans la vie
pratique, et conduisent à la notion de *force*, notion nouvelle,
comme celle de *temps*. La force doit être considérée comme
une cause capable de mettre en mouvement un corps en repos, de faire rentrer dans le repos un corps en mouvement,
de maintenir en repos un corps qui est sollicité à se mouvoir
par d'autres forces, etc... Les forces sont très diverses par leur
nature ; par exemple, la force musculaire que développe un
animal est, du moins en apparence, d'une autre nature que
les forces qui se manifestent dans le mouvement des planètes.
Mais les forces, quelle qu'en soit la diversité, sont comparables
les unes avec les autres et susceptibles d'évaluation numé-
rique. La mécanique n'a pas pour objet l'étude de leur nature
intime; elle ne s'occupe que des caractères communs à toutes,
et pour nous, une force sera regardée comme complétement
déterminée quand nous connaîtrons son *point d'application*, sa
direction et son *intensité*, sans que nous cherchions à pénétrer
plus avant dans la recherche de sa nature. Ces notions seront,
du reste, éclaircies dans la suite du cours, lorsque nous étudierons les principes fondamentaux de la mécanique.

2. La *Mécanique* est la science du mouvement et des forces qui le produisent ou le détruisent. Elle se divise en trois parties.

La première, appelée *cinématique* par Ampère, a pour objet l'étude du mouvement, abstraction faite des forces qui peuvent le produire; on y considère les corps comme des figures géométriques mobiles ou déformables; la cinématique n'admet dans ses raisonnements que les quantités géométriques et le temps, ce qui a fait dire qu'elle est une sorte de *géométrie à quatre dimensions* [1].

La seconde partie de la mécanique est la *statique*, ou science de l'*équilibre*. On entend par *équilibre* l'état d'un corps soumis à la fois à plusieurs forces qui se contre-balancent, et qui par suite le laissent en repos s'il y est déjà. Un poids que l'on porte à la main, et que l'on maintient en repos malgré l'action de la pesanteur, est en équilibre sous cette action de la pesanteur, qui tend à le faire descendre, et sous l'action contraire de l'effort exercé par la main, qui tend à le faire monter. La statique étudie les conditions auxquelles diverses forces doivent satisfaire pour que l'équilibre ait lieu.

En général, un corps soumis à plusieurs forces agissant à la fois se met en mouvement; l'équilibre des forces est un cas particulier très remarquable où le repos du corps persiste malgré les tendances diverses que le corps subit, et en vertu de la coexistence de ces tendances contradictoires; ce cas particulier, plus simple que le cas général où le mouvement est effectivement produit, est l'objet spécial de la statique.

La troisième partie de la mécanique est la *dynamique* ou science des effets de mouvement des forces. Nous venons de voir que la statique y rentre à titre de cas particulier.

On isole ordinairement, sous les noms d'*hydrostatique* et

---

[1] « Comme la position d'un point dans l'espace dépend de trois coordonnées x, y, z, ces coordonnées dans les problèmes de mécanique seront censées être des fonctions du temps t. Ainsi, on peut regarder la mécanique comme une géométrie à quatre dimensions, et l'analyse mécanique est comme une extension de l'analyse géométrique. » Lagrange, **Théorie des fonctions analytiques**, § 185

d'*hydrodynamique*, l'étude de l'équilibre et du mouvement des fluides.

3. Deux méthodes peuvent être suivies pour l'étude de la mécanique : la méthode *géométrique* et la méthode *analytique*. Nous les adopterons toutes les deux. L'une donne une intelligence parfaite des théorèmes, et rend la mécanique accessible à ceux qui possèdent seulement les éléments de la géométrie ; l'autre conduit à la solution des problèmes les plus généraux et les plus élevés. Chacune a donc son avantage. Notre exposition sera d'ailleurs géométrique, et l'analyse n'interviendra au début qu'à titre d'auxiliaire.

4. La mécanique dont nous nous occuperons principalement est la *mécanique rationnelle*, doctrine fondée sur le raisonnement, et déduisant logiquement toutes les propositions qui la composent de certains principes universellement admis. La *mécanique appliquée*, à laquelle nous ferons quelques emprunts, met à profit les théorèmes de la mécanique rationnelle, mais elle est souvent forcée pour résoudre ses problèmes de recourir à l'expérience ou même à des hypothèses. Le nombre de ces hypothèses diminue, il est vrai, à mesure que la science se perfectionne. La cinématique, par laquelle nous commencerons, est, comme la géométrie, fondée sur le raisonnement rigoureux et sur les axiomes ; elle n'a besoin d'aucun principe spécial. La statique, qui vient ensuite, repose sur certains principes nouveaux, qu'on peut regarder comme de véritables axiomes. La dynamique seule s'appuie sur des principes qui sont loin d'être évidents *a priori*, sur des *postulats* indirectement démontrés par l'accord de leurs conséquences logiques avec les phénomènes observés. La vérité de ces principes est aujourd'hui mise hors de doute par des vérifications incessamment renouvelées. Au point de vue logique cependant, il y a une différence à faire entre la certitude absolue (ou du moins celle qui paraît telle à notre esprit), et une probabilité, si voisine qu'elle soit de la certitude. Aussi pensons-nous qu'il est conforme à l'ordre logique d'exposer la statique d'abord et la dynamique en dernier lieu. On arrive à

la même conclusion en observant que la dynamique admet dans ses raisonnements et ses calculs des quantités de quatre espèces différentes : les *quantités géométriques*, les *forces*, les *masses* et le *temps*, tandis que la statique peut se passer des idées de masse et de temps. Nous pouvons indiquer comme il suit quelles idées premières se trouvent combinées dans les diverses parties de la mécanique :

Cinématique : quantités géométriques, temps.

Statique : quantités géométriques, forces.

Géométrie des masses [1] : quantités géométriques, masses.

Dynamique : Quantités géométriques, temps, forces et masses.

Dans un ouvrage synthétique, où l'on passe du simple au composé, il semble convenable de finir par la branche qui fait intervenir le plus grand nombre de notions irréductibles [2].

---

[1] On ne sépare pas habituellement cette branche de la mécanique; elle fournit des chapitres particuliers à la statique et à la dynamique.

[2] Tous les auteurs ne sont pas d'accord sur ce point et il en est qui préfèrent exposer la dynamique d'abord, la statique ensuite. Cette marche est très admissible, bien que l'autre nous paraisse plus logique, et qu'elle donne à la statique l'importance qu'elle mérite en réalité.

PREMIÈRE PARTIE

CINÉMATIQUE

LIVRE PREMIER

DU MOUVEMENT D'UN POINT

CHAPITRE PREMIER

DU MOUVEMENT D'UN POINT SUR SA TRAJECTOIRE

DÉFINITIONS.

5. Lorsqu'un point est en mouvement, la suite des différentes positions qu'il occupe dans l'espace forme une ligne que l'on peut concevoir comme engendrée par le mouvement du point ; on donne à cette ligne le nom de *trajectoire*. La *trajectoire* d'un point mobile est donc la ligne, droite ou courbe, que ce point décrit dans son mouvement.

6. On dit que le mouvement d'un point est *rectiligne*, quand la trajectoire de ce point est une ligne droite ; qu'il est *curviligne*, quand la trajectoire est courbe ; qu'il est *circulaire*, quand la trajectoire est une circonférence de cercle ; qu'il est *elliptique*, quand la trajectoire est une ellipse ; qu'il est *parabolique*, quand la trajectoire est une parabole, etc.

7. La connaissance de la trajectoire d'un point mobile ne suffit pas pour définir le mouvement de ce point ; il faut en-

core, pour que le mouvement du point soit entièrement connu, que l'on sache à quel instant s'effectue le passage du mobile aux divers points géométriques de la trajectoire. Supposons, par exemple, que la ligne MN soit la trajectoire d'un

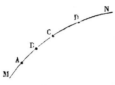

Fig. 1.

point mobile, et qu'à un moment quelconque le mobile ait été observé au point A ; qu'une seconde après il ait été observé en B ; qu'une seconde plus tard il ait été vu en C ; qu'au bout de trois secondes, il ait passé au point D, et ainsi de suite de seconde en seconde ; la position du mobile sur la trajectoire sera connue, et la loi du mouvement sera définie *approximativement*, par le tableau des espaces successivement parcourus, AB, BC, CD,... pendant les intervalles de temps qui se sont écoulés d'une observation à l'observation suivante. On peut prendre ces intervalles assez petits, pour que l'approximation soit équivalente, au point de vue pratique, à la connaissance complète de la loi cherchée.

Par exemple, si MN est un chemin de fer, et que les points A, B, C, D, en soient les stations successives, le mouvement des trains qui parcourent la ligne dans un sens ou dans l'autre est en général suffisamment défini par les tableaux donnant l'heure du passage du train à ces diverses stations.

8. Supposons qu'un mobile parcoure une trajectoire donnée MN ; on définit son mouvement de la manière suivante : on commence par choisir arbitrairement sur la trajectoire un

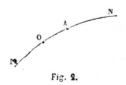

Fig. 2.

point géométrique fixe O, qui sert d'*origine*, et à partir duquel on compte les longueurs des *arcs* de la courbe ; la position d'un point quelconque A de la ligne MN est déterminée par la longueur de l'arc OA. On convient de plus de distinguer par les signes + ou — les arcs portés à partir de l'origine O dans un sens ou dans l'autre ; les arcs positifs eront comptés par exemple dans le sens OA, et les arcs négatifs dans le sens OM. Une longueur affectée de l'un des signes + ou — définit donc un point de la courbe et un seul. Appelons d'une manière générale s un arc variable issu du point O. A chaque position du mobile sur la ligne MN correspond une valeur particulière de s, positive ou négative; le mouvement sera entièrement déterminé si l'on donne les valeurs successives que prend cet arc variable s dans la suite des temps, ou, pour parler le langage de l'analyse, *si l'on exprime l'arc s en fonction du temps t.*

Le mouvement d'un point sur sa trajectoire, supposée connue, s'exprime donc analytiquement par une équation de la forme

$$s = f(t),$$

et la nature de ce mouvement est entièrement déterminée par la forme de la fonction f.

9. Prenons pour exemple un mouvement circulaire, dont la loi soit exprimée par la relation

$$s = at, \tag{1}$$

a étant un nombre constant que l'on suppose connu. Soit C le centre du cercle qui sert de trajectoire au mobile, O l'origine des arcs, que l'on comptera positivement dans le sens OA, et négativement dans le sens opposé. Si l'on fait $t = 0$, l'équation (1) donne $s = 0$, ce qui correspond au point O lui-même. On voit donc que pour $t = 0$, ou comme on dit, *à l'origine des temps,* le mobile est au point O, ou *à l'ori-gine des arcs.* Si l'on donne à t des valeurs positives croissantes, et que le nombre a soit positif, s sera positif, et ira croissant. Le mobile se déplace donc sur la circon-férence dans le sens OA. Cherchons le moment du passage du mobile au point B, seconde extrémité du diamètre mené par

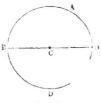

Fig. 3.

le point O. Désignons par R le rayon du cercle, et soit π le rapport de la circonférence au diamètre. L'arc OAB, qui est égal à une demi-circonférence, aura pour longueur $R\times\pi$; la durée t' du trajet du mobile de O en B sera donc donnée par l'équation

$$R\times\pi=a\times t'.$$

On en déduit

$$t'=\frac{\pi R}{a}.$$

Le mobile, après avoir passé au point B, parcourt la demi-circonférence BDO, et revient passer au point O; la valeur particulière du temps, t'', pour laquelle a lieu ce second passage, sera donnée par l'équation

$$2\pi R=a\times t'',$$

c'est-à-dire

$$t''=\frac{2\pi R}{a}.$$

On voit que t'' est double de t', de sorte que le mobile met autant de temps à aller de B en O qu'il en a mis à aller de O en B. A partir du retour au point O, le mobile fera une seconde fois le tour du cercle, en y mettant autant de temps qu'il en a mis à faire le premier tour, et ainsi de suite indéfiniment. Les valeurs négatives de t correspondraient aux tours qui auraient précédé celui que nous avons regardé tout à l'heure comme le premier; enfin si a était un nombre négatif, le mouvement du mobile s'effectuerait dans le sens OD, au lieu du sens OA, que nous avons regardé comme le sens positif.

Proposons-nous de déterminer le nombre a par l'observation du mouvement; nous évaluerons à l'aide d'un chronomètre le temps T que le mobile met à parcourir la circonférence entière OABDO, et nous aurons l'égalité

$$T\times a=2\pi R.$$

Donc

$$a=\frac{2\pi R}{T}.$$

Substituons cette valeur de a dans l'équation du mouvement,
il viendra

$$s = \frac{2\pi R}{T} \times t,$$

ou bien encore

$$\frac{s}{2\pi R} = \frac{t}{T}.$$

Cette équation n'est autre chose qu'une proportion, ou une
égalité de rapports : les arcs s et $2\pi R$ sont entre eux comme
les temps t et T que le mobile met à les parcourir ; en temps
égaux, le mobile parcourt donc des arcs égaux, ce qu'on exprime en disant que *le mouvement est uniforme*.

MOUVEMENT UNIFORME. — MOUVEMENT VARIÉ.

10. Le mouvement d'un point est dit *uniforme* lorsque le
point parcourt en temps égaux des arcs égaux de sa trajectoire, et l'on appelle *vitesse* du mouvement uniforme la longueur de l'arc décrit dans un temps égal à l'unité.

Il est facile de voir, et nous démontrerons plus loin, que
l'équation du mouvement uniforme d'un point sur sa trajectoire est de la forme

$$s = at + b,$$

a et b étant des constantes, c'est-à-dire que l'*espace parcouru*,
s, est une *fonction linéaire* du temps t. On reconnaît aussi que
le coefficient a, par lequel t est multiplié, est la vitesse de ce
mouvement uniforme ; car lorsque le temps t croît d'une
unité, l'arc s augmente de la quantité constante a.

Le mouvement circulaire que nous venons d'étudier est
donc un mouvement uniforme, et le nombre a en est la vitesse.

11. La vitesse d'un mouvement uniforme est une longueur

déterminée dès que l'unité de temps est choisie. On prend ordinairement pour unité de temps, en mécanique, la *seconde
sexagésimale*, ou la 86400ᵉ partie du *jour
solaire moyen*. Cette unité étant bien définie, on saura ce que représente une vitesse
égale à une droite finie quelconque AB;
cette expression indique que le mobile parcourt un espace
égal à AB dans une seconde.

Fig. 4.

12. Pour représenter la vitesse par un nombre, il suffit de
donner la mesure de la longueur AB qui la représente, c'est-
à-dire de prendre le rapport de cette longueur à l'unité de
longueur, au mètre par exemple. Ainsi, l'expression *vitesse
de* 10 *mètres* définit un mouvement uniforme dans lequel le
mobile parcourt un espace de 10 mètres pendant chaque seconde.

Quelles que soient les unités employées pour l'évaluation
des vitesses, on peut les ramener à la seconde et au mètre;
c'est ce qu'on fait généralement en mécanique.

Par exemple, un train de chemin de fer parcourt 45 kilomètres à l'heure. Sa vitesse serait représentée par le nombre
45 si l'heure était adoptée pour unité de temps et le kilomètre
pour unité de longueur. Mais comme c'est à la seconde et au
mètre qu'on est convenu de rapporter les durées et les
espaces, on observera que 45 kilomètres équivalent à
45000 mètres, et qu'une heure équivaut à 3600 secondes.
Le train parcourant 45000 mètres en 3600 secondes, parcourt
en une seconde le quotient

$$\frac{45000}{3600} = 12^m,5.$$

Il parcourt donc 12ᵐ,50 par seconde, et sa vitesse est représentée, dans le système usuel d'unités, par le nombre 12,5.

13. La vitesse des navires s'estime habituellement en *nœuds*.
Cette expression vient de la méthode employée à bord des bâ-
timents pour déterminer la vitesse de la marche. On jette à
la mer, à l'arrière du navire, l'appareil appelé *loch* ; c'est un

flotteur attaché à une longue cordelle qui est enroulée sur une bobine ; un matelot soutient l'axe de cette bobine, de manière à la laisser tourner librement pendant que la corde se dévide. Un autre matelot porte un sablier, qui permet de mesurer exactement une durée, d'une demi-minute par exemple.

On imprime un mouvement de rotation rapide à la bobine au moment où l'on jette le loch, et la corde commence à se dérouler. L'observation d'où l'on déduit la vitesse ne commence pas à cet instant ; il faut attendre en effet que le flotteur soit à une certaine distance du bâtiment, pour qu'il ne soit pas trop influencé par le sillage et pour qu'on puisse compter sur son immobilité. Le sablier est retourné, et l'observation commence au moment précis où l'on voit passer une marque rouge fixée sur la corde suffisamment loin de l'extrémité qui s'attache au flotteur. La corde se déroule tant que dure l'écoulement du sable ; on l'arrête subitement lorsque le sable est épuisé. Alors on retire le loch, en ayant soin de compter les *nœuds*, marques équidistantes placées sur la corde à partir du signal rouge qui sert d'origine à la graduation. Si l'on en trouve huit par exemple, on dira que *le navire file huit nœuds*. Les nœuds sont espacés sur la corde de telle sorte qu'un nœud corresponde à une vitesse de 1852 mètres par heure[1]. Il faut pour cela, si l'observation dure une demi-minute, que l'espacement réel des nœuds[2] soit égal à

$$\frac{1852^m}{60 \times 2} = 15^m,43.$$

Une vitesse de 8 nœuds équivaut donc à $1852^m \times 8$, ou

[1] Le quart du méridien terrestre ayant une longueur de 10 000 000 mètres, un degré vaut en moyenne, à la surface de la terre, $\frac{10\,000\,000}{90} = 111\,111^m,11$, et une minute sexagésimale, $\frac{111\,111,11}{60} = 1852$ mètres environ. Le nœud correspond donc à une minute de grand cercle parcourue en une heure à la surface du globe.

[2] Dans la pratique, on a reconnu qu'il fallait réduire un peu cet intervalle, et on le fixe à $14^m,62$, pour tenir compte de l'influence exercée sur le loch par la marche du bâtiment.

à 14816^m par heure, ou à $246^m,95$ par minute, ou enfin à une vitesse de $\dfrac{246,95}{60} = 4^m,115$, la seconde étant prise pour unité.

14. Le mouvement d'un point mobile est *varié* lorsque les espaces décrits en temps égaux sont inégaux.

Soit MN la trajectoire, droite ou courbe.

Supposons que A, B, C, D,... soient des positions successives du mobile, observées à des intervalles de temps égaux entre eux. Le mouvement sera varié, et non uniforme, si les espaces AB, BC, CD, décrits en temps égaux, son inégaux. Supposons que les observations aient été faites à des intervalles de temps égaux chacun à t secondes. Le quotient $\dfrac{AB}{t}$ représentera l'espace moyen décrit par le mobile pendant chacune des t secondes qu'il a mises à passer du point A au point B. Ce quotient est ce qu'on appelle la *vitesse moyenne* du mobile entre les points A et B. De même $\dfrac{BC}{t}$ est la vitesse moyenne entre B et C, et $\dfrac{CD}{t}$ la vitesse moyenne entre C et D, etc.

Fig. 5.

15. En général, la *vitesse moyenne* d'un mobile entre deux positions qu'il occupe successivement sur sa trajectoire s'obtient en divisant la longueur du trajet entre ces deux positions, par la durée de ce trajet. Si le mouvement est uniforme, cette opération donne la vitesse constante du mouvement.

Par exemple, un train part de Paris à 7 heures et arrive à Creil à 8 heures 19 minutes; la distance du point de départ au point d'arrivée est de 51000 mètres; le trajet s'accomplit en 1 heure 19 minutes ou en 4740 secondes. La vitesse moyenne est donc :

$$\frac{51000}{4740} = 10^m,76.$$

Si, au lieu de considérer la distance entière des deux sta-

tions de départ et d'arrivée, on avait observé pendant la
marche la durée du parcours accompli par le train entre un
poteau kilométrique particulier et le poteau kilométrique suivant, et qu'on ait trouvé cette durée égale à 45 secondes, la
vitesse moyenne pendant cet intervalle aurait été de

$$\frac{1000^m}{45} = 22^m,22,$$

nombre plus grand que la moyenne obtenue pour la distance
entière.

La vitesse moyenne dans un mouvement varié n'est donc
pas la même pendant toute la durée du mouvement, et elle
varie suivant qu'on la prend à des époques différentes et pendant un intervalle de temps plus ou moins long. Pour un
train, par exemple, elle est très faible dans les kilomètres
voisins du départ ; elle s'accroît d'abord,
puis elle décroît rapidement au moment
de l'arrivée.

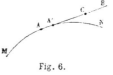

Fig. 6.

16. On appelle *vitesse du mobile à son
passage en un point particulier* A *de sa
trajectoire*, la vitesse moyenne avec la-
quelle le mobile parcourt un arc infiniment petit AA', aboutissant à ce point A, ou la limite du quotient

$$\frac{AA'}{\theta},$$

θ étant la durée infiniment petite du parcours de cet arc infiniment petit. En pratique, on ne peut mesurer directement
que des durées et des arcs finis ; mais si le temps θ est suffisamment court, et l'arc AA' suffisamment petit, le rapport
$\frac{AA'}{\theta}$ différera très peu de la valeur qu'il aurait si ses deux
termes étaient infiniment petits, et fera connaître avec une
grande approximation les valeurs de la vitesse au point A.

Quand on donne l'équation du mouvement

$$s = f(t),$$

on peut en déduire, par les méthodes analytiques, la valeur de la vitesse à un certain instant. En effet, le rapport $\dfrac{AA'}{\theta}$ est le rapport de la variation, AA', de l'arc s, à la variation correspondante, θ, du temps t, et la vitesse est la limite de ce rapport lorsque θ décroît indéfiniment. Or, on sait que la *dérivée* $f'(t)$, d'une fonction $f(t)$, est la limite du rapport de l'accroissement de la fonction à l'accroissement correspondant de la variable. On a donc, en appelant v la vitesse à l'instant considéré,

$$v = \lim. \frac{AA'}{\theta} = \lim. \frac{f(t')-f(t)}{t'-t} = f'(t)$$

ou, en employant la notation du calcul différentiel,

$$v = \frac{ds}{dt}.$$

L'arc infiniment petit ds est alors égal au produit vdt.

17. L'arc infiniment petit AA' peut être confondu avec une ligne droite; prolongeons indéfiniment cette droite dans la direction du mouvement. La direction AB ainsi obtenue a avec la courbe MN deux points communs A et A', infiniment rapprochés. On sait qu'une telle droite s'appelle en géométrie une *tangente*

Fig. 7.

à la courbe au point A. Elle indique la direction du mouvement du mobile pendant qu'il parcourt l'arc AA'. Cette considération conduit à attribuer une direction à la vitesse du mobile, que jusqu'ici nous avions regardée comme un simple rapport. *La vitesse du mobile au point* A *a pour direction la tangente menée à la trajectoire en ce point*; elle a pour sens le sens même du mouvement en ce point de la trajectoire. On peut représenter la vitesse en grandeur en portant sur la droite AB, dans le sens du mouvement, une longueur AC égale à l'espace que décrirait le mobile dans l'unité de temps, s'il parcourait la droite AB d'un mouvement uniforme avec une vitesse égale à $\lim. \dfrac{AA'}{\theta}$.

En d'autres termes, AC est égal à $\frac{ds}{dt}$; car, dans le mouvement uniforme, les espaces parcourus sont proportionnels aux temps mis à les parcourir, et par suite on a la proportion

$$\frac{AC}{1} = \frac{ds}{dt}$$

ou bien

$$AC = \frac{ds}{dt}.$$

De cette manière, on peut représenter graphiquement la grandeur et la direction de la vitesse d'un mobile en un point quelconque A de sa trajectoire. Le mobile se déplaçant par exemple dans le sens MN, on mènera au point A une tangente AB à la courbe MN; sur cette tangente on portera, à partir du point de contact A, et dans le sens du mouvement, une longueur AC égale à l'espace que le mobile décrirait d'un mouvement uniforme pendant l'unité de temps, s'il conservait, pendant toute cette durée, la vitesse qu'il possède au point A. La droite AC représentera la vitesse du mobile au point A en direction, en sens et en grandeur. Cette représentation suppose l'unité de temps définie ; elle subsiste quand même on n'aurait pas fait choix d'une unité de longueur ; car la droite finie AC, qui exprime la grandeur de la vitesse, est donnée par une longueur effective, et non par un rapport à une unité arbitrairement choisie.

En se reportant à cette construction géométrique, on saura ce qu'on entend par la *direction* de la vitesse d'un mobile en un point donné de sa trajectoire. Si le mouvement est rectiligne, la direction de la vitesse est la droite elle-même que le mobile décrit.

La recherche de la direction de la vitesse d'un mobile en un point de sa trajectoire se ramène donc immédiatement à la construction d'une tangente à une ligne. Nous allons montrer que la recherche de la grandeur de la vitesse peut se ramener

à un problème du même genre, au moyen de la *courbe repré-*
sentative du mouvement.

COURBE REPRÉSENTATIVE DU MOUVEMENT D'UN POINT, OU COURBE DES ESPACES.

18. Le mouvement du mobile sur sa trajectoire est connu
dès que l'on donne, pour chaque instant, l'arc s qui sépare sur
la trajectoire la position actuelle du mobile d'un point fixe pris
pour origine. Cette relation entre l'arc s et le temps t s'exprime par une équation

$$s = f(t),$$

que l'on peut regarder comme l'équation d'une ligne tracée
dans un plan.

Soit MN la trajectoire, O l'origine des arcs, et A la position
du mobile au bout d'un certain temps t. L'arc OA sera la valeur de s correspondante à cette valeur du temps.

Menons dans un plan deux axes rectangulaires CX, CY ; à
partir du point C, portons sur l'axe CX une abscisse CE propor-

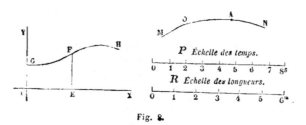

Fig. 8.

tionnelle au temps t; cette construction suppose qu'on ait fait
choix d'une échelle arbitraire P, dont les divisions égales correspondent à des intervalles de temps égaux ; si par exemple,
les divisions de l'échelle représentent des secondes, et que t
soit exprimé en secondes, on prendra pour CE un nombre t
de divisions.

Au point E, ainsi obtenu, menons une droite EF parallèle

à CY, et portons sur cette ligne une longueur EF égale ou proportionnelle à l'arc OA $= s$; on emploiera pour cette construction une seconde échelle, l'échelle des longueurs, R, dont les divisions égales, arbitrairement choisies, représenteront chacune l'unité avec laquelle on aura mesuré l'arc OA.

L'ordonnée EF devra contenir autant de ces divisions qu'il y aura de fois cette unité dans l'arc s.

Si l'on répète cette construction à différentes époques, le mobile occupera à ces époques différents points de sa trajectoire, et à chaque position correspondront une valeur du temps t qui fournira sur l'épure une abscisse, et une valeur de l'arc s qui fournira une ordonnée ; à chaque position A du mobile correspond donc un point F de l'épure : la suite des points F forme sur le plan YCX une ligne continue, GH, qui représente la loi du mouvement du mobile. L'arc s peut être positif ou négatif; il est positif quand il est compté sur la trajectoire à droite du point O, il est négatif quand on le compte en sens contraire. On distinguera ces deux cas sur l'épure en portant au-dessus de CX les ordonnées qui représentent des valeurs positives de s, et au-dessous les ordonnées qui représentent des arcs négatifs. De même, le prolongement vers la gauche de l'axe CX servira à porter les abscisses négatives qui correspondent aux valeurs négatives du temps t. L'origine des temps, qui correspond à $t = 0$, ou au point C, est en effet complétement arbitraire, et une fois qu'on l'a adoptée, on doit regarder comme négative toute valeur du temps qui correspond à une époque antérieure à cette origine.

D'après ces conventions, on pourra déterminer toutes les circonstances du mouvement d'un point par l'inspection de l'épure représentative de ce mouvement.

19. Proposons-nous de déterminer la grandeur de la vitesse du mobile à l'instant défini par une certaine valeur du temps, t. A cet instant, le mobile occupe une certaine position, M, sur sa trajectoire (fig. 9), et cette position est déterminée par une valeur particulière de l'arc s. A cette position et à cette époque correspond sur l'épure un point F, dont l'abscisse CE est me-

surée par la valeur t du temps, et l'ordonnée EF, par la valeur,
$\cdot = $ OM, de l'arc de la trajectoire.

Au bout d'un temps dt infiniment petit, le mobile est en M',
et a parcouru l'arc MM' $= ds$. A ce nouveau point M', à cette

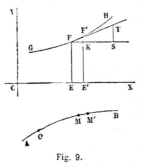

nouvelle valeur du temps, $t + dt$,
correspond sur l'épure un point F',
infiniment voisin du point F ; l'intervalle EE' représente dt, et la différence des ordonnées, F'K $=$ E'F' $-$ EF,
représente l'arc ds. La vitesse cher-

chée, $\dfrac{ds}{dt}$, est donc donnée sur l'épure

par le rapport $\dfrac{\text{F'K}}{\text{FK}}$, c'est-à-dire par le

Fig. 9.

coefficient d'inclinaison de la tangente
FT, menée à la courbe GH au point F.

Prenons sur la direction FK, à partir du point F, la longueur FS qui représente l'unité de temps à l'échelle, puis menons ST parallèle à CY jusqu'à la rencontre de la tangente.
Les triangles semblables FKF', FST, donnent la proportion

$$\frac{\text{ST}}{\text{FS}} = \frac{\text{F'K}}{\text{FK}}.$$

Dans le temps FK, le mobile parcourt l'espace KF' ; si donc
à partir du même instant son mouvement restait uniforme

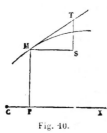

pendant l'unité de temps FS, il parcourrait l'espace ST ; donc ST est la grandeur
même de la vitesse cherchée.

Pour trouver la vitesse à un instant
quelconque, il suffit donc de mener à la
courbe représentative du mouvement une
tangente MT au point M, qui correspond
à cet instant ; puis de mener par le point M
une parallèle MS à l'axe des temps CX ;

Fig. 10.

de prendre sur cette parallèle une longueur MS égale à l'unité
de l'échelle des temps, et d'achever le triangle MST, en me-

nant par le point S une parallèle ST à l'ordonnée MP. La longueur ST représentera, à l'échelle des espaces, la vitesse du
mobile à l'instant défini par la valeur du temps $t = CP$.

La recherche de la vitesse, en direction, revient au tracé
d'une tangente à la trajectoire; le tracé d'une tangente à la
courbe représentative du mouvement conduit de même à la
détermination de la vitesse en grandeur.

20. On pourrait croire que la vitesse, mesurée par le rap-
port $\frac{TS}{FS}$ ou $\frac{F'K}{FK}$ (fig. 9), l'est aussi par la tangente trigonométrique de l'angle TFS. Cette conclusion ne serait pas exacte. En
effet, les deux termes du rapport ne représentent pas des quantités de même nature ; TS représente un espace parcouru, et
FS une durée. La vitesse n'est pas égale, à proprement parler,
au rapport des deux longueurs F'K, FK, mais bien *au rapport
du nombre d'unités de longueur contenues dans F'K au nombre
d'unités de temps contenues dans* FK; or l'échelle des longueurs et l'échelle des temps qui ont servi à la construction
de l'épure sont tout à fait indépendantes l'une de l'autre. On
pourrait par exemple doubler l'échelle des espaces et réduire
à moitié l'échelle des temps, et on obtiendrait une autre
courbe GH qui représenterait encore le même mouvement.
Les angles TFS de la tangente à cette courbe seraient altérés
par la transformation, et cependant les vitesses seraient les
mêmes.

La tangente trigonométrique de l'angle TFS n'est la mesure de la vitesse que dans le cas particulier où l'unité de
longueur et l'unité de temps sont représentées sur l'épure
par une seule et même longueur.

21. La courbe GH (fig. 9), qui nous a servi à étudier le
mouvement du mobile sur sa trajectoire et à déterminer ses
vitesses en différents points ou à différents instants, prend
le nom de *courbe des espaces*, parce que les différences de ses
ordonnées représentent les espaces successivement décrits par
le mobile. Cette courbe peut avoir des formes très variées,
suivant la loi du mouvement du point. Mais elle possède né-

cessairement les caractères suivants, dès qu'elle représente
un mouvement effectif et réel :

1° A chaque valeur du temps correspond une seule valeur
de l'ordonnée, car il est impossible qu'à un même instant le
mobile soit à la fois en plusieurs points distincts de la trajectoire, dont chacun correspondrait à l'une des ordonnées de la
courbe ;

2° La ligne des espaces forme un trait continu, car il est impossible que le mobile passe d'un point à un autre de sa trajectoire sans avoir passé par une série de points intermédiaires.
Les ordonnées successives de la ligne des espaces varient
donc par degrés infiniment petits et non par sauts brusques ;

3° La ligne des espaces peut avoir, dans certains cas, des
points anguleux. On appelle ainsi un point A d'une ligne BAB'

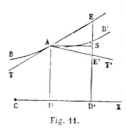

Fig. 11.

(fig. 11) où viennent se réunir deux
branches de courbe, BA, AB' ayant
des tangentes différentes AT, AT'. Il
résulte de cette disposition que la
vitesse du mobile subit une variation brusque à l'instant $t = CD$; en
effet, à gauche de l'ordonnée AD,
la vitesse sera déterminée par une
construction où l'on fera usage de
la tangente AT, et, à droite, elle sera déterminée par une construction où l'on fera usage de la tangente AT'. Si l'on prend sur
la figure une longueur DD' égale à l'unité de temps, et qu'on
forme les triangles ASE, ASE', en menant la droite AS parallèle
à CX et la droite D'E parallèle à DA, la vitesse passera brusquement de la valeur + SE, avant l'instant $t = CD$, à la valeur — SE',
après cet instant. Ce changement brusque est possible dans le
mouvement des points géométriques ; mais, rigoureusement, il
est inadmissible dans le mouvement des points matériels. La
vitesse d'un corps matériel ne peut subir que des changements
graduels, et les variations instantanées de la vitesse d'un point
matériel ne sont admissibles dans la mécanique que comme
des approximations plus ou moins grossières ;

4° Enfin, la courbe des espaces ne peut avoir, en aucun point.
de tangente parallèle à l'axe des espaces. Si la courbe venait
toucher son ordonnée au point A, le triangle qui donne la vitesse se changerait en une bande indéfinie comprise entre
deux parallèles, et la vitesse serait infinie, ce qui n'est admissible que dans certains mouvements géométriques.

En résumé, la courbe des espaces décrits par un point matériel est une courbe *continue ;* et la fonction

$$s = f(t)$$

qui la représente est *finie et continue* pour toutes les valeurs
du temps t.

COURBE DES VITESSES.

22. Supposons tracée la courbe des espaces ABDEFG. Nous
savons construire, pour chaque point de cette courbe, la vitesse du mobile sur sa trajectoire à l'instant qui correspond
à ce point. Cette vitesse nous est donnée par une certaine longueur, qui est parallèle à l'axe CY, et qui représente à l'échelle

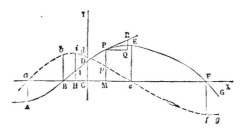

Fig. 12.

des longueurs un espace décrit dans l'unité de temps. Nous
pouvons nous servir de ces longueurs pour construire une seconde courbe dont les ordonnées indiqueront les vitesses du
mobile, comme les ordonnées de la première indiquaient les
arcs décrits. Menons une ordonnée quelconque MP : construisons la vitesse QR correspondante à l'instant $t = $ CM ; prenons

sur l'ordonnée MP, à partir de l'axe CX, une longueur
$Mp = QR$. Répétons cette construction pour un certain nombre
de points, et nous obtiendrons une ligne *abdpefy* qui sera la
courbe des vitesses. On voit, par l'inspection de cette courbe,
que la vitesse est positive du point *a* au point *e*, c'est-à-dire de
l'instant $t = -Ca$ à l'instant $t = +Ce$; cette période est celle
pendant laquelle le mobile se déplace dans le sens positif sur
sa trajectoire. Les points *a* et *e* sont les *projections*, faites sur
l'axe des temps parallèlement à l'axe CY, des points A et E,
où l'ordonnée de la courbe des espaces atteint un maximum ou un minimum. En ces points le mouvement
change de sens. La vitesse est maximum au point *i*, pour
$t = -CII$. A cet instant la courbe des espaces, dont l'ordonnée est $+III$, a un point d'inflexion I; la tangente à la

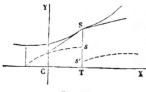

Fig. 13.

courbe atteint en ce point son
maximum d'inclinaison sur l'axe
CX. Au delà de $t = +Ce$, la vitesse est négative et le mouvement du mobile est rétrograde.
S'il y avait des points anguleux S
dans la ligne des espaces (fig. 13),
il y aurait discontinuité dans la
courbe des vitesses; pour l'abscisse CT, l'ordonnée de cette
dernière courbe passerait subitement de la longueur T*s* à la
longueur T*s'*.

Mais ces brusques variations de vitesse sont inadmissibles,
comme nous l'avons dit, dans les mouvements de points matériels. La fonction $f'(t)$ varie par degrés insensibles, et reste
toujours finie. Elle est donc continue, mais il est possible que
sa dérivée, $f''(t)$, éprouve des variations brusques.

L'équation du mouvement

$$s = f(t)$$

étant l'équation de la courbe des espaces, l'équation

$$v = f'(t)$$

est l'équation de la *courbe des vitesses*. On remarquera que

l'on peut, pour construire cette courbe, prendre arbitrairement l'échelle qui servira à transformer les vitesses v en
longueurs.

23. Entre ces deux équations, on peut éliminer le temps t;
le résultat de l'élimination sera une relation entre s et v, qui
pourra servir à construire une nouvelle courbe; les ordonnées v de cette courbe représenteront les vitesses correspondantes aux espaces parcourus, s, pris pour abscisses; en
d'autres termes, cette courbe donnera les vitesses du mobile
pour chaque position qu'il peut prendre sur sa trajectoire.

24. Nous venons de voir comment on pouvait déduire du
tracé de la courbe des espaces le tracé de la courbe des vitesses. Nous allons montrer comment on peut résoudre le
problème inverse : *Étant donnée la courbe des vitesses, construire la courbe des espaces.*

Soit *abcf* la courbe des vitesses. Considérons le mouvement
du mobile à partir d'une époque quelconque, par exemple à
partir de celle qui est
définie par l'abscisse
$t = - Ca$. Partageons
l'axe des temps, à par-
tir du point A, en par-
ties égales infiniment
petites; elles représen-
teront chacune une du-
rée très-courte 0. Par les

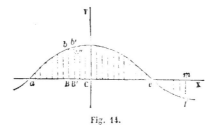

Fig. 14.

points de division menons les ordonnées de la courbe, qui
représenteront les valeurs successives de la vitesse, aux
époques définies par les valeurs suivantes du temps :

$$-Ca+0, \quad -Ca+2\theta, \quad -Ca+3\theta, \quad -Ca+4\theta, \quad \text{etc.}$$

Appelons d'une manière générale v l'ordonnée de la courbe
pour une certaine valeur t du temps. Cette ordonnée v représentant la vitesse, c'est-à-dire l'espace décrit d'un mouvement
uniforme pendant l'unité de temps, l'espace décrit par le mobile sur sa trajectoire pendant le temps 0 sera le produit $v\theta$.

Or ce produit peut s'interpréter sur la figure : c'est le produit d'une ordonnée Bb par la distance BB' de deux ordonnées consécutives, c'est-à-dire l'aire du rectangle BB'$b''b$, lequel diffère infiniment peu de l'aire comprise entre l'arc de la courbe, l'axe des temps et les deux ordonnées Bb, B'b'. Cha-

Fig. 15.

cune de ces aires infiniment petites représente donc l'espace décrit par le mobile sur la trajectoire pendant un même temps θ, compté à partir de l'époque définie par l'abscisse correspondante. Les valeurs négatives de la vitesse indiquent le mouvement rétrograde du mobile; on devra donc prendre négativement les aires correspondantes aux ordonnées négatives. Les signes étant ainsi définis, si l'on fait la somme algébrique de tous ces éléments de surface, à partir d'un point quelconque a, jusqu'à un point quelconque m, le résultat que l'on obtiendra, et qui n'est autre chose que l'aire de la courbe des vitesses, représentera le déplacement total du mobile sur sa trajectoire, à partir de l'époque $t = -Ca$ jusqu'à l'époque $t = +Cm$; en définitive, les *aires successives de la courbe des vitesses*, à partir d'un point quelconque a de l'axe des abscisses, représenteront en grandeur et en signe les déplacements totaux successifs du point mobile sur sa trajectoire, à partir du point qu'il occupe à l'époque définie par l'abscisse du point a, qui sert d'origine à la mesure des aires.

Le problème est donc ramené à la recherche des aires dans la courbe des vitesses ou, comme on dit en géométrie, à la *quadrature* de cette courbe. Ce problème résolu, il suffira, pour définir entièrement le mouvement du point, de faire connaitre le lieu qu'il occupe sur sa trajectoire *à l'époque que l'on a prise pour origine des aires*.

Le calcul intégral conduit au même résultat. Donner l'équation

$$v = \varphi(t)$$

de la courbe de vitesse, c'est donner la relation analytique qui lie le temps t et la vitesse v, égale à la dérivée, $\dfrac{ds}{dt}$, de l'espace parcouru par rapport au temps. On a donc

$$ds = \varphi(t)\,dt,$$

et on trouvera la valeur de s en fonction de t en intégrant la différentielle $\varphi(t)\,dt$. On trouve ainsi

$$s = s_0 + \int_{t_0}^{t} \varphi(t)\,dt.$$

L'intégrale indiquée représente l'aire de la courbe des vitesses entre deux valeurs du temps, t_0 et t.

25. La géométrie et le calcul intégral font connaître pour certaines lignes des procédés de quadrature. Mais si, comme cela arrive souvent, la courbe des vitesses ne rentre pas dans un type connu, on aura recours aux procédés généraux de quadrature par approximation, qui permettront de tracer graphiquement la courbe des espaces avec une suffisante exactitude.

Pour évaluer l'aire ABCD comprise entre la courbe AD, les ordonnées AB, CD, et l'axe des abscisses CB, on inscrira dans la courbe un contour polygonal AEFGHID, dont les côtés rectilignes s'écartent peu des arcs de courbe compris entre leurs extrémités ; et l'on évaluera les aires des trapèzes successifs AEeB, EFfe, FGgf,... IDCi, que la géométrie enseigne à mesurer. La somme de ces trapèzes représentera avec une

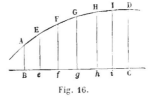

Fig. 16.

grande approximation l'aire de la courbe cherchée, car la différence est égale à la somme des aires des segments compris entre les cordes AE, EF, FG,... ID, et les arcs sous-tendus, somme qui peut être considérée comme négligeable si l'on a suffisamment multiplié le nombre des côtés du polygone inscrit.

26. Une méthode due à Thomas Simpson permet de trouver

une valeur plus approchée de l'aire cherchée. Voici cette me-
thode, avec la démonstration qu'en donne Poncelet. Partageons la base, BC, de l'aire à évaluer en un nombre pair, $2n$, de
parties égales, aux points $e, f, \ldots h, p$; soit b l'une quelconque de
ces parties égales. Menons les ordonnées $eE, fF, \ldots hH, \ldots pP$, et
mesurons leurs longueurs $y_0, y_1, y_2, \ldots y_{2n-2}, y_{2n-1}, y_{2n}$. Nous

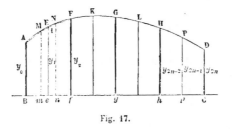

Fig. 17.

allons évaluer sépai é-
ment l'aire comprise
entre deux ordonnées
consécutives d'indice
pair, par exemple en-
tre les ordonnées AB
et fF.

Divisons l'intervalle
Bf en trois parties
égales aux points m et n, et menons les ordonnées mM, nN,
puis joignons AM, MN, NF. La somme des aires des trois trapèzes ABmM, MmnN, NnfF, approchera beaucoup de l'aire
cherchée ; or elle a pour mesure la somme

$$\frac{1}{2}(AB + mM) \times Bm + \frac{1}{2}(mM + nN) \times mn + \frac{1}{2}(nN + fF) \times nf$$

$$= \frac{b}{3} \times (AB + 2(mM + nN) + fF).$$

Mais dans le trapèze mMNn la droite eE est menée à égale
distance des deux bases ; la portion eI de cette droite, comprise entre les côtés MN, mn, est donc la demi-somme des
bases, et par suite

$$mM + nN = 2 \times eI.$$

La somme cherchée prend donc la forme

$$\frac{b}{3} \times (AB + 4 \times eI + fF),$$

et comme le point I est très-voisin du point E, on peut remplacer eI par eE, ou par y_1. On trouve en définitive pour mesure approximative de l'aire ABfF, la somme

$$\frac{b}{3}(y_0 + 4y_1 + y_2).$$

Les autres aires partielles $f\mathrm{FG}g$,... $h\mathrm{HDC}$ s'expriment de même, et en définitive l'aire totale A a pour mesure approximative

$$A = \frac{b}{3}(y_0 + 4y_1 + y_2) + \frac{b}{3}(y_2 + 4y_3 + y_4) + \ldots + \frac{b}{3}(y_{2n-2} + 4y_{2n-1} + y_{2n})$$

$$= \frac{b}{3} \times (y_0 + 4y_1 + 2y_2 + 4y_3 + 2y_4 + \ldots + 2y_{2n-2} + 4y_{2n-1} + y_{2n}).$$

Posons donc

$$y_1 + y_3 + y_5 + \ldots + y_{2n-1} = S_1, \text{ somme des ordonnées d'indice impair.}$$

$$y_2 + y_4 + y_6 + \ldots + y_{2n-2} = S_2, \quad \begin{array}{l} \text{somme des ordonnées d'indice pair, abstrac-} \\ \text{tion faite des ordonnées extrêmes.} \end{array}$$

L'aire cherchée sera donnée par la formule

$$A = \frac{b}{3} \times (y_0 + 4S_1 + 2S_2 + y_{2n}).$$

Cette méthode revient à substituer aux arcs de courbe AEF, FG, GH, HD, des arcs de parabole passant, le premier par les trois points A, E, F, le second par les trois points F, K, G, le troisième par les trois points G, L, H, et ainsi de suite, les axes de ces diverses paraboles étant tous perpendiculaires à la base BC de la surface à évaluer.

27. On ne doit pas être surpris de voir un espace décrit, c'est-à-dire une longueur, représenté par une aire ou une surface. Il est facile de se rendre compte de cette particularité. Nous avons vu que l'espace élémentaire décrit dans le temps θ est $v\theta$; dans ce produit, v est une longueur, et θ un nombre; c'est le rapport de la durée du trajet du point mobile à l'unité de temps. Le rectangle élémentaire $v\theta$ n'a donc pas ses deux dimensions de même nature, et si la figure fait de θ une longueur, il est entendu qu'en réalité on doit substituer à θ le rapport $\dfrac{\theta}{T}$ de cette longueur à la longueur qui représente l'unité de temps. Alors l'expression $\dfrac{v\theta}{T}$ représentera une longueur, c'est-à-dire la seconde dimension d'un rectangle qui aurait $v\theta$ pour surface et T pour première dimension. Après avoir déterminé, à l'aide de l'épure, les aires A de la courbe des vitesses, il faudra donc diviser ces aires par la longueur T qui à l'échelle représente l'unité de temps, et les résultats de cette opération seront des longueurs, qui représenteront les arcs de la trajectoire, ou les ordonnées de la courbe des espaces.

EXTENSION DE LA DÉFINITION DU MOT VITESSE.

28. La vitesse d'un mobile à un instant donné est le rapport de l'espace infiniment petit qu'il décrit sur sa trajectoire au temps employé à le décrire. Nous avons vu comment on pouvait par la considération d'une courbe auxiliaire, celle des espaces, ramener la recherche de ce rapport à la construction d'une tangente.

Plus généralement, lorsqu'une quantité variable quelconque dépend du temps, on appelle *vitesse* de cette quantité à un moment donné le rapport de la variation infiniment petite, positive ou négative, de cette quantité, au temps infiniment petit employé pour produire cette variation; de sorte que si x désigne la quantité variable en fonction du temps t, la vitesse de la quantité x est la dérivée, $\dfrac{dx}{dt}$, de cette quantité par rapport au temps, et comme on peut toujours représenter par les ordonnées d'une courbe les valeurs d'une quantité quelconque qui dépend d'une variable unique, pourvu qu'on fasse choix d'échelles arbitraires, on saura trouver par la construction des tangentes aux différents points de cette courbe les valeurs successives de la vitesse de cette quantité.

Par exemple, un corps à une température de 100° est exposé à l'air libre, par une température extérieure de 0°; ce corps se refroidit. Sa température est ici la quantité variable avec le temps; et la *vitesse de cette quantité* sera plus grande en valeur absolue au commencement de l'observation que vers la fin. La courbe des températures successives présente la forme AB (fig. 18).

A l'origine des temps, c'est-à-dire au point O, qui correspond au commencement de l'expérience, le corps a une température $OA = 100°$. Il se refroidit d'abord très-rapidement, et sa température est représentée par les ordonnées décroissante

CD, au bout d'une seconde,
EF,   de deux secondes,
GH,   de trois secondes, etc.

Au bout d'un certain nombre de secondes, $t = OM$, sa température est représentée par BM, quantité très-voisine de 0°, ou de la température du milieu où se fait l'expérience. La température va donc toujours en diminuant, sans pouvoir toutefois descendre au-dessous de zéro ; la *vitesse de la température*, qui est négative, va de même en diminuant en valeur absolue ; car la

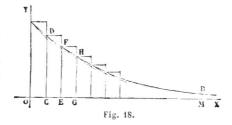

Fig. 18.

tangente à la courbe au point A est plus inclinée sur l'axe OX que la tangente au point D ; celle-ci l'est plus que la tangente au point F, et ainsi de suite ; en B, la tangente est presque horizontale, la diminution de température par unité de temps est alors à peine sensible.

Remarquons que, dans ce cas particulier, il existe un point mobile animé à chaque instant de la même vitesse que la quantité variable dont nous venons de construire la courbe. Ce point est le sommet de la colonne thermométrique qui sert à mesurer les valeurs successives de la température. La courbe AB est la *courbe des espaces* relative au mouvement de ce point dans le tube du thermomètre, qui lui sert de trajectoire.

29. On concevra de même ce qu'on appelle *vitesse d'un angle* variable avec le temps, ou plus simplement *vitesse angulaire*. Si, dans un certain temps très court dt, un angle

variable α reçoit un accroissement positif ou négatif $d\alpha$, la vitesse de l'angle à ce moment est le rapport $\dfrac{d\alpha}{dt}$, et la détermination de cette vitesse revient à la construction de la tangente à la courbe dont les abscisses représentent les temps et dont les ordonnées représentent les valeurs correspondantes de l'angle variable.

30. Lorsqu'un point mobile A se meut sur une ligne MN tracée dans un plan, on est souvent conduit en mécanique à considérer les *aires* décrites dans ce plan par la droite mobile CA, menée à chaque instant d'un point fixe C, pris dans le plan, à la position occupée par le mobile. Par exemple, entre deux positions M et A du mobile, le rayon mobile aura décrit l'aire MCA. Cette aire, comptée à partir d'une origine fixe, qui est le rayon CM, est variable avec le temps ; et si nous prenons une position A′ infiniment voisine du point A, elle s'accroîtra, pour ce changement de position, de l'aire du

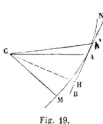

Fig. 19.

triangle ACA′, dans lequel le côté infiniment petit AA′ peut être considéré comme une ligne droite. La *vitesse de l'aire* sera donc le rapport de l'aire du triangle ACA′ au temps dt mis par le mobile à aller du point A au point A′. Or on peut évaluer la surface de ce triangle : elle est égale à la moitié du produit de sa base, AA′, par la hauteur abaissée du point C sur cette base, ou par la distance CH du *centre des aires*, C, à la tangente AB menée par le point A à la trajectoire. On a donc

$$\text{triangle ACA}' = \frac{1}{2}\,\text{CH}\times\text{AA}',$$

et, divisant par le temps dt,

$$\text{vitesse de l'aire} = \frac{\text{triangle ACA}'}{dt} = \frac{1}{2}\,\text{CH}\times\frac{\text{AA}'}{dt}.$$

Mais $\dfrac{\text{AA}'}{dt}$ est la vitesse v du mobile. La *vitesse de l'aire* à un instant donné est donc égale à la vitesse v du mobile à cet instant multipliée par la moitié de la distance du centre des aires à la direction de la tangente menée à ce même instant à la trajectoire. Mais ceci suppose expressément que le mouvement du mobile s'accomplisse dans un plan.

La vitesse de l'aire ainsi définie s'appelle quelquefois *vitesse aréolaire*.

Lorsqu'un point décrit une circonférence de cercle d'un mouvement uniforme, la *vitesse* de ce point est constante ; la *vitesse angulaire* du point autour du centre du cercle est constante aussi, et égale à la vitesse du mobile divisée par le rayon du cercle[1]; enfin la *vitesse aréolaire* du point, autour du centre du cercle pris pour centre des aires, est constante et égale au produit de la vitesse du mobile par la moitié du rayon.

Pour distinguer la vitesse d'un point sur sa trajectoire des vitesses d'un angle, d'une aire, etc., on appelle *vitesse linéaire* celle qui exprime le rapport de la variation d'une longueur au temps employé à la produire.

VITESSE DE LA VITESSE, OU ACCÉLÉRATION TANGENTIELLE.

31. Revenons à la courbe des espaces, construite pour représenter la loi du mouvement d'un point. Nous avons vu comment on pouvait déduire de cette courbe le tracé de la courbe des vitesses. Cette nouvelle courbe donne par ses ordonnées les vitesses du mobile sur sa trajectoire, aux instants définis par les abscisses correspondantes. La vitesse est ici une quantité généralement variable avec le temps ; on peut donc appliquer à cette quantité la définition du mot vitesse, et déterminer *la vitesse de la vitesse linéaire*, nouvelle quantité très utile à considérer en mécanique, et à laquelle on donne le nom d'*accélération tangentielle*. Nous verrons plus

---

[1] Cette relation suppose que l'on prend pour unité d'angle, conformément à l'usage adopté en analyse, l'angle au centre qui, dans un cercle quelconque, correspond à l'arc dont la longueur est égale au rayon.

tard pourquoi on ajoute cette épithète de *tangentielle* au mot *accélération*.

En général, si $s = f(t)$ est l'équation du mouvement d'un point, la vitesse v est donnée par la relation

$$v = \frac{ds}{dt} = f'(t),$$

et l'accélération tangentielle j par l'équation

$$j = \frac{dv}{dt} = \frac{d^2s}{dt^2} = f''(t).$$

Soit OX l'axe des temps, OY l'axe commun parallèlement auquel nous porterons les ordonnées représentatives des espaces décrits, des vitesses et des accélérations tangentielles.

On donne la *courbe des espaces*, ABCDEF ; nous en déduirons la *courbe des vitesses*, *abcdef*, par la considération des tangentes menées à la première courbe.

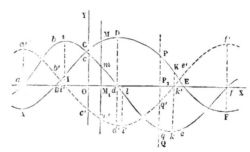

Fig. 20.

De la courbe des vitesses *abcdef* nous pouvons déduire, par un procédé identique, la courbe des *accélérations tangentielles* *a'b'c'd'e'f'*, dont les ordonnées seront proportionnelles aux rapports des accroissements infiniment petits de la vitesse aux temps pendant lesquels ces accroissements se sont produits.

La courbe *abcdef* coupe l'axe des temps en des points *a, d, f*, qui sont les projections des points A, D, F, où la courbe des espaces atteint un maximum ou un minimum. Ces points définissent les époques où le mobile s'arrête sur sa trajectoire pour revenir sur ses pas. Les ordonnées de la courbe des vitesses sont positives entre les points a et d, parce que le mobile a entre ces époques un mouvement direct ; elles sont négatives entre d et f, parce que le mouvement du mobile est alors rétrograde.

De même, la courbe $a'b'c'd'e'f'$ coupe l'axe des temps en des points i' et k', projections des points i et k, où la courbe des vitesses atteint un maximum ou un minimun, et des points I et K, où la courbe des espaces a une inflexion. Les ordonnées de la courbe des accélérations sont négatives entre i' et k', parce que, entre les deux époques définies par ces points, la vitesse du mobile diminue ; elles sont positives en dehors de ces régions, parce que la vitesse du mobile augmente. Elles passent par un maximum ou un minimum en l', parce qu'en l la courbe des vitesses a une inflexion.

52. Si l'on donnait la loi des accélérations tangentielles, de manière qu'on pût tracer *a priori* la courbe $a'b'c'd'e'f'$, on pourrait revenir de cette courbe à la courbe des vitesses en observant que les aires de la première courbe sont proportionnelles aux accroissements des ordonnées de la seconde ; ce problème est identique à celui que nous avons résolu pour passer du tracé de la courbe des vitesses au tracé de la courbe des espaces. Si pour une certaine valeur particulière du temps, $t_0 = OM_1$, on donne la valeur correspondante $v_0 = M_1 m$ de la vitesse, on n'aura qu'à évaluer l'aire (positive ou négative) de la courbe des accélérations tangentielles à partir de l'ordonnée $M_1 m'$, jusqu'à une ordonnée quelconque PQ. Cette aire, qui sera ici négative, et égale en valeur absolue à la surface $M_1 m'q'P_1$, terminée à la courbe $m'd'l'q'$, devra être divisée par la longueur T de l'unité de temps prise à l'échelle ; le résultat sera ce qu'il faut retrancher de la vitesse de $M_1 m$ pour avoir, en grandeur et en signe, la valeur $- P_1 q$ de la vitesse à l'instant défini par l'abscisse OP_1. La connaissance d'un point m de la courbe des vitesses suffit donc pour

construire cette courbe d'après celle des accélérations tangentielles. De même, on pourra déduire la courbe des espaces de la courbe des vitesses, dès qu'on connaîtra un point M de la courbe cherchée, c'est-à-dire la valeur de l'arc $s_0 = M_1M$, correspondante à une valeur particulière du temps, $t = OM$.

Analytiquement, si l'on a l'équation

$$j = \varphi(t),$$

qui fait connaître l'accélération tangentielle j en fonction du temps t, on en déduira la loi des vitesses par l'intégration de l'équation $j = \dfrac{dv}{dt}$, ce qui donne

$$v = v_0 + \int_{t_0}^{t} \varphi(t)\,dt,$$

puis la loi des espaces par l'intégration de l'équation

$$v = \frac{ds}{dt},$$

ce qui conduit à la relation

$$s = s_0 + v_0 t + \int_{t_0}^{t} dt \int_{t_0}^{t} \varphi(t)\,dt;$$

s_0 et v_0 sont des *constantes arbitraires*, que l'on pourra déterminer si l'on connaît la position du mobile et sa vitesse à un instant défini par une valeur particulière t_0 du temps.

La connaissance de la loi de l'accélération tangentielle définit donc entièrement le mouvement d'un mobile sur sa trajectoire, pourvu qu'on connaisse aussi la position du mobile à un moment donné et sa vitesse à ce même moment.

Lorsque la trajectoire est une ligne droite, la tangente à la trajectoire se confond partout avec cette droite elle-même, et l'accélération tangentielle est, comme nous le verrons, la seule accélération à considérer dans le mouvement. Dans ce cas particulier, on peut supprimer l'épithète de *tangentielle* et dire simplement l'*accélération*.

55. Entre deux des trois équations

$$s = f(t),$$
$$v = f'(t),$$
$$j = f''(t),$$

on peut éliminer le temps t, ce qui conduira à des équations de la forme

$$\Phi(s,v) = 0, \quad \Psi(s,j) = 0, \quad X(v,j) = 0,$$

et chacune de ces équations peut être regardée comme représentant une ligne ; la première équation définit la ligne des vitesses en fonction des espaces ; la seconde, la ligne des espaces en fonction des accélérations tangentielles ; la troisième enfin, la ligne des accélérations tangentielles en fonction des vitesses. Étant donnée l'une de ces six équations, les cinq autres se trouvent définies, abstraction faite des constantes que les intégrations peuvent introduire. Qu'on donne par exemple la relation

$$X(v,j) = 0;$$

cette équation, en y remplaçant j par $\dfrac{d^2s}{dt^2}$ et v par $\dfrac{ds}{dt}$, est une équation différentielle du second ordre, dont l'intégrale générale donnera s en fonction de t et de deux constantes arbitraires. Cette intégrale tiendra donc lieu de l'équation $s = f(t)$; on en déduira les quatre autres équations par la différentiation, puis par l'élimination du temps.

ÉTUDE DU MOUVEMENT UNIFORME

54. L'équation

$$s = s_0 + at$$

représente un mouvement uniforme, dans lequel la vitesse

$\dfrac{ds}{dt}$ est constante et égale à a. L'accélération tangentielle $\dfrac{d^2s}{dt^2}$ est égale à zéro.

La *ligne des espaces*, qui a pour équation $s = s_0 + at$, est une

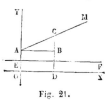

Fig. 21.

ligne droite AM, dont l'ordonnée à l'origine OA est égale à s_0 ; pour avoir un second point de la droite, prenons, à l'échelle, sur l'axe des abscisses, une longueur OD égale à l'unité de temps. Menons l'ordonnée indéfinie DC, et la droite AB parallèle à OX ; puis, à partir du point B, prenons BC $= a$. Le point C appartiendra à la droite demandée.

La *ligne des vitesses* est une droite EF parallèle à l'axe des abscisses, et menée à une distance OE $= a$ de cet axe. On pourrait d'ailleurs faire choix d'une échelle spéciale pour évaluer les ordonnées de cette ligne. La ligne des accélérations tangentielles est une droite qui coïncide avec l'axe OX lui-même.

55. Réciproquement, *si l'accélération tangentielle d'un point mobile est constamment nulle, sa vitesse est constante, et si la vitesse d'un point est constante, le mouvement de ce point est uniforme.*

Cette proposition résulte d'un théorème d'analyse : *quand la dérivée d'une fonction est constamment nulle pour toute valeur de la variable comprise entre deux valeurs données, la fonction est constante dans l'intervalle de ces deux valeurs ;* d'où l'on déduit facilement que *deux fonctions qui ont des dérivées égales ont une différence constante.*

Mais sans s'appuyer sur ce théorème on peut reconnaître sans peine la vérité de la proposition. Il est évident qu'un point dont la vitesse est constamment nulle pendant un certain intervalle de temps, est immobile pendant cet intervalle de temps. Or l'accélération tangentielle j, vitesse de la vitesse v, peut être regardée comme la vitesse d'un point mobile dont le mouvement serait défini par les valeurs successives d'un arc v, compté sur une trajectoire quelconque. Si la vitesse e est constamment nulle, le point reste en repos, et l'arc v a, par suite, une valeur constante.

Rendons à v sa signification de vitesse ; si v est constante, l'espace parcouru par le mobile sur sa trajectoire, à partir d'un point défini par une valeur particulière de l'arc $s = s_0$, s'obtiendra en multipliant v par le temps t, et par conséquent l'équation du mouvement sera

$$s = s_0 + vt,$$

ce qui définit un mouvement uniforme.

36. Soit FG la courbe représentative d'un mouvement quelconque effectué par un mobile P sur sa trajectoire MN. OX est l'axe des temps, OY celui des espaces. Prenons deux points C et D sur la courbe et menons la droite HK qui passe par ces deux points. Cette droite peut être considérée comme j représentant un mouvement uniforme qui s'opérerait sur la même trajectoire MN.

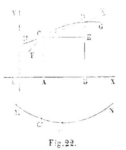

Or on remarquera que le mobile fictif qui possède le mouvement uniforme ainsi défini, coïncide avec le mobile réel P aux époques $t = OA$ et $t = OB$, c'est-à-dire aux points C' et D', qui correspondent sur la trajectoire aux valeurs CA, DB, de l'espace décrit. La corde CD représente donc le mouvement uni-

Fig.22.

forme qui amènerait le mobile de sa position C' à son autre position D', dans le temps qu'il emploie effectivement à passer de l'une à l'autre, en vertu de son mouvement varié. La vitesse de ce mouvement uniforme est donnée par le rapport $\dfrac{DE}{CE}$ ou par le rapport de l'espace total décrit C' D' au temps que le mobile met à le décrire. C'est donc la *vitesse moyenne* du mobile entre les deux époques considérées.

Exemple. — Un mobile part du repos au point E et parcourt la distance EF avec une vitesse graduellement crois-

sante jusqu'au milieu I de cette distance ; puis, à partir de
là, il continue à se mouvoir avec une vitesse graduellement
décroissante jusqu'au point F,

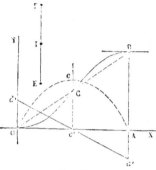

où il arrive sans vitesse.

OA étant à l'échelle la durée
du trajet, la courbe des espaces
partira du point O et aboutira
au point B, à une distance
AB = EF. Elle sera tangente,
en O, à l'axe OX, et, en B, à
une parallèle à cet axe, car la
vitesse au départ, pour $t = 0$,
et à l'arrivée, pour $t = $ OA, est
nulle par hypothèse. On peut

Fig. 25.

admettre que le mouvement soit réglé de manière à faire
atteindre au mobile le milieu I de son parcours à la moitié de
la durée de ce trajet, ce qui donnera $Oc' = \frac{1}{2}$ OA pour
l'abscisse correspondante au passage en I. On sait, par
l'énoncé, qu'en ce point la vitesse atteint son maximum ; la
courbe des espaces a donc une inflexion au point C. La courbe
des vitesses sera représentée, dans ce cas, par une courbe
OcA, passant par les points O et A et ayant en c une tangente
horizontale, et la ligne $d'c'a'$ des accélérations tangentielles
coupera l'axe OX au point c'. On pourra régler le mouvement
de manière que cette dernière ligne soit droite. S'il en est
ainsi, la courbe des vitesses OcA sera une parabole ayant pour
axe la ligne c'C, et les trois points O, C, B, seront sur une même
ligne droite OB. Cette droite définit le *mouvement uniforme
moyen* du mobile entre son départ E et son arrivée F. La
vitesse de ce mouvement uniforme est la moyenne de toutes
les vitesses successives du mobile, ou de toutes les ordonnées
de la courbe OcA.

Pour traiter cette question par le calcul, représentons la
droite $d'c'a'$ par une équation de la forme

$$j = a - bt,$$

a et b désignant des constantes.

Soit T la durée totale du parcours ; nous devons avoir $j = -a$ pour $t = T$; donc $b = \dfrac{2a}{T}$, et l'équation précédente devient

$$j = a - \frac{2a}{T} t.$$

Remplaçons j par $\dfrac{dv}{dt}$ et intégrons ; il viendra

$$v = at - \frac{at^2}{T},$$

sans ajouter de constante, puisque la vitesse v est nulle pour $t = 0$; cette équation représente la parabole OcA ; elle donne $v = 0$ pour $t = T$, c'est-à-dire au point A, et v maximum pour $t = \dfrac{T}{2}$, au milieu de l'intervalle OA.

Enfin, remplaçant v par $\dfrac{ds}{dt}$ et intégrant de nouveau, il vient

$$s = \frac{at^2}{2} - \frac{at^3}{3T} = \frac{at^2}{2}\left(1 - \tfrac{2}{3}\frac{t}{T}\right),$$

sans ajouter non plus de constante, puisque s et t sont nuls à la fois. Cette dernière équation donne $s = \tfrac{1}{6} aT^2$ pour $t = T$, et $s = \tfrac{1}{12} aT^2$ pour $t = \tfrac{1}{2}T$. Si l'espace total parcouru, AB = EF, est donné d'avance et égal à S, on en déduira la valeur de la quantité a en résolvant l'équation

$$\tfrac{1}{6} T^2 a = S,$$

ce qui donne

$$a = \frac{6S}{T^2}.$$

La condition du contact de la courbe des espaces en O ou en B avec des lignes horizontales est toujours remplie lorsqu'il s'agit du mouvement d'un corps matériel qui part du repos et qui y revient, car il est impossible que la vitesse d'un tel corps passe subitement de la valeur *zéro* à une valeur finie, ou d'une valeur finie à la valeur *zéro;* elle passe, en réalité, par tous les degrés de vitesse intermédiaires. La substitution d'une droite à la courbe, ou d'un mouvement uniforme moyen au mouvement varié réel, efface cette transition, et fait succéder une vitesse finie à une vitesse nulle. Mais il ne faut pas oublier que cette substitution est entièrement fictive.

APPLICATION. — GRAPHIQUE DES TRAINS.

37. On appelle, dans l'exploitation des chemins de fer, *graphique des trains*, une épure où le mouvement de tous les trains est représenté par des lignes droites.

Pour construire cette épure, on prend sur un axe horizontal 24 parties égales représentant les heures d'une journée ; on les subdivise chacune en parties plus petites représentant des intervalles de 10 minutes ; les intervalles plus petits sont appréciés à l'œil. Sur un autre axe, perpendiculaire au premier, on porte des parties proportionnelles aux distances, et l'on place les stations successives de la ligne d'après leurs distances à l'origine du chemin. Cette construction permet de couvrir l'épure d'un réseau de droites rectangulaires, dont les unes, verticales, correspondent à une heure déterminée de la journée, et les autres, horizontales, à une station déterminée.

Considérons un fragment de l'épure du mouvement des trains. Soient A, B, C, D, E les stations réparties sur l'axe vertical à leurs distances respectives ; les verticales équidistantes XII, I, II, III, représentent les heures de midi, 1 heure, 2 heures, etc.

Un train part de la station A à midi et arrive à la station B à midi 30 minutes. Le mouvement moyen qu'il a pendant ce trajet est représenté par la droite *ab*.

Le train reste 5 minutes dans la station B. Il repart donc à midi 35 minutes. Sa vitesse moyenne étant supposée la même, le mouvement, à partir de la station B, sera représenté par une droite $b'c$ parallèle à ab. Cette droite vient couper la ligne de la station C au point correspondant à 1 heure 15 minutes. Si le train passe ensuite 25 minutes dans cette station C, il en repart à 1 heure 40 minutes et arrive à la station D à 2 heures 5 minutes; il en repart à 2 heures 10 minutes et arrive à la station E à 2 heures 55 minutes, et ainsi de suite.

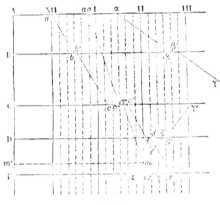

Fig. 24.

Son mouvement, réduit aux vitesses moyennes en dehors des temps d'arrêt, est donc représenté par la ligne brisée $abb'cc'dd'e$, dont les parties inclinées correspondent à la marche et les parties horizontales au stationnement.

Les trains plus lents sont représentés par des lignes plus voisines de l'horizontale, telles que le tracé $\alpha\beta\beta'\gamma\ldots$; les trains plus rapides, par des lignes plus voisines de la verticale; tel est le tracé $aaccc'c'ee$. Il correspond à un train rapide, qui part de A à midi 50, qui *brûle* la station B, arrive en C à 1 heure 50 minutes, en repart à 1 heure 55 minutes, brûle la station D et arrive à la station E à 2 heures 5 minutes. On voit que ce train part du point A plus tard que le train $abb'c\ldots$, et qu'il atteint et dépasse ce train dans la station C; le train $abb'c\ldots$ est alors garé et le train rapide repart plus tôt que lui. Le graphique des trains met en évidence ces rencontres de trains de différentes vitesses, et permet de combiner les heures de leurs passages aux divers points d'arrêt de manière à éviter les collisions.

Les trains qui marchent en sens contraire sont figurés sur l'épure par des lignes inclinées dans l'autre sens. Ainsi, le train $\varepsilon\delta\delta'\gamma'$ part de E à 1 heure 50 minutes, arrive en D à 2 heures 25 minutes, y séjourne 5 minutes et arrive en C à 2 heures 55 minutes. Il croise les deux trains *aaccee* et *abcde* dans l'intervalle compris entre les deux stations D et E, ce qui n'a pas d'inconvénient si le service est établi sur la double voie entre ces stations. A s'en rapporter strictement à l'épure, on pourrait déterminer l'heure et le lieu de chacun des croise-ments. En effet, la droite $c'c'ee$ coupe la droite $\varepsilon\delta$ en un point *m* qui correspond sur l'axe des distances à un certain point du chemin, bien défini par sa distance A*m'* à l'origine, et sur l'axe des temps, à un point qui définit une heure bien déterminée. Mais nous avons vu que la substitution d'une droite à la courbe des espaces revient à la substitution d'un mouvement moyen uniforme au mouvement réel, qui est nécessairement varié ;

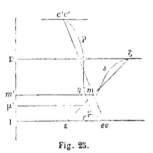

Fig. 25.

de sorte qu'en réalité les lignes du mouvement vrai, au lieu d'être droites, devraient être des courbes sinueuses, analogues à celle que nous avons indiquée dans le paragraphe précédent. Cette altération peut déplacer les points de ren-contre des deux lignes, comme on le voit par la figure ci-contre, Les deux droites $c'c'ee$, $\varepsilon\delta$ se cou-pent en *m*. Mais les courbes réelles ont des formes sinueuses, telles que $c'c'pqee$, $\varepsilon rs\delta$, et elles se coupent en μ; le point de rencontre est donc déplacé sur la ligne vers le point E de la quantité $m'\mu'$.

MOUVEMENT RECTILIGNE UNIFORMÉMENT VARIÉ.

38. Le *mouvement rectiligne et uniforme* est le plus simple de tous les mouvements ; c'est celui pour lequel la vitesse est constante, et dans lequel les espaces parcourus croissent proportionnellement au temps. L'accélération est constamment nulle dans ce mouvement. Le *mouvement rectiligne uniformément varié* est de même le plus simple des mouvements variés. C'est celui dans lequel l'*accélération est constante*, et dans lequel la *vitesse croît proportionnellement au temps*. Ces deux conditions rentrent l'une dans l'autre. En effet, si la vitesse croît proportionnellement au temps, l'accélération, qui n'est autre chose que la vitesse de la vitesse, est une quantité constante qui indique l'accroissement de la vitesse du mobile pendant l'unité de temps. Et réciproquement, dire que l'accélération est constante, c'est dire que la vitesse croît d'une même quantité pendant des temps égaux, ce qui revient à dire qu'elle croît proportionnellement au temps.

Le mouvement uniformément varié est essentiel à considérer dans la mécanique ; nous verrons qu'on y ramène tous les autres. C'est de plus une espèce de mouvement qu'on réalise avec une grande facilité ; car il suffit de laisser tomber un corps pesant suivant la verticale pour en avoir un exemple.

L'accélération j du mouvement varié étant donnée, il est facile d'en déduire la vitesse v, à un moment quelconque, dès qu'on connaît la valeur v_0 de la vitesse à un instant déterminé, pour $t=0$ par exemple. On sait en effet que par chaque unité de temps, la vitesse s'accroît de la quantité j ; donc au bout de t unités de temps, la vitesse v_0 se sera accrue de la quantité jt, et la vitesse, à ce moment, sera représentée par l'expression

$$v = v_0 + jt.$$

C'est à quoi on serait parvenu en intégrant l'équation

$$\frac{dv}{dt} = j,$$

dans laquelle j a une valeur constante ; v_0 est la constante introduite par l'intégration.

Pour avoir s, on intégrera de même l'équation

$$v = \frac{ds}{dt} = v_0 + jt,$$

ce qui donne

$$s = s_0 + v_0 t + \tfrac{1}{2} j t^2.$$

On arrive géométriquement au même résultat en appliquant la méthode du § 24. Construisons la ligne représentative des

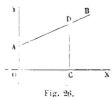

Fig. 26.

vitesses, qui est ici une droite AB, définie par son *ordonnée à l'origine* $OA = v_0$, et par son *inclinaison* j.

Considérons un instant défini par l'abscisse $t = OC$; l'ordonnée CD correspondante sera la valeur de la vitesse à cet instant, et l'aire de la ligne des vitesses, à partir de l'instant $t = 0$ jusqu'à l'instant $t = OC$, sera égale à la surface du trapèze AOCD, c'est-à-dire à

$$\tfrac{1}{2}(AO + CD) \times OC.$$

On sait qu'il faut diviser cette surface par la longueur qui représente l'unité de temps pour avoir une longueur égale à l'espace parcouru par le mobile ; mais cette division revient à remplacer la longueur OC par le nombre t d'unités de temps qu'elle représente à l'échelle. Nous avons de plus :

$$AO = v_0,$$
$$CD = v_0 + jt.$$

Donc enfin l'espace parcouru pendant le temps t est donné par l'expression

$$\tfrac{1}{2}[v_0 + (v_0 + jt)] \times t,$$

ou bien

$$v_0 t + \tfrac{1}{2} j t^2.$$

Si s_0 est, à l'instant $t = 0$, la distance du mobile à l'origine prise sur la trajectoire, nous aurons, pour déterminer la valeur de la distance au bout du temps t, l'équation

$$s - s_0 = v_0 t + \tfrac{1}{2} j t^2.$$

Remarquons que l'accroissement $s - s_0$, ou l'espace parcouru pendant le temps t, se compose de deux parties : l'une, $v_0 t$, est celle qu'aurait décrite le mobile s'il avait conservé pendant tout ce temps la vitesse v_0 qu'il possédait à l'instant $t = 0$; l'autre, $\tfrac{1}{2} j t^2$, ne dépend que de l'accélération j, et serait par conséquent la même si le mobile était parti du repos à l'instant $t = 0$.

La première partie est proportionnelle aux temps, la seconde est proportionnelle aux carrés des temps.

La ligne représentative des espaces est dans ce cas une parabole.

59. Il est facile de déduire de ces formules les lois générales de la chute des corps pesants. L'expérience montre que lorsqu'on laisse tomber un corps, la pesanteur lui communique en une seconde, si l'observation est faite sous la latitude de Paris et à peu de hauteur au-dessus du niveau de la mer, une vitesse de $9^m,8088$; ce nombre est légèrement variable d'un point à l'autre du globe. On le représente par g; c'est l'accélération produite par la pesanteur ; les formules du mouvement vertical des corps pesants s'obtiendront donc en remplaçant dans les équations précédentes l'accélération j par le nombre g, et l'on aura :

$$v = v_0 + g t,$$
$$s = s_0 + v_0 t + \tfrac{1}{2} g t^2.$$

Supposons que le corps tombant parte du repos, et comptons les distances s sur la verticale à partir du point où il a commencé sa chute, Nous aurons à faire $s_0 = 0$ et $v_0 = 0$ dans les formules, qui deviendront :

$$v = g t,$$
$$s = \tfrac{1}{2} g t^2.$$

Supposons au contraire qu'on lance le corps de bas en haut

avec une vitesse v_0, et qu'on demande la hauteur s à laquelle il montera. Les formules seront :

$$v = v_0 + gt,$$
$$s = v_0 t + \tfrac{1}{2} g t^2.$$

Comptons positivement les distances en descendant au-dessous de l'origine et négativement dans le sens contraire : v_0 sera négatif, puisque la vitesse initiale est dirigée par hypothèse dans le sens des s négatifs. Remplaçons donc v_0 par $-V$, V étant la valeur absolue de la vitesse initiale. Il viendra :

$$v = -V + gt,$$
$$s = -Vt + \tfrac{1}{2} g t^2.$$

Le corps montera jusqu'à ce que sa vitesse soit nulle ; donc l'instant où il cessera de monter sera donné en faisant $v = 0$. On en déduit

$$t = \frac{V}{g}.$$

Substituant cette valeur de t dans l'autre équation, nous aurons

$$s = -\frac{V^2}{g} + \tfrac{1}{2} g \times \frac{V^2}{g^2} = -\frac{V^2}{2g}.$$

C'est la valeur de s à laquelle le mobile lancé de bas en haut s'arrête pour redescendre. Elle est négative, parce que nous comptons négativement les s dans le sens montant à partir de l'origine, et sa valeur absolue est $\frac{V^2}{2g}$.

Si donc on voulait faire monter verticalement un corps pesant à une hauteur H au-dessus de son point de départ, il faudrait lui imprimer de bas en haut une vitesse V satisfaisant à l'équation

$$H = \frac{V^2}{2g},$$

ce qui donne, en résolvant, $V = \sqrt{2gH}$.

40. *Problème.* — Un observateur, placé sur le haut d'une

tour, laisse tomber, en dehors de la tour, une pierre qui vient frapper le sol. Il note le temps t écoulé entre l'instant où il a abandonné la pierre et l'instant où il entend le bruit du choc. On demande la hauteur de la tour, en tenant compte du temps que le son a employé pour remonter du sol à l'oreille de l'observateur. La durée observée est de 4 secondes, et la vitesse du son dans l'air est de 340 mètres.

Soit x la hauteur de la tour, comprise entre le sol et l'oreille de l'observateur ; nous supposerons que l'observateur laisse tomber la pierre à partir de cette hauteur.

Le temps observé, t, se compose de deux parties : la première est le temps t' que la pierre, partant du repos, met à parcourir la hauteur x en tombant avec une accélération constante égale à g ; ce temps est donné par l'équation

$$x = \tfrac{1}{2} g t'^2 ;$$

donc

$$t' = \sqrt{\frac{2x}{g}}.$$

La seconde partie t'' est le temps que le son met à parcourir la distance x du sol à l'oreille de l'observateur, avec une vitesse constante de 340 mètres ; on a donc

$$t'' = \frac{x}{340} ;$$

d'où résulte l'équation

$$(1) \qquad \sqrt{\frac{2x}{g}} + \frac{x}{340} = t.$$

Isolons le radical dans le premier membre et élevons au carré : il viendra

$$\frac{2x}{g} = t^2 - \frac{2tx}{340} + \frac{x^2}{(340)^2},$$

ou bien

$$x^2 - 2x \left(\frac{340^2}{g} + 340\,t \right) + (340\,t)^2 = 0.$$

Cette équation a deux racines réelles et positives ; une seule satisfait à l'équation (1), si l'on y prend positivement le radical ; l'autre, la plus grande, correspond à la détermination négative du radical, ce qui est contraire aux conditions du problème.

L'équation (1) se résout facilement par approximations successives. Négligeant d'abord $\frac{x}{340}$, on obtient

$$x = \tfrac{1}{2} g t^2 = 8 \times 9,8 = 78^m,4,$$

valeur trop grande.

La seconde valeur approchée s'obtiendra au moyen de l'équation

$$x = \tfrac{1}{2} g \left(t - \frac{78,4}{340} \right)^2 = \tfrac{1}{2} g \times (4 - 0,23)^2 = \tfrac{1}{2} g \times (3,77)^2 = \tfrac{1}{2} \times 9,8 \times 14,2129$$
$$= 69^m,64 ;$$

elle est trop petite

La troisième valeur approchée sera de même

$$x = \tfrac{1}{2} g \left(t - \frac{69,64}{340} \right)^2 = \tfrac{1}{2} 9,8 \times (3,80)^2 = \tfrac{1}{2} \times 9,8 \times 14,44 = 70^m,75 ;$$

elle est approchée par excès. L'opération suivante donnerait $70^m,58$. On pourra serrer d'aussi près qu'on voudra la valeur cherchée en faisant un nombre suffisant de substitutions.

CHAPITRE II

DU MOUVEMENT PROJETÉ

————

41. L'emploi de la méthode des projections permet de simplifier notablement l'étude des questions de mécanique. On
sait que la géométrie descriptive a pour but de ramener à des
constructions planes les opérations nécessaires à la solution
d'un problème de géométrie de l'espace. De même, la méthode
des projections ramène la considération d'un mouvement qui
s'accomplit dans l'espace, à celle de mouvements de points
situés dans des plans, mouvements plus faciles à étudier. On
peut pousser plus loin cette simplification. Car à un mouvement plan, dont la trajectoire est généralement courbe, on
peut substituer les mouvements rectilignes des projections du
point mobile sur deux axes fixes. La même réduction s'applique à l'espace. Il suffit de projeter le point mobile sur trois
axes fixes ; l'étude des mouvements rectilignes des trois projections conduit à la connaissance de tous les éléments du
mouvement qu'on s'est proposé d'étudier.

Rappelons d'abord quelques définitions.

42. Étant donnés un plan fixe P et une droite fixe L, on
appelle *projection* d'un point M sur le plan P le point *m* où ce
plan coupe une droite menée par le point M parallèlement à
la droite L.

Lorsque la droite L est perpendiculaire au plan P, la projection est dite *orthogonale* : c'est la convention qu'on fait dans
la géométrie descriptive.

Dans tous les cas, la droite M*m*, qui joint le point M à sa projection, s'appelle *droite projetante*.

La projection d'une ligne quelconque R sur le plan P est le lieu géométrique des projections sur ce plan des points de la ligne R ; c'est l'intersection du plan P avec une surface cylindrique engendrée par le mouvement d'une droite qui s'appuierait constamment sur la ligne R en restant toujours parallèle à la direction de la droite L.

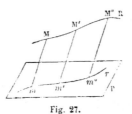

Fig. 27.

Lorsqu'un point mobile M parcourt une trajectoire quelconque R, imaginons qu'on projette à chaque instant sur le plan P, par des droites parallèles à la direction L, la position du mobile à cet instant. La projection *m* du point M pourra être regardée comme un second mobile, qui parcourrait la projection *r* de la trajectoire R. On dit alors que *le mouvement du point m sur la ligne r est la projection du mouvement du point M sur la ligne* R. On voit que si l'on prend des points M, M′, M″, sur la trajectoire R, et les projections *m*, *m′*, *m″* de ces points sur la trajectoire *r*, le mobile réel et le mobile fictif qui en occupe la projection se trouveront simultanément aux points M et *m*, aux points M′ et *m′*, aux points M″ et *m″*...; que, par suite, le *mobile projeté* mettra autant de temps à aller du point *m* au point *m′* que le mobile réel en mettra à aller du point M au point M′, etc...

PROJECTION SUR UNE DROITE.

43. Etant donnés une droite fixe L et un plan fixe P, non parallèle à la droite, on appelle *projection* d'un point M sur la droite L le point *m* où cette droite L rencontre un plan mené par le point M parallèlement au plan P.

Lorsqu'on prend le plan P perpendiculaire à la droite L, la projection est dite *orthogonale*.

La projection d'une ligne quelconque R sur la droite L est la droite L elle-même.

Si, à chaque instant, on projette sur la droite L la position d'un mobile M qui se meut dans l'espace le long d'une trajectoire quelconque R, on obtiendra, en considérant le mouvement rectiligne de la projection du mobile le long de la droite L, un second mouvement, qu'on appellera la *projection* du premier. Les points M, M′, M″... étant des positions successives du mobile sur la trajectoire R, et m, m', m''... leurs projections sur la droite L parallèlement au plan fixe P, le mobile

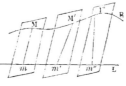

Fig. 28.

fictif mettra autant de temps à passer de m en m', de m' en m'',... que le mobile réel à passer de M en M′, de M′ en M″...

REPRÉSENTATION D'UN MOUVEMENT DANS L'ESPACE.

44. Le mouvement d'un point dans l'espace est entièrement défini quand on connaît les projections de ce mouvement, faites sur trois directions fixes parallèlement à des plans donnés. Voici comment on procède pour donner cette définition d'un mouvement.

Par un point O de l'espace on mène trois droites fixes OX, OY, OZ, non contenues dans un seul et même plan ; ces trois droites sont deux à deux dans un même plan, de sorte que le choix arbitraire de ces trois *axes* définit à la fois trois droites OX, OY, OZ, et trois plans YOZ, ZOX, XOY qu'on appelle *plans coordonnés*.

Par un point quelconque M de l'espace, menons trois plans, l'un parallèle à YOZ, l'autre à ZOX, le troisième à XOY.

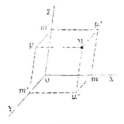

Fig. 29.

Le premier plan coupe l'axe OX en un point m, qui est la *projection* (parallèlement au plan fixe YOZ) du point M sur la droite OX. Il coupe les plans ZOX, XOY, suivant les droites $m\mu'$, $m\mu''$, respectivement parallèles à OZ et à OY.

Le second plan coupe l'axe OY en un point m', projection de M sur OY, parallèlement à ZOX; il coupe les plans XOY, YOZ, suivant les droites $m'\mu''$, $m'\mu$, parallèles respectivement à OX et à OZ. Enfin, il coupe le premier plan suivant la droite $M\mu''$, parallèle à l'axe OZ.

Le troisième plan coupe l'axe OZ au point m'', projection de M sur OZ parallèlement à XOY; il coupe les plans YOZ, ZOX, suivant les droites $m''\mu$, $m''\mu'$, respectivement parallèles à OY et à OX; et enfin, il rencontre les deux premiers plans suivant les droites $M\mu'$, $M\mu$, respectivement parallèles à OY et à OX.

Le solide compris sous ces trois plans et sous les trois plans fixes est un *parallélépipède*, et le point M, dans cette figure, est le sommet opposé à l'*origine* O. Les sommets m, m', m'', situés sur les arêtes aboutissant au point O, sont les *projections* du point M sur les axes : les autres sommets μ, μ', μ'', sont les *projections du point M sur les trois plans fixes*, parallèlement aux axes OX, OY, OZ, qui forment les intersections mutuelles de ces trois plans.

Si, à un instant donné, on fait connaître les distances Om, Om', Om'', de l'origine aux projections sur les trois axes d'un même point M de l'espace, on pourra en déduire la position correspondante de ce point. Il suffit pour cela d'achever le parallélépipède en menant par m, m', m'' des plans respectivement parallèles aux plans coordonnés. Ces trois plans se couperont en un point unique, qui sera le point cherché.

De même, si l'on donnait les projections μ', μ'' du point M sur deux plans coordonnés, on obtiendrait le point M en menant par μ' et μ'' des droites μ' M, μ'' M, respectivement parallèles à OY et OZ : l'intersection de ces deux droites donne le point cherché. La position du point M est donc définie par ses *projections sur deux plans coordonnés*, tandis qu'elle ne peut être définie que par ses *projections sur trois axes coordonnés*. Mais il y a généralement avantage à employer en mécanique la triple projection sur les axes plutôt que la double projection sur les plans.

Non-seulement on ramène ainsi tous les mouvements à des mouvements rectilignes, mais encore les positions des projections m, m', m'' du point M sur les axes sont complétement indépendantes les unes des autres, tandis que les projections μ', μ'' sur deux des plans coordonnés sont assujetties à une condition pour qu'elles correspondent à un point de l'espace, car elles doivent être toutes deux situées dans un plan parallèle au troisième plan coordonné[1].

Remarquons encore que les distances Om, Om', Om'', peuvent entrer dans les calculs avec l'un des signes $+$ et $-$, suivant qu'elles sont portées sur les axes d'un côté ou de l'autre de l'origine O; grâce à cette convention, à chaque point M de l'espace correspond une valeur bien déterminée, en grandeur et en signe, des trois distances Om, Om', Om''; ces trois distances données en grandeur et en signe font donc connaître la position du point M sans aucune ambiguïté.

On désigne ordinairement par x la longueur Om, prise avec son signe et comptée sur l'axe OX; par y la longueur Om, prise sur l'axe OY, et par z la longueur Om'', prise sur l'axe OZ. Ce sont les *trois coordonnées* du point mobile. Le mouvement du point M dans l'espace est entièrement défini si l'on donne les valeurs successives de x, de y et de z en fonction du temps t.

Quand le mouvement a lieu dans un plan, on peut prendre ce plan pour plan des XOY et y mener deux droites OX, OY, qui seront deux des axes coordonnés. Le troisième axe OZ sera dirigé en dehors du plan, et comme le point mobile ne sort pas de ce plan, sa coordonnée z sera constamment nulle. Il n'y a donc, dans ce cas particulier, que deux coordonnées variables, x et y, et il suffit pour définir le mouvement de donner leurs valeurs successives en fonction du temps t.

---

[1] C'est la condition que l'on rencontre en géométrie descriptive, et en vertu de laquelle les projections d'un même point, dans toute épure, doivent être situées sur une même perpendiculaire à la ligne de terre.

ÉTUDE DU MOUVEMENT DANS L'ESPACE AU MOYEN DES PROJECTIONS DE CE MOUVEMENT SUR LES AXES.

45. Les valeurs des coordonnées x, y, z, en fonction du emps t, définissent trois mouvements rectilignes ; nous pouvons appliquer à chacun d'eux les méthodes données dans le chapitre précédent, et déterminer pour chacun les valeurs des vitesses et des accélérations.

Le premier problème qui se présente ici consiste à déduire des vitesses des coordonnées x, y, z, la grandeur et la direction de la vitesse effective du mobile sur sa trajectoire à ce même instant.

Soit RR′ la trajectoire d'un point mobile, LL′ une droite sur laquelle on projette le mouvement parallèlement à un plan fixe ; soient A, A′, deux positions successives infiniment voisines du mobile sur la ligne RR′, et a, a', les projections de ces deux positions sur la ligne LL′.

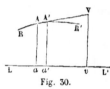

Fig. 30.

Nous avons déjà remarqué que le vrai mobile met autant de temps à aller de A en A′, que le mobile idéal représenté par sa projection met de temps à aller de a en a'. Soit V la vitesse du mobile au point A, et v la vitesse du mouvement projeté, nous aurons à la fois :

$$V = \frac{AA'}{\theta} \quad \text{et} \quad v = \frac{aa'}{\theta},$$

θ étant la durée commune aux deux trajets AA′ et aa'. Donc

$$\frac{V}{v} = \frac{AA'}{aa'}.$$

Or aa' est la projection sur L de l'élément rectiligne AA′ ; il y a entre aa' et AA′ un certain rapport qui dépend des situations relatives de ces deux éléments. Le même rapport existant entre les vitesses v et V, nous pourrons dire par analogie que v est la *projection* de V. Nous avons vu que la vitesse V pouvait être considérée comme une longueur portée en A sur la tangente à la trajectoire; par l'extrémité V de cette longueur, menons un plan projetant, qui rencontrera en v la droite L. Les deux droites AV, av étant rencontrées respectivement aux points A, A', V, et a, a', v, par trois plans parallèles, sont coupées en parties proportionnelles, et l'on a

$$\frac{AV}{av} = \frac{AA'}{aa'} = \frac{V}{a}.$$

Si donc $AV = V$, on a aussi $av = v$, de sorte que *la vitesse v du mouvement projeté s'obtient en projetant la vitesse V du mouvement réel.*

La même proposition s'applique à la projection du mouvement sur un plan parallèlement à une droite fixe.

46. Il est aisé maintenant de résoudre le problème que nous nous sommes proposé tout à l'heure.

Soient a, b, c, les projections d'une des positions A du mobile sur sa trajectoire R.

Nous savons par le théorème qui précède que la vitesse du point a est la projection sur OX de la vitesse du mobile au point A; que la vitesse du point b est la projection de la même vitesse sur OY; qu'enfin la vitesse du point c est la projection de la même vitesse sur OZ. Prenons donc sur les trois axes, à partir de a, b, c, des quantités aa', bb', cc', égales ou proportionnelles aux vitesses respectives de ces points, et cherchons le point V qui a pour projections a', b', c';

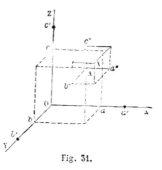

Fig. 31.

la droite AV sera la vitesse demandée en direction et en grandeur. Au lieu de procéder ainsi, nous pouvons mener par le point A trois droites Aa'', Ab'', Ac'', parallèles et égales respectivement à aa', bb', cc', et dirigées dans le même sens. Le plan mené par a' parallèlement au plan YOZ passera par le point a''; de même les plans menés par b' et par c', parallèlement à ZOX et XOY, passeront respectivement par b'' et par c''. Ces trois plans achèvent un parallélépipède qui a pour arêtes aboutissant au point A les trois vitesses Aa'', Ab'', Ac'', égales et parallèles aux vitesses aa', bb', cc'. La vitesse cherchée AV est la diagonale de ce parallélépipède. De là résulte ce théorème :

La vitesse du mouvement effectif est, à chaque instant, représentée en grandeur et en direction par la diagonale d'un paral

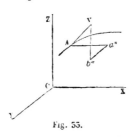

Fig. 32.

lélépipède dont les arêtes sont égales et parallèles aux vitesses du mouvement projeté sur les trois axes.

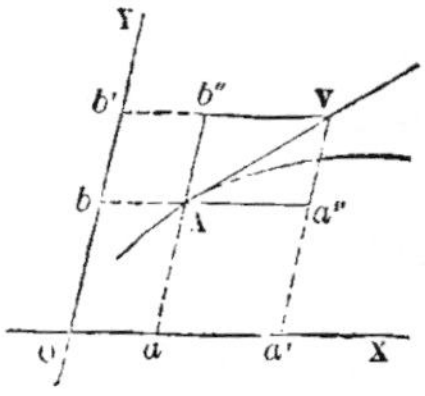

Lorsque le mouvement est plan, le parallélépipède se réduit à un parallélogramme ; et la vitesse AV est représentée en grandeur et en direction par la diagonale du parallélogramme dont les côtés Aa'', Ab'', sont égaux et parallèles aux vitesses aa', bb', du mouvement projeté sur les deux axes, OX, OY, et dirigés dans le même sens que ces vitesses.

47. On pourrait procéder de même pour les accélérations des mouvements projetés sur les axes; mais on obtiendrait, non pas l'*accélération tangentielle* du mouvement effectif, la

seule que nous ayons encore considérée, mais l'*accélération totale*, que nous étudierons dans un autre chapitre.

48. *Remarque.* — Il n'est pas nécessaire, pour trouver la vitesse d'un mouvement réel, de former entièrement le parallélépipède des vitesses des mouvements projetés ; il suffit

Fig. 33.

d'en construire trois arêtes, savoir Aa'' égale et parallèle à la vitesse de la projection sur l'axe OX, $a'' b'''$ égale et parallèle à la vitesse de la projection sur l'axe OY, et $b''' V$ égale et parallèle à la vitesse de la projection sur l'axe OZ. On obtiendra ainsi le sommet V du parallélépipède opposé au sommet A ; AV sera la diagonale de ce parallélépipède et représentera en grandeur et en direction la vitesse cherchée.

Lorsque les axes sont rectangulaires, le parallélépipède devient rectangle, et la grandeur de la vitesse V peut s'obtenir au moyen de l'équation

$$\overline{AV}^2 = \overline{Aa''}^2 + \overline{a''b''}^2 + \overline{b'''V}^2.$$

On a d'ailleurs, en appelant α, β, γ les angles que la direction AV fait avec les directions OX, OY, OZ des axes coordonnés,

$$Aa'' = AV\cos\alpha,$$
$$Ab'' = AV\cos\beta,$$
$$Ac'' = AV\cos\gamma,$$

ou bien, en désignant par V la vitesse AV, et par V_x, V_y, V_z les vitesses projetées sur les axes,

$$V_x = V\cos\alpha,$$
$$V_y = V\cos\beta,$$
$$V_z = V\cos\gamma.$$

Ces relations se déduisent immédiatement des équations

$$dx = ds\cos\alpha,$$
$$dy = ds\cos\beta,$$
$$dz = ds\cos\gamma,$$

en les divisant par dt. L'accroissement infiniment petit, ds, de l'arc décrit sur la trajectoire a en effet pour projections sur les axes les accroissements correspondants dx, dy, dz, des coordonnées du point mobile.

RÉSULTANTE ET COMPOSANTES GÉOMÉTRIQUES.

49. En général, on appelle *résultante géométrique* d'un certain nombre de droites finies AB, Ac, Ad, Ae, issues d'un même point A de l'espace, et dirigées chacune dans un sens

défini, la droite AE qui joint le point A à l'extrémité E du contour polygonal obtenu en menant, par l'extrémité B de la première droite AB, une droite BC égale et parallèle à la seconde droite A*c*, dans le sens
même où cette droite est dirigée; par le
point C, une droite CD égale et parallèle à
la troisième droite A*d*, et dans le même sens
que A*d*; par le point D enfin, une droite DE,
égale et parallèle à A*e*, et dirigée dans le
même sens que A*e*. La résultante a le sens
AE. Les droites A*b*, A*c*, A*d*, A*e*, sont appelées
les *composantes*, et l'opération prend le nom de *composition*.

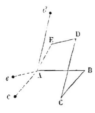

Fig. 54.

Nous verrons plus tard les raisons qui ont conduit à adopter ces définitions.

Nous pouvons dire, en nous servant de cette nouvelle expression, que *la vitesse du mouvement dans l'espace est la résultante géométrique des vitesses des projections de ce mouvement
sur trois axes coordonnés.*

50. Les propositions suivantes, qui nous seront très-utiles
par la suite, se démontrent très-facilement.

1° La résultante géométrique de plusieurs droites données
est indépendante de l'ordre dans lequel on les compose

2° La résultante géométrique de plusieurs droites se réduit
à leur somme quand toutes ces droites ont la même direction
et le même sens.

3° La résultante géométrique de plusieurs droites qui ont
la même direction, mais non le même sens, est la *somme
algébrique* de ces droites, prises avec le signe + quand elles
sont dirigées dans un sens, et avec le signe — quand elles sont
dirigées en sens contraire.

4° Convenons que R désignant une droite finie, de longueur
égale à R, menée à partir du point A dans une direction et un
sens déterminés, — R représentera une droite égale menée
à partir du point A dans la même direction, mais en sens opposé. Nous pourrons dire que si R est la résultante géométrique
de droites données P, P', P"..., le polygone formé par la com-

position des droites P, P′ P″..., et — R se fermera de lui-
même ; réciproquement, soit un polygone fermé, plan ou
gauche, composé de droites P, P′, P″..., prises chacune dans
le sens où elles seraient parcourues par un point mobile qui
ferait le tour du polygone sans jamais rétrograder ; chaque
côté, P, pris en sens contraire, est la résultante géométrique
de tous les autres transportés parallèlement à eux-mêmes en
un même point de l'espace.

5° Projetons sur une droite donnée, par des plans parallèles à un plan fixe, les côtés d'un contour polygonal fermé.
Pour attribuer des signes aux projections, supposons un point
mobile qui ferait le tour du polygone. Projetons ce mouvement sur la droite, et donnons le signe + aux côtés projetés
qui sont parcourus dans un sens par la projection du mobile,
et le signe — aux côtés projetés qui sont parcourus en sens
contraire ; cela posé, la somme algébrique des projections
des côtés sur la droite sera égale à zéro.

6° Par suite, la projection de la résultante, prise avec son
signe, est la somme algébrique des projections des composantes.

7° Lorsque la projection du polygone sur la droite se fait par
des plans normaux, la projection d'un côté est, en grandeur
et en signe, le produit de la valeur absolue du côté par le cosinus de l'angle formé par la direction de ce côté, avec la direc-
tion positive de la droite ; de sorte que si on appelle α, α', α''...
les angles successifs faits par les directions P, P′, P″... avec
la direction positive de l'axe de projection, la résultante R
des droites P, P′, P″..., faisant un angle λ avec la même direction, on aura

$$\mathrm{R}\cos\lambda = \mathrm{P}\cos\alpha + \mathrm{P}'\cos\alpha' + \mathrm{P}''\cos\alpha'' + \ldots = \Sigma\mathrm{P}\cos\alpha.$$

Si donc on propose de composer des droites P, P′, P″..., faisant avec trois axes rectangulaires Ox, Oy, Oz, des angles
donnés

$$\alpha, \quad \alpha', \quad \alpha'', \ldots$$
$$\beta, \quad \beta', \quad \beta'', \ldots$$
$$\gamma, \quad \gamma', \quad \gamma'', \ldots$$

on trouvera la résultante R et les trois angles λ, μ, ν, qu'elle fait avec les mêmes axes, en résolvant les équations

$$R \cos \lambda = \Sigma P \cos \alpha,$$
$$. \; R \cos \mu = \Sigma P \cos \beta,$$
$$R \cos \nu = \Sigma P \cos \gamma.$$

Élevons au carré, ajoutons et observons que les angles λ, μ, ν, formés par une même direction avec trois axes rectangulaires sont liés entre eux par la relation

$$\cos^2 \lambda + \cos^2 \mu + \cos^2 \nu = 1,$$

il vient

$$R^2 = (\Sigma P \cos \alpha)^2 + (\Sigma P \cos \beta)^2 + (\Sigma P \cos \gamma)^2,$$

équation qui donne R, quantité positive.

On a ensuite

$$\cos \lambda = \frac{\Sigma P \cos \alpha}{R},$$

$$\cos \mu = \frac{\Sigma P \cos \beta}{R},$$

$$\cos \nu = \frac{\Sigma P \cos \gamma}{R}.$$

Les angles λ, μ, ν, sont donnés par leur cosinus, et par suite la direction R est définie sans aucune ambiguïté.

PROJECTION DU MOUVEMENT RECTILIGNE ET UNIFORME.

51. Soient MN une trajectoire rectiligne, et PQ l'axe sur lequel on projette le mouvement parallèlement à un plan donné.

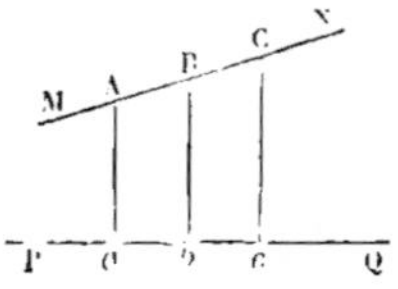

Prenons sur la trajectoire des points A, B, C, équidistants; les projections a, b, c, de ces points sur l'axe PQ seront aussi

Fig. 35.

équidistantes. Le mobile animé d'un mouvement uniforme le long de la droite MN parcourt en temps égaux les intervalles égaux AB, BC. La projection du mobile, qui décrit la droite PQ, parcourt dans le même intervalle de temps les espaces égaux ab, bc, pris sur sa trajectoire. Donc *son mouvement est uniforme*. Il en résulte ce théorème : *la projection sur une droite fixe d'un mouvement rectiligne et uniforme est un mouvement uniforme*.

Si, au lieu de projeter le mouvement sur une droite parallèlement à un plan donné, on projette le mouvement sur un plan P parallèlement à une droite donnée L, *tout mouvement rectiligne dans l'espace aura pour projection un mouvement rectiligne sur le plan*. En effet, la trajectoire du mouvement projeté sera la projection de la ligne droite MM' que le mobile décrit dans l'espace ; elle s'obtiendra donc en menant par la droite MM' un plan parallèle à la droite fixe L ; l'inter-

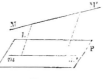

section mm' de ce plan avec le plan P sera la droite décrite par la projection du point mobile. De plus, on démontrerait comme tout à l'heure qu'en temps

Fig. 36.

égaux la projection du mobile décrit des espaces égaux sur sa trajectoire mm', si le mobile décrit lui-même des espaces égaux en temps égaux sur sa trajectoire MM'. Donc *la projection sur un plan d'un mouvement rectiligne et uniforme est un mouvement rectiligne et uniforme*.

52. Nous allons démontrer une proposition inverse.

Lorsque les projections sur trois axes OX, OY, OZ, *du mouvement d'un point* M, *sont des mouvements uniformes, le mouvement du point* M *dans l'espace est rectiligne et uniforme*.

Considérons trois positions quelconques M_1, M_2, M_3, du mobile M sur sa trajectoire. Par chacun de ces points menons une parallèle à l'axe OZ jusqu'à la rencontre du plan XOY ; par le pied b de cette parallèle, menons une parallèle ba à l'axe

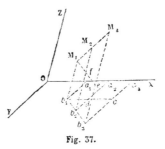

Fig. 37.

OY, jusqu'à la rencontre de l'axe OX. Nous formons ainsi trois contours polygonaux,

$$Oa_1 b_1 M_1, \quad Oa_2 b_2 M_2, \quad Oa_3 b_3 M_3,$$

dont les côtés successifs sont les valeurs des coordonnées des trois points M_1, M_2, M_3.

Je dis d'abord que les trois points b_1, b_2, b_3 sont en ligne droite.

Menons, en effet, par le point b_1, une droite $b_1 c$ parallèle à OX : elle coupera en d la droite $a_2 b_2$ et en c la droite $a_3 b_3$; les parallélogrammes $a_1 b_1 da_2$, $a_3 a_2 dc$, nous donnent les égalités :

$$a_1 b_1 = a_2 d = a_3 c,$$

$$b_1 d = a_1 a_2, \quad b_1 c = a_1 a_3.$$

La distance $a_1 a_2$ représente la variation de l'abscisse x du point mobile pendant le temps θ qu'il a mis à se transporter du point M_1 au point M_2 ; pendant ce même temps θ, l'ordonnée y de ce point a passé de la grandeur $a_1 b_1$ à la grandeur $a_2 b_2$; elle a donc varié de la quantité $a_2 b_2 - a_1 b_1 = b_2 d$.

La vitesse de x qui, par hypothèse, est constante, est donc égale à $\frac{a_1 a_2}{\theta}$, et la vitesse de y à $\frac{b_2 d}{\theta}$.

Appelons de même θ' le temps que le mobile met à aller du point M_1 au point M_3 ; les coordonnées x et y varient dans cet intervalle de temps de quantités égales à $a_1 a_3$ et à $b_3 c$; leurs vitesses sont donc $\frac{a_1 a_3}{\theta'}$ pour la première, et $\frac{b_3 c}{\theta'}$ pour la seconde.

Et comme les mouvements des projections sont supposés uniformes, nous aurons les égalités :

$$\frac{a_1 a_2}{\theta} = \frac{a_1 a_3}{\theta'},$$

$$\frac{b_2 d}{\theta} = \frac{b_3 c}{\theta'}.$$

Divisons ces égalités membre à membre, il viendra la proportion

$$\frac{b_2 d}{a_1 a_2} = \frac{b_3 c}{a_1 a_3},$$

ou bien

$$\frac{b_2 d}{b_1 d} = \frac{b_3 c}{b_1 c}.$$

Les triangles $b_1 d b_2$, $b_1 c b_3$, ont en d et c des angles égaux comme correspondants ; les côtés qui comprennent ces angles sont proportionnels en vertu de l'égalité précédente. Les deux triangles sont donc semblables, et l'angle $b_2 b_1 d$ de l'un est égal à l'angle $b_3 b_1 c$ de l'autre. Donc les trois points b_1, b_2, b_3 sont en ligne droite.

On en conclut sur-le-champ que les trois points M_1, M_2, M_3, sont situés dans un même plan mené par la droite $b_1 b_2 b_3$ parallèlement à l'axe OZ.

Les points b_1, b_2, b_3, sont les projections des points M_1, M_2, M_3 ; le mouvement projeté sur le plan XOY est donc rectiligne, du moment que les mouvements projetés sur les axes OX, OY sont tous deux uniformes.

Nous pouvons ajouter que ce mouvement est uniforme.

En effet, θ est le temps que met la projection du mobile sur le plan XOY à parcourir l'espace $b_1 b_2$, et θ' est le temps qu'elle met à parcourir l'espace $b_1 b_3$. Or les triangles $b_1 b_2 d$, $b_1 b_3 c$, donnent la proportion

$$\frac{b_1 b_2}{b_1 b_3} = \frac{b_1 d}{b_1 c} = \frac{a_1 a_2}{a_1 a_3}.$$

Mais $\dfrac{a_1 a_2}{a_1 a_3} = \dfrac{\theta}{\theta'}$, car, le mouvement projeté sur l'axe OX étant uniforme, les espaces décrits sont proportionnels aux temps mis à les décrire.

Donc $\dfrac{b_1 b_2}{b_1 b_3} = \dfrac{\theta}{\theta'}$, et les espaces décrits sur la trajectoire $b_1 b_3$ sont aussi proportionnels aux temps ; le mouvement projeté sur le plan XOY est par suite un mouvement uniforme.

Nous avons reconnu que la trajectoire réelle $M_1M_2M_3$ est contenue dans un plan mené par la droite $b_1b_2b_3$ parallèlement à la droite OZ. Il en résulte immédiatement que cette trajectoire est droite et que le mouvement qui s'y opère est uniforme. Remarquons, en effet, que ce que nous avons dit de la figure plane $b_1b_2b_3a_3a_2a_1$, nous pouvons le répéter de la figure plane $M_1M_2M_3b_3b_2b_1$. Nous mènerons par le point M_1 une parallèle M_1e à la droite b_1b_3; elle coupera en f l'ordonnée b_2M_2; les longueurs fM_2, eM_3 seront les variations du z du point mobile pendant les temps θ et θ', et nous savons qu'elles sont proportionnelles à ces intervalles de temps; nous venons de démontrer que $b_1\,b_2$, $b_1\,b_3$ ou M_1f, M_1e sont aussi proportionnels à ces mêmes intervalles de temps; donc la similitude des triangles M_1fM_2, M_1eM_3 est encore établie, et les trois points M_1, M_2, M_3, sont, par conséquent, en ligne droite. Enfin, les espaces M_1M_2, M_1M_3 sont parcourus sur cette droite en des temps égaux respectivement à θ et à θ'; or ces temps sont proportionnels aux espaces; donc le mouvement du point M est uniforme, et le théorème est démontré.

53. La géométrie analytique y conduit beaucoup plus rapidement.

Soient

$$x = at + \alpha,$$
$$y = bt + \beta,$$
$$z = ct + \gamma,$$

les équations des mouvements uniformes d'un mobile projeté sur les trois axes coordonnés; le mouvement de ce mobile dans l'espace sera rectiligne et uniforme; il est rectiligne, parce qu'en éliminant t entre deux quelconques des trois équations précédentes, on obtient les équations de plans qui contiennent la trajectoire : savoir

$$bx - ay = b\alpha - a\beta,$$
$$cy - bz = c\beta - b\gamma,$$
$$az - cx = a\gamma - c\alpha.$$

La trajectoire, contenue à la fois dans divers plans distincts, est donc une droite, intersection commune de ces plans.

Le mouvement est uniforme, car sa vitesse est constante, puisqu'elle est la résultante géométrique des trois vitesses a, b, c, constantes en grandeur et en direction, de ses projections sur les axes.

54. *Remarque.* — Nous avons vu dans le chapitre précédent (§ 36) comment on pouvait trouver la vitesse moyenne d'un point sur sa trajectoire entre deux époques déterminées. Si l'on applique ce procédé aux mouvements projetés sur trois axes OX, OY, OZ, en ayant soin de les considérer chacun entre les mêmes époques, on obtient la vitesse moyenne pour chacun des mouvements projetés, et on détermine ainsi le *mouvement moyen* des projections pendant la période considérée. Mais le mouvement réel dans l'espace, qui, pendant cette même période, a pour projections sur les trois axes les mouvements moyens ainsi déterminés, *n'est pas, en général, le mouvement moyen du mobile sur sa trajectoire.* En effet, le résultat de la composition des trois mouvements moyens, qui sont tous trois rectilignes et uniformes, est lui-même un mouvement rectiligne et uniforme. Soient donc A et A′ les positions du mobile aux deux époques entre lesquelles on a cherché les mouvements moyens des projections ; le mouvement résultant de ces trois mouvements moyens sera *le mouvement uniforme qui s'accomplirait dans le même intervalle de temps le long de la corde* AA′, et non le long de l'arc ABA′.

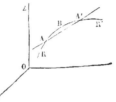

Fig. 58.

Si les points A et A′ sont infiniment voisins, le mouvement moyen résultant s'accomplirait encore suivant la sécante AA′ ; mais cette sécante aurait avec la courbe RR′ deux points communs infiniment rapprochés, et serait en réalité une tangente à la courbe. *La résultante des vitesses des mouvements projetés est donc dirigée suivant la tangente à la trajectoire,* ce que l'on savait déjà par le théorème du § 46.

PROJECTION SUR UN PLAN D'UN MOUVEMENT DANS L'ESPACE. VITESSE ARÉOLAIRE.

55. Supposons les trois axes OX, OY, OZ rectangulaires. Soit RR' la trajectoire d'un point mobile; soient A, A', deux positions successives du point mobile; a, a', les projections de ces positions sur l'axe OX, et b, b', les projections des mêmes points sur le plan XOY.

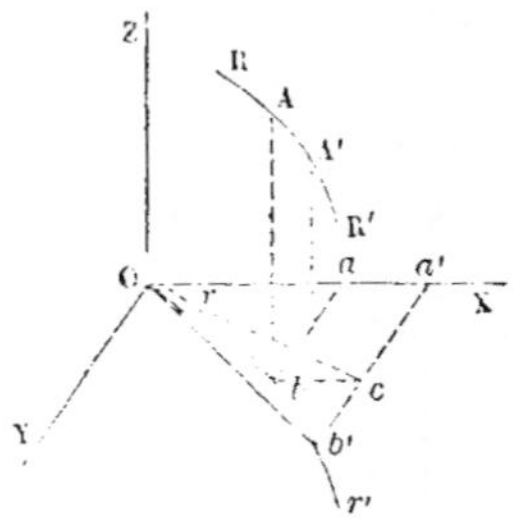

Fig. 39.

Les points a et a' seront aussi les projections sur OX des points b et b', pieds des perpendiculaires abaissées de A et A' sur le plan XOY.

Soit rr' la projection sur ce plan de la trajectoire RR'. Menons du point O des droites Ob, Ob' aux positions successives de la projection du mobile. Le rayon mobile, qui joint le point O à la projection du mobile sur le plan XOY, engendre une aire qui s'accroît de la surface du triangle très-petit bOb' lorsque le mobile passe du point A au point A'. Si donc θ est le temps qu'il met à parcourir l'arc AA', la *vitesse de l'aire projetée* sera égale au rapport

$$\frac{\text{surf. } bOb'}{\theta}.$$

On peut exprimer cette vitesse en fonction des coordonnées $x = Oa$, $y = ab$ du mobile au point A et des vitesses de ces coordonnées.

Par le point b, menons bc parallèle à OX, et joignons Oc. Nous aurons

$$\text{surf. } bOb' = \text{surf. } Ocb' - \text{surf. } Ocb - \text{surf. } bcb'.$$

Mais le triangle bcb' a deux dimensions infiniment petites, tandis que les triangles bOb', Ocb', Ocb, n'en ont qu'une.

On a donc, avec une exactitude d'autant plus grande que l'arc bb', ou l'arc AA', est supposé plus petit,

$$\text{surf. } bOb' = \text{surf. } Ocb' - \text{surf. } Ocb.$$

Le triangle Ocb' a pour base cb', et pour hauteur Oa', ou $x + aa'$; il a donc pour surface

$$\tfrac{1}{2}cb' \times (x + aa').$$

Le triangle Obc a de même pour base $bc = aa'$, et pour hauteur $ba = y$; il a pour mesure

$$\tfrac{1}{2}aa' \times y.$$

Donc

$$\text{surf. } bOb' = \tfrac{1}{2}cb'(x + aa') - \tfrac{1}{2}aa' \times y.$$

Divisons par θ, et observons que $\dfrac{cb'}{\theta}$ est la *vitesse*, v_y, de l'ordonnée y, et que $\dfrac{aa'}{\theta}$ est la vitesse, v_x, de l'abscisse x. Il viendra

$$\text{vitesse aréolaire} = \frac{\text{surf. } bOb'}{\theta} = \tfrac{1}{2}[v_y(x + aa') - v_x y];$$

aa' est infiniment petit, on doit donc le supprimer devant x, et l'on a en définitive

$$\text{vitesse aréolaire} = \tfrac{1}{2}(x v_y - y v_x).$$

Cette formule est générale pourvu qu'on tienne compte des signes. Nous savons déjà quels signes on attribue à x et y. Les vitesses v_x, v_y, sont positives si le mouvement projeté sur les axes s'opère dans le sens qui accroît les coordonnées x et y. Enfin, la vitesse aréolaire projetée est positive, si le rayon Ob se meut autour du point O dans le sens qui amènerait l'axe OX vers l'axe OY.

Nous sommes parvenus à cette formule en négligeant dans les équations certains termes infiniment petits, surf. bcb' dans la première, et aa' dans la dernière. Ces deux suppressions se compensent exactement. On parviendrait sur-le-champ au résultat cherché, en appliquant la formule qui donne la surface S d'un triangle dont les sommets ont pour coordonnées rectangulaires

$$x'\ y',$$
$$x''\ y'',$$
$$x'''\ y'''.$$

On sait que le double de cette surface est égal au déterminant

$$2S = \begin{vmatrix} 1 & x' & y' \\ 1 & x'' & y'' \\ 1 & x''' & y''' \end{vmatrix}$$

Ici, nous ferons $x' = y' = 0$, pour faire coïncider l'un des sommets avec l'origine, $x'' = x$, $y'' = y$, et $x''' = x + dx$, $y''' = y + dy$. La surface dS du triangle infiniment petit bOb' sera donnée par l'équation

$$2dS = \begin{vmatrix} 1 & 0 & 0 \\ 1 & x & y \\ 1 & x+dx & y+dy \end{vmatrix} = xdy - ydx.$$

Donc

$$\frac{dS}{dt} = \frac{1}{2}\left(x\frac{dy}{dt} - y\frac{dx}{dt} \right) = \frac{1}{2}(xv_y - yv_x).$$

Sur les autres plans, la vitesse aréolaire serait donnée par des formules analogues :

Sur le plan YOZ... $\frac{1}{2}(yv_z - zv_y)$,
Sur le plan ZOX... $\frac{1}{2}(zv_x - xv_z)$.

Le sens positif des aires projetées sur le plan YOZ est le sens de OY vers OZ, et sur le plan ZOX, de OZ vers OX.

On voit donc que la connaissance des coordonnées x, y, z, d'un point mobile M et de leurs vitesses à un instant donné, permet de trouver les vitesses à cet instant des aires décrites sur les trois plans coordonnés par les projections sur ces plans du rayon mobile OM. Mais les formules obtenues supposent les coordonnées rectangulaires.

EXEMPLE DE MOUVEMENT PROJETÉ. — PROJECTION SUR UN DIAMÈTRE DU MOUVEMENT UNIFORME D'UN POINT QUI PARCOURT UNE CIRCONFÉRENCE DE CERCLE.

56. Un mobile M parcourt, dans le sens de la flèche, avec une vitesse constante V, la circonférence d'un cercle AB. On demande de déterminer la vitesse du point P, projection orthogonale du mobile M sur le diamètre fixe AB.

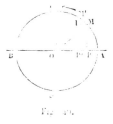

Nous désignerons par v la vitesse cherchée, et nous conviendrons de la regarder comme négative si elle est dirigée dans le sens AB, et comme positive si elle est dirigée en sens contraire. Pour la déterminer, considérons le mobile dans une position M' très-voisine du point M; la position correspondante du mobile projeté sera le point P', très-voisin du point P. La vitesse du premier mobile M est connue : elle est égale à V, et si l'on appelle θ le temps que le mobile met à passer du point M au point M', on aura

$$MM' = V\theta.$$

On aura de même

$$PP' = -v\theta,$$

en mettant le signe — devant v, parce que la vitesse de P est dirigée dans le sens négatif PO, ce qui rend v négatif. Par suite,

$$\frac{v}{V} = -\frac{PP'}{MM'}.$$

On obtiendra donc la vitesse v en cherchant la valeur du rapport $\dfrac{PP'}{MM'}$ lorsque le point M' est infiniment près du point M.

L'arc MM' se confond alors avec un élément de la tangente au cercle au point M ; il est donc perpendiculaire au rayon OM. Abaissons du point M une perpendiculaire MI sur M'P' ; cette droite MI sera parallèle à PP', et par suite sera égale à PP', comme côtés opposés dans un même rectangle. Donc

$$\frac{PP'}{MM'} = \frac{MI}{MM'}.$$

Or les triangles M'IM, OPM, sont semblables comme ayant eurs côtés perpendiculaires chacun à chacun, et l'on a la proportion

$$\frac{MI}{MM'} = \frac{MP}{OM}.$$

Donc

$$v = -V \times \frac{MP}{OM}.$$

OM est une quantité constante, égale au rayon OA du cercle. La formule précédente indique donc que v, vitesse du point P, est proportionnelle à l'*ordonnée* MP de la circonférence.

La vitesse du mouvement projeté est nulle au passage du mobile M au point A ; elle croît en valeur absolue jusqu'à ce que le mobile M ait atteint le point C, extrémité du premier quadrant. Alors elle est égale à V, car l'ordonnée MP devient égale à OC, rayon du cercle. Lorsque le mobile a dépassé le point C, la vitesse négative décroît en valeur absolue, et se retrouve nulle quand il atteint le point B. Au delà de B, la projection a un mouvement rétrograde, la vitesse change donc de signe et devient positive de B vers A ; en même temps, l'ordonnée MP est dirigée de haut en bas, et doit entrer dans les calculs avec le signe négatif. Si donc on désigne par y l'ordonnée MP du point M, *prise avec le signe + ou le signe —, suivant qu'elle est située au-dessus ou au-dessous du diamètre* BA, on pourra poser l'équation générale

$$v = -\frac{Vy}{R},$$

R étant le rayon OA du cercle donné.

Proposons-nous de trouver l'accélération *j* du mouvement du point P. Nous savons que cette accélération est la vitesse de la vitesse *v*. Or *v* est le produit de l'ordonnée *y* par un facteur constant, $-\frac{V}{R}$. La vitesse de *v* est donc le produit du facteur $-\frac{V}{R}$ par la *vitesse de y*, qui reste à déterminer.

Quand le mobile qui parcourt la circonférence passe de M en M', l'ordonnée *y* s'accroît de la quantité M'I, de sorte que la *vitesse de y* est la limite du rapport $\frac{M'I}{0}$ lorsque MM' décroît indéfiniment. Les triangles semblables M'IM, OPM donnent l'égalité

$$\frac{M'I}{MM'} = \frac{OP}{OM}.$$

Donc

$$M'I = \frac{OP}{OM} \times MM',$$

et, divisant par 0,

$$\frac{M'I}{0} = \text{vitesse de } y = \frac{OP}{OM} \times V = \frac{Vx}{R},$$

en appelant *x* l'*abscisse* OP du point M. Il est facile de voir que la formule est générale pourvu que l'on prenne l'abscisse *x* avec le signe + si elle est portée à droite du point 0, et avec le signe — si elle est portée en sens contraire.

La *vitesse de l'ordonnée* est donc représentée en grandeur et en signe par l'expression $\frac{Vx}{R}$, et comme l'accélération *j* du point P est le produit de cette vitesse par $-\dfrac{V}{R}$, il en résulte qu'on a

$$j = -\frac{Vx}{R} \times \frac{V}{R} = -\frac{V^2x}{R^2}.$$

L'accélération du point P est négative tant que le point P reste compris entre A et O, et positive quand il est compris entre O et B. Elle est proportionnelle à la distance OP. Lorsque le mobile P est au point A, $x = R$, et l'accélération j est égale à $-\dfrac{V^2}{R}$; elle est nulle quand le point P passe au point O.

En définitive, la vitesse du point P est proportionnelle à l'ordonnée MP du point du cercle qui a OP pour abscisse, et l'accélération, toujours dirigée de P vers le centre O, ou, comme on dit, toujours *centripète*, est proportionnelle à l'abscisse OP.

57. Traitons analytiquement le même problème.

Soit ω la vitesse angulaire constante du rayon OM; appelons t le temps, compté à partir de l'instant où le mobile M passe au point A. L'angle AOM décrit par le rayon OM pendant le temps t sera égal à ωt, et par suite la distance OP $= x$ du mobile projeté au point O sera donnée avec son signe par l'équation

$$x = R \cos \omega t.$$

C'est l'équation du mouvement projeté.

La vitesse de ce mouvement s'obtient par l'équation

$$v = \frac{dx}{dt} = -R \omega \sin \omega t$$

et l'accélération par une seconde différentiation

$$j = \frac{d^2x}{dt^2} = -R \omega^2 \cos \omega t.$$

Si nous appelons V la vitesse linéaire du mobile M, nous pourrons (§ 50) remplacer ω par $\dfrac{V}{R}$; et observant de plus que

R sin $\omega t =$ PM $= y$, il vient les formules déjà trouvées :

$$v = -\frac{Vy}{R},$$
$$j = -\frac{V^2 x}{R^2}.$$

58. Construisons la *courbe des espaces* qui définit le mouvement du point P, puis la *courbe des vitesses*, et enfin la *courbe des accélérations*.

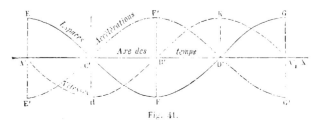

Fig. 41.

Pour cela, observons que le temps t, compté à partir de l'un des moments où le point M passe au point A, est proportionnel à l'arc AM décrit par le mobile à partir de ce moment ; on a en effet

$$\text{arc } AM = Vt.$$

Donc

$$t = \frac{\text{arc } AM}{V}.$$

Cela revient pour ainsi dire à admettre que le rayon OM est l'aiguille d'un quadrant sur lequel on lit les heures.

Sur une droite indéfinie A'X, prenons des longueurs A'C' $=$ C'B' $=$ B'D $=$ D'A'$_1$... égales au développement des quadrants successifs AC, CB, BD.... Ce sera l'échelle des temps ; A'C' représentera le temps nécessaire au mobile M pour aller de A en C, de C en B....

Prenons le point O pour origine des espaces décrits par le point P.

Pour $t = 0$, ou pour le moment du passage du point M au point A, le point P est à une distance OA $=$ R de l'origine O.

Nous porterons donc au point A' une ordonnée A'E, positive et égale au rayon OA.

Quand M passe en C, le point P coïncide avec le point O ; donc, pour $t = C'A'$, l'ordonnée de la courbe des espaces est nulle.

Pour $t = A'B'$, c'est-à-dire au moment où le mobile M passe au point B, le mobile P se trouve à une distance $OB = R$ de l'origine dans le sens négatif. Nous porterons donc l'ordonnée $B'F = R$ dans le sens des ordonnées négatives.

La courbe passe au point D' pour indiquer que le point P coïncide avec le point O lorsque le mobile M passe au point D.

Enfin, quand M a achevé sa révolution entière et est revenu au point A, le point P se retrouve en A à une distance positive, $OA = R$, de l'origine. La courbe passe donc par le point G, dont les coordonnées sont $A'_1 G = R$ et $A'A'_1 =$ circonférence OA.

Au delà, le tracé se répète indéfiniment pour chaque révolution successive du mobile M. Le mouvement du point P est un mouvement oscillatoire du point A au point B avec retour du point B au point A, et se reproduit indéfiniment d'une manière périodique.

La courbe indéfinie ainsi obtenue a pour équation

$$x = R \cos \omega t,$$

c'est donc une *sinusoïde*.

La courbe des vitesses peut se déduire directement de la courbe des espaces ; mais on peut aussi employer la formule

$$v = - R\omega \sin \omega t.$$

Cette nouvelle courbe passe aux points A', B', A'$_1$, et est une nouvelle sinusoïde A'HB'KA'$_1$; on peut, en faisant choix d'une échelle convenable des vitesses, laisser de côté le facteur constant ω, et alors la sinusoïde des vitesses sera la sinusoïde des espaces, déplacée vers la gauche d'une quantité C'A' égale à un quadrant. C'est ce qu'indique l'équation même de la courbe :

$$v = - R\, \omega \sin \omega t = R\omega \cos\left(\omega t + \frac{\pi}{2}\right).$$

De même, la courbe des accélérations, abstraction faite du facteur constant ω^2, dont on peut tenir compte par une division convenable de l'échelle des accélérations, sera la sinusoïde des vitesses déplacée d'un quadrant vers la gauche et occupant la position E'C'F'D'G', ou encore la sinusoïde des espaces renversée autour de l'axe des temps

Si nous voulions la vitesse moyenne du point P dans son trajet du point A au point B, il faudrait diviser l'espace parcouru $AB = 2R$ par le temps T mis à le parcourir ; or ce temps T est la durée du trajet du mobile M, du point A au point B le long de la circonférence ACB ; donc

$$ACB \text{ ou } \pi R = T \times V$$

et

$$T = \frac{\pi R}{V}.$$

La vitesse moyenne du point P, *dans une de ses oscillations simples*, est donc égale à

$$\frac{2R}{\left(\frac{\pi R}{V}\right)} = \frac{2V}{\pi},$$

Le nombre π étant égal à très-peu près à $\frac{22}{7}$, on voit que la vitesse moyenne du point P dans une de ses oscillations simples est à peu près les $\frac{7}{11}$ de la vitesse V du mobile M.

Les valeurs absolues extrêmes de la vitesse du point P sont 0 et V.

59. Enfin, on peut se proposer de construire la courbe des vitesses rapportées aux espaces parcourus ; on obtiendra l'équation de cette courbe en éliminant t entre les deux équations

$$x = R \cos \omega t,$$
$$v = - R\omega \sin \omega t.$$

On obtient ainsi l'équation

$$\left(\frac{x}{R}\right)^2 + \left(\frac{v}{R\omega}\right)^2 = 1,$$

qui représente une ellipse dont le demi-axe horizontal est égal à R, et le demi-axe vertical égal à Rω. Comme nous pouvons disposer arbitrairement de l'échelle des vitesses, nous nous arrangerons pour que ces deux demi-axes soient égaux ; alors l'équation de la courbe cherchée devient, en changeant $\dfrac{v}{\omega}$ en y,

$$\left(\frac{x}{R}\right)^2 + \left(\frac{y}{R}\right)^2 = 1$$

ou

$$x^2 + y^2 = R^2;$$

c'est-à-dire que cette courbe est la circonférence décrite par le point M. Nous avons remarqué, en effet, que la vitesse v du point P est à chaque instant proportionnelle à l'ordonnée y du point M dans sa position correspondante.

DU MOUVEMENT D'UN POINT RAPPORTÉ A DES COORDONNÉES POLAIRES.

60. Le mouvement d'un point M dans un plan est entière-ment défini quand on donne à chaque instant les valeurs du rayon vecteur $r = $ OM, et de l'angle po-laire $\theta = $ MOP, que la direction du rayon vecteur OM fait avec l'axe polaire fixe OP.

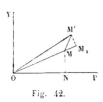

Fig. 42.

Soient M et M' deux positions succes-sives infiniment voisines du point mobile sur sa trajectoire. Elles correspondent, l'une aux valeurs r et θ des coordonnées, l'autre aux valeurs $r + dr$ et $\theta + d\theta$. L'arc MM' est égal à ds, et le rapport $\dfrac{ds}{dt}$ est la vitesse du mobile au point M.

Projetons le point M' en M_1 sur la direction de OM, pro-longée s'il est nécessaire. L'arc MM' est la résultante géomé-trique des deux composantes MM_1 et M_1M', dont les directions sont connues ; de sorte que la vitesse v s'obtiendra en composant la vitesse $\dfrac{MM_1}{dt}$, portée suivant le rayon OM, avec la vitesse $\dfrac{M_1M'}{dt}$, perpendiculaire à ce même rayon. Tout se réduit donc à trouver les valeurs de ces deux vitesses.

La composante MM_1 est la différence entre OM_1 et OM ; or OM_1 est la projection sur OM de la droite OM', qui fait avec OM un angle infiniment petit M'OM $= d\theta$. La différence entre la droite OM' et sa projection OM est un infiniment petit d'ordre supérieur au premier. Cette proposition étant extrêmement importante, nous en ferons l'objet d'un lemme particulier.

61. LEMME. — *La projection orthogonale d'une droite finie sur une direction qui fait avec cette droite un angle infiniment petit, est égale à la longueur de la droite, à moins d'un infiniment petit du second ordre.*

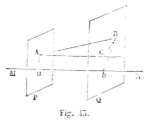

Fig. 45.

Soit AB la droite finie ; MN, la direction sur laquelle se fait la projection. Du point A on abaisse Aa, et du point B, Bb, perpendiculaires sur MN. La longueur ab est la projection de AB. La construction revient à mener par les points A et B deux plans P et Q perpendiculaires à MN, et à prendre les intersections a et b de ces plans avec la droite.

Par le point A, menons une droite AC parallèle à MN ; elle sera, comme la droite MN, perpendiculaire aux plans P et Q, et percera ce dernier plan en un point C. Joignons Cb et BC ; la droite AC, perpendiculaire au plan Q, est perpendiculaire aux deux droites Cb, CB, qui passent par son pied dans ce plan. Donc, d'une part, la figure $AabC$ est un rectangle, et par suite $AC = ab$; d'autre part, le triangle ACB est rectangle en C, de sorte que AC est la projection orthogonale de la droite AB sur une direction AC menée parallèlement à MN par le point A. La projection d'une droite AB sur un axe quelconque MN est donc égale à la projection de cette même droite sur tout autre axe parallèle au premier. Cette première partie de la démonstration est générale et ne suppose pas infiniment petit l'angle BAC des deux directions AB, MN.

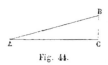

Fig. 44.

Ceci posé, nous avons à chercher (fig. 44) une limite du rapport de AB à sa projection AC, dans le triangle rectangle ABC, lorsque l'angle BAC est infiniment petit.

Nous savons déjà que l'oblique AB est plus grande que la perpendiculaire AC. Posons donc

$$\frac{AB}{AC} = 1 + \varepsilon,$$

ε étant un nombre positif, variable avec l'angle BAC, et se réduisant à zéro quand l'angle BAC devient nul. Il s'agit de trouver une limite supérieure de ε.

On tire de cette égalité

$$AB = AC + AC \times \varepsilon,$$

et, élevant au carré,

$$\overline{AB}^2 = \overline{AC}^2 + 2\overline{AC}^2 \times \varepsilon + \overline{AC}^2 \times \varepsilon^2.$$

Mais le triangle rectangle ACB nous donne :

$$\overline{AB}^2 = \overline{AC}^2 + \overline{BC}^2.$$

Donc

$$\overline{BC}^2 = 2\overline{AC}^2 \times \varepsilon + \overline{AC}^2 \times \varepsilon^2.$$

Supprimant le terme $\overline{AC}^2 \times \varepsilon^2$, qui est toujours positif, il vient

$$2\overline{AC}^2 \times \varepsilon < \overline{BC}^2,$$

et par suite

$$\varepsilon < \frac{1}{2}\left(\frac{BC}{AC}\right)^2.$$

Si BC est infiniment petit par rapport à AC, ε est moindre

dre que la moitié du carré du rapport $\dfrac{BC}{AC}$; ε est donc un infiniment petit du second ordre, et la proposition est démon-
trée.

62. Cette proposition n'est qu'un cas particulier d'un principe beaucoup plus général.

Prenons sur une droite indéfinie XY un point O pour origine ; soit A un point fixe donné, et P un point mobile le long
de la droite. Joignons AP. Cette longueur est une fonction de
la distance OP, et nous pouvons poser

$$y = F(x),$$

en appelant y la longueur AP et x la distance correspondante
OP. Il est facile de voir que la fonction F passe par un mini-
num lorsque le point P vient coïncider avec le
pied, C, de la perpendiculaire AC abaissée du
point A sur la droite ; que, si l'on appelle a la
distance OC, la fonction prend les mêmes valeurs pour $x = a + b$ et $x = a - b$, et qu'enfin, à mesure que x grandit en valeur absolue,
y grandit indéfiniment à partir de la valeur
$y = AC$. La fonction $F(x)$ est continue, et pour
toute valeur réelle et finie de la variable, sa
dérivée $F'(x)$ a une valeur réelle, finie et déterminée ; on peut ajouter que $F'(x)$ est aussi
continue, et que cette fonction n'éprouve pas

Fig. 45.

de variations brusques quand la variable reçoit un accroissement infiniment petit. Dès qu'on a constaté ces caractères, on
peut en conclure que la dérivée $F'(x)$ s'annule pour $x = a$, et
que, par suite, pour $x = a + h$, on a

$$F(a + h) = F(a) + \frac{h^2}{1.2} F''(a + \theta h),$$

θ étant un nombre compris entre 0 et l'unité. Donc la différence
$AB - AC = F(a + h) - F(a)$ est infiniment petite par rapport à
la quantité BC, qui est égale à h.

Il résulte de là que *le cosinus d'un angle infiniment petit est égal à l'unité, à des infiniment petits près d'ordre supérieur au premier;* de sorte que, dans tous les problèmes où la solution ne dépend que des infiniment petits du premier ordre, on peut confondre (fig. 45) une droite AB avec sa projection *ab* sur une direction faisant avec elle un angle infiniment petit ; car cela revient à supprimer dans les équations du problème des termes infiniment petits par rapport à ceux que l'on doit conserver.

63. Revenons à la question que nous nous étions proposée.

La droite OM' (fig. 42) faisant avec OM un angle $d\theta$ infiniment petit, on a, à des infiniment petits du second ordre près,

$$OM_1 = OM' = r + dr,$$

et par suite

$$MM_1 = dr.$$

De même le triangle rectangle OMM' nous donne

$$M'M_1 = OM' \sin M'OM = (r + dr) \times \sin(d\theta).$$

Le sinus d'un arc infiniment petit est égal à l'arc lui-même, aux infiniment petits du troisième ordre près ; et l'on a, par suite, en ne conservant que les infiniment petits du premier ordre,

$$M'M_1 = rd\theta.$$

Donc les composantes de la vitesse sont $\dfrac{dr}{dt}$ suivant le rayon vecteur, et $\dfrac{rd\theta}{dt}$ suivant une perpendiculaire à ce rayon. La première composante a reçu le nom de *vitesse de glissement*, et la seconde celui de *vitesse de circulation ;* celle-ci est le produit du rayon vecteur *r*, par la *vitesse angulaire* $\dfrac{d\theta}{dt}$. Enfin la *vitesse aréolaire*, égale à $\dfrac{\text{surf. (M'OM)}}{dt}$, a pour expression

$$\tfrac{1}{2} r^2 \frac{d\theta}{dt}.$$

64. Pour passer des coordonnées rectangles $ON = x$ et $NM = y$ aux coordonnées polaires $r = OM$, $\theta = MOP$, on emploie les équations

$$x = r\cos\theta,$$
$$y = r\sin\theta.$$

Les composantes de la vitesse du mobile, suivant les axes fixes OP, OY, seront données par la différentiation de ces deux équations,

$$\frac{dx}{dt} = \frac{dr}{dt}\cos\theta - r\sin\theta\frac{d\theta}{dt},$$

$$\frac{dy}{dt} = \frac{dr}{dt}\sin\theta + r\cos\theta\frac{d\theta}{dt}.$$

On obtiendrait facilement ces formules en projetant sur les axes le triangle MM_1M'.

Si, au contraire, on donne $\dfrac{dx}{dt}$ et $\dfrac{dy}{dt}$, et qu'on demande la vitesse de glissement et la vitesse de circulation, il faudra résoudre les deux équations du premier degré :

$$\cos\theta\frac{dr}{dt} - \sin\theta \times r\frac{d\theta}{dt} = \frac{dx}{dt},$$

$$\sin\theta\frac{dr}{dt} + \cos\theta \times r\frac{d\theta}{dt} = \frac{dy}{dt},$$

ce qui donnera

$$\frac{dr}{dt} = \frac{dx}{dt}\cos\theta + \frac{dy}{dt}\sin\theta,$$

$$r\frac{d\theta}{dt} = \frac{dy}{dt}\cos\theta - \frac{dx}{dt}\sin\theta.$$

Si dans cette dernière équation nous remplaçons $\cos\theta$ et $\sin\theta$ par $\dfrac{x}{r}$ et $\dfrac{y}{r}$, il viendra, en divisant par 2,

$$\frac{1}{2}r^2\frac{d\theta}{dt} = \frac{1}{2}\frac{xdy - ydx}{dt},$$

expression déjà trouvée de la vitesse aréolaire (§ 55.)

COORDONNÉES POLAIRES DANS L'ESPACE

65. La position d'un point M dans l'espace peut être définie par les deux angles $\theta = ZOM$, $\varphi = XOP$, et la longueur $r = OM$

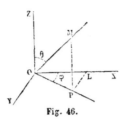

Fig. 46.

du rayon vecteur. L'angle φ mesure le dièdre compris entre le plan fixe ZOX et le plan ZOM, conduit par l'axe OZ et le point M ; ce sera par exemple la *longitude* du point M sur une sphère décrite du point O comme centre. L'angle ZOM est un angle polaire dans le plan ZOM, il définit dans ce plan la direction OM ; c'est la *colatitude* du point M. Enfin la distance OM achève de fixer la position de ce point.

Abaissant MP perpendiculaire sur le plan XOY, puis PL perpendiculaire sur OX, nous aurons $OL = x$, $LP = y$, $PM = z$, dans le système ordinaire de coordonnées rectangles ; ces coordonnées sont liées aux coordonnées polaires par les relations

$$MP = OM \cos \theta,$$
$$OP = OM \sin \theta,$$
$$OL = OP \cos \varphi,$$
$$LP = OP \sin \varphi,$$

d'où résultent les trois équations

$$x = r \sin \theta \cos \varphi,$$
$$y = r \sin \theta \sin \varphi,$$
$$z = r \cos \theta.$$

De ces équations on tire la transformation inverse :

$$r^2 = x^2 + y^2 + z^2,$$
$$\cos \theta = \frac{z}{r},$$
$$\tan \varphi = \frac{y}{x}.$$

Pour avoir les vitesses des mouvements projetés sur les axes fixes Ox, Oy, Oz, on différentiera les trois premières équations. Il vient

$$\frac{dx}{dt} = \frac{dr}{dt} \sin \theta \cos \varphi + r \cos \theta \cos \varphi \, \frac{d\theta}{dt} - r \sin \theta \sin \varphi \, \frac{d\varphi}{dt},$$

$$\frac{dy}{dt} = \frac{dr}{dt} \sin \theta \sin \varphi + r \cos \theta \sin \varphi \, \frac{d\theta}{dt} + r \sin \theta \cos \varphi \, \frac{d\varphi}{dt},$$

$$\frac{dz}{dt} = \frac{dr}{dt} \cos \theta - r \sin \theta \, \frac{d\theta}{dt}.$$

On peut ensuite résoudre ces équations par rapport à $\dfrac{dr}{dt}$, $\dfrac{d\theta}{dt}$, $\dfrac{d\varphi}{dt}$, ce qui donnera, en fonction des vitesses projetées sur les axes fixes, la *vitesse de glissement* du point mobile sur le rayon vecteur, la *vitesse de la colatitude* et la *vitesse de la longitude*. Le produit $r\,\dfrac{d\theta}{dt}$ est la *vitesse de circulation en latitude*, et $r\sin\theta\dfrac{d\varphi}{dt}$, la *vitesse de circulation en longitude*. Multipliant successivement chaque équation par les coefficients de $\dfrac{dr}{dt}$, puis par les coefficients de $r\,\dfrac{d\theta}{dt}$, enfin par les coefficients de $r\sin\theta\,\dfrac{d\varphi}{dt}$, et faisant les sommes, on obtient les équations suivantes, qu'il serait aisé de démontrer géométriquement :

$$\frac{dr}{dt} = \sin\theta\cos\varphi \, \frac{dx}{dt} + \sin\theta\sin\varphi \, \frac{dy}{dt} + \cos\theta \, \frac{dz}{dt},$$

$$r\frac{d\theta}{dt} = \cos\theta\cos\varphi \, \frac{dx}{dt} + \cos\theta\sin\varphi \, \frac{dy}{dt} - \sin\theta \, \frac{dz}{dt},$$

$$r\sin\theta\frac{d\varphi}{dt} = -\sin\varphi \, \frac{dx}{dt} + \cos\varphi \, \frac{dy}{dt}.$$

CHAPITRE III

DU MOUVEMENT RELATIF

––––––

66. Les mouvements dont nous nous sommes occupés jusqu'à présent étaient des *mouvements absolus*, c'est-à-dire des transports effectifs d'un point mobile en divers points géométriques de l'espace. Nous avons vu qu'on peut les définir en donnant en fonction du temps les valeurs successives des coordonnées x, y, z, du point mobile par rapport à trois axes fixes.

Nous allons étudier dans ce chapitre le *mouvement relatif* ou *mouvement apparent;* il diffère du mouvement absolu en ce qu'au lieu de chercher la trajectoire et les vitesses du mobile dans l'espace absolu, ou par rapport à des axes fixes, on cherche la trajectoire et les vitesses du mobile relativement à des points ou à des axes qui sont eux-mêmes animés d'un certain mouvement.

Un exemple éclaircira cette nouvelle image.

Un voyageur se promène sur le pont d'un bateau qui se meut le long d'une rivière. On peut considérer le mouvement relatif du voyageur par rapport au bateau; c'est ce mouvement qui amène successivement le voyageur de l'arrière à l'avant, de l'avant à l'arrière, du côté droit au côté gauche, etc. Tous ces mouvements sont caractérisés par une trajectoire qu'on pourrait tracer sur le pont du bateau et par certaines vitesses le long de cette trajectoire; la vitesse propre du bateau sur la rivière n'intervient en rien dans la détermination des éléments de ce mouvement; c'est un mouvement relatif pour l'étude duquel on peut supposer que le bateau reste fixe, en faisant abstraction du mouvement qu'il possède sur la rivière.

Si l'on connait le mouvement du bateau et le mouvement du voyageur par rapport au bateau, il est clair qu'on pourra en déduire le mouvement du voyageur par rapport aux bords de la rivière ; on saura trouver, en effet, à chaque instant, la position exacte du bateau par rapport aux rives, et, sur le bateau, la position exacte du voyageur ; en reportant ces indications sur le plan de la rivière, on y tracera la suite des positions occupées par le voyageur ; ce sera la trajectoire du voyageur par rapport aux rives, et le mouvement du voyageur sur cette trajectoire sera connu, puisqu'on saura l'heure de son passage aux divers points de cette trajectoire. En résumé, *de la connaissance du mouvement relatif du voyageur par rapport au bateau, et du mouvement du bateau par rapport aux rives, on peut déduire le mouvement du voyageur par rapport aux rives.*

Ce dernier mouvement serait le mouvement absolu du voyageur si les rives étaient immobiles. Or on sait qu'il n'en est rien, et que la terre entière est animée d'un certain mouvement dans l'espace. Connaissant le mouvement du voyageur par rapport aux rives et le mouvement absolu de la terre, on en déduirait de même les positions successives du voyageur dans l'espace, c'est-à-dire on déterminerait le mouvement absolu du voyageur.

Tous les mouvements que nous observons à la surface de la terre ou dans le ciel sont des mouvements apparents ; l'observateur n'a pas conscience du mouvement d'entraînement qu'il subit.

67. Proposons-nous de résoudre d'une manière générale le problème suivant :

Connaissant le mouvement d'un point M relativement à un système S, dit système de comparaison, qui est lui-même mobile dans l'espace, et connaissant le mouvement absolu de ce système S, trouver le mouvement absolu du point M.

Le mouvement absolu du système de comparaison auquel on

rapporte le mouvement relatif du point M, est appelé *mouvement d'entraînement*.

Le point M décrit par rapport au système S une certaine trajectoire T_ρ qui est sa trajectoire relative ; au bout d'intervalles de temps égaux entre eux, il occupe sur cette trajectoire les positions A_1, A_2, A_3, A_4....

Mais la trajectoire relative fait partie du système S et participe à son mouvement d'entraînement. Elle occupe donc successivement, au bout des mêmes intervalles de temps, les positions T_1, T_2, T_3, T_4. Le mobile pendant le premier intervalle de temps passe de A_1 en A_2 sur sa trajectoire relative ; pendant le même temps, la trajectoire passe de la position T_1 à la position T_2 ; par suite la position réelle du mobile, au bout de ce temps, est le point B_2, position prise par le point A_2. On reconnaîtra de même qu'au bout du second intervalle de temps le mobile sera en C_3, et au bout du troisième en D_4. La *trajectoire abso-*

Fig. 47.

lue est donc la ligne $A_1 B_2 C_3 D_4$, et le mouvement du mobile est entièrement défini, puisqu'on sait que dans le premier intervalle de temps il passe de A_1 en B_2, dans le second de B_2 en C_3, dans le troisième de C_3 en D_4, etc.

La relation qui lie la vitesse relative et la vitesse absolue du point M se déduit de cette construction de la trajectoire absolue.

Soit θ un temps infiniment petit, pendant lequel le mobile M passe sur sa trajectoire relative de la position M à la position M' infiniment voisine. Pendant ce même temps θ, la trajectoire se déplace d'une quantité infiniment petite et vient occuper la position T_1. Le point géométrique M de la trajectoire passe en M_1, après avoir décrit en vertu du mouvement d'entraînement l'élément rectiligne MM_1. Dans le même intervalle infiniment petit 0, le point mobile passe en réalité du point M au point N, situé sur la ligne T_1, à une distance $M_1 N = MM'$ du point M_1; il décrit donc dans son mouvement ab- solu la *diagonale* MN du parallélogramme $MM_1 NM'$ construit sur les chemins MM', MM_1, dont l'un MM' est décrit par le mobile dans son mouvement relatif, et dont l'autre se- rait décrit par le mobile si, pendant le temps 0, il était entraîné par le mouve- ment du système de comparaison S.

Fig. 48.

A la limite, les directions MM', MN, MM_1, sont les directions des vitesses du point M : MM' est la direc- tion de la *vitesse relative*, MN celle de la *vitesse absolue*, et MM_1 celle de la *vitesse d'entraînement du point du système S avec lequel coïncide le point* M au commencement du temps 0 considéré.

Les grandeurs des vitesses sont données par les limites des rapports $\dfrac{MM'}{0}, \dfrac{MN}{0}, \dfrac{MM_1}{0}$; elles sont donc proportionnelles aux longueurs MM', MN, MM_1, des éléments eux-mêmes, ou aux côtés de l'un des triangles $MM_1 N, MM'N$. A la figure $MM_1 NM'$, qui est infiniment petite, on peut substituer une figure sem- blable de dimensions finies, sans altérer les rapports cherchés.

En définitive, la *vitesse absolue* V du point M à un moment quelconque est représentée en grandeur et en direction par la diagonale MV d'un parallélogramme, dont les côtés Mv, Mu, représentent en grandeur et en direc- tion, le premier la *vitesse relative*, v, du point M, le second la *vitesse d'entraîne-*

Fig. 49.

ment, u, du point géométrique du système de comparaison avec lequel le mobile M coïncide au même moment.

Ce théorème s'exprime plus brièvement de la manière sui- vante :

La vitesse absolue est la résultante de la vitesse relative et de la vitesse d'entraînement.

68. Si l'on donne en grandeur et en direction la vitesse absolue MV et la vitesse d'entraînement Mu, il est facile d'en déduire la vitesse relative ; en effet, la vitesse relative Mv sera égale et parallèle à la droite uV, qui achève le triangle MuV.

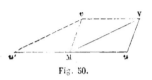

Fig. 50.

On peut dire aussi que *la vitesse relative Mv est la résultante de la vitesse absolue MV et de la vitesse d'entraînement Mu', prise en sens contraire.*

En effet, si l'on prend Mu' = Mu sur le prolongement de la droite uM, et qu'on joigne $u'v$ et vV, la figure MV$v'u$ sera un parallélogramme dont Mv sera la diagonale.

On prouverait de même que *la vitesse d'entraînement est la résultante de la vitesse absolue, et de la vitesse relative changée de sens.*

69. Nous avons supposé, pour résoudre cette question, que le mouvement d'entraînement était un mouvement absolu. Mais la proposition subsiste encore si le mouvement d'entraînement est lui-même un mouvement apparent ou relatif, de sorte qu'on peut la généraliser de la façon suivante :

Lorsqu'un point M est en mouvement relatif par rapport à un système de comparaison S, qui a, par rapport à un second système S', fixe ou non fixe, un mouvement relatif connu, la vitesse relative du point M par rapport au système S' est la résultante de la vitesse relative du même point par rapport au système S, et de la vitesse relative d'entraînement du point du système S qui, à l'instant considéré, coïncide avec le point M.

Si donc on connaît le mouvement absolu du système S', le mouvement relatif du système S par rapport à S', et enfin le mouvement relatif du point M par rapport au système S, on pourra trouver le mouvement absolu du point M *par la composition de ces trois mouvements ;* la vitesse absolue de M sera la résultante de la vitesse relative de M par rapport à S, de la vitesse relative de S par rapport à S', et de la vitesse absolue de S'.

Par le point M, menons une droite Mu', qui représente, en direction et en grandeur, la vitesse u' du point du système S' qui coïncide à un certain instant avec le point mobile M; par l'extrémité u' de cette vitesse, menons $u'u$, qui représente en grandeur et en direction la vitesse relative, u, par rapport au système S, du même point, considéré comme appartenant au système S. La droite Mu représentera, en vertu du théorème du § 67, la grandeur et la direction de la vitesse absolue du point M du système S. Soit enfin uV une droite menée par l'extrémité u de la vitesse $u'u$, et représentant en grandeur et en direction la vitesse v du mobile M relativement au système S. La vitesse absolue du mobile M s'obtiendra en joignant MV, c'est-à-dire en composant les deux vitesses Mu, uV, ou encore en composant les trois vitesses Mu', $u'u$, uV. La même construction s'applique à autant de vitesses d'entrainement qu'on voudra.

Fig. 51.

Dans cet exemple et dans tous les cas analogues, le point M subit à la fois plusieurs mouvements; à chacun de ces mouvements appartient une vitesse particulière définie en direction et en grandeur; et la vitesse absolue du point M est la résultante des vitesses particulières qu'il aurait si on le supposait successivement soumis à chacun de ces mouvements considéré seul. C'est dans ce sens qu'on dit que ces vitesses particulières *coexistent* pour le point M. Un point en mouvement peut être considéré comme animé de plusieurs mouvements simultanés; il suffit pour cela que la vitesse du point dans l'espace soit la résultante des vitesses particulières correspondantes à chacun de ces mouvements simultanés, abstraction faite de tous les autres.

70. Supposons qu'un mobile se déplace le long d'une trajectoire AA', rapportée à trois axes fixes OX, OY, OZ (fig. 52). Projetons sur les trois axes, parallèlement aux plans coordonnés, deux positions très-voisines A, A', du mobile sur sa trajectoire et soit θ le temps très-court qu'il met à parcourir l'arc AA'; puis

construisons le contour ABCA′, formé de trois éléments rectilignes, respectivement parallèles aux trois axes, et aboutissant

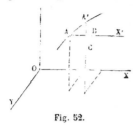

Fig. 52.

aux extrémités A et A′ de l'élément
décrit. L'élément AB sera l'accroissement de l'x du point A pendant le
temps θ; BC sera l'accroissement de
l'y, et CA′ l'accroissement du z, de
sorte que la vitesse absolue V du
point A est, comme nous l'avons
déjà observé, la *résultante des vi-
tesses projetées*, V_x, V_y, V_z, qui sont égales respectivement aux
limites des rapports $\dfrac{AB}{\theta}$, $\dfrac{BC}{\theta}$, $\dfrac{CA'}{\theta}$.

Nous pouvons appliquer ici notre nouvelle définition des
mouvements simultanés, et regarder les trois vitesses V_x,
V_y, V_z, *comme coexistant pour le point mobile;* cette manière
de concevoir le mouvement revient à admettre que l'une de
ces vitesses est une vitesse relative, et que les deux autres
sont des vitesses d'entraînement. On peut supposer par exemple
que le point A se meuve avec la vitesse V_x, sur une droite AX′,
parallèle à l'axe OX; que pendant le temps θ que le mobile
met à passer du point A au point B sur cette trajectoire relative, la droite AX′ soit animée dans le plan horizontal d'un mouvement d'entraînement relatif, qui fasse décrire à chacun de
ses points, parallèlement à l'axe OY, un élément égal à BC;
qu'en outre le plan horizontal dans lequel est située la droite
AB, soit animé d'un second mouvement d'entraînement, parallèle à l'axe OZ, et en vertu duquel chacun de ses points décrive,
pendant le même temps θ, un élément égal à CA′. La coexistence
de ces trois mouvements équivaut au transport effectif du
mobile du point A au point A′.

Les problèmes de mécanique se simplifient beaucoup par
cette décomposition d'un mouvement en plusieurs autres qu'on
suppose coexister dans le premier. On fait aussi un fréquent
usage de la proposition suivante, qui est une sorte d'axiome :
Le mouvement relatif d'un système par rapport à un autre n'est

pas altéré lorsqu'on imprime à ces deux systèmes un mouvement d'entraînement commun.

MOUVEMENT RELATIF DE DEUX POINTS.

71. Soient x, y, z, les coordonnées d'un point M; le mouvement de ce point sera défini dès que x, y et z seront données en fonction du temps t.

Soient x_1, y_1, z_1, les coordonnées d'un second point M₁, dont le mouvement est également défini par les valeurs de ces trois coordonnées en fonction du temps t.

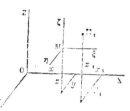

Fig. 55.

On demande le mouvement relatif du point M₁ par rapport au point M, ou plutôt, par rapport à trois axes de directions constantes Mξ, Mη, Mζ, menés par ce point parallèlement aux axes Ox, Oy, Oz.

Il est facile de voir qu'en appelant ξ, η et ζ les coordonnées du point M₁ rapportées aux axes mobiles, on a les relations :

$$\xi = x_1 - x,$$
$$\eta = y_1 - y,$$
$$\zeta = z_1 - z.$$

Ces équations résolvent la question : car x, x_1, y, y_1, z et z_1 étant des fonctions connues du temps, les différences ξ, η et ζ sont aussi des fonctions connues du temps, qui définissent le mouvement relatif cherché.

En général, la question du mouvement d'un point relativement à des axes mobiles se résout analytiquement par une simple transformation de coordonnées.

Le théorème sur les vitesses se déduit des équations

$$\frac{d\xi}{dt} = \frac{dx_1}{dt} - \frac{dx}{dt},$$

$$\frac{d\eta}{dt} = \frac{dy_1}{dt} - \frac{dy}{dt},$$

$$\frac{d\zeta}{dt} = \frac{dz_1}{dt} - \frac{dz}{dt}.$$

On voit, en effet, que la *vitesse absolue* du point M, dont les composantes suivant les axes sont

$$\frac{dx_1}{dt}, \quad \frac{dy_1}{dt}, \quad \frac{dz_1}{dt},$$

est la résultante géométrique de la *vitesse relative* du même point, dont les composantes suivant les axes sont

$$\frac{d\xi}{dt}, \quad \frac{d\eta}{dt}, \quad \frac{d\zeta}{dt},$$

et d'une vitesse dont les composantes sont

$$\frac{dx}{dt}, \quad \frac{dy}{dt}, \quad \frac{dz}{dt},$$

et qui n'est autre que la *vitesse d'entraînement* commune à tous les points du système de comparaison lié au point M.

72. Appliquons ces formules au cas particulier où le point M_1 est immobile; nous pouvons supposer qu'il coïncide avec le point O, et faire $x_1 = y_1 = z_1 = 0$. On en déduit

$$\xi = -x,$$
$$\eta = -y,$$
$$\zeta = -z,$$

et par suite le point immobile O a, par rapport aux axes issus du point M, un mouvement apparent égal et contraire au mouvement du point M par rapport aux axes issus du point O. La vitesse apparente du point O est égale et contraire à la vitesse réelle du point M.

APPLICATIONS DE LA THÉORIE DU MOUVEMENT RELATIF.

73. Soient AB, CD les rives parallèles d'un fleuve; l'eau de ce fleuve s'écoule par filets parallèles, dans le sens de la flèche, avec une vitesse constante, u.

Un nageur, parti du point E sur la rive CD, traverse la rivière en imprimant à son corps une vitesse v, connue en grandeur et en direction, par rapport à l'eau dans laquelle il nage.

On demande en quel point F le nageur atteindra l'autre rive AB.

Le mouvement du nageur, du point E au point F, peut être considéré comme un mouvement absolu, en faisant abstraction du mouvement d'entraînement commun qui emporte la terre dans l'espace.

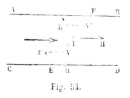

Fig. 54.

La vitesse absolue du nageur est la résultante de sa vitesse relative v par rapport à l'eau et de la vitesse d'entraînement u de l'eau; on obtiendra donc la direction cherchée, EF, en construisant au point E le parallélogramme $uEvV$, dont les côtés Eu, Ev, sont respectivement égaux et parallèles à la vitesse d'entraînement et à la vitesse relative; la diagonale EV représentera en grandeur et en direction la vitesse absolue du nageur, et le point cherché, F, sera l'intersection de la rive AB avec le prolongement de cette diagonale.

En un point quelconque I de la trajectoire absolue EF, la vitesse absolue IV′ se décompose en deux vitesses, l'une IH, qui est la vitesse d'entraînement u; l'autre IK, qui est la vitesse relative du nageur par rapport à l'eau, égale et parallèle à la vitesse v.

Cette vitesse v coûtera seule des efforts au nageur.

Le nageur, en se mettant à l'eau en un point E, donné, peut se proposer d'atteindre un point F déterminé de l'autre rive; dans ce cas, il doit régler la direction et la grandeur de la vitesse relative v qu'il imprime à son corps, de manière que la résultante de v et de u, construite au point E, ait une direction passant par le point F. Prenons donc sur la rive CD une quantité Eu égale et parallèle à la vitesse u de l'eau du fleuve. Prenons

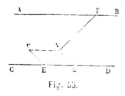

Fig. 55.

arbitrairement sur EF un point V, qui représentera l'extrémité de la vitesse absolue, et joignons Vu : cette droite représentera en grandeur et en direction la vitesse relative, v, que le nageur doit réaliser. Le problème a une infinité de solutions, puisque le point V reste arbitraire sur la droite EF. Mais toutes ces solutions ne sont pas également avantageuses. Pour que le nageur ait le moins de peine possible à traverser la rivière, il convient que sa vitesse relative par rapport à l'eau soit la moindre possible. Cette solution s'obtiendra en abaissant du point u la perpendiculaire uV sur la droite EF. On trouvera ainsi le minimum admissible pour la vitesse v, car la perpendiculaire uV est moindre que toute oblique partant du point u et aboutissant à la droite EF.

74. Un mobile M décrit uniformément, avec une vitesse u, la droite fixe AB.

Un second mobile C se meut avec une vitesse v dans le plan CAB ; sa trajectoire est une droite non définie de position. On

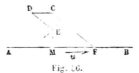

Fig. 16.

demande quelle est la direction à assigner à ce mobile pour qu'il rencontre le mobile M.

Si le point M était en repos, la trajectoire à assigner au mobile C serait la droite CM. Mais le point M est animé le long de AB d'un mouvement défini par la vitesse u. On ne change rien au mouvement relatif des deux points M et C, en leur imprimant à tous deux un mouvement d'entraînement commun (§ 70). Choisissons, pour ce mouvement d'entraînement additionnel, un mouvement égal et contraire au mouvement du point M sur la droite AB. Le point M sera ainsi ramené au repos. Quant au point C, il sera animé de deux mouvements, l'un dans le sens CD, égal, parallèle et de sens contraire à la vitesse u, l'autre égal à la vitesse v, mais de direction encore inconnue ; la résultante de ces deux mouvements donne la direction du mouvement relatif de C par rapport à M, et comme M est maintenant supposé fixe, cette direction est CM. Du point D comme centre, avec un rayon DE égal à v, décrivons un arc de cercle, qui coupe la droite CM en un point E; DE sera la direction à donner au point D, et la trajectoire qu'il doit décrire en réalité est une parallèle, CF, menée par le point C à cette droite DE.

Il est facile de vérifier que le point F sera le point de rencontre des deux mobiles. En effet, le temps que le premier met à aller du point C au point F est égal à $\dfrac{CF}{v}$; le temps que le second met à aller du point M au point F est $\dfrac{MF}{u}$. Or les triangles CDE, MFC, sont semblables et donnent la proportion

$$\frac{MF}{CD} = \frac{CF}{DE},$$

ou bien, puisque CD et DE sont par construction proportionnels à u et v,

$$\frac{MF}{u} = \frac{CF}{v}.$$

Les deux temps sont donc égaux entre eux, et, par suite, les mobiles, qui sont au même instant en M et C, seront aussi au même instant au point F.

Le problème peut n'avoir pas de solution si la vitesse v est moindre que la perpendiculaire abaissée du point D sur la droite CM. Car alors l'arc de cercle décrit de D comme centre avec DE pour rayon ne rencontre pas CM. Il y aura deux solutions si v est compris entre la perpendiculaire abaissée du point D sur CM et la vitesse u, car cet arc de cercle coupera la droite CM en deux points situés au-dessous du point C, pourvu toutefois que l'angle DCM soit aigu. Il n'y a qu'une solution si $v > u$, ou si l'angle DCM est droit ou obtus; dans ce dernier cas, la condition $v > u$ est nécessaire pour que la solution puisse être admise. Autrement, le problème serait impossible, du moins dans le sens strict de l'énoncé.

C'est ce problème qu'un piéton C résout instinctivement quand il a à traverser une route parcourue suivant la droite AB par une file de voitures P, Q... Le point M qu'il doit se pro-

poser d'atteindre est alors un point de l'intervalle libre entre
deux voitures consécutives P, Q, et comme la vitesse des voitures est généralement plus grande que celle que le piéton peut

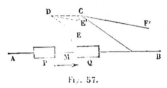

se donner, il faut que l'angle
DCM, supplément de l'angle
AMC, soit un angle aigu ; il y a
alors deux solutions, qui correspondent, l'une, CF, au triangle CDE, l'autre CF' au triangle
CDE' ; celle qui donne lieu au moindre parcours, CF, est celle
que le piéton doit adopter de préférence.

Fig. 57.

75. Ce problème peut se résoudre géométriquement d'une
autre manière.

Il s'agit de trouver sur la droite AB un point F tel, que
le rapport, $\frac{FC}{FM}$, des distances de ce point aux deux points don-

nés C et M soit égal au rapport connu $\frac{v}{u}$.

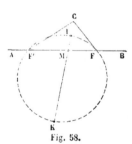

Or on sait que le lieu des points
dont les distances à deux points fixes
C et M sont dans un rapport donné,
est une circonférence de cercle, dont
le centre est situé sur la droite CM
qui joint ces deux points.

Supposons d'abord $v > u$; nous déterminerons sur la droite indéfinie
CM deux points I et K tels, que l'on ait

Fig. 58.

$$\frac{IC}{IM} = \frac{KC}{KM} = \frac{v}{u}.$$

Puis nous décrirons sur IK comme diamètre une circonférence qui coupera la droite AB en deux points F et F', situés de
différents côtés du point M. Chacun de ces points répond au
problème géométrique que nous nous sommes proposé ; mais
le point F seul donne une solution directe du problème
de mécanique que nous devions résoudre, car, pour adopter

le point F′, il faudrait, ou bien faire marcher le point mobile M sur sa trajectoire dans le sens MA, au lieu du sens MB, ou bien supposer que la rencontre des deux points a eu lieu au point F′, avant l'époque du passage des deux mobiles l'un en C, l'autre en M

Soit ensuite $v = u$. La circonférence de cercle se transforme dans ce cas particulier en une droite perpendiculaire au milieu H de la droite CM. Il n'y a qu'une solution dans ce cas, et elle n'est admissible dans le sens de l'énoncé que si l'angle CMB est aigu.

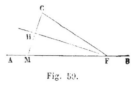

Fig. 59.

Enfin, soit $v < u$.

Nous résoudrons le problème en cherchant sur la droite CM deux points I′ et K′, l'un entre C et M, l'autre au delà de C par rapport à M, tels, qu'on ait

$$\frac{I'M}{I'C} = \frac{K'M}{K'C} = \frac{v}{u}.$$

Puis nous décrirons sur I′K′ comme diamètre une circonférence qui coupera AB en deux points F_1 et F'_1, ou qui touchera AB, ou enfin qui ne rencontrera pas AB. Dans le premier cas, il y aura deux solutions; dans le second, il n'y en aura qu'une; dans le troisième, il n'y en aura aucune; et les deux solutions du premier cas ou la solution du second cas seront admissibles, pourvu que l'angle CMB soit aigu; car alors les points F_1 et F'_1 seront situés à droite du point de départ M du mobile assujetti à décrire la droite AB, c'est-à-dire du côté vers lequel ce mobile se dirige.

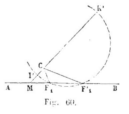

Fig. 60.

76. *Action du vent sur les girouettes, suivant qu'elles sont en repos ou en mouvement.*

Le vent oriente une girouette placée sur le toit d'une maison, suivant la direction même dans laquelle il souffle.

Supposons qu'on observe une girouette placée sur le mât
d'un bateau. Soit M la projection horizontale du mât à
un instant donné ; soit MA la direction et la grandeur de la vitesse *u* du vent, et MB la direction et la grandeur de la vitesse *v*
du bateau. Nous ne changerons pas le mouvement relatif du
bateau par rapport au vent, en imaginant qu'on imprime au
vent et au bateau un mouvement d'entraînement commun ;
choisissons ce mouvement de manière à rendre le bateau im-

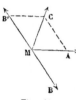

mobile ; nous supposerons donc qu'on imprime au bateau et à l'air une vitesse MB', égale
et contraire à la vitesse MB. Le bateau sera
ramené au repos et la vitesse du vent sera la
résultante, MC, de la vitesse MA qu'il possède
réellement, et de la vitesse MB' qu'on a com-
muniquée fictivement à tout le système. Tout

Fig. 61.

se passe donc comme si, le bateau étant fixe,
le vent avait une vitesse représentée en grandeur et en direction par la diagonale MC du parallélogramme ACB'M. La
girouette du bateau s'orientera donc dans la direction de cette
diagonale.

La direction de la girouette n'est pas altérée par le mouvement du bateau, lorsque le bateau et le vent ont des vitesses
dirigées suivant la même droite.

Cette construction explique pourquoi un même vent, V, agissant sur deux navires ou sur deux convois de chemin de fer qui
marchent en sens contraires, donnent aux drapeaux des navires,

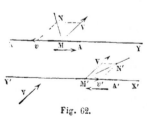

ou aux fumées des machines, des
directions toutes différentes.

Le navire A qui suit la route XY
avec une vitesse *v*, aura ses pavil-
lons et sa fumée orientés suivant
MN, diagonale du parallélogramme

Fig. 62.

MVN*v*, construit sur le côté MV,
égal et parallèle à la vitesse V du
vent, et sur le côté M*v*, égal, parallèle et contraire à la vitesse *v*
du navire. Le navire A', qui parcourt la route parallèle X'Y'

avec une vitesse v', aura ses drapeaux et sa fumée orientés suivant la droite M′N′, diagonale du parallélogramme M′v'N′V, construit de même sur M′V, vitesse du vent, et M′ v', égale et contraire à la vitesse du navire.

77. *Direction à donner à un parapluie pour s'abriter quand on marche.*

Un homme immobile doit tenir son parapluie vertical pour se garantir d'une pluie qui tombe verticalement. Mais s'il marche dans une certaine direction, il doit incliner son parapluie dans cette direction.

Soit Av la vitesse de la pluie suivant la verticale, et Au la vitesse de l'homme suivant l'horizontale. Imprimons à l'homme et à la pluie un mouvement commun, égal et contraire à la vitesse u de l'homme. L'homme devient immobile par cette hypothèse, qui n'altère pas le mouve-

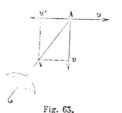

ment relatif de la pluie par rapport à lui. Quant à la pluie, elle possède à la fois la vitesse Av, suivant la verticale, et une vitesse Au' égale et contraire à la vitesse effective de l'homme. La résultante de ces deux vitesses est la vitesse relative de la pluie. Tout se passe donc

Fig. 63.

comme si la pluie tombait suivant la droite AV, l'homme restant immobile, et par suite l'homme doit, pour s'en garantir le mieux possible, donner au manche de son parapluie une direction parallèle à AV.

L'observation des étoiles a fait découvrir un phénomène complètement identique. Chaque étoile nous envoie des rayons lumineux qui se propagent avec une vitesse de 298,500 kilomètres par seconde; l'observateur qui, placé sur la terre, pointe sa lunette sur une étoile, reçoit le rayon lumineux dans sa lunette comme tout à l'heure notre homme recevait les gouttes d'eau sur son parapluie. Si la terre était immobile, la lunette aurait la direction même du rayon lumineux. Mais la terre est en mouvement; elle décrit autour du soleil, avec une vitesse moyenne de 30 kilomètres à la seconde, une ellipse dont elle achève le tour en une année. La direction de la lunette qui reçoit les rayons émanés de l'étoile, est donc la résultante de la vitesse de la lumière et d'une vitesse égale et contraire à celle de la terre sur son orbite ; et par suite la direction dans laquelle paraît l'étoile, fait, dans le sens du mouvement de la terre, un petit angle avec la direction dans laquelle elle se trouve réellement située. De là résulte que toutes les étoiles semblent décrire annuellement une petite courbe fermée à la surface du ciel. Ce mouvement apparent, dû au mouvement propre de la terre, constitue ce qu'on appelle l'*aberration de la lumière*.

78. *Mouvement annuel apparent du soleil.*

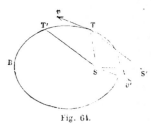

Fig. 61.

La terre T, que nous supposerons ici réduite à un seul point matériel, parcourt en un an une ellipse AB, dont le soleil S occupe l'un des foyers. La vitesse v de la terre est dirigée à un instant quelconque suivant la tangente Tv à la trajectoire, et elle a à chaque instant une grandeur que nous supposerons connue.

On propose de chercher le mouvement relatif du soleil par rapport à la terre, ou le mouvement apparent du soleil pour nous, qui, habitant la terre, la regardons comme fixe dans l'espace.

Ce problème se résoudra encore en imprimant à chaque instant aux deux points T et S un mouvement d'entraînement commun, égal et contraire à la vitesse v que possède la terre à cet instant. Il en résultera que la terre T deviendra immobile, et que le soleil S aura à chaque instant une vitesse v' égale et parallèle à celle que possède réellement la terre au même instant, mais dirigée en sens contraire. En définitive, le soleil S semblera décrire autour de la terre une ellipse égale à l'ellipse AB, dont la terre occupera un des foyers, et sa vitesse sera à chaque instant égale et contraire à celle de la terre sur son orbite (§ 72). Pour construire la trajectoire apparente du soleil, prenons diffé-

rentes positions, T, T′, T″,... de la terre sur sa trajectoire
réelle; joignons-les au point S; puis, par un même point T_1 de
l'espace, menons des droites T_1S_1, $T_1S_1′$, $T_1S″_1$,... respectivement
parallèles et égales à TS, T′S, T″S... Le lieu des points S_1, $S_1′$,
$S_1″$, ainsi obtenus sera la trajectoire cherchée. L'observateur,
qui passe en réalité du point T au point T′, sur sa trajectoire
réelle, et qui se croit en repos en un point T_1 quelconque,
verra pendant le même intervalle de temps le soleil parcourir
l'arc $S_1S_1′$ de sa trajectoire apparente.

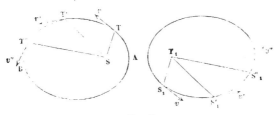

Fig. 65.

De même, le mouvement de rotation de la terre qui s'effectue
d'occident en orient autour de la ligne des pôles, produit pour
les hommes l'apparence d'un mouvement de rotation commun à toute la voûte céleste, et qui s'effectue d'orient en
occident autour de la même droite.

79. *Mouvement relatif de deux planètes.*

Nous supposerons, pour simplifier le problème, que les
planètes décrivent autour du soleil, d'un mouvement uniforme, et dans le même sens, des cercles concentriques et
situés dans un même plan, et que le soleil occupe le centre
commun de ces cercles.

Les vitesses des deux planètes sur leurs trajectoires sont
liées entre elles par la troisième loi de Kepler : « Les carrés
des temps des révolutions sont comme les cubes des grands
axes, » ou ici, comme les cubes des rayons.

Soit donc S le soleil, supposé fixe (fig. 66) : T une planète,
la Terre, par exemple, à la distance $ST = a$, du soleil; M une
autre planète, à la distance $SM = a′$.

Appelons t et t' les temps que les planètes T et M mettent a faire le tour entier des cercles qui leur servent de trajectoire.

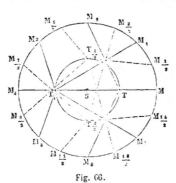

Fig. 66.

La vitesse de la planète T sera $\dfrac{2\pi a}{t}$, et la vitesse de M, $\dfrac{2\pi a'}{t'}$. Or, en vertu de la loi de Kepler qui vient d'être citée, nous avons la proportion

$$\frac{t^2}{t'^2} = \frac{a^3}{a'^3}.$$

Donc

$$\frac{t}{t'} = \sqrt{\frac{a^3}{a'^3}},$$

et par suite

$$\frac{\left(\dfrac{2\pi a}{t}\right)}{\left(\dfrac{2\pi a'}{t'}\right)} = \frac{a}{a'} \times \frac{t'}{t} = \frac{a}{a'} \times \sqrt{\frac{a'^3}{a^3}} = \sqrt{\frac{a'}{a}}.$$

Les vitesses sont donc entre elles en raison inverse des racines carrées des rayons des orbites.

Supposons que les deux planètes partent ensemble d'une *conjonction*, c'est-à-dire des positions T et M, situées sur une même droite passant par le soleil, et du même côté du soleil sur cette droite.

Au bout de la durée $\dfrac{t}{2}$ d'une demi-révolution, la terre parvient en T_1, au point opposé de son orbite ; la planète M aura, pendant ce temps, décrit un certain arc, MM_1, sur sa trajectoire ; les arcs MM_1, TT_1, décrits dans le même temps et chacun avec une vitesse uniforme, sont entre eux comme les vitesses des mobiles, c'est-à-dire comme $\sqrt{a}$ est à $\sqrt{a'}$; on aura donc

$$\frac{\text{arc } MM_1}{\pi a} = \frac{\sqrt{a}}{\sqrt{a'}},$$

équation où tout est connu, sauf l'arc MM_1, qu'on en déduira.

La terre revient ensuite, dans un second intervalle de temps égal à $\frac{t}{2}$, au point T où elle était d'abord; pendant ce temps, la planète passe de M_1 en M_2, en décrivant un arc M_1M_2, égal à MM_1.

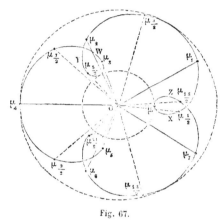

Fig. 67.

De même la planète décrit l'arc $M_2M_3 = M_1M_2$, pendant que la terre retourne de T en T_1, et l'arc M_3M_4 pendant qu'elle va de T_1 en T.

Supposons, pour simplifier les constructions, que M_4 soit le point opposé au point M sur l'orbite de la planète.

La terre et la planète, qui se trouvaient en *conjonction* aux points T et M, se trouveront en *opposition* aux points M_4 et T. Puis au bout de quatre autres demi-révolutions de la terre, la planète se retrouvera à son point de départ M, et la terre à son point de départ T.

Pour construire la trajectoire relative de M par rapport à T, joignons par des droites les positions simultanées des deux planètes, TM, T_1M_1, TM_2, T_1M_3, TM_4, T_1M_5, TM_6, T_1M_7, TM; puis, par un point quelconque O (fig. 67), qui représentera la position fixe attribuée à la terre, menons des droites, $O\mu$, $O\mu_1$, $O\mu_2$, $O\mu_3$, $O\mu_4$, $O\mu_5$, $O\mu_6$, $O\mu_7$, $O\mu$, égales et parallèles à ces lignes de jonction. Le lieu des points μ, μ_1,... μ_7, sera la trajectoire apparente. On en aura d'autres points en fractionnant les arcs décrits par les deux planètes.

Telle est la courbe que la planète M semblera décrire par rapport à la terre. Les boucles correspondent aux *rétrogradations* apparentes des planètes supérieures au moment des conjonctions. La planète M, que l'on voit marcher dans le sens direct, tant qu'elle parcourt les arcs XY de sa trajectoire apparente, paraît se déplacer à la surface du ciel dans le sens rétrograde quand elle parcourt l'un des arcs ZX, ou ou YW. Le mouvement d'entraînement de la terre donne une explication très simple de ce phénomène.

80. Il est facile de construire la tangente en un point donné μ de la trajectoire relative. En effet, cette tangente est la direction de la vitesse relative de la planète M par rapport à la terre, laquelle est la résultante de la vitesse absolue de M, et d'une vitesse égale et contraire à la vitesse absolue de T.

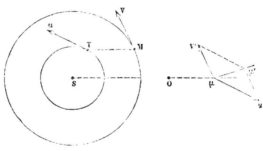

Fig. 68.

Soient à un même instant T et M les positions des deux planètes; par le point O, menons $O\mu$, égal et parallèle à TM; μ sera le lieu apparent de la planète M par rapport à la planète T supposée immobile au point O. Menons aux points T et M les tangentes Tu, MV, aux trajectoires absolues, et prenons

sur ces tangentes, dans le sens du mouvement, des longueurs
Tu, MV, égales ou proportionnelles aux vitesses des deux mobiles. Par le point μ, menons $\mu u'$, égal, parallèle et de sens contraire à Tu ; puis $\mu V'$, égal, parallèle à MV, mais de même sens
que MV. Construisons le parallélogramme $\mu u' \mu' V'$; la diagonale $\mu \mu'$ de ce parallélogramme sera la direction de la vitesse
relative de M par rapport à T ; ce sera donc la tangente à la
courbe apparente décrite par la planète M.

81. Cherchons l'équation de la trajection apparente. Soient
n et n' les *moyens mouvements* des
planètes T et M ; on appelle ainsi les
rapports $\dfrac{2\pi}{t}$, $\dfrac{2\pi}{t'}$, qui expriment les
angles décrits par les rayons vec-
teurs ST', SM' dans l'unité de temps.
Prenons pour origine du temps l'instant d'une opposition, ou du passage de la planète T sur le rayon SM.

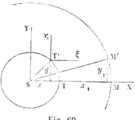

Fig. 69.

Les points T' et M' étant deux positions simultanées quelconques des deux mobiles, on a

$$\mathrm{T'ST} = n\theta, \quad \mathrm{M'SM} = n'\theta,$$

θ désignant ici le temps. Rapportons les positions des planètes
aux axes rectangulaires SX, SY ; nous aurons

Pour la planète T,

$$x = a \cos n\theta,$$
$$y = a \sin n\theta,$$

Et pour la planète M,

$$x_1 = a' \cos n_1\theta,$$
$$y_1 = a' \sin n_1\theta.$$

Les coordonnées du mouvement relatif, rapporté aux axes
parallèles T'ξ, T'η. seront donc

$$\xi = x_1 - x = a' \cos n_1\theta - a \cos n\theta,$$
$$\eta = y_1 - y = a' \sin n_1\theta - a \sin n\theta.$$

Ces deux équations définissent le mouvement demandé ; si

entre elles on élimine le temps θ, on aura l'équation de la trajectoire apparente, définie par une relation entre les coordonnées ξ et η.

Si les moyens mouvements n et n_1 sont commensurables entre eux, la trajectoire apparente se fermera, et son équation sera algébrique : car il est possible alors de trouver un temps θ' tel, que les arcs $n_1(\theta + \theta')$ et $n(\theta + \theta')$ aient respectivement les mêmes lignes trigonométriques que les arcs $n_1\theta$ et $n\theta$; il suffit en effet que $n_1\theta'$ et $n\theta'$ soient à la fois des multiples de 2π. Or, cela est toujours possible si n et n_1 sont entre eux comme deux entiers k et k_1; il suffit en effet de poser

$$n_1\theta' = 2k_1\pi,$$
$$n\theta' = 2k\pi,$$

ce qui donne

$$\theta' = 2\pi \times \frac{k_1}{n_1} = 2\pi \times \frac{k}{n}.$$

Si, au contraire, n et n_1 sont incommensurables, la courbe apparente fait un nombre infini de circuits autour du point O, sans jamais retomber sur un arc déjà parcouru. Dans ce cas, l'équation de la trajectoire apparente est transcendante.

MÉTHODE DE ROBERVAL POUR LE TRACÉ DES TANGENTES AUX COURBES.

82. Le problème des tangentes aux courbes est l'un des plus importants de la géométrie, et c'est la recherche des solutions de ce problème qui a conduit à la découverte du calcul différentiel. La cinématique peut dans bien des cas fournir la solution cherchée.

Considérons la courbe à laquelle on propose de mener une tangente, comme engendrée par le mouvement d'un point; la vitesse de ce point sera à chaque instant dirigée suivant la tangente à cette courbe. Décomposons à un certain instant le mouvement du point en deux mouvements simultanés : la vitesse absolue du point sera la résultante des vitesses correspondantes à chacun de ces deux mouvements. Si donc on sait trouver les vitesses de chacun d'eux, on pourra construire la tangente à la courbe par la règle du parallélogramme des vitesses.

La règle du calcul différentiel revient à cet énoncé. La direction de la tangente en un point (x, y) à une courbe $f(x, y) = 0$, est définie par le rapport $\frac{dy}{dx}$, tiré de l'équation de la courbe ; cela équivaut à dire que la vitesse du point mobile, décomposée parallèlement aux axes, a pour composantes des vitesses proportionnelles à dx et à dy ; mais l'équation de la courbe donne

$$\frac{df}{dx} dx + \frac{df}{dy} dy = 0$$

ou bien

$$\frac{dx}{\left(\frac{df}{dy}\right)} = -\frac{dy}{\left(\frac{df}{dx}\right)}.$$

Donc enfin on obtiendra la tangente cherchée en composant deux droites, l'une, $\frac{df}{dy}$, menée parallèlement à l'axe des x, et l'autre, $-\frac{df}{dx}$, menée parallèlement à l'axe des y.

Quelquefois on détermine facilement l'une des deux vitesses composantes en grandeur et en direction, tandis que la seconde est définie en direction seulement, ce qui ne suffit pas pour construire le parallélogramme dont la tangente cherchée est la diagonale. Dans ce cas, on peut souvent achever la solution en décomposant le mouvement du point d'une autre manière, dans laquelle les deux vitesses composantes soient encore connues en direction, et l'une d'elles en grandeur. Ces diverses méthodes sont connues en géométrie sous le nom de *Méthode de Roberval*.

83. *Premier exemple.* — *Tangente à la conchoïde.* — La conchoïde EF s'obtient en menant par un même point O des

transversales OD, qui rencontrent une droite fixe AB, et en prenant sur ces transversales une longueur constante CD à partir de la rencontre avec la droite AB.

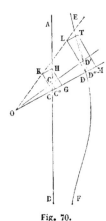

Soit D le point auquel on demande de mener une tangente à la courbe.

Considérons une position infiniment voisine, OD′, de la transversale, ce qui nous donne un point de la courbe, D′, infiniment voisin du point D. Soit C′ le point de rencontre de la transversale avec la droite AB.

Projetons les points C′ et D′ sur OD; nous décomposons ainsi chacun des éléments CC′, DD′, décrits par les points mobiles C et D, en deux éléments CC″ et C″C′, DD″ et D″D′, et si nous divisons ces éléments

Fig. 70.

par le temps infiniment petit, θ, que la droite OD met à passer à la position OD′, nous aurons les vitesses des points C et D, et les composantes de ces vitesses projetées sur OD et sur une perpendiculaire à OD.

Les longueurs CD et C′D′ sont égales par hypothèse; d'ailleurs la longueur C″D″, projection de C′D′ sur une direction qui fait avec OD′ un angle infiniment petit, est égale à C′D′, à moins d'un infiniment petit du second ordre (§ 61). Par suite C″D″ = CD, et retranchant de part et d'autre la partie commune C″D, il vient CC″ = DD″. Si l'on divise par θ, on voit que les vitesses des points C et D, projetées sur OD, sont égales.

Les vitesses de ces points perpendiculairement à OD, $\frac{C′C″}{θ}$ et $\frac{D′D″}{θ}$, sont entre elles comme C′C″ et D′D″, ou comme les distances OC′, OD′, ou à la limite, comme OC et OD.

Prenons donc, à partir du point C dans la direction CA, une longueur arbitraire CH, qui représentera la vitesse du point C le long de la droite BA. Puis décomposons cette vitesse CH en deux vitesses, l'une CG suivant OD, l'autre CK perpendiculaire à la première. Nous venons de voir que la vitesse absolue du point D a une composante suivant OD égale à la composante de la vitesse du point C, c'est-à-dire égale à CG. On prendra donc DM = CG. La composante de la vitesse du point D perpendiculairement à OD est à la composante CK comme OD est à OC. Au point D, élevons DL perpendiculaire à OD, puis joignons OK et prolongeons cette droite jusqu'au point L ; nous aurons la proportion

$$\frac{DL}{CK} = \frac{OD}{OC}.$$

Donc DL est la composante de la vitesse du point D, normale à OD.

Achevant le rectangle LDMT, on en mènera la diagonale LT, qui sera la tangente cherchée.

La même construction s'applique à la courbe EF, engendrée par l'extrémité D d'une droite finie, CD, dont l'autre extrémité C glisse le long d'une ligne donnée, AB, et dont la direction reste tangente à une ligne, PQ. Il suffit en effet de remplacer la courbe AB par sa tangente CA' au point C, et de considérer le point de contact O comme un point fixe, par lequel la direction CD est assujettie à passer pendant un temps infiniment court.

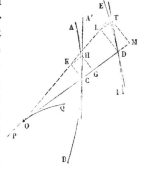

Fig. 70.

Nous indiquerons plus loin une autre manière de construire la tangente à la conchoïde. Remarquons qu'étant données les deux lignes AB, EF, et sachant que la longueur CD est constante, la construction des tangentes en C et D à ces lignes permet de déterminer le point O, où la droite CD touche l'*enveloppe* de ses positions successives.

84. *Second exemple.* — Mener une tangente au point M

au lieu des points tels, que le rapport, $\dfrac{MA}{MB}$, des distances
de ces points à deux points fixes A et B soit égal à un nombre
donné K.

Soit M′ un point du lieu infiniment voisin du point M. Abaissons du point M′ les perpendiculaires M′M″, M′M‴ sur les droites MA, MB. Puis considérons les rapports $\dfrac{MM'}{\theta}$, $\dfrac{MM''}{\theta}$, $\dfrac{M''M'}{\theta}$,
$\dfrac{MM'''}{\theta}$, $\dfrac{M'''M'}{\theta}$: des longueurs infiniment petites MM′,... M‴M′,
à l'intervalle de temps infiniment petit θ que le point mobile

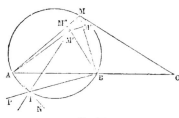

Fig. 71.

met à aller du point M au
point M′. Le premier rapport est la vitesse du point.
Les deux suivants, $\dfrac{MM''}{\theta}$ et
$\dfrac{M''M'}{\theta}$, sont les composantes
de cette vitesse suivant MA
et une perpendiculaire à
MA. De même, $\dfrac{MM'''}{\theta}$ et $\dfrac{M'''M'}{\theta}$ sont les composantes de la vitesse
absolue du point suivant MB et une perpendiculaire à MB. Or
nous pouvons déterminer le rapport de MM″ à MM‴. En effet,
AM″ diffère de AM′ d'un infiniment petit du second ordre; de
même BM‴ diffère de BM′ d'un infiniment petit du second
ordre; donc MM″ et MM‴ sont, à des infiniment petits d'ordre
supérieur près, les différences entre AM et AM′, entre BM et
BM′. Mais nous avons à la fois

$$AM = BM \times K$$

et

$$AM' = BM' \times K,$$

puisque M et M′ sont deux points du lieu. Par suite

$$AM - AM' = (BM - BM') \times K,$$

ou bien

$$MM'' = MM''' \times K.$$

Les longueurs infiniment petites MM″, MM‴ sont entre elles dans le même rapport que les distances MA, MB; il en est donc de même des vitesses $\dfrac{MM''}{\theta}$ et $\dfrac{MM'''}{\theta}$, c'est-à-dire des vitesses du point mobile estimées suivant les directions MA et MB.

Prenons la longueur MA pour représenter la vitesse du point M projetée sur la direction MA. Nous obtiendrons la vitesse absolue de M en composant MA avec une vitesse perpendiculaire à sa direction, et, par suite, la vitesse absolue sera représentée à la même échelle par une droite partant du point M et aboutissant en un point de la droite AN, élevée au point A perpendiculairement à AM. Par la même raison, la vitesse absolue est représentée par une droite partant du point M et aboutissant en un point de la droite BP, perpendiculaire à BM menée par le point B. Donc la droite qui représente cette vitesse aboutit au point T, où se coupent les droites AN et BP, et MT est la tangente cherchée.

Ici, nous avons obtenu la tangente en décomposant le mouvement de deux manières, et nous n'avons pas eu à déterminer en grandeur les vitesses normales aux rayons MA, MB.

Il est facile de reconnaître d'après cette construction que le lieu cherché est un cercle dont le centre est situé sur la direction AB. Au point M élevons une perpendiculaire sur MT. Ce sera la normale à la courbe lieu des points M, et nous allons prouver qu'elle coupe la direction AB en un point fixe O. Les angles MAT, TBM étant droits par construction, les quatre points M, A, T, B sont sur une même circonférence et MT est un diamètre de cette circonférence; donc MO, perpendiculaire au diamètre MT, est tangente à cette circonférence au point M. L'angle OMB, formé par une corde MB et une tangente MO, a pour mesure la moitié de l'arc MB sous-tendu par la corde, il est donc égal à l'angle inscrit MAB, qui comprend le même arc entre ses côtés. Les deux triangles MAO, MBO, qui ont un angle commun en O, et les angles MAO, BMO égaux entre eux, sont semblables et donnent la suite de rapports égaux

$$\frac{BO}{MO} = \frac{MB}{AM} = \frac{O}{AO}.$$

Donc

$$BO = MO \times \frac{MB}{AM} = \frac{MO}{K},$$

$$AO = MO \times \frac{AM}{MB} = MO \times K,$$

et par suite

$$\frac{AO}{BO} = K^2.$$

Les distances du point O aux points A et B sont donc entre elles dans le rapport connu K^2, et, par suite, la position du point O est fixe sur la direction AB.

Les mêmes relations donnent $\overline{MO}^2 = BO \times AO$, et comme BO et OA sont constants, MO est aussi constant. Le lieu du point M est donc une circonférence décrite du point O comme centre avec la grandeur MO pour rayon.

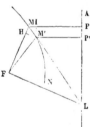

Fig. 72.

85. *Tangente à une section conique.* — Soit F le foyer, AB la directrice correspondante d'une conique MN. Soit MF$=r$, MP$=p$, les distances d'un même point M de la courbe, au point F et à la droite AB; l'équation de la courbe, dans ce système particulier de coordonnées, sera

$$r = Kp,$$

K désignant un rapport constant. Proposons-nous de mener une tangente à la courbe au point M. Prenons sur la courbe un point M' infiniment voisin du point M; les coordonnées de ce point seront $r' =$ M'F et $p' =$ M'P'. Projetons le point M' en I sur MP, en H sur MF. Les longueurs MI et HM seront les variations simultanées des distances MP et MF, quand le point mobile qui est supposé engendrer la courbe passe de M en M', et l'on aura par conséquent

$$MH = K \times MI,$$

équation qui n'est autre autre que l'équation de la courbe différentiée.

On peut faire passer le point mobile de M en M' de deux manières : 1° en le faisant glisser de M en H, puis en faisant tourner le rayon FH autour de F jusqu'à ce que le point H coïncide avec M' ; 2° en le faisant glisser de M en I, puis en déplaçant la droite PI parallèlement à la directrice AB, de la quantité PP'.

La vitesse du mobile suivant la tangente cherchée a donc pour projection sur MP une vitesse proportionnelle à MI, et sur MF une vitesse proportionnelle à MH; mais MI et MH sont entre eux dans le même rapport que MP et MF. On peut donc prendre MP pour représenter la projection de la vitesse cherchée sur la direction MP, et MF représentera alors la projection de la même vitesse sur la direction MF. Il suffit par conséquent d'élever en F une perpendiculaire FL sur MF, de la prolonger jusqu'à la rencontre en L avec la directrice, et de joindre LM, pour avoir la tangente cherchée.

Cette construction revient en définitive à construire un quadrilatère PMFL, semblable au quadrilatère infinitésimal IMHM', et semblablement placé par rapport au point M. Les deux points homologues M' et L sont en ligne droite avec le centre M de similitude, et ML est la tangente demandée.

86. *Tangente à l'ellipse et à l'hyperbole, rapportées à leurs foyers.* — L'équation de l'ellipse rapportée à ses foyers est

$$r + r' = 2a,$$

en appelant r et r' les distances MF, MF', d'un même point de la courbe aux deux foyers, et $2a$ la longueur du grand axe.

On en déduit en différentiant

$$dr + dr' = 0$$

ou

$$dr = -\,dr'.$$

Si donc le rayon F'M augmente d'une quantité MI' quand le point mobile passe de M en M', le rayon FM diminue d'une quantité MI égale à MI'. On peut faire passer le point M dans

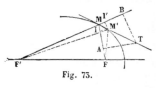

Fig. 73.

sa position M' infiniment voisine, en le faisant glisser d'une quantité arbitraire, infiniment petite, MI', le long du rayon F'M, puis en faisant tourner le même rayon autour de F', pour ramener le point I' sur la courbe; dans ce mouvement, le point I' décrit l'élément I'M' normal à F'I. On peut amener aussi le point M en M' en le faisant glisser sur MF de la quantité MI, égale à IM', puis en faisant tourner le rayon MF autour du foyer F, mouvement dans lequel le point mobile décrit un élément IM' normal à MF.

Donc les projections de la vitesse du point mobile sur les deux directions F'M, FM sont égales. On obtiendra la di-

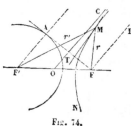

Fig. 74.

rection de la vitesse en prenant à partir du point M, sur le prolongement de l'un des rayons, et sur la direction même de l'autre, des quantités égales MA, MB, et en élevant des perpendiculaires AT, BT, sur ces rayons. Le point T, intersection des perpendiculaires, appartiendra à la tangente. La construction revient à mener la bissectrice de l'angle BMF, adjacent à celui que forment les deux rayons.

On reconnaîtrait de même (fig. 74) que la tangente MT à l'hyperbole MN divise en deux parties égales l'angle des rayons vecteurs MF, MF' menés aux deux foyers F et F'.

L'équation de l'hyperbole est

$$r' - r = 2a.$$

Les *asymptotes* de la courbe s'obtiendront en décrivant du foyer F' comme centre, avec un rayon égal à 2*a*, une circonférence à laquelle on mènera une tangente FA à partir de l'autre foyer. Les deux droites parallèles F'A et FB, concourent en un point infiniment éloigné, qui appartient à l'hyperbole. La tangente en ce point, c'est-à-dire l'asymptote cherchée OC, est une parallèle à ces deux droites menée à égale distance de chacune, et passant par conséquent par le point O, milieu de FF', et centre de la courbe.

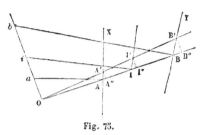

Fig. 75.

87. *Problème.* — A partir d'un point O (fig. 75), on mène arbitrairement une transversale OAB, qui rencontre en deux points A et B deux droites données AX, BY. On prend sur le segmen AB un point I qui partage ce segment en deux parties dans un rapport donné $\frac{m}{n}$, en sorte qu'on ait

$$\frac{\text{IA}}{\text{IB}} = \frac{m}{n}.$$

On demande de construire la tangente à la courbe lieu des points ainsi construits.

Par le point O menons une transversale infiniment voisine OA'B', et prenons sur la droite fixe A'B' un point I' satisfaisant à la condition

$$\frac{\text{I'A'}}{\text{I'B'}} = \frac{m}{n}.$$

Le point I' appartient au lieu, et II' est à la limite la direction de la tangente cherchée. Projetons les points A', I' et B' en A", I" et B", sur la direction O B : nous décomposons ainsi les déplacements effectifs AA', II', BB', chacun en deux déplacements, l'un de glissement sur 1 rayon OB, l'autre de circulation autour du point O. Les vitesses de circulation sont proportionnelles aux éléments A'A", I'I", B'B", c'est-à-dire aux distances OA', OI', OB', ou, à la limite, aux distances OA, OI, OB. Par les points A, I et B, élevons des perpendiculaires sur les trajectoires AA', II', BB', des trois points mobiles, et coupons ces perpendiculaires par une droite O*b*, élevée en O perpendiculairement sur la droite OB. Les triangles O*a*A, O*i*I, O*b*B, rectangles en O, sont respectivement semblables aux triangles infinitésimaux AA'A'', II'I'', BB'B'', comme ayant des côtés perpendiculaires chacun à chacun. Mais nous venons d'établir la proportion

$$\frac{A'A''}{OA} = \frac{I'I''}{OI} = \frac{B'B''}{OB}.$$

Donc

$$\frac{AA''}{Oa} = \frac{II''}{Oi} = \frac{BB''}{Ob}.$$

Or il est facile de trouver une relation entre les trois glissements simultanés AA'', II'', BB''. On a en effet la série de rapports égaux

$$\frac{IA}{IB} = \frac{I'A'}{I'B'} = \frac{m}{n}.$$

Donc

$$\frac{IA - I'A'}{IB - I'B'} = \frac{m}{n}.$$

Mais I'A' est égal, à des infiniment petits négligeables près, à sa projection I''A''; I'B' est de même égal à I''B'', de sorte qu'on a à la fois

$$IA - I'A' = II'' - AA'',$$
$$IB - I'B' = BB'' - II''.$$

La proportion devient

$$\frac{II'' - AA''}{BB'' - II''} = \frac{m}{n},$$

ou bien, en remplaçant AA'', II'', BB'', par des quantités proportionnelles,

$$\frac{Oi - Oa}{Ob - Oi} = \frac{ia}{ib} = \frac{m}{n}.$$

Le point *i* partage donc la distance connue *ab* en deux segments dans le rapport de m à n; on pourra déterminer ce point, et la droite il sera la normale au lieu des points I.

88. La question peut se généraliser de la façon suivante. Étant données trois courbes LL′, MM′, NN′, on mène tangentiellement à la courbe NN′ une droite OAB, qui coupe les deux autres courbes en A et B. On prend sur la portion AB un point I partageant cette longueur dans un rapport donné. On demande de mener une tangente au lieu géométrique des points I.

Il suffira de remplacer, aux points A et B, les courbes LL′, MM′ par leurs tangentes AT, BS, et la courbe NN′, par le point de contact O, qui forme l'intersection de la transversale AB avec une position infiniment voisine de la même droite. On achèvera la construction en élevant les normales en A, en B et en O aux trois courbes données; les deux

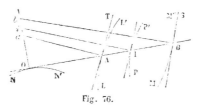

Fig. 76.

premières normales Aa, Bb, déterminent sur la troisième un segment ab, qu'on partagera en i dans le rapport donné; et la droite il sera la normale au lieu du point I.

89. Réciproquement *étant données trois courbes* LL′, MM′, PP′, *et sachant que la portion AB d'une droite mobile de longueur variable, comprise entre les deux premières courbes, est partagée au point I par la troisième dans un rapport donné, il suffit, pour trouver le point* O *où la direction AB touche l'enveloppe de ses positions successives, de mener les normales* Aa, Ii, Bb, *aux trois courbes, et de les couper par une droite* ba *normale à la direc-*
tion AB et telle, que le rapport $\dfrac{ia}{ib}$ *soit égal au rapport donné.* Le point O est à l'intersection de cette droite et de AB.

Cette construction permet de trouver le centre de courbure de certaines courbes [1].

Voy. *Cours de mécanique* d'Edmond Bour. — *Cinématique*, p. 52.

LIVRE II

DU MOUVEMENT CURVILIGNE ET DE L'ACCÉLÉRATION TOTALE

CHAPITRE UNIQUE

90. Nous avons déjà défini (§ 51) ce qu'on entend par *accélération*, lorsque le mouvement est rectiligne, et par *accélération tangentielle*, lorsque le mouvement ne s'effectue pas suivant une ligne droite. Nous allons étendre la définition de
l'accélération au moyen de la théorie du mouvement relatif.

Considérons d'abord un mouvement rectiligne. Soit AB la
ligne droite qui sert de trajectoire à un mobile M, dont la

Fig. 77.   Fig. 78.

vitesse est variable. Les vitesses du mobile en deux positions
successives très-rapprochées, M, M', prises sur la trajectoire,
seront généralement différentes ; appelons v la vitesse au
point M, et v' la vitesse au point M' ; soit enfin dt le temps très-
court qui s'est écoulé entre le passage du mobile en M et son
passage en M'.

Imaginons qu'un mobile fictif parte du point M en même
temps que le mobile réel, avec la même vitesse v, et dans le

même sens AB, mais *que son mouvement soit uniforme;* puis cherchons quelle est au bout du temps dt la vitesse relative du mobile réel par rapport au mobile fictif.

Pour cela, nous appliquerons le théorème du § 68 : la vitesse relative à un moment donné est la *résultante* de la vitesse absolue et de la vitesse d'entraînement prise en sens contraire.

Au bout du temps dt, la *vitesse absolue* du mobile réel est v'. Menons donc une droite OC égale à v', et parallèle à la direction de la vitesse, c'est-à-dire parallèle à la trajectoire AB.

La *vitesse d'entraînement* est la vitesse du mobile fictif ; elle est égale à v, et elle est dirigée suivant la droite AB ; mais nous devons la prendre en sens contraire, ce qui revient à porter sur CO, de C vers O, une quantité $CC' = v$; la différence $OC' = v' - v$ sera la *résultante* des deux vitesses v' et v ; c'est donc la vitesse relative cherchée.

Les deux vitesses v et v' diffèrent infiniment peu l'une de l'autre, et la quantité infiniment petite $v' - v = dv$ est ce qu'on appelle la *vitesse acquise élémentaire;* si on la divise par le temps dt, le rapport $\dfrac{dv}{dt}$ exprime la quantité dont s'accroîtrait la vitesse du mobile pendant l'unité de temps, si, pendant toute cette durée, la vitesse recevait en temps égaux des accroissements élémentaires égaux.

Ce rapport $\dfrac{dv}{dt}$ est, comme nous l'avons vu, la *vitesse de la vitesse* ou l'*accélération* du mouvement rectiligne.

Représentons-le par j ; nous aurons $dv = jdt$; nous pourrons dire en conséquence que *la vitesse du mobile s'accroît pendant un temps très-court* dt *d'une quantité égale au produit de l'accélération j par cet intervalle de temps* dt, ou, en employant la notion du mouvement relatif, que *le produit jdt est la vitesse apparente qu'aurait le mobile au bout du temps* dt, *par rapport à un observateur qui pendant tout le temps* dt *conserverait la vitesse* v *qu'avait le mobile au commencement de ce temps.*

La considération du mouvement relatif conduit ainsi à décomposer le mouvement du mobile, entre deux positions très-voisines M, M', occupées successivement par lui sur sa trajectoire, en deux mouvements simples : le premier est un mouvement *uniforme*, dont la *vitesse constante* est v ; le second est un mouvement *uniformément varié*, qui part du repos et dont l'*accélération constante* est j. Le mouvement effectif du mobile sera la résultante de ces deux mouvements ; l'espace total décrit sera la somme des deux espaces respectivement décrits en

Fig. 79.

vertu de chaque mouvement considéré seul, puisqu'ils sont tous deux dirigés suivant la même droite.

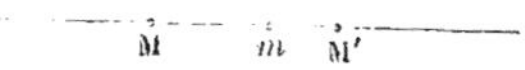

Or, en vertu du premier mouvement pris isolément, le mobile parcourrait dans un temps θ, très-petit, une longueur $Mm = v\theta$; en vertu du second mouvement, le mobile partant du repos parcourrait une longueur égale à $\frac{1}{2} j\theta^2$ (§ 58).

Ces deux longueurs, qui sont dirigées suivant la même droite, s'additionnent pour donner l'espace réellement décrit,

$$MM' = v\theta + \tfrac{1}{2} j\theta^2.$$

Mais $Mm = v\theta$. Donc

$$mM' = \tfrac{1}{2} j\theta^2.$$

De là résulte une nouvelle méthode pour trouver l'accélération j dans le mouvement rectiligne, en considérant les espaces parcourus.

On a en effet à la limite, pour θ infiniment petit,

$$j = \frac{2mM'}{\theta^2}.$$

Pour trouver l'accélération j à un instant donné, on prendra donc, au bout d'un temps θ très-court après cet instant, la distance mM' entre la position M' du mobile, et la position m qu'il aurait, si pendant tout le temps θ il avait conservé sa vitesse, et on divisera le double de cette distance par θ^2. Le quotient sera la mesure de l'accélération cherchée.

Les formules que nous venons d'obtenir sont générales,

pourvu que l'on donne aux vitesses v, v', à l'accélération j, enfin aux espaces décrits sur la trajectoire, les *signes* algébriques qui correspondent au *sens* de ces diverses quantités.

MOUVEMENT CURVILIGNE.

91. Nous pouvons appliquer les mêmes principes au mouvement curviligne.

Soit AB la trajectoire;

M et M′, deux positions successives du mobile, l'une M au commencement, l'autre M′ à la fin d'un intervalle de temps θ très-court.

Menons en M et M′ deux tangentes à la trajectoire, et sur ces tangentes prenons, dans le sens du mouvement, deux lon-

gueurs Mv, $M'v'$ égales aux vitesses du mobile à son passage en M et en M′.

Fig. 80.

Puis cherchons la *vitesse relative* du mobile parvenu en M′ par rapport à un mobile fictif qui serait entraîné le long de Mv, avec la vitesse v que possède le mobile à son passage en M.

Pour cela, menons par un même point O de l'espace deux

droites OC, OC′, égales et parallèles à Mv, $M'v'$. Joignons CC′. Cette droite représentera la vitesse relative cherchée.

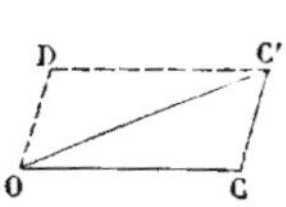

Fig. 81.

En effet, achevons le parallélogramme OCC′D; dans ce parallélogramme, la diagonale OC′ est la *résultante* des deux côtés OC, OD; la vitesse *absolue* v' du mobile au point M′ est la *résultante* de la vitesse OD, ou CC′, et de la *vitesse d'entraînement*, $OC = v$, du système de comparaison. Donc CC′ est la vitesse relative en grandeur et en direction.

Cette vitesse relative est encore ce qu'on appelle la *vitesse acquise élémentaire*. C'est la vitesse infiniment petite qui se *compose* avec la vitesse v pour produire au bout du temps θ la vitesse v'.

L'*accélération totale j* est le quotient $\dfrac{CC'}{\theta}$ de la vitesse acquise élémentaire par le temps θ du trajet du mobile de M en M'. La direction CC', ou OD, est la direction de l'accélération j. Dans le mouvement curviligne, l'accélération totale a une direction différente de la vitesse; elle a la même direction que la vitesse dans le mouvement rectiligne.

La *vitesse acquise élémentaire* s'obtient en multipliant par θ l'accélération totale *j*.

L'application de la théorie du mouvement relatif conduit donc encore à décomposer le mouvement réel du mobile pendant un temps très-court θ, en *deux mouvements rectilignes simultanés*. Le premier, uniforme, s'effectue le long de la tangente à la trajectoire au point M avec la vitesse constante *v* que le mobile possède à son

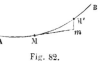

Fig. 82.

passage en M. Le mobile parcourt en vertu de ce mouvement l'espace M*m* = *v*θ.

Le second, uniformément varié, fait parcourir au mobile l'espace rectiligne *m*M', avec une accélération constante égale à *j*; ce second mouvement part du repos, et par suite, au bout du temps θ, l'espace décrit *m*M' est égal à $\frac{1}{2}\,j\theta^2$.

L'*accélération totale j* se déterminera, *en direction*, par la recherche de la position que prend la droite *m*M' à la limite, lorsque θ décroît indéfiniment; *en grandeur*, en divisant le double de la distance *m*M' par θ²,

$$J = \frac{2m\mathrm{M'}}{\theta^2},$$

et en prenant la limite de ce rapport.

92. L'analyse conduit au même résultat. Soit (fig. 83) AM la trajectoire d'un point mobile, qui passe en A à un certain instant.

Rapportons le mouvement à trois axes coordonnés, menés par le point A, AX, AY, AZ; nous prendrons l'un de ces axes, AX, tangent à la trajectoire en A, et dirigé dans le sens du mouvement. Les deux autres axes, AY, AZ seront d'abord dirigés arbitrairement ; mais nous verrons qu'il y a intérêt à adopter pour l'un d'eux, AZ, une direction particulière qui sera définie tout à l'heure.

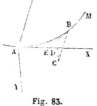

Fig. 83.

Les coordonnées du mobile, x, y, z, sont connues en fonction du temps t, mesuré à partir du passage du mobile en A, par trois équations de la forme :

$$x = f(t),$$
$$y = \varphi(t),$$
$$z = \psi(t).$$

Nous supposerons que ces fonctions soient développables en séries, ordonnées suivant les puissances ascendantes du temps t, au moins pour les très-petites valeurs de la variable. Le mouvement, dans les environs du point A, sera donc défini par les équations

$$x = a_0 + a_1 t + a_2 t^2 + a_3 t^3 + \ldots,$$
$$y = b_0 + b_1 t + b_2 t^2 + b_3 t^3 + \ldots,$$
$$z = c_0 + c_1 t + c_2 t^2 + c_3 t^3 + \ldots.$$

Or, la trajectoire passant à l'origine, on a

$$x = 0, \quad y = 0, \quad z = 0 \text{ pour } t = 0$$

et par suite

$$a_0 = b_0 = c_0 = 0.$$

De plus, elle est tangente à l'axe des x ; donc pour $x = 0$, on a

$$\lim \cdot \frac{y}{x} = 0, \quad \text{et} \quad \lim \cdot \frac{z}{x} = 0,$$

ou bien, pour $t = 0$,

$$\lim \cdot \frac{b_1 t + b_2 t^2 + \ldots}{a_1 t + a_2 t^2 + \ldots} = 0,$$

$$\lim \cdot \frac{c_1 t + c_2 t^2 + \ldots}{a_1 t + a_2 t^2 + \ldots} = 0,$$

ce qui exige qu'on ait $b_1 = 0$, $c_1 = 0$, avec a_1 différent de zéro.

Ces hypothèses réduisent les équations du mouvement aux termes suivants :

$$x = a_1 t + a_2 t^2 + a_3 t^3 + \ldots,$$
$$y = b_2 t^2 + b_3 t^3 + \ldots,$$
$$z = c_2 t^2 + c_3 t^3 + \ldots$$

Les composantes de la vitesse suivant les axes sont $\dfrac{dx}{dt}$, $\dfrac{dy}{dt}$ $\dfrac{dz}{dt}$; pour $t = 0$, on voit que les composantes $\dfrac{dy}{dt}$ et $\dfrac{dz}{dt}$ sont nulles, et que $\dfrac{dx}{dt} = a_1$. Donc a_1 est la vitesse du mobile à son passage au point A.

Au bout d'un temps t, très-petit, le mobile est en B ; prenons sur la tangente à la trajectoire une longueur $AE = a_1 t$; joignons EB, et menons les ordonnées BC, CD, du point B. La longueur EB est la résultante des trois longueurs ED, DC, CB, qui sont des infiniment petits du second ordre, et dont les valeurs sont :

$$ED = x - a_1 t = a_2 t^2 + a_3 t^3 + \ldots,$$
$$DC = b_2 t^2 + b_3 t^3 + \ldots,$$
$$CB = c_2 t^2 + c_3 t^3 + \ldots$$

Or nous pouvons disposer de la direction de l'axe AZ, de manière à réduire au troisième ordre de petitesse les éléments ED et DC. En effet, il suffit, pour réduire DC au troisième ordre, de mener AZ dans le *plan osculateur* de la trajectoire au point A ; car DC mesure, à un facteur près, la distance du point B pris sur la courbe au plan ZAX mené par une tangente à cette courbe : distance qui est un infiniment petit du second ordre pour un plan tangent quelconque, et qui se réduit à un infiniment petit du troisième ordre au moins, lorsqu'il s'agit du plan tangent particulier qu'on nomme plan osculateur. En orientant ensuite convenablement l'axe AZ dans le plan osculateur, on pourra réduire au troisième degré de petitesse la longueur ED ; il suffit pour cela de prendre pour AZ la position limite de la droite EB quand l'arc AB diminue indéfiniment. Si l'on suppose cette direction particulière de l'axe AZ, ED et DC seront des infiniment petits du troisième ordre, et on aura par conséquent $a_2 = 0$ et $b_2 = 0$.

Les équations du mouvement deviennent

$$x = a_1 t + a_3 t^3 + \ldots,$$
$$y = b_3 t^3 + \ldots,$$
$$z = c_2 t^2 + c_3 t^3 + \ldots.$$

Abstraction faite des infiniment petits d'ordre supérieur au second, le mouvement projeté sur l'axe des x est un *mouvement uniforme*, dont la vitesse est a_1; le mouvement projeté sur l'axe des z est un *mouvement uniformément varié*, qui part du repos avec une *accélération* $j = \dfrac{d^2 z}{dt^2} = 2c_2$, et le mouvement projeté sur l'axe des y est nul. Le mouvement réel du point est donc décomposé, pendant un temps θ très-court, en deux mouvements rectilignes, l'un uniforme suivant la tangente, l'autre uniformément varié, et l'accélération de ce dernier mouvement est l'*accélération totale* du mouvement curviligne. Pour l'évaluer, observons qu'elle a pour valeur $2c_2$. Or $CB = c_2 \theta^2$, en se bornant aux infiniment petits du second ordre; donc

$$2c_2 = \frac{2CB}{\theta^2} = j,$$

et puisque à la limite CB et EB se confondent, nous pouvons poser

$$j = \frac{2EB}{\theta^2}.$$

La direction de l'accélération totale est d'ailleurs la position limite de la droite EB, quand le temps θ décroit indéfiniment. Nous retrouvons ainsi les règles posées dans le paragraphe 91.

ACCÉLÉRATION DANS LE MOUVEMENT CIRCULAIRE UNIFORME.

95. Comme exemple de la recherche de l'accélération totale, proposons-nous de trouver l'accélération totale dans le mouvement d'un point mobile qui parcourt, avec une vitesse constante V, la circonférence d'un cercle de rayon R.

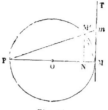

Fig. 84.

Soit M la position occupée par le mobile à un certain instant, M′ la position qu'il prend au bout du temps très-court θ. Nous aurons arc MM′ = Vθ, puisque le mouvement est uniforme.

Par le point M, menons une tangente MT au cercle ; et prenons sur cette droite une quantité Mm = Vθ = arc MM′. A la limite, la droite mM′ sera la direction de l'accélération cherchée, et $\frac{2mM'}{\theta^2}$ en sera la grandeur, j.

L'arc infiniment petit MM′ peut être confondu avec l'ordonnée M′N abaissée du point M′ perpendiculairement sur le rayon OM, et par suite la figure infiniment petite MNM′m est un rectangle dans lequel les côtés opposés mM′, MN, sont égaux et parallèles.

Donc, *à la limite*, la direction de l'accélération j coïncide avec le rayon MO ; en d'autres termes, l'accélération est *centripète*, c'est-à-dire dirigée du point M vers le centre O.

Quant à sa grandeur j, elle est donnée par l'équation

$$j = \frac{2 \times mM'}{\theta^2} = \frac{2 \times MN}{\theta^2}.$$

Prolongeons jusqu'en P le rayon MO, et joignons M′P, M′M ; nous aurons, dans le triangle rectangle PM′M,

$$\overline{MM'}^2 = MN \times MP.$$

Mais la corde MM′, qui est infiniment petite, se confond avec l'arc MM', et par suite est égale à Vθ ; MP est égal au diamètre 2R du cercle. Donc

$$V^2\theta^2 = MN \times 2R.$$

On en déduit

$$\frac{2MN}{\theta^2} = j = \frac{V^2}{R}.$$

Donc enfin, lorsqu'un mobile parcourt uniformément un cercle de rayon R avec une vitesse V, l'*accélération totale* du point est dirigée constamment vers le centre du cercle, et est égale au carré de la vitesse divisé par le rayon.

On remarquera par cet exemple combien l'*accélération totale* peut différer de l'*accélération tangentielle* étudiée dans le livre Ier ; ici la vitesse étant constante, l'accélération tangentielle, *vitesse de la vitesse*, est constamment nulle, tandis que l'accélération totale est constante et égale à $\frac{V^2}{R}$.

Remarquons aussi que $\frac{V^2}{R}$ est, abstraction faite du signe, l'*accélération* que nous avons trouvée (§ 41) pour le mouvement rectiligne de la projection d'un mobile sur le diamètre fixe MP, lorsque le mobile, parcourant le cercle avec la vitesse V, atteint l'extrémité M de ce diamètre.

ACCÉLÉRATION DANS UN MOUVEMENT CURVILIGNE QUELCONQUE. — RAPPEL DE CERTAINES DÉFINITIONS.

94. Soit AB une courbe tracée dans l'espace. Considérons

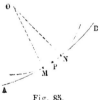
Fig. 85.

un arc très petit MN de cette courbe : nous pouvons prendre sur cet arc trois points M, P, N, non situés en ligne droite et par ces trois points faire passer un plan qui contiendra l'arc MN entier, pourvu que la longueur MN soit assez petite ; ce plan est le plan de la courbe dans la région MN, en d'autres termes, le *plan osculateur.*

Par les trois points M, P, N, qui ne sont pas en ligne droite, on peut faire passer une circonférence de cercle, qui se confondra avec la courbe dans toute l'étendue de l'arc MN. Cette circonférence est le *cercle osculateur*.

Ces définitions supposent que l'arc MN est infiniment petit ; le plan osculateur et le cercle osculateur sont le plan limite et le cercle limite que l'on obtient en un point M donné quand l'arc MN décroît indéfiniment.

La *normale principale* à une courbe en un point M est la normale élevée à la courbe au point M dans son plan osculateur. Elle passe par le centre O du cercle osculateur.

Le rayon OM du cercle osculateur reçoit le nom de *rayon de courbure*.

Menons deux tangentes à la courbe, l'une au point M, l'autre au point N. L'angle de ces deux tangentes, qu'on appelle *angle de contingence*, est la mesure de la *courbure* totale de l'arc MN. Cet angle est le même pour la courbe et pour le cercle osculateur. Or, dans le cercle osculateur, il est égal à l'angle au centre NOM, et si on évalue cet angle, non en degrés, mais en parties du rayon, suivant l'usage de l'analyse, on pourra poser

$$\text{arc } MN = OM \times \text{angle } MON.$$

D'où l'on déduit

$$OM, \text{ ou le rayon de courbure} = \frac{\text{arc } MN}{\text{angle } MON}.$$

Le rayon de courbure est donc égal à la longueur de l'arc MN divisée par l'angle de contingence, ou plutôt est égal à la limite de ce rapport.

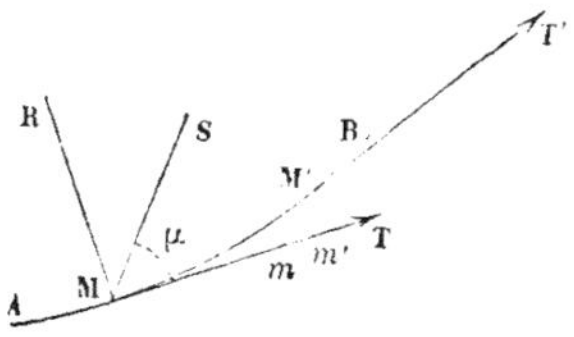

95. Ces définitions rappelées, considérons un mouvement curviligne quelconque : soit AB la trajectoire,

Fig. 86

M la position du mobile à un certain instant,

v sa vitesse à cet instant,

M' la position du mobile au bout du temps θ infiniment petit,

v' la vitesse du mobile au bout de ce temps.

Menons la tangente MT, et prenons sur cette droite, à partir du point M et dans le sens du mouvement, une longueur $Mm = v\theta$. Joignons mM', et projetons M' en m sur la tangente MT.

La droite mM' est la résultante des deux éléments mm', $m'M$; l'accélération totale, égale à la limite du rapport $\dfrac{2 \times mM}{\theta^2}$, est de même la résultante de deux accélérations, l'une *tangentielle*, égale à la limite du rapport $\dfrac{2\,mm'}{\theta^2}$, l'autre *normale*, et égale à la limite du rapport $\dfrac{2\,m'M'}{\theta^2}$. Proposons-nous d'évaluer les longueurs des éléments mm', $m'M'$

Menons par le point M, dans le plan osculateur, une droite MS, parallèle à mM', et rapportons le mouvement du mobile aux axes MT, MS; nous savons (§ 92) que les équations du mouvement, aux infiniment petits près du troisième ordre, seront

$$x = vt,$$
$$y = \tfrac{1}{2} j t^2.$$

Changeons l'axe des y, et prenons pour nouvel axe la normale MR, qui n'est autre que la normale principale. Soit μ l'angle SMT de l'accélération totale avec la direction du mouvement, et appelons x' et y' les nouvelles coordonnées : le changement d'axe substitue l'abscisse Mm' à l'abscisse Mm, et l'ordonnée normale, $M'm'$, à l'ordonnée oblique $M'm$: cela revient à poser

$$x' = x + y \cos \mu,$$
$$y' = y \sin \mu,$$

et par conséquent

$$x' = vt + \tfrac{1}{2} j t^2 \cos \mu,$$
$$y' = \tfrac{1}{2} j t^2 \sin \mu.$$

La vitesse du mobile au bout du temps t a pour composantes, suivant les nouveaux axes,

$$\frac{dx'}{dt} = v + jt \cos \mu,$$

$$\frac{dy'}{dt} = jt \sin \mu.$$

Appliquons ces équations au passage du mobile au point M', en remplaçant t par θ, ou par dt; $\frac{dx'}{dt}$ est alors la projection orthogonale de la vitesse v' sur la tangente MT, et $\frac{dy'}{dt}$ la même projection sur la normale principale MR. Soit donc $d\omega$ *l'angle de contingence* de la courbe, c'est-à-dire l'angle infiniment petit formé par la tangente M'T' avec la tangente MT; nous aurons

$$\frac{dx'}{dt} = v' \cos d\omega,$$

$$\frac{dy'}{dt} = v' \sin d\omega,$$

ou bien, en négligeant les infiniment petits d'ordre supérieur au second,

$$\frac{dx'}{dt} = v' = v + dv,$$

$$\frac{dy'}{dt} = v'd\omega = vd\omega;$$

on a donc

$$v + dv = v + j \cos \mu \, dt,$$
$$vd\omega = j \sin \mu \, dt,$$

et enfin

$$\frac{dv}{dt} = j \cos \mu,$$

$$v \frac{d\omega}{dt} = j \sin \mu.$$

L'accélération totale, j, a donc pour *composante tangentielle*

$\frac{dv}{dt}$, et pour *composante normale* $v\frac{d\omega}{dt}$, celle-ci étant dirigée suivant la normale principale.

96. En divisant l'une par l'autre ces deux équations, on élimine à la fois dt et j, et il vient

$$\frac{dv}{v} = \frac{d\omega}{\tan g\,\mu}.$$

Cette équation s'intègre; l'intégrale peut se mettre sous la forme

$$\log\frac{v}{v_0} = \int \frac{d\omega}{\tan g\,\mu},$$

les logarithmes étant pris dans le système népérien dont la base est e; ou encore sous la forme exponentielle

$$v = v_0 e^{\int \frac{d\omega}{\tan g\,\mu}}.$$

Elle conduit donc à exprimer par une fonction de quantités angulaires le rapport des vitesses d'un point mobile en deux points de sa trajectoire.

La composante tangentielle de l'accélération, $\frac{dv}{dt}$, est la *vitesse de la vitesse*; c'est ce que nous avons appelé dans le premier livre *l'accélération tangentielle* (§ 31). La composante normale prend le nom d'*accélération centripète*, parce qu'elle est dirigée vers le centre de courbure de la trajectoire. L'expression $\frac{vd\omega}{dt}$ peut se transformer. On a, en effet, en appelant ρ le rayon de courbure de la trajectoire au point M,

$$\rho d\omega = ds = vdt,$$

donc

$$\frac{d\omega}{dt} = \frac{v}{\rho},$$

et

$$\frac{vd\omega}{dt} = \frac{v^2}{\rho},$$

L'accélération centripète est donc égale au carré de la vitesse divisé par le rayon de courbure.

Si la vitesse v est constante, l'accélération totale se réduit à l'accélération centripète, $\dfrac{v^2}{\rho}$: résultat conforme à celui que nous avons trouvé directement pour le mouvement circulaire uniforme.

Lorsque le mouvement est rectiligne, l'accélération centripète disparaît, car le rayon de courbure devient infini, et l'accélération totale se réduit à l'accélération tangentielle.

En résumé, nous obtenons ce théorème :

L'accélération totale dans le mouvement curviligne est la résultante de deux accélérations, l'une TANGENTIELLE, *qui est égale à la vitesse de la vitesse, l'autre* CENTRIPÈTE, *qui est dirigée suivant la normale principale, et qui est égale au carré de la vitesse divisé par le rayon de courbure.*

Ces deux accélérations composantes ont chacune leur rôle dans le mouvement d'un point. C'est la première qui produit à chaque instant la variation de vitesse du mobile ; et c'est la seconde qui produit la déviation en vertu de laquelle il abandonne une direction pour en prendre une autre.

DÉMONSTRATION DU MÊME THÉORÈME PAR LA CONSIDÉRATION DES VITESSES.

97. Soient toujours M, M', deux positions successives infiniment voisines du mobile sur sa trajectoire AB.

Pour trouver l'accélération totale, nous savons qu'il suffit de mener par un point C de l'espace deux droites CD, CE, égales et parallèles aux vitesses Mv, M'v', du mobile aux points M et M', et de prendre le rapport $\dfrac{DE}{\theta}$ de

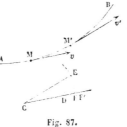

Fig. 87.

la vitesse acquise élémentaire, laquelle est représentée par c côté DE du triangle CDE, au temps θ que le mobile met à aller de M en M′.

Nous pouvons décomposer la vitesse DE en deux vitesses simultanées, DF, FE, en projetant le point E sur la direction CF ; l'accélération $\frac{DE}{\theta}$ se décomposera de même en deux accélérations, l'une $\frac{DF}{\theta}$, parallèle à la tangente à la trajectoire au point M, et l'autre $\frac{FE}{\theta}$, normale à cette tangente, et dirigée parallèlement au plan osculateur qui contient à la fois les deux tangentes Mv, M′v'.

L'angle ECF est l'*angle de contingence* de l'arc MM′ ; il est infiniment petit, et par suite CF diffère infiniment peu de CE.

La limite du rapport $\frac{CE}{CF}$ est l'unité, et l'on peut poser

$$DF = CF - CD = CE - CD = v' - v.$$

Donc

$$\frac{DF}{\theta} = \frac{v' - v}{\theta} = \frac{dv}{dt},$$

valeur déjà trouvée de l'accélération tangentielle.

D'un autre côté, EF se confond à la limite avec l'arc de cercle EF′ décrit du point C comme centre avec CE pour rayon ; appelons $d\omega$ l'angle de contingence ECF exprimé en parties du rayon. Nous aurons

$$EF = CE \times d\omega = v' d\omega.$$

L'accélération centripète, $\frac{EF}{\theta}$, est donc égale à $\frac{v' d\omega}{\theta}$.

Mais le rayon de courbure ρ de la courbe au point M, multiplié par l'angle de contingence $d\omega$, donne la longueur de l'arc MM′. Donc

$$d\omega = \frac{\text{arc MM}'}{\rho}.$$

Enfin l'arc MM′ est à la limite égal à $v\theta$. Substituons ces valeurs de ω et de MM′ : il vient

$$j'' = \frac{v'\omega}{\theta} = \frac{vv'}{\rho},$$

quantité qui doit être prise à la limite, c'est-à-dire à l'instant où v' devient égal à v ; elle se réduit alors à

$$j'' = \frac{v^2}{\rho},$$

comme nous l'avions trouvé par une autre méthode.

COURBE INDICATRICE DES ACCÉLÉRATIONS TOTALES.

98. Prenons sur la trajectoire AB les points M, M_1, M_2, M_3, M_4,... positions du mobile à des intervalles de temps égaux à θ, c'est-à-dire au bout des temps θ, 2θ, 3θ, 4θ, 5θ,.... la durée θ étant supposée infiniment petite.

Menons en ces points, dans le sens du mouvement, des tangentes à la trajectoire, et prenons sur ces tangentes des longueurs Mv, M_1v_1, M_2v_2, M_3v_3 M_4v_4,... égales respectivement aux vitesses successives v, v_1, v_2, v_3, v_4,... que possède le mobile à son passage en ces différents points.

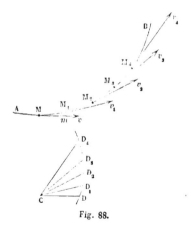

Par un point C, pris arbitrairement dans l'espace, menons des droites CD, CD_1, CD_2, CD_3, CD_4.... égales et parallèles à Mv, M_1v_1, M_2v_2, M_3v_3, M_4v_4..... Le lieu géométrique des points D, D_1, D_2, D_3, D_4....

Fig. 88.

sera une ligne dont les arcs infiniment petits successifs DD_1, D_1D_2, D_2D_3, D_3D_4,... seront égaux aux produits des accélérations totales par la durée θ. Cette courbe auxiliaire donne donc par ses arcs les produits $j\theta$, et par ses *rayons vecteurs* les valeurs des vitesses v. Nous l'appellerons la *courbe indicatrice des accélérations totales*.

Lorsque la trajectoire AB est plane, l'indicatrice des accélérations totales est aussi plane. Plus généralement, le plan mené par le point C tangentiellement à l'indicatrice en un point D est parallèle au plan osculateur de la trajectoire au point M qui correspond à ce point D.

Lorsque le mouvement sur la courbe AB est uniforme, l'indicatrice des accélérations est située sur une sphère décrite du point C comme centre, puisque tous les rayons CD, CD_1,... sont égaux. Elle devient alors la ligne qu'on appelle en géométrie l'*indicatrice sphérique* de la courbe AB[1].

Le produit $CD \times \theta$ est la longueur $Mm = v\theta$ que le mobile décrirait sur sa tangente Mv, si, à partir du point M, il conservait un mouvement rectiligne et uniforme. Nous savons enfin que $mM_1 = \frac{1}{2}j\theta^2$; mais $j\theta = DD_1$; donc $mM_1 = \frac{1}{2}DD_1 \times \theta$. La *courbe indicatrice des accélérations totales* fait donc connaitre les éléments utiles à l'étude du mouvement sur la trajectoire, et notamment les directions des accélérations totales qui sont parallèles à ses tangentes.

A mesure que le mobile parcourt la trajectoire AB, on peut imaginer qu'un second mobile parcoure l'indicatrice DD_1, de manière que les deux mobiles passent en même temps aux points correspondants, M et D, M_1 et D_1, M_2 et D_2,.... des deux courbes. *Les vitesses du mobile auxiliaire sur sa trajectoire* DD_1 *seront à chaque instant égales et parallèles aux accélérations totales du mobile réel sur sa trajectoire AB.*

L'indicatrice des accélérations peut être définie, sur la surface du cône que l'on forme en transportant toutes les tangentes à la trajectoire parallèlement à elles-mêmes en un même point C, par une relation entre les rayons vecteurs CD, CD_1,... respectivement égaux aux vitesses v, et les angles

[1] Voy. *Calcul différentiel* de M. J. Bertrand, p. 599.

$D_1CD, D_2CD_1,\ldots$ respectivement égaux aux angles de contingence, $d\omega$, compris entre ces tangentes successives. Appelant ω *l'angle formé par l'addition des angles de contingence successifs*, à partir d'un point de départ arbitraire, l'équation de l'indicatrice sera une équation polaire de la forme

$$v = f(\omega),$$

et l'angle μ que fait la courbe avec un de ses rayons vecteurs est alors donné par la formule des tangentes aux courbes rapportées à des coordonnées polaires,

$$\tang \mu = \frac{v\,d\omega}{dv},$$

d'où l'on déduit la relation différentielle déjà obtenue,

$$\frac{dv}{v} = \frac{d\omega}{\tang \mu}.$$

ACCÉLÉRATION DANS LE MOUVEMENT PROJETÉ.

99. Soit AB la trajectoire d'un mobile, et ab la projection de cette trajectoire sur un plan PP', parallèlement à une droite donnée. Soient M, M' deux positions successives et infiniment voisines du mobile ; M_1 et M'_1, les positions correspondantes du mobile projeté. Menons la tangente Mm à la trajectoire AB au point M ; cette droite aura pour projection sur le plan PP' la tangente $M_1 m_1$ à la courbe ab au point M_1. Prenons ensuite sur la tangente à AB une longueur $Mm = v0$, v étant la vitesse du mobile au point M,

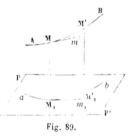

Fig. 89.

et θ le temps que le mobile met à aller de M en M'. La projection du point m sur le plan PP' sera un point m_1 de la tangente $M_1 m_1$, et $M_1 m_1$ sera égale à $v_1\theta$, v_1 étant la vitesse du mouvement projeté ; en effet, $M_1 m_1$ est la projection de Mm, ou de $v\theta$. Mais la projection de la vitesse v est égale à la vitesse v_t du mouvement projeté ($\S$ 45); donc la projection de $v0$ est égale à $v_t\theta$, et par suite $M_t m_t = v_t\theta$.

L'accélération dans le mouvement réel est égale à $\dfrac{2mM'}{\theta^2}$, et a pour direction la direction limite de la droite mM'.

L'accélération dans le mouvement projeté est égale à $\dfrac{2m_t M'_t}{\theta^2}$ et a pour direction la direction limite de la droite $m_t M_t'$.

Or cette droite $m_t M_t'$ est la projection de la droite mM'.

Donc *l'accélération du mouvement projeté est, en direction et en grandeur, la projection de l'accélération du mouvement réel.*

Le même théorème a lieu lorsque, au lieu de projeter le mouvement sur un plan parallèlement à une droite, on le pro-

Fig. 90.

jette sur une droite parallèlement à un plan. La projection de la longueur Mm, prise sur la tangente, et égale à $v\theta$, est une longueur $M_t m_t$, égale à $v_t\theta$; et la droite mM', qui, par sa direction et sa grandeur, définit l'accélération du mouvement dans l'espace, a pour projection une longueur $m_t M'_t$, qui définit de même l'accélération du mouvement projeté. Ici le mouvement projeté est un mouvement rectiligne, pour lequel l'accélération totale se réduit à l'accélération tangentielle.

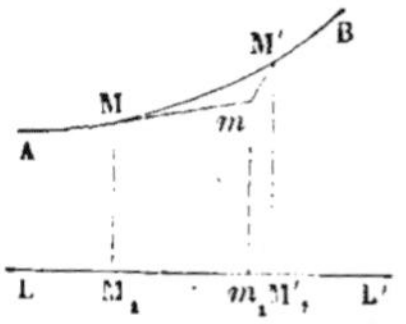

On rapporte habituellement, comme nous l'avons vu, le mouvement d'un point mobile à trois axes OX, OY, OZ, menés par un même point O de l'espace (fig. 91). Projetons sur ces trois axes le contour MmM', formé par le côté $Mm = v\theta$, pris sur la tangente à la trajectoire, et le côté $mM' = \frac{1}{2}j\theta^2$, qui ramène à la position réelle M' du mobile sur sa trajectoire. La projection $M_t m_t M_t'$, de ce contour sur l'axe OX, se composera de deux parties : l'une $M_t m_t = v_x\theta$, l'autre $m_t M'_t = \frac{1}{2}j_x\theta^2$, projection de mM'. Nous représentons par v_x et j_x la vitesse et l'accélération du mouvement sur OX.

De même sur l'axe OY, nous aurons, en employant des notations analogues : $M_2 m_2 = v_y \theta$, et $m_2 M'_2 = \frac{1}{2} j_y \theta^2$; et sur l'axe OZ, $M_3 m_3 = v_z \theta$ et $m_3 M'_3 = \frac{1}{2} j_z \theta^2$.

Le côté mM' a pour projections sur les trois axes $m_1 M'_1$, $m_2 M'_2$, $m_3 M'_3$; nous pouvons donc dire que mM' est la *résultante* des trois droites $m_1 M'_1$, $m_2 M'_2$, $m_3 M'_3$; car on prouverait, comme nous l'avons fait pour la démonstration du théorème relatif aux vitesses (§ 46), que mM' est la diagonale d'un parallélépipède construit au point m, sur trois arêtes menées à partir de ce point, respectivement égales et parallèles à $m_1 M'_1$, $m_2 M'_2$, $m_3 M'_3$.

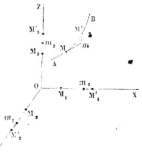

Fig. 91

Donc *l'accélération totale du mobile dans l'espace est la résultante des accélérations des trois mouvements rectilignes obtenus en projetant le mobile sur les trois axes coordonnés* OX, OY, OZ.

Si x, y, z sont exprimés en fonction du temps t, les projections de l'accélération totale sur les trois axes seront respectivement égales à $\dfrac{d^2 x}{dt^2}$, $\dfrac{d^2 y}{dt^2}$, $\dfrac{d^2 z}{dt^2}$.

DÉCOMPOSITION ANALYTIQUE DE L'ACCÉLÉRATION TOTALE SUIVANT LA TANGENTE ET LA NORMALE PRINCIPALE.

100. Soient λ, μ, ν les angles que la normale principale à la trajectoire, prise dans le sens qui va de la courbe au centre de courbure, fait avec des axes coordonnés rectangulaires, et α, β, γ les angles que fait avec les mêmes axes, la tangente prise dans le sens du mouvement. On a les équations :

$$\frac{dx}{dt} = v \cos \alpha,$$

$$\frac{dy}{dt} = v \cos \beta,$$

$$\frac{dz}{dt} = v \cos \gamma,$$

dans lesquelles v désigne la vitesse. Prenant les dérivées des deux membres par rapport au temps, il vient

$$\frac{d^2x}{dt^2} = \frac{dv}{dt} \cos\alpha + v\frac{d.\cos\alpha}{dt},$$

$$\frac{d^2y}{dt^2} = \frac{dv}{dt}\cos\beta + v\frac{d.\cos\beta}{dt},$$

$$\frac{d^2z}{dt^2} = \frac{dv}{dt}\cos\gamma + v\frac{d.\cos\gamma}{dt}.$$

Or on démontre dans le calcul différentiel les relations suivantes

$$\cos\lambda = \frac{d.\cos\alpha}{d\omega},$$

$$\cos\mu = \frac{d.\cos\beta}{d\omega},$$

$$\cos\nu = \frac{d.\cos\gamma}{d\omega}$$

$d\omega$ représentant l'angle de contingence pris positivement; on pourra remplacer $d\cos\alpha$ par $d\omega\cos\lambda$, $d\cos\beta$ par $d\omega\cos\mu$, $d\cos\gamma$ par $d\omega\cos\nu$, ce qui donnera

$$\frac{d^2x}{dt^2} = \frac{dv}{dt}\cos\alpha + \frac{vd\omega}{dt}\cos\lambda,$$

$$\frac{d^2y}{dt^2} = \frac{dv}{dt}\cos\beta + \frac{vd\omega}{dt}\cos\mu,$$

$$\frac{d^2z}{dt^2} = \frac{dv}{dt}\cos\gamma + \frac{vd\omega}{dt}\cos\nu.$$

Donc l'accélération totale, résultante des trois accélérations $\frac{d^2x}{dt^2}$, $\frac{d^2y}{dt^2}$, $\frac{d^2z}{dt^2}$, est aussi la résultante d'une accélération $\frac{dv}{dt}$ dirigée suivant la tangente dans le sens du mouvement, et d'une seconde accélération, $\frac{vd\omega}{dt}$ ou $\frac{v^2}{\rho}$, dirigée suivant la normale principale dans le sens centripète.

DÉTERMINATION DU RAYON DE COURBURE DE CERTAINES COURBES.

101. Il résulte des théorèmes précédents un moyen de déterminer la grandeur et la direction du rayon de courbure d'une courbe donnée dans l'espace, en un point quelconque M de cette courbe.

Supposons, en effet, que l'on fasse parcourir cette courbe par un mobile animé d'une vitesse constante v. L'accélération totale se réduit alors à l'accélération centripète $\dfrac{v^2}{\rho}$.

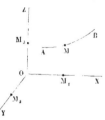

Fig. 92.

Connaissant la loi du mouvement du point mobile sur la courbe AB, nous pouvons en déduire la loi des mouvements de ses projections M_1, M_2, M_3, sur les trois axes OX, OY, OZ. Des courbes des espaces décrits en projection sur ces trois axes, nous déduirons les courbes des vitesses ; de celles-ci, les courbes des accélérations. Nous connaîtrons donc, au moment du passage en M, les valeurs des trois accélérations j_x, j_y, j_z, qui doivent se composer pour donner l'accélération totale $\dfrac{v^2}{\rho}$. La diagonale du parallélépipède construit sur ces trois accélérations sera la direction cherchée de la normale principale ; la longueur de cette diagonale sera égale à $\dfrac{v^2}{\rho}$, et nous aurons le rayon de courbure ρ en divisant v^2 par cette longueur.

Prenons pour exemple une *hélice* AB (fig. 93), tracée à la surface d'un cylindre ACC'A', qui a pour axe la droite OZ, et dont la base dans le plan XOY, normal à OZ, est un cercle AC décrit du point O comme centre. L'hélice fait en tous ses points le même angle avec l'axe OZ ; par suite, le mouvement uniforme d'un mobile parcourant l'hélice a pour projection sur OZ un mou-

vement uniforme, dont l'accélération est nulle. Nous aurons
donc $j_z = 0$. Quant aux accélérations j_x, j_y, elles se compose-
ront en une seule, qui sera l'accélération du mouvement cir-

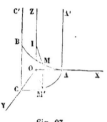

culaire du point M', projection de M sur
le plan XOY. Ce mouvement circulaire est
aussi uniforme ; si l'on appelle v' la vitesse constante de M' sur le cercle AC,
l'accélération , j, de ce mouvement sera
dirigée de M' vers O, et sera égale à $\dfrac{v'^2}{R}$,
R étant le rayon du cercle (§ 93). Nous
avons ainsi à composer au point M une ac-
célération égale à $\dfrac{v'^2}{R}$, et dirigée suivant la droite MI parallèle
à M'O, avec une accélération j_z, qui est nulle. La résultante est
l'accélération $\dfrac{v'^2}{R}$ elle-même, dirigée suivant la droite MI.

La *normale principale* à l'hélice au point M est donc la
perpendiculaire MI abaissée de ce point sur l'axe OZ de la
courbe. La longueur du rayon de courbure se déduira de
l'égalité

$$\frac{v^2}{\rho} = \frac{v'^2}{R};$$

d'où l'on tire

$$\rho = R \times \left(\frac{v}{v'}\right)^2.$$

Or $\dfrac{v}{v'}$ est le rapport constant entre la longueur AM d'un arc
d'hélice, et la longueur AM' de l'arc de cercle qui forme sa
projection. Soit φ l'angle de l'hélice avec le plan XOY ; nous
aurons

$$\frac{v}{v'} = \frac{1}{\cos \varphi}.$$

Or

$$\tan \varphi = \frac{h}{2\pi R},$$

en appelant h le *pas* de l'hélice. Donc

$$\left(\frac{v}{v'}\right)^2 = 1 + \left(\frac{h}{2\pi R}\right)^2, \quad \text{et} \quad \rho = R\left[1 + \left(\frac{h}{2\pi R}\right)^2\right].$$

PROJECTION ORTHOGONALE SUR UN PLAN QUELCONQUE D'UN MOUVEMENT CIRCULAIRE UNIFORME.

102. La projection orthogonale d'un cercle sur un plan oblique par rapport à son plan est une ellipse, dont le grand axe est égal au diamètre du cercle, et dont le petit axe est égal au produit du diamètre par le cosinus de l'angle des deux plans.

Soit (fig. 94 et 95) ABA'B' une ellipse, dont le grand axe est AA', et le petit axe BB'; soit O le centre de la courbe. Cette ellipse peut être considérée comme la projection orthogonale, sur le plan de la figure, d'un cercle décrit sur AA' comme diamètre, dans un plan incliné tel, que le rayon OD mené dans ce plan perpendiculairement à AA' ait pour projection le demi petit axe OB.

Supposons (fig. 95) qu'un mobile M parcoure avec une vitesse constante v la circonférence de ce cercle. L'accélération totale du mouvement de ce point est dirigée de M vers O, et est

égale à $\frac{v^2}{a}$, a étant le rayon du cercle, c'est-à-dire le demi

grand axe OA de l'ellipse.

La projection de l'accélération totale sur le plan de l'ellipse sera l'accélération totale du mouvement de la projection M' du mobile M; elle sera donc dirigée de M' vers O, suivant la droite M'O, projection de MO.

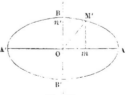

Fig. 94.

Les aires décrites dans le plan du cercle par le rayon vecteur MO ont pour projection sur le plan de l'ellipse les aires décrites par le rayon M'O. Or le rapport de la projection orthogonale d'une aire plane à cette aire ne dépend que de l'angle du plan de la première aire avec le plan de projection, et, par suite, les aires décrites par le rayon M'O dans le plan de l'el-

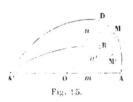

Fig. 15.

lipse sont proportionnelles aux aires décrites par le rayon MO dans le plan du cercle ; ces dernières aires croissent proportionnellement au temps, puisque la vitesse du mouvement circulaire est constante. Donc les aires décrites par le rayon M'O dans le plan de l'ellipse croissent aussi proportionnellement au temps ; en d'autres termes, *la vitesse aréolaire du point M' autour du centre O de l'ellipse est constante*.

Nous verrons tout à l'heure qu'il en est de même toutes les fois que l'accélération totale passe constamment par un point fixe O.

Enfin, l'accélération totale du point M' est proportionnelle à la distance M'O.

Pour le démontrer, considérons l'accélération totale $\frac{v^2}{a}$, du mouvement circulaire ; elle est dirigée de M vers O. Nous pouvons l'exprimer aussi par $\omega^2 a$, en désignant par ω la vitesse angulaire constante du rayon mobile OM. L'accélération du mouvement projeté est la projection de cette accélération sur le plan de l'ellipse ; elle a donc pour mesure $\omega^2 a \cos \text{MOM'} = \omega^2 \times \text{M'O}$, et est par suite proportionnelle à la distance M'O.

103. Si on la décompose suivant les axes, on trouvera suivant l'axe OA une accélération composante égale à $\omega^2 \times m\text{O}$, et suivant l'axe OB une accélération composante égale à $\omega^2 \times n'\text{O}$; ces deux accélérations sont dirigées vers le centre O de l'ellipse, de sorte que si on appelle x et y les coordonnées Om, mM' du point M', rapportées aux axes de la courbe, le mouvement du point M' satisfait aux équations :

$$\frac{d^2x}{dt^2} = -\omega^2 x,$$

$$\frac{d^2y}{dt^2} = -\omega^2 y.$$

Réciproquement, de ces deux équations on peut conclure que le mouvement du point (x,y) s'effectue sur une ellipse. Elles s'intègrent, en effet, chacune séparément, et donnent, en appelant A, B, A', B' des constantes arbitraires,

$$x = A \sin \omega t + B \cos \omega t,$$
$$y = A' \sin \omega t + B' \cos \omega t;$$

éliminons t entre ces deux équations; nous aurons pour l'équation de la trajectoire,

$$(B'x - By)^2 + (Ay - A'x)^2 = (AB' - BA')^2,$$

équation qui représente une ellipse ayant pour centre le point O, sauf le cas particulier où $AB' = BA'$; car alors l'équation représente une droite passant par ce point.

RAYON DE COURBURE DE L'ELLIPSE.

104. Nous venons de démontrer que l'accélération totale du point M' est dirigée vers le point fixe O et qu'elle est proportionnelle à la distance M'O, qu'enfin les aires décrites par le rayon vecteur OM' sont proportionnelles au temps.

Soit ω la vitesse angulaire constante du rayon OM dans le cercle ADA', qui a pour projection l'ellipse ABA'; l'accélération totale du mouvement projeté sera égale à $\omega^2 \times OM'$. On peut déterminer le nombre constant ω. En effet, ω étant l'angle décrit dans l'unité de temps

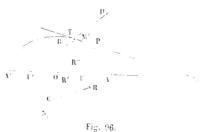

Fig. 96.

par le rayon OM, si l'on appelle T la durée du parcours entier du cercle, $\omega \times T$ sera égal à 2π et, par suite, $\omega = \dfrac{2\pi}{T}$; l'accélération totale s'exprime donc par $\dfrac{4\pi^2}{T^2} \times OM'$.

Si on la projette sur la normale à l'ellipse au point M', on aura la composante centripète de cette accélération, c'est-à-dire $\frac{v^2}{\rho}$, en appelant v la vitesse du point M', et ρ le rayon de courbure de l'ellipse.

Pour évaluer la vitesse v, abaissons du point O sur la tangente M'T une perpendiculaire OT.

Le produit $\frac{1}{2} v \times$ OT sera l'aire décrite dans l'unité de temps par le rayon vecteur OM' ; or, dans le temps T, le rayon vecteur décrit la surface de l'ellipse entière, πab. Donc

$$\frac{1}{2} v \times \text{OT} \times \text{T} = \pi ab,$$

et par suite

$$v = \frac{2\pi ab}{\text{OT} \times \text{T}}.$$

L'accélération centripète a pour valeur

$$\frac{4\pi^2 a^2 b^2}{\text{T}^2 \times (\text{OT})^2 \times \rho},$$

et cette quantité doit être égale à la projection sur une perpendiculaire à M'T de l'accélération totale, $\frac{4\pi^2}{\text{T}^2} \times$ OM'. Mais OT, perpendiculaire à la tangente, est la projection de OM' sur cette direction ; donc enfin l'accélération normale est égale à $\frac{4\pi^2}{\text{T}^2} \times$ OT, et l'on a l'équation

$$\frac{4\pi^2 a^2 b^2}{\text{T}^2 \times \overline{\text{OT}}^2 \times \rho} = \frac{4\pi^2}{\text{T}^2} \times \text{OT};$$

d'où l'on tire, en supprimant le facteur $\frac{4\pi^2}{\text{T}^2}$,

$$\rho \times \overline{\text{OT}}^3 = a^2 b^2.$$

Cette équation fait connaître le rayon de courbure ρ en fonction de la distance OT du centre de l'ellipse à la tangente. Le produit du rayon de courbure par le cube de cette distance est constant et égal au produit des carrés des demi-axes.

105. Soient F et F′ les deux foyers de l'ellipse. On sait que si l'on joint le point M′ de la courbe à F et à F′, la somme M′F + M′F′ est constante et égale à $2a$, et que la tangente M′T coupe en deux parties égales l'angle IIM′F adjacent à l'angle F′M′F. Du point F abaissons FP perpendiculaire sur la tangente, et prolongeons cette tangente jusqu'en S, point de rencontre avec la direction de l'axe AA′. Les triangles semblables OST, FSP donnent la proportion

$$\frac{OT}{FP} = \frac{OS}{FS}.$$

Mais la bissectrice M′S de l'angle extérieur au triangle M′F′F coupe la base F′F en deux segments SF, SF′ proportionnels aux côtés adjacents M′F, M′F′; on a donc la proportion

$$\frac{M′F′}{M′F} = \frac{SF′}{SF};$$

d'où l'on déduit

$$\frac{M′F′ + M′F}{M′F} = \frac{SF′ + SF}{SF}.$$

Or

$$M′F′ + M′F = 2a \quad \text{et} \quad SF′ + SF = 2OS.$$

Par suite

$$\frac{OS}{SF} = \frac{a}{M′F}.$$

Cette égalité, comparée à la première, nous montre que

$$OT = FP \times \frac{a}{M′F}.$$

Et, par suite, substituant dans la relation

$$\rho \times \overline{OT}^3 = a^2 b^2,$$

il vient

$$\rho \times \left(\frac{FP}{M'F}\right)^3 \times a^3 = a^2 b^2,$$

ou bien

$$\rho \times \left(\frac{FP}{M'F}\right)^3 = \frac{b^2}{a}.$$

Le rapport $\dfrac{FP}{M'F}$ est le cosinus de l'angle α que le rayon FM' fait avec la droite FP, ou avec la normale M'C. L'équation précédente revient donc à celle-ci :

$$\rho \cos^3 \alpha = \frac{b^2}{a}.$$

Soit C le centre de courbure. Du point C, abaissons une perpendiculaire CR sur M'F ; du pied R de cette perpendiculaire, abaissons-en une autre, RR', sur M'C, et, enfin, du pied R' de cette seconde perpendiculaire, abaissons-en une troisième, R'R'', sur M'F. Nous aurons les relations :

$$M'R = M'C \cos \alpha = \rho \cos \alpha,$$
$$M'R' = M'R \cos \alpha = \rho \cos^2 \alpha,$$
$$M'R'' = M'R' \cos \alpha = \rho \cos^3 \alpha = \frac{b^2}{a}.$$

Donc la longueur M'R'' est constante, et égale à $\dfrac{b^2}{a}$, paramètre de l'ellipse.

Cette remarque donne une construction très-simple du rayon de courbure en un point M' de l'ellipse.

Menons la normale M'N et joignons le point M' à l'un, F, des foyers. Sur la droite M'F, prenons une longueur M'R'' égale à la quantité constante $\dfrac{b^2}{a}$ élevons R''R' perpendiculaire à M'F, qui rencontre M'N en R' ; puis R'R, perpendiculaire à M'N, qui rencontre la direction de M'F en R ; enfin RC, perpendiculaire à M'F, qui rencontre M'N en C. Le point C sera le centre de courbure et M'C le rayon de courbure de la courbe au point M'.

Des mêmes équations on déduit

$$\frac{\overline{M'R}^5}{\overline{M'C}^5} = \cos^5 \alpha = \frac{b^2}{\rho a},$$

ou bien

$$\frac{\overline{M'R}^5}{\rho^5} = \frac{b^2}{\rho a}.$$

Donc

$$\overline{M'R}^5 = \rho^2 \times \frac{b^2}{a}.$$

106. La construction indiquée pour trouver le rayon de courbure de l'ellipse conduit d'abord à déterminer un point R', en élevant au point R'' une perpendiculaire sur la direction FM'. On peut démontrer par la géométrie élémentaire que ce point R' appartient à la direction du grand axe de l'ellipse, ou, ce qui revient au même, on peut prouver que *la projection M'R'', sur la droite M'F, de la portion M'R' de la normale comprise entre le point* M' *et le grand axe* AA' *est constante et égale à la quantité* $\frac{b^2}{a}$.

Rappelons que la demi-distance, c, des foyers F, F', est donnée par l'équation

$$c^2 = a^2 - b^2.$$

Des points F et F' abaissons sur la tangente M'S des perpendiculaires FP, F'P'.

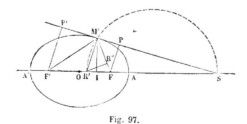

Fig. 97.

Les triangles M'R'R'', M'FP, M'FP', sont semblables comme

étant rectangles en R″, P, P′, et ayant des angles égaux en M′, F et F′. Nous avons donc la série d'égalités :

$$(1) \qquad \frac{M'R''}{M'R'} = \frac{FP}{M'F} = \frac{F'P'}{M'F'} = \frac{FP + F'P'}{M'F + M'F'} = \frac{FP + F'P'}{2a}.$$

Mais les trois triangles SFP, SR′M′, SF′P′, sont aussi semblables et donnent les proportions :

$$(2) \qquad \begin{cases} \dfrac{FP}{M'R'} = \dfrac{FS}{R'S}, \\[2mm] \dfrac{F'P'}{M'R'} = \dfrac{F'S}{R'S}. \end{cases}$$

Ajoutons ces deux équations :

$$(3) \qquad \frac{FP + F'P'}{M'R'} = \frac{FS + F'S}{R'S} = \frac{2\,OS}{R'S}.$$

Remplaçons, dans la première équation, FP + F′P′ par sa valeur tirée de la dernière ; il vient, en résolvant par rapport à M′R″,

$$(4) \qquad M'R'' = \frac{\overline{M'R'}^2 \times OS}{R'S \times a}.$$

Mais l'angle R′M′S étant droit, le point M′ appartient à la circonférence décrite sur R′S comme diamètre ; de ce point, abaissons sur l'axe de l'ellipse une perpendiculaire M′I ; nous aurons l'équation

$$\overline{M'R'}^2 = R'I \times R'S.$$

Donc

$$(5) \qquad M'R'' = \frac{R'I \times OS}{a}.$$

Observons de plus que le point R′ est, dans ce triangle M′FF′, le pied de la bissectrice de l'angle F′M′F ; le point S est de même le pied de la bissectrice de l'angle extérieur au même triangle, ce qui fournit les proportions :

$$(6) \qquad \begin{cases} \dfrac{F'R'}{FR'} = \dfrac{M'F'}{M'F}, \\[2mm] \dfrac{SF'}{SF} = \dfrac{M'F'}{M'F}, \end{cases} \quad \text{ou bien} \quad \begin{aligned} &\frac{OF + OR'}{OF - OR'} = \frac{M'F'}{M'F}, \\[2mm] &\frac{OS + OF}{OS - OF} = \frac{M'F'}{M'F}, \end{aligned}$$

et, par conséquent, en prenant la somme et la différence des termes de chaque rapport :

$$(7) \quad \begin{cases} \dfrac{OR'}{OF} = \dfrac{M'F' - M'F}{2a}, \\[2mm] \dfrac{OS}{OF} = \dfrac{2a}{M'F' - M'F}. \end{cases}$$

Les triangles M'IF', M'IF, rectangles en I, donnent les égalités

$$(8) \quad \overline{M'F'}^2 - \overline{M'F}^2 = \overline{IF'}^2 - \overline{IF}^2 = (IF' + IF) \times (IF' - IF) = 2c \times (IF' - IF)$$
$$= 2c [OF + OI - (OF - OI)] = 4c \times OI.$$

De même

$$(9) \quad \overline{M'F'}^2 - \overline{M'F}^2 = (M'F' + M'F) \times (M'F' - M'F) = 2a \times (M'F' - M'F).$$

Donc

$$2a \times (M'F' - M'F) = 4c \times OI,$$

et

$$(10) \quad M'F' - M'F = \frac{2c}{a} \times OI,$$

Substituons cette valeur dans les équations (7) ; il viendra en résolvant par rapport à OR' et OS.

$$(11) \quad \begin{cases} OR' = OF \times \dfrac{\dfrac{2c}{a} \times OI}{2a} = OF \times OI \times \dfrac{c}{a^2} = \dfrac{c^2}{a^2} \times OI. \\[4mm] OS = OF \times \dfrac{2a}{\dfrac{2c}{a} \times OI} = \dfrac{a^2}{OI}. \end{cases}$$

La quantité R'I étant égale à la différence OI — OR', on a

$$R'I = OI - \frac{c^2}{a^2} \times OI = OI \times \left(1 - \frac{c^2}{a^2}\right) = OI \times \frac{b^2}{a^2}.$$

Donc enfin, en substituant les valeurs de R'I et de OS dans l'équation (5),

$$(12) \quad M'R'' = \frac{OI \times \dfrac{b^2}{a^2} \times \dfrac{a^2}{OI}}{a} = \frac{b^2}{a}.$$

ACCÉLÉRATION DANS LE MOUVEMENT RAPPORTÉ A DES COORDONNÉES POLAIRES.

107. Supposons que le mouvement d'un point M s'accomplisse dans un plan, et qu'il soit rapporté à des coordonnées polaires, OM $= r$, et angle MOA $= \theta$. Les deux coordonnées sont exprimées en fonction du temps, t. On demande l'accélération totale du mouvement de ce point.

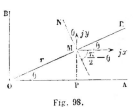

Fig. 98.

Du point M, abaissons une perpendiculaire MP sur l'axe OA, et rapportons le point aux coordonnées rectangles

$$OP = x = r \cos \theta,$$
$$PM = y = r \sin \theta.$$

L'accélération totale a pour projection sur l'axe fixe OA la quantité $j_x = \dfrac{d^2x}{dt^2}$; projetée sur l'axe fixe OB, perpendiculaire à OA, elle a pour projection $j_y = \dfrac{d^2y}{dt^2}$. Nous allons exprimer ces deux accélérations en fonction des coordonnées r et θ.

Pour cela nous prendrons les secondes dérivées de x et de y par rapport au temps t. Il vient successivement :

$$v_x = \frac{dx}{dt} = \frac{dr}{dt} \cos \theta - r \sin \theta \frac{d\theta}{dt},$$

$$v_y = \frac{dy}{dt} = \frac{dr}{dt} \sin \theta + r \cos \theta \frac{d\theta}{dt}.$$

$$j_x = \frac{d^2x}{dt^2} = \frac{d^2r}{dt^2} \cos \theta - 2 \frac{dr}{dt} \sin \theta \frac{d\theta}{dt} - r \sin \theta \frac{d^2\theta}{dt^2} - r \cos \theta \left(\frac{d\theta}{dt}\right)^2,$$

$$j_y = \frac{d^2y}{dt^2} = \frac{d^2r}{dt^2} \sin \theta + 2 \frac{dr}{dt} \cos \theta \frac{d\theta}{dt} + r \cos \theta \frac{d^2\theta}{dt^2} - r \sin \theta \left(\frac{d\theta}{dt}\right)^2.$$

Au lieu de décomposer l'accélération totale parallèlement aux directions fixes OA, OB, nous pouvons la décomposer suivant la direction OM et une direction perpendiculaire, MN. Nous aurons pour la composante suivant le rayon vecteur,

$$j_R = j_x \cos \theta + j_y \sin \theta = \frac{d^2 r}{dt^2} - r \left(\frac{d\theta}{dt} \right)^2,$$

et, pour la composante perpendiculaire au rayon vecteur,

$$j_N = j_y \cos \theta - j_x \sin \theta = 2 \frac{dr}{dt} \frac{d\theta}{dt} + r \frac{d^2\theta}{dt^2}.$$

On trouve dans ces formules les termes $\dfrac{d^2r}{dt^2}$, $r\dfrac{d^2\theta}{dt^2}$, et $-r\left(\dfrac{d\theta}{dt}\right)^2$ qui représentent, le premier l'*accélération de glissement* du point le long du rayon ; le second, l'*accélération tangentielle* dans le mouvement de *circulation* du point M autour du point O ; le troisième enfin, $-r\left(\dfrac{d\theta}{dt}\right)^2$, l'*accélération centripète* dans ce même mouvement de circulation (§ 95). Un quatrième terme, $2\dfrac{dr}{dt}\dfrac{d\theta}{dt}$, représente une *accélération complémentaire* ; elle résulte de la rotation des directions suivant lesquelles on décompose l'accélération totale. Nous retrouverons ces formules, quand nous donnerons la théorie générale de l'accélération dans le mouvement relatif.

108. Supposons, en second lieu, que le mouvement du point s'accomplisse dans l'espace, et soit rapporté aux coordonnées r, θ et φ, définies au § 65.

Passant aux coordonnées rectangles, nous avons

$$x = r \sin \theta \cos \varphi,$$
$$y = r \sin \theta \sin \varphi,$$
$$z = r \cos \theta;$$

et prenant les dérivées par rapport au temps,

$$\frac{dx}{dt} = \frac{dr}{dt} \sin \theta \cos \varphi + r \cos \theta \cos \varphi \frac{d\theta}{dt} - r \sin \theta \sin \varphi \frac{d\varphi}{dt},$$
$$\frac{dy}{dt} = \frac{dr}{dt} \sin \theta \sin \varphi + r \cos \theta \sin \varphi \frac{d\theta}{dt} + r \sin \theta \cos \varphi \frac{d\varphi}{dt},$$
$$\frac{dz}{dt} = \frac{dr}{dt} \cos \theta - r \sin \theta \frac{d\theta}{dt};$$

$$j_x = \frac{d^2x}{dt^2} = \frac{d^2r}{dt^2} \sin\theta \cos\varphi + 2\frac{dr}{dt}\cos\theta\cos\varphi\,\frac{d\theta}{dt} - 2\frac{dr}{dt}\sin\theta\sin\varphi\,\frac{d\varphi}{dt}$$

$$- r\sin\theta\cos\varphi\left(\frac{d\theta}{dt}\right)^2 - 2r\cos\theta\sin\varphi\,\frac{d\theta}{dt}\,\frac{d\varphi}{dt} + r\cos\theta\cos\varphi\,\frac{d^2\theta}{dt^2}$$

$$- r\sin\theta\cos\varphi\left(\frac{d\varphi}{dt}\right)^2 - r\sin\theta\sin\varphi\,\frac{d^2\varphi}{dt^2},$$

$$j_y = \frac{d^2y}{dt^2} = \frac{d^2r}{dt^2}\sin\theta\sin\varphi + 2\frac{dr}{dt}\cos\theta\sin\varphi\,\frac{d\theta}{dt} + 2\frac{dr}{dt}\sin\theta\cos\varphi\,\frac{d\varphi}{dt}$$

$$- r\sin\theta\sin\varphi\left(\frac{d\theta}{dt}\right)^2 + 2r\cos\theta\cos\varphi\,\frac{d\theta}{dt}\,\frac{d\varphi}{dt} + r\cos\theta\sin\varphi\,\frac{d^2\theta}{dt^2}$$

$$- r\sin\theta\sin\varphi\left(\frac{d\varphi}{dt}\right)^2 + r\sin\theta\cos\varphi\,\frac{d^2\varphi}{dt^2}.$$

$$j_z = \frac{d^2z}{dt^2} = \frac{d^2r}{dt^2}\cos\theta - 2\frac{dr}{dt}\sin\theta\,\frac{d\theta}{dt} - r\cos\theta\left(\frac{d\theta}{dt}\right)^2 - r\sin\theta\,\frac{d^2\theta}{dt^2}.$$

La théorie de l'accélération dans le mouvement relatif nous conduirait aux mêmes expressions. Remarquons seulement que l'accélération totale a pour composantes les 8 accélérations suivantes :

$\dfrac{d^2r}{dt^2}$, accélération du mouvement de glissement ;

$r\,\dfrac{d^2\theta}{dt^2}$, accélération tangentielle dans le mouvement de circulation en latitude ;

$r\sin\theta\,\dfrac{d^2\varphi}{dt^2}$, accélération tangentielle dans le mouvement de circulation en longitude ;

$- r\left(\dfrac{d\theta}{dt}\right)^2$, accélération centripète du mouvement de circulation en latitude ;

$- r\sin\theta\left(\dfrac{d\varphi}{dt}\right)^2$, accélération centripète du mouvement de circulation en longitude ;

$$\left.\begin{array}{l} 2\,\dfrac{dr}{dt}\,\dfrac{d\theta}{dt} \\[2mm] 2r\,\dfrac{d\theta}{dt}\,\dfrac{d\varphi}{dt} \\[2mm] 2\,\dfrac{dr}{dt}\,\dfrac{d\varphi}{dt} \end{array}\right\}$$ Accélérations complémentaires, dues aux divers mouvements du rayon OM autour du point O.

THÉORÈME DES AIRES.

109. Le théorème des aires consiste dans l'énoncé suivant :

On suppose qu'un point mobile M se meuve dans un plan,

de telle sorte que le rayon vecteur mené à chaque instant du mobile M à un point fixe O, pris dans ce plan, décrive en temps égaux des aires égales ; cela posé, *l'accélération totale du point* M *est à chaque instant dirigée suivant la droite* MO, *dans un sens ou dans l'autre.*

Cette proposition ayant une grande importance dans la mécanique, nous en donnerons plusieurs démonstrations.

Première démonstration. — Rapportons le mouvement du point M à des coordonnées polaires en prenant le point O comme pôle ; dans un temps infiniment petit dt, le rayon vecteur MO décrit autour du point O une aire élémentaire MOM', qui a pour mesure $\frac{1}{2} r^2 d\theta$, à des infiniment petits d'ordre supérieur près ; la proportionnalité des aires décrites aux temps employés à les décrire entraine donc la relation

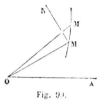

Fig. 91.

$$\frac{1}{2} r^2 d\theta = A dt,$$

A étant un coefficient constant qui représente l'aire décrite par le rayon vecteur dans l'unité de temps. Différentions cette équation en traitant dt comme une constante, il viendra

$$r\, dr\, d\theta + \frac{1}{2} r^2 d^2\theta = 0,$$

ou bien, en supprimant le facteur r et en divisant par $\frac{1}{2} dt^2$,

$$2\frac{dr}{dt}\frac{d\theta}{dt} + r\frac{d^2\theta}{dt^2} = 0.$$

Or le premier membre de cette équation n'est autre chose que la composante de l'accélération totale projetée sur une perpendiculaire MN au rayon vecteur OM ($\S$ 107). Cette composante est nulle, et, par suite, l'accélération totale est dirigée suivant le rayon vecteur.

Elle a par conséquent pour valeur

$$j = \frac{d^2 r}{dt^2} - r\left(\frac{d\theta}{dt}\right)^2,$$

et comme

$$\frac{d\theta}{dt} = \frac{2\Lambda}{r^2},$$

on a aussi

$$J = \frac{d^2 r}{dt^2} - r \times \frac{4\Lambda^2}{r^4} = \frac{d^2 r}{dt^2} - \frac{4\Lambda^2}{r^3}.$$

L'accélération totale peut donc s'exprimer dans ce cas en fonction du rayon vecteur et de l'accélération de glissement.

110. *Seconde démonstration.* — Nous allons rapporter le mouvement à deux axes rectangulaires menés par le point O, et démontrer la réciproque de la proposition.

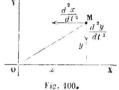

Fig. 100.

Les composantes de l'accélération totale projetée sur les axes sont

$$\frac{d^2 x}{dt^2} \quad \text{et} \quad \frac{d^2 y}{dt^2},$$

et pour exprimer que leur résultante passe par le point O, il suffit de poser la proportion

$$\frac{\left(\frac{d^2 y}{dt^2}\right)}{\left(\frac{d^2 x}{dt^2}\right)} = \frac{y}{x},$$

ou bien

$$x \frac{d^2 y}{dt^2} - y \frac{d^2 x}{dt^2} = 0.$$

Le premier membre est la différentielle exacte de la fonction

$$x \frac{dy}{dt} - y \frac{dx}{dt}.$$

L'intégrale de cette équation est donc

$$x \frac{dy}{dt} - y \frac{dx}{dt} = 2\Lambda,$$

en appelant 2A la constante. Or cette équation nous apprend

que la vitesse aréolaire du rayon OM est constante (§ 55), et le théorème est démontré.

111. *Troisième démonstration.* — On peut déduire la démonstration du théorème ou plutôt de sa réciproque, de l'équation du § 96 :

$$\frac{dv}{v} = \frac{d\omega}{\tan g \, \mu}.$$

Soient M, M', deux positions successives infiniment voisines du mobile; menons les rayons OM, OM', et les tangentes MT, M'T' à la trajectoire. Soit I leur point d'intersection. L'angle μ est l'angle de la direction du mouvement avec la direction de l'accélération totale, c'est-à-dire avec MO; $\mu + d\mu$ sera l'angle de la tangente M'T' avec le rayon M'O; l'angle T'IT est l'angle de contingence, $d\omega$. Exprimons que la

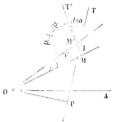

Fig. 101.

somme des angles du quadrilatère OMIM' est égale à 4 droits : il viendra

$$d\theta + \mu + (\pi - \mu - d\mu) + (\pi - d\omega) = 2\pi.$$

On en déduit

$$d\omega = d\theta - d\mu,$$

et par suite

$$\frac{dv}{v} = \frac{d\theta}{\tan g \, \mu} - \frac{d\mu}{\tan g \, \mu}.$$

Mais

$$\tan g \, \mu = - \frac{r d\theta}{d r},$$

et

$$\frac{d\theta}{\tan g \, \mu} = - \frac{dr}{r};$$

l'équation devient

$$\frac{dv}{v} + \frac{dv}{r} + \frac{d\mu}{\tan g \, \mu} = 0.$$

Intégrons :

$$vr \sin \mu = \text{constante.}$$

Or $v \times r \sin \mu \times dt$ est le double de l'aire décrite dans le temps dt par le rayon vecteur mené du point O au mobile, car c'est le produit de l'arc parcouru vdt, par la distance, $r \sin \mu = OP$, du pôle à la direction de cet arc.

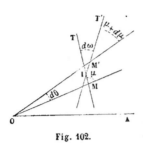

Fig. 102.

Si l'accélération totale avait été dirigée suivant le prolongement de OM, la trajectoire aurait tourné sa convexité du côté du pôle, et l'on aurait eu

$$d\theta + (\mu + d\mu) + (\pi + d\omega) + (\pi - \mu) = 2\pi,$$

ou bien

$$d\omega = d\mu - d\theta ;$$

mais en même temps

$$\tan \mu = + \frac{rd\theta}{dr}.$$

Le résultat final aurait donc été le même.

112. *Démonstration géométrique.* — Nous commencerons par établir un lemme préliminaire.

Étant donnés un cercle OB et un point O pris sur ce cercle, on mène par le point O une sécante quelconque OE qui coupe le cercle en un second point C; puis on détermine sur cette sécante un point E tel, que l'on ait

$$OC \times OE = K^2,$$

K étant une longueur constante. Le lieu des points E ainsi déterminé est une droite perpendiculaire au diamètre OB passant par le point O et le centre du cercle.

Prenons en effet sur la direction du diamètre OB un point D tel que $OB \times OD = K^2$. Le point D sera un point du lieu. Joignons

DE et CB. Le quadrilatère ECBD sera inscriptible dans un cercle, en vertu de l'égalité

$$OC \times OE = OB \times OD.$$

Les angles opposés C et D de ce quadrilatère sont supplémentaires. Or l'angle OCB, inscrit dans la demi-circonférence OCB, est un angle droit; donc l'angle D est aussi droit, et par suite le point E appartient à la perpendiculaire élevée sur la direction OB en un point D, déterminé de position. La perpendiculaire DE est le lieu cherché.

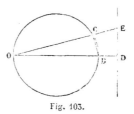

Fig. 103.

Revenons à la proposition principale.

Soit MN la trajectoire plane décrite par le point mobile, et soit O le centre fixe autour duquel sont décrites les aires.

Prenons deux positions successives très voisines, A et A', du point mobile sur sa trajectoire; menons à la courbe des tangentes AT, A'T', en ces deux points; du centre O, abaissons sur ces tangentes des perpendiculaires OT, OT'.

Soit v la vitesse du mobile à son passage en A. Le produit $\frac{1}{2} v \times OT \times dt$ sera l'aire infiniment petite décrite pendant le temps dt par le rayon vecteur AO; la vitesse aréolaire du point mobile est donc $\frac{1}{2} v \times OT$; et comme elle est constante en vertu de l'énoncé, le produit $v \times OT$ est constant. Appelant K^2 la valeur constante de ce produit, nous obtiendrons la vitesse du mobile au point A, en prenant sur la direction de la perpendiculaire OT une longueur OE telle, que

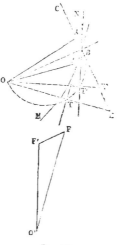

Fig. 104.

$$OT \times OE = K^2.$$

De même, prenons sur la perpendiculaire OT′ à la tangente en A′, une longueur OE′ telle, que OT′ × OE′ = K²; OE′ représentera la vitesse v' du mobile au point A′.

Le lieu géométrique des points E, E′ ainsi obtenu est le résultat de la transformation connue en géométrie sous le nom de *transformation par rayons vecteurs réciproques*, de la courbe lieu des points T, T′, courbe qui est la *podaire* de la trajectoire MN par rapport au point O.

Or la construction de la ligne EE′ revient identiquement à la construction de l'*indicatrice des accélérations ;* car, pour construire cette dernière courbe, on n'a qu'à mener par un point O′ une droite O′F proportionnelle et parallèle à la vitesse du mobile au point A, puis une droite O′F′ proportionnelle et parallèle à la vitesse du mobile au point A′, ce qui équivaut à prendre O′F = OE et O′E′ = OE′ ; les directions O′F, O′F′ sont perpendiculaires à OE, OE′, et par suite le triangle OEE′ n'est autre que le triangle O′FF′ qu'on aurait fait tourner d'un angle droit, de gauche à droite, pour le ramener ensuite parallèlement à lui-même, de manière à faire coïncider le point O′ avec le point O. La direction de l'accélération totale du mobile au point A est parallèle à FF′ ; donc elle est perpendiculaire à EE′.

Les deux tangentes AT, A′T′ se coupent en un certain point B, et les points T et T′, sommets des angles droits OTB, OT′B, sont situés sur la demi-circonférence décrite sur OB comme diamètre. Les deux points E′, E, déterminés par la condition

$$OE \times OT = OE' \times OT' = K^2,$$

appartiennent, en vertu du lemme démontré tout à l'heure, à une droite EG perpendiculaire au diamètre OB. Donc l'élément EE′, auquel l'accélération totale est perpendiculaire, est lui-même perpendiculaire à la direction OB.

A la limite, les points A et A′ se rapprochent indéfiniment, et par suite la direction OB se confond avec le rayon vecteur OA. Donc la direction de l'accélération totale est la direction même du rayon vecteur mené du point mobile au centre des aires.

On prouverait facilement, en suivant une marche inverse, la réciproque du théorème : *Quand l'accélération totale d'un mouvement plan est constamment dirigée vers un centre fixe O, la vitesse aréolaire du mobile par rapport à ce centre O est constante, ou, en d'autres termes, les aires décrites par le rayon vecteur MO croissent proportionnellement au temps.*

Dans ces deux propositions réciproques, l'accélération peut d'ailleurs être dirigée dans le sens AO (fig. 105), ou dans le sens opposé (fig. 106), suivant que le point O est situé dans la concavité ou en dehors de la concavité de la trajectoire.

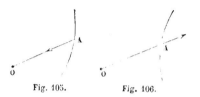

Fig. 105.   Fig. 106.

113. En appliquant le théorème de la projection des accélérations sur un plan, on démontrera facilement les propositions suivantes :

Lorsque l'accélération totale du mouvement d'un point dans l'espace est constamment dirigée de manière à rencontrer une droite fixe, la vitesse aréolaire du mouvement projeté orthogonalement sur un plan normal à cette droite est constante, le pied de la droite fixe étant pris comme centre des aires. — La réciproque est vraie.

Lorsque l'accélération totale du mouvement d'un point dans l'espace est constamment dirigée vers un point fixe, les mouvements obtenus en projetant orthogonalement ce mouvement sur trois plans rectangulaires menés par ce point fixe comme origine ont tous trois des vitesses aréolaires constantes autour de l'origine. — La réciproque est vraie.

On peut ajouter que, dans ce dernier cas, le mouvement dans l'espace est nécessairement contenu dans un plan.

En effet, revenons à la construction des accélérations totales : deux tangentes consécutives AB, A'B', sont situées dans un même plan, qui est le plan osculateur de la trajectoire ;

ce plan contient la direction A′B de l'accélération totale, et par suite passe par le point fixe O. Le plan des tangentes A′B′,

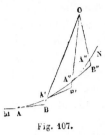

Fig. 107.

A″B″, passe aussi par le point O, et comme il a, outre le point O, une droite A′B′ commune avec le premier plan, il ne fait qu'un seul et même plan avec lui. On prouverait de même que le plan des tangentes A″B″, A‴B‴, coïncide avec le plan des tangentes A′B′, A″B″, et ainsi de suite, de sorte qu'en définitive tous les éléments successifs de la trajectoire sont situés dans un même plan, qui passe par le point O. La constance de la vitesse aréolaire du point mobile par rapport à ce point O existe donc aussi pour ce plan, comme pour les mouvements projetés.

DÉTERMINATION GÉOMÉTRIQUE DE L'ACCÉLÉRATION TOTALE LORSQUE LA VITESSE ARÉOLAIRE EST CONSTANTE.

114. Lorsque les aires décrites par le mobile autour du point O sont proportionnelles aux temps, l'accélération totale est constamment dirigée de la position du mobile vers le centre O. Reprenons la figure qui nous a servi à établir ce théorème (fig. 104 et 108) ; nous savons que OE, OE′, représentent les vitesses v, $v′$, du mobile aux points A et A′ de la trajectoire ; EE′ est donc par construction égal au produit jdt de l'accélération totale par le temps très-court que le mobile emploie pour aller de A en A′. Proposons-nous d'évaluer j.

Nous savons que OT × OE = OT′ × OE′.

Donc les quatre points T, T′, E, E′, sont sur une même circonférence, et nous avons la proportion

$$\frac{EE′}{TT′} = \frac{OE}{OT′}.$$

Remplaçons EE′ par jdt, et résolvons par rapport à j

$$j = \frac{TT′ \times OE}{OT′ \times dt}.$$

Dans le cercle OTT'B, l'arc TT' correspond à un angle inscrit, TBT', qui est l'*angle de contingence* de la trajectoire. Le diamètre OB de ce cercle diffère infiniment peu du rayon vecteur $OA = r$; appelons $d\omega$ l'angle de contingence, exprimé en parties du rayon; l'angle $d\omega$ a pour mesure la moitié de l'arc TT' dans le cercle dont le rayon est $\frac{1}{2}r$; donc $d\omega = \dfrac{TT'}{r}$,

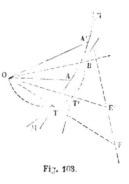

Fig. 108.

et $TT' = rd\omega$. Nous pouvons aussi, dans l'équation qui nous donne j, remplacer OT' par OT, avec lequel OT' se confond à la limite.

Enfin, $OE = v$, et $\frac{1}{2}OT \times OE \times dt = \frac{1}{2}OT \times vdt =$ l'aire décrite par le rayon vecteur dans le temps dt, ou enfin l'aire du secteur infiniment petit OAA'. Donc

$$OE = \frac{2\,(OAA')}{OT \times dt}.$$

Substituant ces valeurs, il vient

$$j = \frac{rd\omega}{OT \times dt} \times \frac{2(OAA')}{OT \times dt} = \frac{2r}{(OT)^2} \times \frac{(OAA')}{dt} \times \frac{d\omega}{dt}.$$

On peut observer que $\dfrac{OAA'}{dt}$ est la *vitesse de l'aire* décrite par le rayon OA, vitesse qui, par hypothèse, est une quantité constante, et que $\dfrac{d\omega}{dt}$ est la *vitesse de l'angle* décrit par la tangente à la trajectoire.

Pour transformer cette expression, introduisons le rayon de courbure ρ de la trajectoire au point A. Le produit $\rho \times d\omega$ est la valeur de l'arc AA'; et par suite

$$\rho \times d\omega \times \tfrac{1}{2}OT = \text{aire OAA'}.$$

Donc

$$d\omega = \frac{2\,\text{aire OAA'}}{\rho \times OT},$$

$$\frac{d\omega}{dt} = \frac{2\,\text{aire OAA'}}{dt} \times \frac{1}{\rho \times OT}.$$

Substituons dans la formule

$$= \frac{2r}{(OT)^2} \times \frac{(OAA')}{dt} \times \frac{2\,OAA'}{dt} \times \frac{1}{\rho \times OT} = \frac{4r}{\rho \times (OT)^3} \times \left(\frac{OAA'}{dt}\right)^2.$$

Le rapport $\dfrac{OAA'}{dt}$ est constant en tous les points de la trajectoire. L'accélération j varie donc proportionnellement à la fraction

$$\frac{r}{\rho \times \overline{OT}^3} \quad \text{ou} \quad \frac{OA}{AC \times \overline{OT}^3},$$

le point C de la normale AC étant le centre de courbure de la

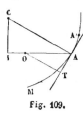

Fig. 109.

trajectoire au point A (fig. 109). Projetons le point C en I sur la direction AO ; les deux triangles AIC, OTA sont semblables, car ils ont les angles CIA et OTA égaux comme droits, et les angles CAI, AOT, égaux comme alternes-internes. Donc nous avons la proportion

$$\frac{OA}{AC} = \frac{OT}{AI}.$$

Donc

$$\frac{OA}{AC \times \overline{OT}^3} = \frac{1}{AI \times \overline{OT}^2},$$

et par suite

$$= 4 \left(\frac{OAA'}{dt}\right)^2 \times \frac{1}{AI \times \overline{OT}^2}.$$

Si nous appelons μ l'angle que forme l'accélération totale avec la direction du mouvement, l'angle OAT sera égal à $\pi - \mu$, et par suite nous aurons

$$OT = r \sin \mu,$$
$$AI = \rho \sin \mu.$$

Faisant enfin $\dfrac{OAA'}{dt} = A$, vitesse aréolaire constante, nous aurons pour l'accélération totale

$$j = \frac{4A^2}{r^2 \rho \times \sin^3 \mu}.$$

APPLICATION AU MOUVEMENT ELLIPTIQUE DES PLANÈTE

, **115**. Kepler a reconnu que *chacune des planètes du système solaire décrit une ellipse dont le soleil occupe l'un des foyers*, et que *le rayon vecteur mené du soleil à cette planète décrit des aires égales en temps égaux.*

On conclut immédiatement de cette seconde loi que l'accélération totale de la planète est constamment dirigée vers le soleil; il reste à mesurer cette accélération.

Soit $PP' = 2a$ le grand axe de l'ellipse décrite par la planète; S, l'un des foyers de cette ellipse, celui qu'occupe le soleil. L'accélé-

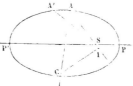

Fig. 110.

ration totale de la planète à son passage au point A est dirigée suivant AS, et elle a pour valeur

$$ j = \frac{4A^2}{r^2 \rho \sin^3 \mu}. $$

Dans cette équation, A désigne la vitesse aréolaire, ou le rapport $\dfrac{ASA'}{dt}$, et $\rho = AC$ le rayon de courbure de l'ellipse au point A.

La vitesse aréolaire A est l'aire décrite par le rayon vecteur pendant l'unité de temps. Si donc T est le temps d'une révolution entière de la planète, et S l'aire de l'ellipse, ou le produit πab, on aura

$$ A = \frac{S}{T} = \frac{\pi ab}{T}. $$

La quantité b est le demi petit axe de l'ellipse. Elle est liée au demi grand axe a par la relation

$$ a^2 - b^2 = a^2 c^2, $$

c étant l'*excentricité relative* de l'ellipse. On en déduit

$$ b = a\sqrt{1 - c^2}. $$

La formule à appliquer devient donc

$$j = \frac{\frac{4\pi^2 a^4 (1-c^2)}{T^2}}{SA^2 \times AC \times \sin^3 \mu} = 4\pi^2 \frac{a^4}{T^2}(1-c^2) \times \frac{1}{\overline{SA}^2} \times \frac{\overline{AC}^2}{\overline{AI}^2}.$$

Mais dans l'ellipse on a (§ 105) l'égalité suivante :

$$\overline{AI}^3 = \overline{AC}^2 \times \frac{b^2}{a} = \overline{AC}^2 \times a \times (1-c^2);$$

il en résulte

$$j = \frac{4\pi^2 a^4 (1-c^2)}{T^2} \times \frac{1}{\overline{SA}^2} \times \frac{1}{a(1-c^2)} = \frac{4\pi^2 a^3}{T^2} \times \frac{1}{\overline{SA}^2}.$$

Donc l'accélération totale j de la planète est à chaque instant inversement proportionnelle au carré de sa distance SA au soleil.

Kepler a reconnu plus tard que le rapport $\dfrac{a^3}{T^2}$ ne varie pas d'une planète à l'autre, et il a formulé ainsi qu'il suit sa troisième loi : *Les carrés des temps des révolutions sont entre eux comme les cubes des grands axes.*

L'accélération, pour toute planète du système solaire, est donc inversement proportionnelle au carré de la distance de cette planète au soleil.

Nous montrerons dans la dynamique comment Newton a pu déduire de ce fait cinématique la loi de la gravitation universelle.

RECHERCHE DU RAYON DE COURBURE DES COURBES PLANES.

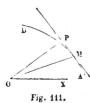
Fig. 111.

116. Une courbe plane, AB, peut être définie par une relation $r = f(p)$ entre le rayon vecteur $OM = r$, émanant du point fixe O, et la distance $OP = p$ du même point O à la tangente au point M. Il suffit de connaître un point de la courbe pour qu'elle soit entièrement déterminée. Son tracé dépend de l'intégration d'une équation différentielle du premier ordre.

Cela posé, on demande d'exprimer le rayon de courbure de la courbe au point M.

Imaginons un point mobile M, parcourant la courbe de manière que le rayon OM décrive en temps égaux des aires égales. L'accélération totale passera toujours par le point O, et si l'on appelle v la vitesse, μ l'angle OMP que fait l'accélération avec la direction du mouvement, et $d\omega$ l'angle de contingence de la courbe au point M, on aura (§ 96)

$$\frac{dv}{v} = \frac{d\omega}{\tan\mu};$$

en même temps $vp = A$, quantité constante. Donc

$$\frac{dv}{v} = -\frac{dp}{p},$$

et par suite

$$d\omega = -\tan\mu\,\frac{dp}{p}.$$

Mais

$$\sin\mu = \frac{OP}{OM} = \frac{p}{r},$$

$$\cos\mu = \frac{1}{r}\sqrt{r^2 - p^2},$$

$$\tan\mu = \frac{p}{\sqrt{r^2 - p^2}},$$

et par conséquent

$$d\omega = -\frac{dp}{\sqrt{r^2 - p^2}}.$$

D'un autre côté, l'arc ds multiplié par $\cos\mu$ est égal à $-dr$; donc

$$ds = -\frac{dr}{\cos\mu} = -\frac{r\,dr}{\sqrt{r^2 - p^2}}.$$

Donc enfin le rayon de courbure

$$\rho = \frac{ds}{d\omega} = \frac{r\,dr}{dp}.$$

\ *Application à la parabole*. Soit O le foyer, A le sommet, CD la directrice de la courbe. On demande le rayon de cour-

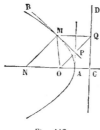

bure au point M. Menons la tangente MP, qui divise en deux parties égales l'angle OMQ formé par le rayon vecteur OM et la perpendiculaire MQ à la directrice. Le point P, projection du foyer sur la tangente en M, est situé sur la tangente AP au sommet, et la ligne OPQ est droite. Les angles MQP, QOC étant égaux, on a aussi MOP = POA, à cause du triangle

Fig. 112.

isocèle QMO, dans lequel MQ = MO. Donc

$$\frac{MO}{OP} = \frac{OP}{OA}.$$

La relation cherchée entre r et p est donc

$$r = \frac{p^2}{OA}.$$

On en déduit

$$\rho = \frac{p^2}{OA} \times \frac{2p}{OA} = \frac{2p^3}{OA^2} = \frac{8p^3}{4 \times OA^2};$$

$8p^3$ est le cube de $2p$, ou de OQ ou, enfin, de la normale MN. $4 \times OA^2$ est le carré de 2 OA, ou du paramètre de la courbe. Le rayon de courbure de la parabole est donc égal au cube de la normale divisé par le carré du paramètre.

THÉORÈMES GÉNÉRAUX SUR L'ACCÉLÉRATION TOTALE.

117. Soit AB (fig. 113) la trajectoire d'un mobile M.

Considérons les positions successives M_0, M_1, M_2,.... M' prises par ce point au bout d'intervalles de temps θ, 2θ, 3θ,.... $n\theta$. Construisons l'indicatrice des accélérations totales mm'. Aux propriétés géométriques de cette courbe auxiliaire correspondent des propriétés du mouvement du mobile. Les rayons Om_0, Om_1, Om_2,.... Om', sont respectivement égaux et parallèles aux vitesses du mobile aux points M_0, M_1, M_2,.... M', et les arcs m_0m_1, m_1m_2, m_2m_3, sont parallèles aux accélérations totales, et égaux aux produits de ces accélérations par le temps θ.

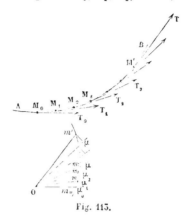

Fig. 113.

1° Projetons le point m en μ, sur la direction O_0m, le point m_2 en μ_1, sur la direction Om_1, le point m_3 en μ_2, sur la direction Om_2, et ainsi de suite jusqu'au point m' qui sera projeté en μ'. Les intervalles infiniment petits $m_0\mu_0$, $m_1\mu_1$, $m_2\mu_2$,... $m'\mu'$ sont respectivement égaux aux différences des rayons vecteurs, c'est-à-dire des vitesses

$$v_1 - v_0, \quad v_2 - v_1, \quad v_3 - v_2, \ldots v - v_n.$$

Ils sont égaux d'un autre côté aux projections des arcs de l'indicatrice, ou à

$$j_0\theta\cos\mu_0, \quad j_1\theta\cos\mu_1, \quad j_2\theta\cos\mu_2, \ldots j_n\theta\cos\mu_n.$$

en appelant μ_0, μ_1,......μ_n les angles successifs de l'accélération totale avec la direction du mouvement ; faisant la somme de ces deux séries, on aura donc

$$v - v_0 = j_0\theta\cos\mu_0 + j_1\theta\cos\mu_1 + \ldots + j_n\theta\cos\mu_n = \sum j_0\theta\cos\mu_0,$$

ou enfin, en passant à la limite,

$$v - v_0 = \int_{t_0}^{t} j\cos\mu \, dt.$$

Donc *l'accroissement de la vitesse du mobile entre deux époques* t_0, t, *est égal à l'intégrale, entre ces deux époques, du produit de l'accélération tangentielle par l'élément du temps.*

On parvient directement à ce théorème en intégrant l'équation différentielle

$$\frac{dv}{dt} = j \cos \mu.$$

2° Les triangles Om_1m_0, Om_2m_1', Om_3m_2,... donnent successivement :

$$v_1^2 = v_0^2 + j_0^2\theta^2 + 2v_0j_0\theta \cos \mu_0,$$
$$v_2^2 = v_1^2 + j_1^2\theta^2 + 2v_1j_1\theta \cos \mu_1,$$
$$v_3^2 = v_2^2 + j_2^2\theta^2 + 2v_2j_2\theta \cos \mu_2,$$
$$\vdots$$
$$v^2 = v_n^2 + j_n^2\theta^2 + 2v_nj_n\theta \cos \mu_n.$$

Ajoutant ces équations membre à membre, il vient, en supprimant les termes qui se détruisent,

$$v^2 = v_0^2 + \sum j^2\theta^2 + \sum 2vj\theta \cos \mu.$$

Or θ étant infiniment petit, les termes $j^2\theta^2$ sont des infiniment petits du second ordre, dont la somme est rigoureusement nulle ; d'un autre côté, $v\theta$ est l'arc ds décrit sur la trajectoire ; changeant la notation, nous arrivons à l'équation

$$v^2 - v_0^2 = 2 \int_{s_0}^{s} j \cos \mu \times ds.$$

Donc *l'accroissement du carré de la vitesse du mobile en passant d'une position M à une position M' sur sa trajectoire est égal au double de l'intégrale, prise entre ces deux positions, du produit de l'accélération tangentielle par l'élément d'arc parcouru.*

On démontrerait directement ce théorème, en partant de l'équation

$$\frac{dv}{dt} = j \cos \mu,$$

et en remplaçant dt par $\dfrac{ds}{v}$; il vient en effet

$$\frac{v\,dv}{ds} = j \cos \mu,$$

ou bien

$$v\,dv = j \cos \mu \, ds.$$

et

$$(v^2 - v_0^2) = 2 \int_{s_0}^{s} j \cos \mu \, ds.$$

3° Projetons sur un axe fixe le polygone $Om_0m'O$.

Le côté Om', pris dans le sens Om', est la résultante géométrique des côtés Om_0, m_1m_2, m_2m_3,... m_nm' ; la projection sur l'axe du côté Om' est donc égale à la somme algébrique des projections de tous les autres côtés ; appelons α_0, α_1, α_2,... α_n, les angles des côtés m_0m_1, m_1m_2,... m_nm' avec l'axe de projection ; et représentons par v_x, $v_{0,x}$ les projections sur le même axe des côtés Om_0, Om', qui représentent les vitesses du mobile. Nous aurons

$$v_x = v_{0,x} + j_0 \theta \times \cos \alpha_0 + j_1 \theta \cos \alpha_1 + j_2 \theta \cos \alpha_2 + \ldots + j_n \theta \cos \alpha_n$$
$$= v_{0,x} + \sum j \theta \cos \alpha = v_{0,x} + \int j \cos \alpha \, dt,$$

ou encore, en représentant par l'indice x la projection sur l'axe,

$$v_x = v_{0,x} + \int_{t_0}^{t} j_x \, dt.$$

Donc *l'accroissement entre deux époques de la vitesse du mobile projetée sur un axe fixe est égal à l'intégrale, entre les mêmes époques, du produit de l'accélération projetée sur le même axe par l'élément du temps.*

La démonstration directe se déduirait de la relation

$$\frac{d^2x}{dt^2} = j_x,$$

qui donne, en intégrant,

$$\frac{dx}{dt} - \left(\frac{dx}{dt}\right)_0 = \int_{t_0}^{t} j_x \, dt.$$

4° A ces trois théorèmes, il faut joindre celui que nous avons démontré § 96, et qui consiste dans la relation différentielle

$$\frac{dv}{v} = \frac{d\omega}{\tan g \mu},$$

ou dans l'équation intégrale

$$v = v_0 e^{\displaystyle \int \frac{d\omega}{\tan g\,\mu}},$$

l'intégrale étant prise sur la trajectoire entre les positions M_0, M, où la vitesse est v_0 et v.

Nous retrouverons ces théorèmes dans la dynamique, avec une autre interprétation.

118. Nous avons supposé que l'indicatrice des accélérations totales était une courbe continue ; il est facile de voir que les quatre théorèmes démontrés subsistent encore lorsque l'indicatrice a des points anguleux, ce qui n'empêche pas les vitesses du mobile sur sa trajectoire de varier d'une manière continue en direction et en grandeur.

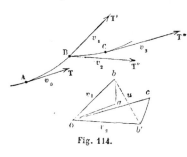

Mais si la trajectoire ABC avait elle-même un point anguleux B, ou si la vitesse du mobile variait brusquement de grandeur, l'indicatrice cesserait d'être une courbe continue ; elle se composerait d'une branche ab, correspondante à la portion AB de la trajectoire, et d'une branche $b'c$, qui correspondrait à la portion BC. Les théorèmes s'appliquent alors séparément aux portions AB, BC ; prenons pour exemple le second théorème : il donne pour la partie AB

Fig. 114.

$$v_1^2 - v_0^2 = 2 \int_s^{s'} j \cos \mu\, ds,$$

et pour la partie BC

$$v_3^2 - v_2^2 = 2 \int_{s'}^{s''} j \cos \mu\, ds.$$

Les vitesses v_1 et v_2 sont égales et parallèles aux rayons vecteurs Ob, Ob', de l'indicatrice ; joignons bb' ; le triangle Obb', dans lequel le côté bb' représente une vitesse u, qui, composée avec v_1, a pour résultante la vitesse v_2, nous donne

$$v_2^2 = v_1^2 + u^2 - 2v_1 u \cos \left(\widehat{u, \; v_1}\right),$$

et par suite

$$v_3^2 - v_0^2 = 2 \int_s^{s'} j \cos \mu \, ds + 2 \int_{s'}^{s''} j \cos \mu \, ds + u^2 - 2v_1 u \cos \left(\widehat{u, \; v_1}\right)$$

$$= 2 \int_s^{s''} j \cos \mu \, ds + u^2 - 2v_1 u \cos \left(\widehat{u, \; v_1}\right).$$

La discontinuité des vitesses introduit donc dans l'équation deux termes correctifs. On verra dans la dynamique quelle interprétation on peut leur donner. Rappelons-nous du reste, qu'en toute rigueur les points anguleux des trajectoires et les variations brusques de vitesse sont inadmissibles dans le mouvement d'un point matériel (§ 21).

NOTE

SUR LES ACCÉLÉRATIONS DIRIGÉES VERS UN CENTRE FIXÉ.

119. Nous avons (§ 114) établi la formule

$$j = \frac{4 A^2}{r^2 \rho \sin^3 \mu},$$

qui donne l'accélération totale j, dirigée suivant le rayon vecteur $MO = r$, du mouvement d'un point M sur une trajectoire MN, quand la vitesse aréolaire autour du centre O est constante et égale à A (fig. 115).

La quantité ρ est le rayon de courbure de la trajectoire au point M, et μ est l'angle que fait le rayon OM avec la direction MT du mouvement.

Supposons ensuite que le mobile parcoure la même trajectoire, dans le même sens, mais que sa vitesse aréolaire soit constante et égale à A autour d'un autre centre, O'. Appelons r' le nouveau rayon vecteur O'M, et μ' l'angle qu'il forme avec la direction du mouvement. La nouvelle accélération j' sera dirigée suivant MO', et elle aura pour valeur

$$j' = \frac{4 A^2}{r'^2 \rho \sin^3 \mu'};$$

Les facteurs A^2 et ρ restant les mêmes dans ces deux équations, on peut les éliminer par la division. Il vient

$$\frac{j}{j'} = \frac{r'^2 \sin^3 \mu'}{r^2 \sin^3 \mu} \ .$$

Par le point O' menons O'P parallèle à la tangente MT à la trajectoire.

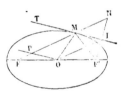

Nous avons, dans le triangle O'PM, l'angle O'MP égal à TMP ou à μ, et l'angle MO'P égal au supplément de TMO', on a $\pi - \mu'$. Les côtés PM, O'M sont proportionnels aux sinus des angles opposés; donc

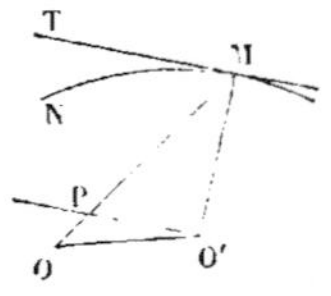

$$\frac{\sin \mu'}{\sin \mu} = \frac{PM}{O'M} = \frac{PM}{r'} ;$$

Fig. 115.

substituant dans l'équation qui donne le rapport des accélérations, il vient

$$\frac{j}{j'} = \frac{r'^2}{r^2} \times \frac{\overline{PM}^3}{r'^3} = \frac{\overline{PM}^3}{r^2 r'}.$$

Il est facile de déduire de cette proportion la valeur de l'accélération totale du mouvement elliptique quand les aires égales sont décrites en temps égaux autour du foyer, connaissant la loi de l'accélération totale du mouvement elliptique lorsque les aires égales sont décrites autour du centre.

Soient F, F' les deux foyers d'une ellipse. La somme MF + MF' des rayons vecteurs menés aux foyers d'un même point de la courbe est constante et égale au grand axe $2a$. Prenons sur le prolongement de FM une quantité MN = MF' La longueur FN sera égale à $2a$. Joignons F'N. La tangente MT divise au point I cette droite en deux parties égales (§ 86). Si donc on joint le point I au centre O, milieu de FF', la droite OI sera parallèle à FM et égale à la moitié de FN, ou à a.

Fig. 116.

Soit j l'accélération, dirigée suivant MF, quand la vitesse aréolaire est constante autour du foyer F; j' l'accélération dirigée suivant MO, quand la vitesse aréolaire est constante autour du centre O. Menons OP parallèle à MT; nous aurons, en faisant FM = r et OM = r',

$$\frac{j}{j'} = \frac{\overline{PM}^3}{r^2 \times r'}.$$

Or (§ 104)

$$j' = \frac{4\pi^2}{T^2} \times r',$$

T étant la durée d'une révolution entière du point mobile, durée qui est la même dans les deux cas, puisque les vitesses aréolaires sont égales.

Donc

$$j' = \frac{\overline{PM}^3 \times 4\pi^2}{T^2 \times r^2}.$$

Mais, dans le parallélogramme OPMI, PM est égal à OI, c'est-à-dire à a.

Par suite

$$j' = \frac{4\pi^2 a^3}{T^2} \times \frac{1}{r^2},$$

résultat conforme à celui qu'on a trouvé dans le § 116.

Cette méthode, que nous empruntons aux *Principes mathématiques de la philosophie naturelle* de Newton, a l'avantage d'éviter la recherche du rayon de courbure de la trajectoire.

120. Voici du reste une démonstration encore plus directe[1].

Supposons que le mobile parcoure l'ellipse dans le sens MM'.

Le lieu des points N, obtenus en prolongeant chaque rayon FM d'une quantité MN = MF', égale au rayon conjugué, est un cercle décrit du point F comme centre avec $2a$ pour rayon. Nous allons démontrer que cette circonférence est l'indicatrice des accélérations totales du mouvement du point M, quand on transporte toutes les vitesses du mobile parallèlement à elles-mêmes au point F', et qu'on les fait toutes tourner d'un angle droit de droite à gauche autour de ce point. Ce théorème suppose connue la proposition suivante : *dans l'ellipse, le produit* FP × F'I *des distances des foyers à une même tangente est constant et égal au carré* b^2 *du demi petit axe.* Commençons par la démontrer.

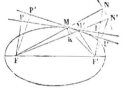

Fig. 117.

Soit α l'angle F'MI = PMF, que fait une tangente à l'ellipse avec les deux rayons vecteurs menés à son point de contact; appelons r et r' ces deux rayons. Le triangle FMF', dans lequel FF' est égal à l'excentricité $2c$, nous donne

$$4c^2 = r^2 + r'^2 - 2rr' \cos(\pi - 2\alpha) = r^2 + r'^2 + 2rr' \cos 2\alpha.$$

Mais $\cos 2\alpha = 1 - 2\sin^2 \alpha$; substituant, il vient

$$4c^2 = r^2 + r'^2 + 2rr' - 4rr' \sin^2 \alpha = (r + r')^2 - 4rr' \sin^2 \alpha.$$

La somme $r + r'$ est égale à $2a$; donc

$$c^2 = a^2 - rr' \sin^2 \alpha,$$

[1] Cette démonstration est due à M. Résal.

et par suite

$$rr' \sin^2 \alpha = r \sin \alpha \times r' \sin \alpha = \mathrm{FP} \times \mathrm{F'I} = a^2 - c^2 = b^2,$$

ce qui démontre la proposition. Revenons à la question principale.

La vitesse v du mobile M est donnée par l'équation

$$\tfrac{1}{2} v \times \mathrm{FP} = \mathrm{A},$$

A étant la vitesse aréolaire constante.

Donc

$$v = \frac{2\mathrm{A}}{\mathrm{FP}} = \frac{2\mathrm{A}}{b^2} \times \mathrm{F'I},$$

et, en observant que le double de F'I est égal à F'N,

$$v = \frac{\mathrm{A}}{b^2} \times \mathrm{F'N}.$$

Le rayon vecteur F'N de la circonférence lieu des points N est proportionnel à la vitesse v; il est de plus perpendiculaire à la tangente MI, c'est-à-dire à la direction de cette vitesse. En faisant tourner le rayon F'N d'un angle droit, de gauche à droite, autour de F', on l'amènera à être parallèle à la vitesse v; et par suite la circonférence lieu des points N peut, sauf la rotation d'un angle droit autour de F', servir d'indicatrice des accélérations totales pour le mouvement du point M.

Considérons deux positions infiniment voisines, M et M', du mobile; deux points infiniment voisins, N et N', y correspondent sur l'indicatrice; l'arc NN', pris dans le sens NN', représente, à l'échelle de la figure, la vitesse acquise élémentaire jdt, et l'on aura

$$jdt = \frac{\mathrm{A}}{b^2} \times \mathrm{NN'}.$$

D'ailleurs la direction de l'accélération j, qui doit être perpendiculaire à NN', est dirigée vers le point F.

Il reste à évaluer NN'. Pour cela, abaissons MK perpendiculaire en FM'. Le produit $\tfrac{1}{2}$ MK $\times$ FM' représente l'aire décrite par le rayon FM dans le temps dt, aire égale à Adt.

Donc

$$\mathrm{MK} = \frac{2\mathrm{A}dt}{\mathrm{FM'}}.$$

Les triangles semblables FMK, FNN' donnent de plus

$$\frac{\mathrm{NN'}}{\mathrm{MK}} = \frac{\mathrm{FN}}{\mathrm{FM}} = \frac{2a}{\mathrm{FM}}.$$

Donc

$$\mathrm{NN'} = \frac{\mathrm{MK} \times 2a}{\mathrm{FM}} = \frac{2\mathrm{A}dt}{\mathrm{FM'}} \times \frac{2a}{\mathrm{FM}} = \frac{4\mathrm{A}a dt}{\mathrm{FM} \times \mathrm{FM'}},$$

et par suite

$$j = \frac{4A^2 a}{b^2} \times \frac{1}{FM \times FM'},$$

quantité à prendre à la limite, quand MM′ devient infiniment petit. Donc enfin

$$j = \frac{4A^2 a}{b^2} \times \frac{1}{\overline{FM}^2} = \frac{4A^2 a}{b^2} \times \frac{1}{r^2},$$

ou encore

$$j = \frac{4\pi^2 a^3}{T^2} \times \frac{1}{r^2},$$

en observant que

$$A = \frac{\pi ab}{T}.$$

121. Proposons-nous de résoudre d'une manière générale le problème suivant :

Sachant que l'accélération totale j d'un point mobile M est constamment dirigée vers un centre fixe O, et qu'elle est exprimée par une fonction, $f(r)$, de la distance MO, trouver la trajectoire et la loi du mouvement.

Nous avons déjà résolu (§ 105) un cas particulier de ce problème, celui où la fonction $f(r)$ est proportionnelle à la distance r. Dans ce cas, l'emploi des projections sur deux axes rectangulaires conduit très-rapidement à la solution, parce que les équations du mouvement s'intègrent séparément.

Il n'en est pas de même quand la fonction $f(r)$ est plus compliquée. On peut alors suivre une des méthodes que nous allons indiquer.

1° L'accélération étant toujours dirigée suivant le rayon MO, la vitesse aréolaire est constante ; représentons-la par A, quantité constante qu'on déterminera plus tard. Nous aurons l'équation en coordonnées polaires

$$\tfrac{1}{2} r^2 d\theta = A dt.$$

De plus (§ 109)

$$j = \frac{d^2 r}{dt^2} - \frac{4A^2}{r^3};$$

cette équation suppose que l'on compte positivement l'accélération dans le sens centrifuge OM, et négativement dans le sens centripète MO.

Remplaçons j par la fonction donnée $f(r)$; nous aurons, pour lier les variables r et t, l'équation différentielle du second ordre :

$$\frac{d^2 r}{dt^2} = \frac{4A^2}{r^3} + f(r).$$

Cette équation s'intègre en multipliant par $2\dfrac{dr}{dt}\,dt$ le premier membre et le second par $2dr$; il vient, en désignant par C une constante,

$$\left(\frac{dr}{dt}\right)^2 = C + \int\left(2f(r)\,dr + \frac{8A^2dr}{r^3}\right),$$

et par suite

$$dt = \frac{dr}{\pm\sqrt{C+\int\left(2f(r)\,dr + \frac{8A^2dr}{r^3}\right)}}.$$

Le radical doit être pris avec le signe $+$ si dr est positif, avec le signe $-$ s'il est négatif, de manière que dt soit toujours positif.

Intégrant une seconde fois, et appelant C′ une seconde constante, on a

$$t = C' + \int\frac{dr}{\pm\sqrt{C+\int\left(2f(r)\,dr + \frac{8A^2dr}{r^3}\right)}}.$$

Cette équation fait connaître t en fonction de r; on obtient ensuite l'équation de la trajectoire en remplaçant dt par sa valeur en r dans l'équation des aires; ce qui donne

$$d\theta = \frac{2A\,dr}{\pm r^2\sqrt{C+\int\left(2f(r)\,dr + \frac{8A^2dr}{r^3}\right)}},$$

équation qui s'intègre encore par une quadrature.

2° On peut aussi se servir de l'équation démontrée dans le § 117 :

$$v^2 - v_0^2 = 2\int j\cos\mu\,ds\,;$$

μ étant l'angle fait par l'accélération avec la direction du mouvement, on a $ds\cos\mu = dr$, et par suite $j\cos\mu\,ds = f(r)\,dr$. La quantité v_0 est une constante, et l'équation précédente, dans laquelle $\int f(r)\,dr$ est une nouvelle fonction F, prend la forme

$$v^2 = h + F(r);$$

h représente une constante arbitraire.

Mais

$$v^2 = \frac{ds^2}{dt^2} = \frac{dr^2 + r^2d\theta^2}{dt^2}.$$

Donc

$$\frac{dr^2 + r^2d\theta^2}{dt^2} = h + F(r).$$

L'équation des aires

$$\tfrac{1}{2}r^2\,d\theta = A\,dt$$

permet d'éliminer le temps dt. On en déduit

$$\frac{dr^2 + r^2\, d\theta^2}{\frac{1}{4}\, r^4\, \dfrac{d\theta^2}{A^2}} = h + F(r),$$

ou

$$\frac{4\,A^2\, dr^2}{r^4\, d\theta^2} + \frac{4\,A^2}{r^2} = h + F(r),$$

équation qu'on peut résoudre par rapport à $d\theta$, et intégrer ensuite par quadrature.

Nous reviendrons sur cette question avec plus de détails dans la dynamique.

LIVRE III

CHAPITRE PREMIER

ÉTUDE DES MOUVEMENTS D'UN SOLIDE

DÉFINITION DES SYSTÈMES INVARIABLES.

122. On appelle en mécanique *système invariable* un ensemble de points dont les positions relatives ne peuvent être altérées. Un corps solide naturel est *à peu près* dans ces conditions : il y est à peu près seulement, parce que les forces qui agissent sur lui, si petites qu'elles soient, en altèrent légèrement la forme. Aussi désigne-t-on souvent les systèmes invariables sous le nom de *solides géométriques*, par opposition aux *solides naturels* dont l'invariabilité n'est pas absolue. Un système invariable n'est, après tout, qu'une conception de l'esprit, et l'on n'en rencontre point dans les applications.

Fig. 118.

Supposons qu'un système invariable soit composé de n points distincts. Prenons parmi ces n points trois points particuliers A, B, C, non en ligne droite. Les distances AB, BC, AC, seront des quantités constantes, que l'on peut supposer connues. Pour définir la position occupée dans le système par l'un quelconque, M, des $n - 5$ autres points, on donnera les trois distances MA, MB, MC, de ce point aux trois points A, B et C. La position effective du point M reste encore ambiguë avec ces données ; car les distances MA, MB, MC, conviennent également au point M′, symétrique de M par rapport au plan ABC. La position relative des n points sera donc entièrement définie, sauf cette ambiguïté, si l'on donne : 1° les trois distances AB, BC, AC, ou les trois côtés du triangle ABC ; 2° les trois distances à A, à B et à C, des $n — 3$ autres points. Le nombre des données nécessaires pour définir la forme d'un système de n points est donc égal à

$$3 + 3 \times (n — 3),$$

ou bien à $3n — 6$.

123. Cherchons ensuite le nombre de conditions nécessaires pour définir la position d'un système invariable dans l'espace.

Prenons encore trois points A, B, C, du système, non en ligne droite : la position du système sera entièrement définie, dès que les trois points A, B et C seront connus de position.

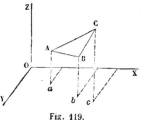

Fig. 119.

On peut rapporter la position de ces points à trois plans rectangulaires XOY, YOZ, ZOX ; soient, par exemple, a, b, c les projections des trois points sur l'un, XOY, des plans coordonnés. La position du premier point A sera connue par les trois coordonnées x, y, z de ce point. La position du second, B, n'est plus alors entièrement arbitraire ; car, la distance AB étant donnée, le point B se trouve sur une sphère décrite du point A comme centre, avec cette distance AB pour rayon. Il suffira donc de donner deux des coordonnées du second point B, par exemple x_1 et y_1, qui définissent la position du point b dans le plan XOY ; la troisième coordonnée z_1 du point B s'en déduira en cherchant l'intersection de la sphère avec la droite menée par le point b parallèlement à OZ. Cette droite coupe la sphère en deux points, et le point B cherché est l'un ou l'autre de ces points. Les conditions particulières de la question que l'on traite indiqueront celle des deux solutions qu'on doit adopter.

Ce choix fait, le troisième point C, dont les distances CA, CB, à deux points fixes sont connues, est assujetti à se trouver sur une circonférence de cercle qui a son centre sur la droite AB, et, par suite, il n'y a qu'une coordonnée à fixer pour que la position de ce point soit connue. Si l'on donne la coordonnée x_2, par exemple, le point C sera à l'intersection de cette circonférence avec le plan mené parallèlement à YOZ, à une distance x_2 de l'origine. Il y aura encore ici généralement deux solutions.

En résumé, la position du système est déterminée si l'on fait connaître :

Les trois coordonnées, x, y, z, du point A,

Deux des coordonnées, x_1, y_1, du point B,

Et une des coordonnées, x_2, du point C,

ce qui fait en tout six conditions.

On prouverait de même que la position d'une *figure invariable* tracée sur un plan, ou plus généralement sur une surface, est déterminée quand on fixe la position de deux de ses points, ce qui exige trois conditions, et que le nombre des conditions nécessaires pour définir les positions relatives de n points formant une figure invariable située sur un plan ou sur une surface est égal à $2n - 3$: savoir la distance AB de deux points A et B pris dans

Fig. 120.

la figure, et les deux distances MA, MB, de chacun des $n - 2$ autres points à ces deux-là : en tout $1 + 2(n - 2) = 2n - 3$.

124. Le mouvement d'un système invariable dans l'espace peut être entièrement défini par six équations distinctes :

Trois équations par exemple définiront le mouvement du point A, en donnant les coordonnées x, y et z de ce point en fonction du temps t;

Deux équations définiront le mouvement du point B, en faisant connaître ses coordonnées x_1 et y_1;

Et une équation définira le mouvement du point C, en donnant son abscisse x_2.

On reconnaîtrait de même que le mouvement d'une figure invariable sur une surface peut être défini par trois équations distinctes au plus.

Il est essentiel d'observer, à ce propos, que toutes les surfaces ne donnent pas une égale liberté aux figures qui y sont tracées de se mouvoir sans altération de forme. 1° Le plan et la sphère permettent des déplacements dans tous les sens, l'arc infiniment petit AB pouvant être amené à coïncider avec l'arc égal A′B′, quelle que soit la position de celui-ci. 2° Le cylindre droit, à base circulaire, permet aussi des déplacements de figures dans toute direction tangente à la surface; mais l'arc AB, pour être amené sans déformation à coïncider avec l'arc égal A′B′, doit faire avec les génératrices rectilignes de la surface le même angle que A′B′. 3° Les surfaces de révolution, les surfaces cylindriques en général, et les surfaces hélicoïdales ne permettent que des glissements dans des directions uniques : à savoir le long des parallèles, le long des génératrices droites, ou enfin le long des hélices. 4° Les autres surfaces ne peuvent servir de guides aux figures invariables qui y sont tracées, et les fixent dans la position qu'elles occupent.

MOUVEMENTS SIMPLES DES SYSTÈMES INVARIABLES. — TRANSLATION.

125. On dit qu'un système invariable mobile dans l'espace a un *mouvement de translation*, lorsque tous les points du système décrivent simultanément des portions de trajectoires égales et parallèles.

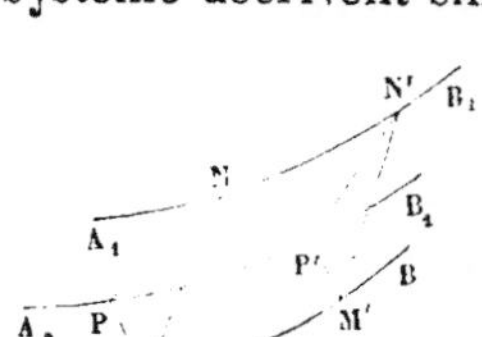

Fig. 121.

La position du système à une époque quelconque est entièrement définie par les positions de trois de ses points non en ligne droite. Soient M, N, P, ces points. Soit AB la trajectoire du point M, $A_1 B_1$ la trajectoire du second point N, $A_2 B_2$ la trajectoire du troisième, P, *non en ligne droite avec les deux premiers;* le mouvement du système sera une translation, si les trajectoires AB, $A_1 B_1$, $A_2 B_2$, sont trois positions parallèles entre elles d'une seule et même courbe.

A un certain moment, les trois points occupent sur ces trois trajectoires les positions M, N, P; à un autre moment, le point M s'est transporté en M′, le point N en N′, et le point P en P′; le triangle MPN est venu en M′P′N′ sans altération de ses côtés. La courbe $A'_1 B'_1$ n'est, par hypothèse, autre chose que la courbe AB déplacée parallèlement à elle-même d'une quantité MN; on a donc à la fois M′N′ = MN, et arc NN′ = arc MM′. On voit de même que arc PP′ = arc MM′. En définitive, le triangle M′P′N′ a ses côtés respectivement parallèles à ceux du triangle MPN. Il en serait de même de tous les triangles formés en joignant dans le système trois points non en ligne droite; de sorte que, dans ce genre particulier de déplacement, les arcs décrits à la fois par les divers points du système sont égaux et parallèles.

Si, au lieu de considérer les positions du système à deux époques quelconques, nous prenons ces positions à deux époques infiniment voisines, le point M décrit, dans l'intervalle de temps infiniment petit qui sépare les deux époques, un élément rectiligne MM′ de sa trajectoire AB; et tous les autres points N, P, décrivent des éléments NN′, PP′, égaux et parallèles à MM′. Il en résulte que *les vitesses de tous les points, dans le mouvement de translation, sont égales et parallèles* : parallèles, parce qu'elles ont pour directions les directions des éléments MM′, PP′, NN′…;

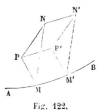

Fig. 122.

égales, parce qu'elles expriment le rapport de l'espace parcouru MM′, NN′, PP′, qui est le même pour tous les points, à l'intervalle de temps *dt* employé par le corps à passer de la première position à la seconde.

ROTATION.

126. Le second mouvement simple d'un système solide est le *mouvement de rotation.*

Supposons le système lié invariablement à une droite fixe AB, qui sera l'*axe de rotation;* si l'on abaisse d'un des points mobiles M une perpendiculaire MP sur AB, le mouvement du système laisse constante cette longueur MP. Le lieu décrit par le point M est donc une circonférence, dont le centre P est situé sur l'axe AB, et dont le plan est perpendiculaire à cet axe. Un autre point N du système décrit une seconde circonférence, dont le plan est perpendiculaire à AB, et dont le centre est un point Q, projection du point N sur l'axe. Par le point P, menons PN_1, égale et parallèle à QN. Joignons NN_1 et N_1M. La droite QN étant perpendiculaire à l'axe PN_1, parallèle à QN, est aussi perpendiculaire à AB, et appartient au plan du cercle décrit par le point M. Mais NN_1 est égal et parallèle à PQ, côté opposé du parallélogramme QPN_1N. Donc NN_1 est perpendiculaire au plan de ce cercle, et par suite à la droite N_1M qui passe par son pied dans ce plan. Le triangle MNN_1 est par conséquent rectangle en N_1. Le côté NN_1 de l'angle droit n'est pas altéré par le déplacement du solide, puisqu'il est constamment égal à PQ. L'hypoténuse NM ne l'est pas non plus, puisque la distance des points N et M est supposée invariable; donc le troisième côté MN_1 est constant pendant le mouvement. Or MN_1 est aussi le troisième côté d'un triangle PN_1M, dans lequel les côtés PM et $PN_1 = QN$ restent constants; et, comme il est constant lui-même, l'angle MPN_1 reste constant aussi.

Donc, enfin, *dans le mouvement de rotation d'un système solide autour d'un axe AB, l'angle MPN_1 de deux rayons MP, NQ,*

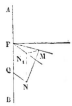

Fig. 125.

abaissés de deux points du système perpendiculairement à l'axe, reste constant[1].

Si le premier rayon MP décrit dans le plan du cercle MP un angle $d\alpha$ très-petit pendant un temps dt très-court, le second rayon NQ décrira dans le plan du cercle NQ ce même angle $d\alpha$; de sorte que *la vitesse angulaire* $\dfrac{d\alpha}{dt}$ sera la même pour ces deux rayons. Donc, *dans le mouvement de rotation, la vitesse angulaire de chaque point autour de l'axe est à un même instant la même pour tous les points du système.*

La vitesse *linéaire* du point M s'obtiendra en divisant par dt l'arc très-petit décrit par le point M; or cet arc de cercle correspond à un angle au centre égal à $d\alpha$. Appelons r la distance MP; $d\alpha$ étant évalué en parties du rayon, l'arc décrit par le point M sera $rd\alpha$, et par suite la vitesse linéaire du point M sera $\dfrac{rd\alpha}{dt}=\dfrac{d\alpha}{dt}\times r$: c'est le produit de la vitesse angulaire commune à tous les points du système par la distance à l'axe du point considéré.

Donc, *dans le mouvement de rotation, la vitesse linéaire d'un point est le produit de la vitesse angulaire commune à tous les points du système, par la distance de ce point à l'axe; et les vitesses linéaires de deux points, à un même instant, sont proportionnelles aux distances de ces points à l'axe de rotation.*

Ainsi, à un même instant, les vitesses linéaires des divers points d'un corps solide animé d'un mouvement de *translation* sont égales et parallèles, et les vitesses angulaires de tous les points d'un corps solide animé d'un mouvement de *rotation* autour d'un certain axe sont égales; la vitesse linéaire d'un point particulier du système tournant est proportionnelle à la distance de ce point à l'axe, et sa direction fait un angle droit, non-seulement avec l'axe, mais encore avec le rayon abaissé du point perpendiculairement à l'axe de rotation.

[1] On appelle *angle* de deux directions qui ne se rencontrent pas, l'angle formé par deux droites menées parallèlement à ces directions par un même point de l'espace.

MOUVEMENT ÉLÉMENTAIRE D'UN SYSTÈME INVARIABLE.

127. On appelle *mouvement élémentaire* d'un système solide
le mouvement que ce système subit pendant un temps infiniment petit *dt;* dans cet intervalle de temps, chaque point
M décrit un élément rectiligne MM′ sur sa trajectoire, de
sorte que si l'on considère les positions de tous les points du
système au commencement et à la fin du temps *dt*, on pourra
dire que chaque point M du système aura parcouru, pendant
cet intervalle de temps, la droite infiniment petite MM′ qui
joint la première position M de ce point à la seconde position M′.

La théorie des mouvements simultanés (§ 69) permet de
décomposer le mouvement de chaque point du système en
plusieurs autres mouvements ; nous ferons voir qu'on peut de
cette manière ramener tout mouvement élémentaire d'un
solide à des mouvements simultanés de rotation et de translation, tels que nous venons de les définir.

LEMME SUR LE DÉPLACEMENT ÉLÉMENTAIRE D'UNE DROITE.

128. *Soient* AB, A′B′, *deux positions successives infiniment
voisines d'une droite mobile; dans le mouvement élémentaire
qui amène la droite* AB *dans la posi-*

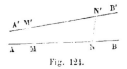
Fig. 124.

tion A′B′, *chaque point* M *décrit un élément rectiligne* MM′ ; *cela posé, si pour
un point particulier* M , *le chemin élémentaire décrit* MM′ *est perpendicu-
laire à la droite* AB, *le chemin élémentaire* NN′ *décrit par un
autre point* N *sera aussi perpendiculaire à* AB.

Cherchons sur la droite AB le point N qui, dans le mouvement de la figure, vient occuper la position N′. Il suffit pour
cela de prendre sur AB, à partir du point M, une longueur

$MN = M'N'$. Or on parvient au même résultat en abaissant du point N' une perpendiculaire N'N sur AB ; en effet, la droite MM' est normale à AB par hypothèse ; donc MN est la projection, sur la direction AB, de la droite M'N', laquelle fait avec AB un angle infiniment petit, puisque ces deux droites sont deux positions infiniment voisines d'une même droite mobile. Donc (§ 61) la différence entre M'N' et MN est un infiniment petit du second ordre, et l'on a par conséquent à la limite $MN = M'N'$.

Le déplacement NN' du point N est donc normal à la droite AB.

En d'autres termes, *quand un point d'une droite mobile décrit une trajectoire normale à sa direction, les trajectoires de tous les autres points sont aussi normales à cette direction.*

129. Si l'on appelle dt le temps infiniment petit que la droite met à passer de la position AB à la position A'B', les vitesses des points M et N seront représentées par

$$\frac{MM'}{dt} \quad \text{et} \quad \frac{NN'}{dt}.$$

L'arc élémentaire NN' est indépendant de l'arc MM', et par suite la grandeur de la vitesse du point N reste indéterminée quand on donne la vitesse du point M.

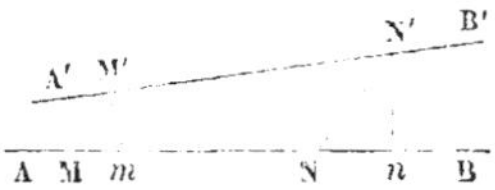

Si, au contraire, les chemins MM', NN', décrits par les points M et N, ne

Fig. 125.

sont pas normaux à la direction AB (fig. 125), les vitesses simultanées de ces deux points sont liées entre elles par une relation nécessaire. Projetons en effet M'N' en mn, sur la direction AB. Nous aurons

$$mn = M'N' = MN,$$

et par suite

$$Mm = Nn.$$

Appelons v et v' les vitesses $\dfrac{MM'}{dt}$ et $\dfrac{NN'}{dt}$, et φ et φ' les an-

gles M′MB, N′NB de leurs directions avec la droite AB ; on
aura entre v et v' la relation

$$v \cos \varphi = v' \cos \varphi',$$

qui fait connaître le rapport $\dfrac{v'}{v}$ en fonction des angles des
trajectoires des points M et N avec la direction AB.

Cette équation laisse indéterminé le rapport $\dfrac{v'}{v}$ lorsque
l'angle φ est droit, car alors φ' est aussi droit, et les cosinus se
réduisent tous deux à zéro.

MOUVEMENT D'UNE FIGURE PLANE DANS SON PLAN. — CENTRE INSTANTANÉ.

130. *Lorsqu'une figure invariable plane se meut dans son plan,
on peut toujours amener cette figure d'une de ses positions à
une autre position par une rotation unique autour d'une droite
perpendiculaire au plan.*

La position de la figure dans son plan est entièrement définie par les positions particulières de deux de ses points.

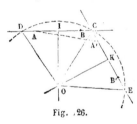

Fig. 26.

Prenons donc deux points A et B de
la figure dans sa première position,
et soient A′ et B′ ce que deviennent
ces mêmes points dans la seconde
position de la figure. Nous aurons
AB = A′B′, et si nous menons deux
droites indéfinies AB, A′B′, tous les
points de la droite AB, considérés
comme faisant partie de la figure, viendront occuper les points
correspondants de la droite indéfinie A′B′, lorsque la figure
mobile passe de la première position à la seconde. Ces deux
droites AB, A′B′, se coupent généralement en un certain
point C, qui peut être considéré à deux points de vue.
Si on le regarde comme appartenant à la droite A′B′, c'est
un point de la figure dans sa seconde position, et pour

trouver le point D qui lui correspond dans la première, il suffit de prendre AD = A'C. Si au contraire on regarde le point C comme appartenant à la droite AB, il fait partie de la figure dans sa première position, et par suite il y a dans la seconde position de la figure un point E qui lui correspond ; ce point E s'obtiendra en prenant sur le prolongement de A'B' une longueur B'E = BC. Nous aurons en définitive CD = CE. Prenons les milieux I et K de ces deux droites égales CD, CE, et élevons en ces points deux perpendiculaires IO, KO, aux directions des droites AB, A'B'. Le point O, également distant des trois points D, C, E, sera le centre d'une circonférence passant par ces trois points. Les cordes CD, CE étant égales, les angles au centre DOC, COE sont aussi égaux, de sorte que si l'on fait tourner la figure, prise dans sa première position, autour d'un axe perpendiculaire à son plan mené par le point O, et qu'on lui fasse décrire l'angle DOC, on amènera par cette rotation unique le point D à coïncider avec le point C, et le point C à coïncider avec le point E ; cette rotation suffit donc pour amener la figure de la première position à la seconde.

Remarque. — Si l'on considère deux points A, A', qui se correspondent dans les deux positions de la figure, le point A, par la rotation autour de l'axe O, vient se placer en A' après avoir décrit un arc de cercle ayant le point O pour centre. Donc le point O est également distant des points A et A'.

Cela a lieu pour tous les points de la figure plane, de sorte qu'on peut énoncer le théorème de la manière suivante : *Les perpendiculaires élevées au milieu des droites AA' qui joignent deux positions d'un même point, concourent en un même point O.* On peut ajouter que *l'angle AOA' est le même quels que soient les points considérés.*

151. Corollaire. — Supposons que les deux positions de la figure soient infiniment voisines l'une de l'autre. Alors chacune des droites AA', qui joignent deux positions successives très-rapprochées A et A' d'un même point de la figure mobile, devient un arc infiniment petit de la trajectoire de ce point; la perpendiculaire élevée sur le milieu de AA′ devient à la limite la *normale* à la trajectoire, et l'angle AOA′ est l'angle infiniment petit dont on fait tourner la figure autour du point O, ou plutôt autour de l'axe projeté en O. Le déplacement considéré est enfin le *déplacement élémentaire* de la figure. De là résulte ce théorème :

Quand une figure plane invariable se meut dans son plan, 1° *les normales élevées à un même instant aux trajectoires des différents points passent par un même point* O, *qu'on appelle le* CENTRE INSTANTANÉ DE ROTATION ; 2° *pendant un temps très-court la figure tourne d'un angle infiniment petit autour de ce centre* O ; 3° *les arcs décrits pendant un temps très-court par les divers points de la figure sont proportionnels aux distances de ces points au point* O.

Ce théorème, l'un des plus importants de la cinématique, peut se démontrer directement de la manière suivante, en s'appuyant sur le lemme établi plus haut (§ 128). Soient A, B, C, divers points d'une figure plane invariable qui se déplace dans son plan.

Soient A′, B′, C′, les positions de ces points au bout d'un temps *dt* infiniment petit, de sorte que AA′, BB′, CC′, soient leurs déplacements élémentaires simultanés.

Élevons au point A dans le plan de figure une droite AE perpendiculaire à l'élément AA′, et imaginons que cette droite soit entraînée dans le mouvement de la figure mobile.

En vertu du lemme, tout point de la droite AE subira, dans ce mouvement, un déplacement normal à la direction de cette droite ; car l'un de ses points, A, reçoit un déplacement AA′ normal à cette direction.

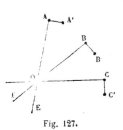

Fig. 127.

Élevons de même au point B, dans le plan de la figure, une normale BF au déplacement BB′, et considérons la droite BF comme liée invariablement à la figure et entraînée par son mouvement. Tout point de la droite BF se déplacera normalement à la direction de cette droite.

Le point O, commun aux deux directions AE, BF, est donc immobile. Car s'il recevait un déplacement, ce déplacement serait à la fois perpendiculaire aux deux droites AE, BF, ce qui est impossible.

La figure tourne donc autour d'un de ses points, et la droite OC est normale à la trajectoire, CC', du point C.

152. Pour définir la position du centre instantané de rotation, il suffit de connaître les directions AA', BB' des déplacements simultanés de deux points A et B de la figure mobile; et pour définir la vitesse angulaire de la figure autour de ce centre, il suffit de connaître la vitesse linéaire de l'un des points mobiles. On a en effet, en appelant v la vitesse linéaire du point A, ou le rapport $\dfrac{AA'}{dt}$, et ω la vitesse angulaire de la figure autour du point O,

$$\omega = \frac{v}{OA}.$$

La vitesse $v' = \dfrac{BB'}{dt}$ du point B sera alors donnée par l'équation

$$v' = \omega \times OB = \frac{v \times OB}{OA}.$$

153. Dans tout ce qui précède, nous avons supposé qu'il s'agissait d'une figure plane; il est facile de voir que *les mêmes conséquences s'appliquent à un solide invariable lorsqu'il se meut parallèlement à un plan fixe;* de sorte que l'on peut dire plus généralement :

Le mouvement élémentaire d'un solide qui se meut parallèlement à un plan fixe est une rotation instantanée autour d'un axe perpendiculaire à ce plan.

La position de l'axe se déterminera en cherchant le centre instantané de rotation de l'une des figures planes obtenues en coupant le solide par un plan parallèle au plan fixe. Cette figure plane ne sortant pas de son plan par suite du mouve-

ment du solide, subit une rotation infiniment petite autour
d'un point O de son plan. Le solide entier subit donc la même
rotation autour de l'axe élevé par le point O perpendiculairement au plan fixe.

APPLICATIONS GÉOMÉTRIQUES. — CONSTRUCTION DES TANGENTES
A CERTAINES COURBES.

134. Lorsqu'une figure plane de forme invariable se meut
dans son plan, les normales élevées à un même instant aux
trajectoires des différents points de cette figure passent par un
même point O, centre instantané du mouvement de rotation
élémentaire. Si donc on peut construire les normales aux tra-

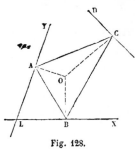

Fig. 128.

jectoires de deux points A et B de la
figure, l'intersection de ces deux
normales déterminera le point O,
et on aura la normale à la trajectoire d'un troisième point C en joignant CO.

Soit, par exemple (fig. 128), un
triangle ABC, de forme constante,
qui se meut dans le plan du papier,
de telle sorte que les deux som-

mets A et B glissent respectivement sur deux droites fixes
LX, LY; le point C décrit dans ce mouvement une certaine
courbe, à laquelle on propose de mener une tangente.

On observera que la trajectoire du point A étant la droite
LY, la normale à la trajectoire est la perpendiculaire, AO, élevée au point A sur cette droite; de même la normale à la trajectoire du point B est la perpendiculaire, BO, élevée en B sur
la droite LX. Le point O est le centre autour duquel la figure
tourne pendant un temps infiniment petit quand elle passe de
sa position ABC à une position infiniment voisine. Dans ce
mouvement, le point C décrit un élément normal à OC. On
obtiendra donc la tangente à la courbe décrite par le point C
en menant une droite CD perpendiculaire à OC.

Les vitesses simultanées des trois points A, B, C, sont proportionnelles aux longueurs OA, OB, OC.

135. Pour second exemple, prenons le mécanisme employé dans les machines à vapeur sous le nom de *transmission par bielle et manivelle*.

Un point A est assujetti à se déplacer le long de la droite FX ; le point B est assujetti à se mouvoir le long d'une circonférence ayant pour centre un point F de cette droite ; enfin la longueur AB est constante.

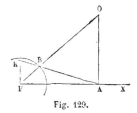

Fig. 129.

AB représente la *bielle*, BF la *manivelle*; F est le centre de l'arbre de rotation : le point A est la *tête* de la tige du piston qui reçoit dans le cylindre un mouvement alternatif ; le point B est le *bouton* de la manivelle.

Le point B décrivant une circonférence, le centre instantané de la bielle est situé quelque part sur le rayon FB prolongé, car ce rayon est normal à la circonférence. Le centre instantané appartient de plus à une perpendiculaire élevée au point A sur la droite FX, trajectoire du point A. Donc il est en O à l'intersection de ces deux droites, et la normale au lieu décrit par un point de AB s'obtiendra en joignant ce point au point O.

Les vitesses simultanées du point B et du point A sont entre elles comme les distances OB et OA. Si v est la vitesse linéaire du point A, c'est-à-dire du piston, et V la vitesse linéaire du bouton de la manivelle, nous aurons

$$\frac{V}{v} = \frac{OB}{OA}.$$

Par le point F, menons FK perpendiculaire à FX, et prolongeons AB jusqu'à la rencontre de FK. Les triangles BFK, BOA sont semblables, et par suite

$$\frac{OB}{OA} = \frac{FB}{FK}.$$

Donc

$$\frac{V}{v} = \frac{FB}{FK}.$$

Mais le point B, considéré comme appartenant à la manivelle FB, tourne autour du point O avec une certaine vitesse
angulaire ω, et sa vitesse linéaire V est égale au produit
FB $\times \omega$. Remplaçant V par cette valeur dans l'équation précédente, et supprimant le facteur commun FB, il vient

$$v = FK \times \omega,$$

relation entre la *vitesse linéaire* v du piston et la *vitesse angulaire* ω de l'arbre de rotation. Si la vitesse ω est sensiblement constante, la vitesse v du piston varie proportionnellement à la longueur FK ; elle est nulle quand FK est nul,
c'est-à-dire quand les trois points A, B et F sont en ligne
droite, ou quand la manivelle passe aux *points morts* (fig.130);

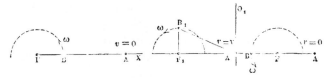

Fig. 130.

elle est maximum quand FK est maximum, c'est-à-dire quand
la manivelle FB est perpendiculaire à FA. A ce moment, le
point O est donné par l'intersection de deux droites parallèles
$F_1 B_1$, $A_1 O_1$, et se trouve infiniment éloigné ; *la rotation instantanée se change alors en translation ;* car tous les points de
la bielle $A_1 B_1$ ont à cet instant des vitesses égales, parallèles à
la droite AF.

En général, la translation peut être regardée comme une
rotation infiniment petite autour d'un axe infiniment éloigné.
Toutes les normales élevées simultanément sur les trajectoires
des différents points de la figure, concourant en un point infiniment éloigné, sont parallèles ; les éléments de trajectoires
sont donc aussi parallèles ; de plus les produits OA $\times \omega$, des
distances de chaque point par la vitesse angulaire commune

à tout le système, deviennent tous égaux, lorsque le facteur OA croit au delà de toute limite ; tous les points ont donc une vitesse linéaire égale, limite ou *vraie valeur* du produit OA $\times$ ω, dans lequel OA croit indéfiniment tandis que ω diminue jusqu'à devenir nul.

156. *Tangente à la conchoïde.* — Une droite mobile est assujettie à rester tangente à une courbe donnée MN; elle rencontre en A une courbe PQ; à partir de ce point, on porte sur la droite une longueur constante AB. La conchoïde (généralisée) est le lieu du point B (§ 83).

La droite AB forme une figure invariable, puisque sa longueur est constante ; le point de contact C, intersection de deux positions successives de la droite BC, peut être regardé comme lié à cette figure pendant un temps infiniment petit. Son déplacement s'effectue suivant la direction même de la droite AB, et par suite le centre instantané de la figure

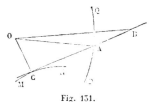

Fig. 151.

s'obtiendra en élevant en A et C les normales AO, CO aux courbes PQ et MN. La normale au lieu du point B est la droite OB.

DESCRIPTION DE L'ELLIPSE AU MOYEN D'UN MOUVEMENT CONTINU.

157. Soient a et b les demi-axes de l'ellipse ;

O le centre de l'ellipse, OX la direction du grand axe, OY, perpendiculaire à OX, la direction du petit axe.

Par le point O, menons une droite quelconque OM, et prenons sur cette droite une lon-

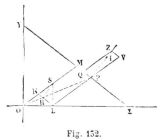

Fig. 152.

gueur OM $= \dfrac{a+b}{2}$, et une autre longueur ON $= \dfrac{a-b}{2}$.

Du point N comme centre avec un rayon égal à ON, décri-

vons un arc de cercle qui coupera OX en un second point L ;
nous aurons NL=ON. Joignons NL, et achevons le parallélogramme LNMP, en menant par L et M des parallèles à NL, NM.
Je dis que le point P appartient à l'ellipse cherchée.

En effet, prolongeons MP jusqu'à la rencontre des axes OX,
OY aux points X et Y ; nous aurons, à cause des parallèles MX,
NL, la proportion

$$\frac{MX}{NL} = \frac{OM}{ON}.$$

Or NL=ON par construction ; donc MX=OM. Par conséquent le point M est le milieu de la droite XY, et cette droite,
double de la droite constante MO, a une longueur constante et
égale à $a + b$. Le point P, situé à une distance constante,
MP=NO, du milieu M de XY, est fixe sur cette droite. Le
lieu des points P peut donc être considéré comme le lieu des
positions d'un point particulier d'une droite de grandeur constante XY, dont les deux extrémités glissent sur les deux axes
rectangulaires OX, OY. On sait que ce lieu est une ellipse, et il
est facile de voir que cette ellipse a pour demi grand axe a, et
pour demi petit axe b.

Dans la pratique, on réalisera le parallélogramme NMPL avec
quatre règles articulées, dont l'une sera prolongée d'une quantité NO=NL ; il suffira de maintenir le point O par un pivot
à la rencontre des axes, et de faire glisser le sommet L le long
de OX, pour qu'un crayon placé à l'articulation P trace l'ellipse ; cette construction sera plus commode que l'emploi de
la droite mobile XY parce qu'elle exige moins d'espace. Elle a
un autre avantage, c'est de donner immédiatement le tracé de
la normale en chaque point de la courbe, et de permettre de
tracer du même mouvement continu une courbe parallèle et
équidistante.

Menons la droite OP, qui coupe LN en R ; je dis d'abord que
le point R est fixe sur le côté NL. En effet, les triangles semblables ONR, OMP donnent la proportion

$$\frac{NR}{MP} = \frac{ON}{OM};$$

les trois derniers termes de la proportion étant constants, le premier l'est aussi. Le point R décrit une ellipse semblable à celle que décrit le point P, et semblablement placée par rapport au centre O. Les normales à ces ellipses aux points R et P sont donc parallèles. Par le point L élevons sur OX une perpendiculaire LS, qui coupe OM en S; nous aurons NS = NL = ON, et le point S, intersection des normales OS et LS, menées aux lignes décrites par les extrémités N et L de la droite mobile NL, est le centre instantané de rotation de cette droite (§152). Par suite, la droite RS est la normale à la courbe décrite par le point R. La normale à l'ellipse décrite par le point P s'obtiendra donc en menant par ce point une parallèle à RS.

Cela étant, prenons arbitrairement un rapport K quelconque, et portons sur PM, à partir du point P, une quantité

$$PQ = NR \times K = \frac{MP \times ON}{OM} \times K = \frac{\frac{a-b}{2} \times \frac{a-b}{2}}{\frac{a+b}{2}} \times K = \frac{1}{2} \frac{(a-b)^2}{a+b} \times K,$$

et sur le prolongement de LP, à partir du même point P, une quantité $PV = NS \times K = \frac{a-b}{2} \times K$; achevons le parallélogramme QPVZ dont les côtés seront constants; la diagonale PZ de ce parallélogramme sera parallèle à RS. En effet, les triangles PQZ et RNS ayant deux côtés parallèles chacun à chacun, dirigés dans le même sens et proportionnels, le troisième côté PZ de l'un est parallèle au troisième côté RS de l'autre.

Donc PZ est la normale à l'ellipse décrite par le point P.

La longueur PZ de la diagonale du parallélogramme PQVZ varie à mesure que le parallélogramme se déforme : il faut par conséquent que la règle PZ, tout en étant fortement pincée au point P, puisse couler sans résistance dans l'articulation Z, qui l'empêche seulement de dévier d'un côté ou de l'autre. Pour décrire une courbe équidistante à l'ellipse, il suffira de fixer sur la règle PZ un crayon I à une distance PI du point P, égale à l'intervalle qu'on veut laisser entre les deux courbes.

La construction qui vient d'être indiquée convient surtout au tracé des ellipses sur les chantiers de construction. Les crayons que l'on emploie pour le tracé des épures sont généralement taillés en biseau et non en pointe fine ; on devra donc les fixer sur la règle PZ de manière que la direction du biseau fasse un angle droit avec la direction de cette règle : alors on sera certain que, dans toutes les positions du parallélogramme, le tranchant du crayon sera tangent à la courbe qu'il décrit.

MAXIMUM DU QUADRILATÈRE CONSTRUIT SUR QUATRE CÔTÉS DONNÉS.

138. Soit ABCD le plus grand des quadrilatères qu'on puisse construire avec quatre côtés donnés. On pourra déformer ces quadrilatères en laissant fixes les deux sommets A et D, et en faisant pivoter le contour ABCD autour des articula-

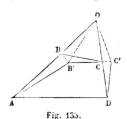

Fig. 155.

tions A, B, C et D. Considérons la position infiniment voisine de ce contour, AB'C'D. Le point B a parcouru un chemin élémentaire BB', normal à AB ; le point C a parcouru dans le même temps un chemin élémentaire CC', normal à DC. Le centre instantané de la droite BC s'obtiendra en prolongeant les directions AB, DC jusqu'à leur rencontre au point O ; par conséquent le triangle OB'C' n'est autre chose que le triangle OBC, qui aurait tourné d'un angle $BOB' = COC'$ autour du point O.

Le quadrilatère ABCD étant supposé maximum, il y a égalité, aux infiniment petits d'ordre supérieur près, entre la surface ABCD et la surface AB'C'D, qui se déduit de la première par une altération infiniment petite. Ajoutons de part et d'autre les triangles égaux OBC et OB'C' ; nous aurons l'égalité

$$\text{surf. (OAD)} = \text{surf. (OB'ADC'O)},$$

et comme on passe de la première surface à la seconde en ajoutant le triangle ODC′ et en retranchant le triangle OAB′, ces deux triangles doivent être égaux :

$$\text{surf. (OAB′)} = \text{surf. (ODC′)}.$$

Mais le triangle OAB′ a pour mesure la moitié du produit de sa base OA par sa hauteur BB′ ; de même le triangle ODC′ a pour mesure $\frac{1}{2}$ OD × CC′. Donc

$$\text{OA} \times \text{BB′} = \text{OD} \times \text{CC′}.$$

Les chemins BB′, CC′, décrits pendant le même temps par les points B et C d'une même figure invariable BC, sont entre eux comme les distances OB, OC, au centre instantané de rotation. Donc

$$\text{OA} \times \text{OB} = \text{OD} \times \text{OC},$$

égalité qui montre que les quatre points A, B, C, D, sont sur une même circonférence.

Le plus grand quadrilatère qu'on puisse construire avec quatre côtés donnés est donc le quadrilatère inscriptible. On en déduirait facilement que l'arc de cercle tracé d'un point à un autre comprend, à égalité de périmètre, la plus grande aire possible.

Soient donnés les quatre côtés AB = a, BC = b, CD = c, DA = d, pris dans l'ordre marqué par les lettres, et proposons-nous de construire avec ces quatre côtés un quadrilatère inscriptible. On y parviendra par la simple géométrie, de la manière suivante.

Soit ABCD le quadrilatère cherché. Menons la diagonale AC. L'angle D du quadrilatère sera le supplément de l'angle B.

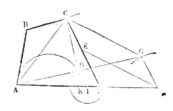

Fig. 154.

Prenons donc sur le côté DC, à partir du point D, une longueur DE = BC = b, et sur le prolongement de AD une longueur DF = AB = a. Joignons EF. Nous aurons EF = AC. Car le triangle EDF est le triangle CBA lui-même, transporté extérieurement au quadrilatère. Sur les côtés EC, EF, achevons le parallélogramme EFGC. Le côté FG sera égal et parallèle à EC, et l'on aura $FG = c - b$; le côté CG sera égal à EF, et par suite égal à AC. Joignons AG. Le point C étant également distant des extrémités A et G de cette droite, si l'on prend le milieu H de AG, et qu'on joigne CH, la droite CH sera perpendiculaire à AG. Prolongeons CH jusqu'à la rencontre en K avec la droite AD, puis menons, par le point H, une parallèle HI à GF, ou à CD. Les points I et K peuvent être construits sur la droite AF. En effet, I est le milieu de AF. De plus, les triangles semblables KHI, KDC, donnent la proportion

$$\frac{KI}{KD} = \frac{IH}{DC}.$$

Mais IH est la moitié de FG, c'est-à-dire est égal à $\frac{1}{2}(c - b)$, et le point K est donc déterminé sur le prolongement de ID par la proportion

$$\frac{KI}{KD} = \frac{\frac{1}{2}(c - b)}{c}.$$

Les points I et K une fois obtenus, le point H se trouve d'abord sur une circonférence décrite du point I comme centre avec un rayon $IH = \frac{1}{2}(c - b)$. Ensuite, l'angle AHK étant droit, il appartient aussi à la circonférence décrite sur AK comme diamètre. Le point H est l'intersection de ces deux circonférences. Ce point étant ainsi déterminé, on joindra IH, et par le point D on mènera une parallèle DC à cette droite. L'angle D du quadrilatère sera donc connu, et il sera aisé d'achever la solution.

On remarquera que, lorsqu'on déforme le quadrilatère ABCD, en laissant le côté AD immobile, les points C et G décrivent, autour des points fixes D et F, des cercles dont les rayons sont connus ; le point H, milieu de AG, décrit, autour du point I, un cercle de rayon égal à la moitié du rayon FG : et le point K est le centre de similitude des deux cercles IH, DC.

Si l'ordre des côtés n'était pas indiqué, il y aurait trois solutions distinctes, savoir *abcd*, *acbd*, *acdb* ; pour que le problême soit possible, il faut d'ailleurs et il suffit que le plus grand des côtés donnés soit moindre que la somme des trois autres.

139. La déformation d'un quadrilatère dont les quatre côtés sont donnés, et dont un seul côté est fixe, est un exemple de la transmission de mouvement *par bielle et par manivelles iné-gales*. Proposons-nous de trouver le rapport des vitesses angulaires simultanées des deux manivelles, c'est-à-dire des deux côtés qui aboutissent aux centres fixes.

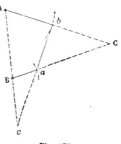

Fig. 135.

Soient A et B les projections de deux axes parallèles; une *manivelle Ab*, mobile dans le plan de la figure, est assujettie à tourner autour de l'axe A ; une autre *manivelle Ba*, est assujettie à tourner autour de l'axe B ; les extrémités *a* et *b* sont réunies l'une à l'autre par un lien rigide ou *bielle, ab*.

Appelons ω la vitesse angulaire de la première manivelle autour de l'axe A, et ω' la vitesse angulaire de la seconde autour de l'axe B, ces deux vitesses étant prises à un même instant.

Dans son déplacement autour de A, le point *b* décrit un arc de cercle infiniment petit, normal à Ab, et égal à $Ab \times \omega dt$, dt étant la durée infiniment petite du déplacement.

Dans le même temps dt, le point *a* décrit un arc infiniment petit, perpendiculaire à Ba, et égal à $Ba \times \omega' dt$.

Le point de rencontre C des directions Ab, Ba, est le centre instantané du système solide mobile *ab*.

Si l'on divise les vitesses linéaires des points *a* et *b* par les distances *bC, aC*, de ces points au centre commun de rotation, on obtiendra la vitesse angulaire du système *ab*; les deux divisions doivent donner le même résultat, et par suite on a l'égalité

$$\frac{Ab \times \omega}{Cb} = \frac{Ba \times \omega'}{Ca},$$

d'où l'on déduit

$$\frac{\omega'}{\omega} = \frac{Ab \times Ca}{Cb \times Ba}.$$

Prolongeons la direction de la bielle jusqu'à sa rencontre en c avec la droite passant par les centres A et B. Le triangle ABC a ses trois côtés rencontrés par la transversale bac, ce qui donne l'égalité

$$\frac{Ab \times Ca \times Bc}{Cb \times Ba \times Ac} = 1;$$

donc

$$\frac{\omega'}{\omega} = \frac{Ac}{Bc}.$$

Le rapport des vitesses angulaires est ainsi égal au rapport des segments Ac, Bc, interceptés sur la ligne des centres par la direction de la bielle. La formule est générale, pourvu que l'on attribue aux segments Ac, Bc des signes convenables d'après le sens qu'ils ont sur la droite AB, et que les vitesses angulaires ω, ω' soient de même considérées comme ayant le même signe ou des signes contraires, suivant qu'elles correspondent à des rotations dans le même sens ou dans des sens opposés.

Lorsque les deux manivelles sont égales, et que la bielle ab a une longueur égale à la distance AB des centres, la droite ab peut rester constamment parallèle à AB, et le point c se perd à l'infini. La formule donne alors

$$\frac{\omega'}{\omega} = 1,$$

ce qu'il est facile de reconnaître directement. Telle est la transmission par *bielle d'accouplement*, que l'on emploie pour rattacher l'une à l'autre les roues motrices d'une locomotive.

ENVELOPPE DES POSITIONS SUCCESSIVES D'UNE LIGNE MOBILE DE FORME
CONSTANTE.

140. La considération du centre instantané de rotation peut
servir aussi à déterminer le point où se coupent deux positions
successives infiniment voisines d'une ligne qui se déplace
sans changer de forme.

Soient MN, M'N', deux positions infiniment voisines d'une
même ligne dans son plan. Soit AA' le chemin décrit
par un point A de la ligne pour aller de sa première position A à sa seconde A' ; soit BB' le che-
min décrit par un autre point B. Le
centre instantané O s'obtiendra en
élevant les droites AO, BO, normales
à AA', BB', et en cherchant leur intersection O. Joignons le point O à un
point quelconque C de la première
position de la ligne mobile. Si l'angle
du rayon OC avec la courbe prise dans
le sens CN est aigu, le déplacement

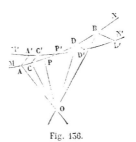

Fig. 156.

du point C, par suite de la rotation de la figure, s'opérera de
manière à amener ce point en C' d'un certain côté de MN, au
delà de MN par rapport au point O, par exemple. Le contraire
arrivera pour un autre point D, si l'angle de OD avec la courbe,
prise dans le même sens, est obtus au lieu d'être aigu ; ce
point passera en D', en deçà de MN par rapport au point O.
Donc la courbe M'N' coupe la courbe MN en un certain
point compris entre les points C et D ; d'où l'on peut conclure
que le point de rencontre des deux positions MN, M'N' infiniment voisines, est le pied, P, de la normale abaissée du
point O sur la courbe. Ce point P, considéré comme lié à la
courbe, se déplace suivant la courbe elle-même par suite de
la rotation instantanée, et l'élément qu'il décrit appartient à
une ligne tangente à la courbe MN.

Par exemple, faisons glisser une droite AB, de longueur constante, dans l'angle droit formé par deux droites fixes CX, CY. A un instant particulier, le centre instantané de la droite AB est le point O, intersection des normales AO, BO,

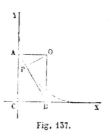

Fig. 137.

aux trajectoires des points A et B; le point P, pied de la perpendiculaire abaissé du point O sur AB est un point du *lieu des intersections successives* de la droite AB, ou, comme on dit, de la *courbe enveloppe* des positions de cette droite.

Chaque point de la droite AB décrit une ellipse normale à la droite qui joint le point O au point décrivant. Le point P, considéré comme lié à la droite AB, décrit donc un élément d'ellipse normal à OP, c'est-à-dire tangent à AB, ou enfin tangent à l'enveloppe des positions de AB. *Les ellipses décrites par les divers points de la droite* AB *sont donc toutes tangentes à l'enveloppe des positions de cette droite, et ont même enveloppe que cette droite mobile;* ce qui résulte aussi de ce que l'enveloppe des positions de la droite est la limite de la région du plan atteinte par ses différents points, et par suite est la limite de la région du plan couverte par le tracé des ellipses que ces points décrivent, ou, ce qui revient au même, est l'enveloppe de toutes ces ellipses.

CYCLOÏDE. — MOUVEMENT ÉPICYCLOÏDAL.

141. La cycloïde est la courbe EFHG, engendrée par le mouvement d'un point F d'une circonférence OC, qui *roule sans glisser* sur une droite fixe AB.

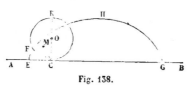

Fig. 138.

Il résulte de cette génération qu'à un instant quelconque l'arc CF, compris, sur la circonférence génératrice, entre le point décrivant et le point de contact C de cette circonférence avec la droite AB, est égal à la longueur CE comprise, sur cette droite, entre le point C et le point de départ E de la cycloïde.

Proposons-nous de mener la tangente à la cycloïde au point F.

Pour y parvenir, remplaçons le cercle OC par un polygone d'un très-grand nombre de côtés, et voyons ce qui se passe lorsque ce polygone *roule sans glisser* sur la droite AB.

Le polygone vient successivement appliquer ses côtés sur la droite AB (fig. 139). Soit *cd* le côté actuellement en contact; le mouvement par lequel le poly-gone viendra appliquer sur AB le côté *de* à la suite du côté *cd*, sera une rotation autour du point *d*, sommet commun à ces deux côtés consécutifs. On voit donc que dans

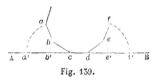

Fig. 139.

ce mouvement de roulement du polygone sur la droite, les sommets successifs du polygone servent, chacun à son tour, de *centres de rotation*.

Lorsque le nombre des côtés du polygone augmente au delà de toute limite, le polygone se confond avec le cercle OC (fig. 138); la rotation s'opère toujours autour du sommet du polygone qui se trouve actuellement sur la droite AB; à la limite, elle s'opère autour du point C, point de contact du cercle et de la droite.

La droite CF menée du point C au point décrivant est donc la normale à la cycloïde au point F, et la tangente à la cycloïde, qui lui est perpendiculaire, s'obtiendra en joignant le point F au point K, extrémité du diamètre du [cercle généra-teur qui passe au même point C.

Par la même raison, la courbe décrite par un point M quelconque lié au cercle mobile, et entraîné dans son mouvement de roulement, a pour normale la droite CM.

142. Le même raisonnement prouverait que quand une courbe mobile PQ roule sans glisser sur une courbe fixe AB, la

normale au lieu décrit par un point M invariablement lié à la courbe mobile, s'obtient en joignant la position du point M à un certain instant, au point C par lequel les deux courbes se touchent au même instant.

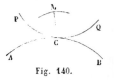

Fig. 140.

Le mouvement de roulement d'une courbe plane sur une courbe fixe tracée dans son plan prend le nom de *mouvement épicycloïdal*. L'*épicycloïde* est, d'une manière générale, la ligne décrite par un point d'une figure de forme constante dont une courbe roule sans glisser sur une ligne fixe. La cycloïde est l'épicycloïde particulière obtenue en prenant pour ligne fixe une droite, pour courbe mobile un cercle, et pour point décrivant un point de la circonférence de ce cercle.

MOUVEMENT CONTINU D'UNE FIGURE PLANE DANS SON PLAN.

143. Le mouvement élémentaire d'une figure plane dans son plan est une rotation autour d'un certain point O, centre instantané de rotation. Le mouvement continu de la figure est donc une suite de rotations infiniment petites, ω, ω', ω'',... qu'on peut supposer connues, autour de centres successifs infiniment voisins, dont la position est supposée donnée sur le plan.

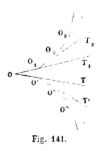

Fig. 141.

Soient O, O', O'', O''', les centres successifs autour desquels s'opèrent ces rotations. Considérons l'instant où la figure mobile pivote autour du point O. Cette rotation amènera un certain point O_1 de la figure, à coïncider avec le centre suivant O'; pour trouver ce point O_1, il suffit de connaître l'angle ω dont la figure tourne autour du point O. Menons en effet OO_1 dans une direction qui fasse avec OO' l'angle $O_1 OO' = \omega$, et prenons $OO_1 = OO'$. De cette construction il résulte que la rotation ω de la figure autour de O amènera le point mobile O_1 à coïncider avec le point fixe O'.

La seconde rotation s'effectue autour du point O', avec lequel coïncide alors le point O_1. Il sera facile de trouver, par une construction analogue, le point O_2 de la figure mobile qui viendra coïncider avec le centre de rotation O''. Prolongeons indéfiniment dans un même sens les côtés OO', O'O'',... OO_1, O_1O_2,... Le point cherché est à une distance du point O_1 égale à O'O''; de plus la rotation qui amène O_2 sur O'' s'opère autour du point O', et fait décrire à la figure mobile un angle total égal à la somme $O_2O_1T_1 + TO'O''$; c'est cet angle que nous avons désigné tout à l'heure par ω'. Et comme TO'O'' est donné par la figure connue OO'O''O'''..., l'angle $T_1O_1O_2$ s'en déduit par l'équation

$$T_1O_1O_2 = \omega' - TO'O''.$$

On pourra donc construire le point O_2 en faisant l'angle $T_1O_1O_2 = \omega' - TO'O''$, et en prenant $O_1O_2 = O'O''$.

On trouverait de même le point O_3 qui ira coïncider avec le point O''', en faisant au point O_2 un angle $T_2O_2O_3 = \omega'' - T'O''O'''$, et en prenant $O_2O_3 = O''O'''$.

Le mouvement de la figure mobile peut se définir par le roulement du polygone $OO_1O_2O_3$..., lié invariablement à cette figure, sur le polygone OO'O''O'''..., fixe dans le plan. A la limite, ces polygones se changent en des courbes, dont l'une roule sans glisser sur l'autre; et l'on parvient ainsi à ce théorème : *Tout mouvement continu d'une figure plane dans son plan est un mouvement épicycloïdal.*

Lorsque, à la limite, les côtés OO', O'O'', sont infiniment petits, les angles TO'O'', T'O''O''',... sont les *angles de contingence* de la courbe fixe, et les angles $T_1O_1O_2$, $T_2O_2O_3$, sont les *angles de contingence* de la courbe mobile. A un instant quelconque, la

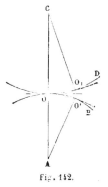

Fig. 142.

courbe mobile tourne autour du point de contact avec la

courbe fixe, d'un angle qui est la somme des angles de contingence des deux courbes. On peut déduire de là une relation entre la vitesse angulaire de la rotation instantanée, et la vitesse linéaire avec laquelle le point géométrique de contact se déplace le long des deux courbes. Soit $R = OA$, le rayon de courbure de la courbe fixe OB ; $\rho = OC$, le rayon de courbure de la courbe mobile OD. Soit v la vitesse avec laquelle le point géométrique de contact se déplace le long de ces deux courbes constamment tangentes l'une à l'autre. Dans un temps infiniment petit dt, l'arc $OO' = OO_1$, parcouru sur chacune des deux courbes par le point de contact, sera égal à vdt ; or à cet arc correspond dans la courbe fixe un angle de contingence égal à $\dfrac{vdt}{R}$, et dans la courbe mobile, un angle de contingence égal à $\dfrac{vdt}{\rho}$. La courbe mobile décrit donc dans le temps dt un angle total égal à la somme

$$\frac{vdt}{R} + \frac{vdt}{\rho} = \left(\frac{1}{R} + \frac{1}{\rho}\right) vdt.$$

La vitesse angulaire ω s'obtient en divisant l'angle décrit par le temps dt mis à le décrire ; donc

$$\omega = v\left(\frac{1}{R} + \frac{1}{\rho}\right).$$

Si les courbures des deux courbes étaient dans le même sens, on trouverait de même

$$\omega = v\left(\frac{1}{R} - \frac{1}{\rho}\right),$$

ou bien

$$\omega = v\left(\frac{1}{\rho} - \frac{1}{R}\right),$$

formules qui rentrent dans la première moyennant des conventions particulières sur les signes des rayons de courbure et des vitesses.

144. Pour exemple de mouvement épicycloïdal, considé-

rons le mouvement d'une droite AB, de longueur constante,
dont les extrémités A et B glissent respectivement sur deux
droites fixes rectangulaires CX, CY. Cherchons comment
nous obtiendrons ce mouvement en faisant rouler sur une
courbe fixe une courbe liée invariablement à la droite AB.

A un instant quelconque, le centre instantané de rotation
est le point O, intersection des deux droites AO, BO, élevées
aux points A et B perpendiculaire-
ment à CX et à CY. Le point O ainsi
obtenu est le quatrième sommet
du rectangle dont les deux côtés
sont CA et CB. La diagonale CO de
ce rectangle est égale à l'autre diagonale BA, laquelle est constante par
hypothèse. Donc CO est constant, et
le lieu des centres instantanés sur le
plan est par conséquent une circonférence DEF, décrite du point C comme

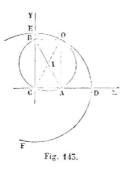

Fig. 145.

centre avec un rayon CO égal à la longueur de la droite
donnée. Voilà la courbe fixe trouvée.

Pour obtenir la courbe mobile, observons que le point O,
centre instantané de rotation, est le sommet d'un angle droit
AOB, dont les côtés passent respectivement par les points A
et B de la figure mobile. Il appartient par conséquent à la
circonférence décrite sur AB comme diamètre. Ce cercle OBCA
est la courbe demandée. Le mouvement de la droite BA s'obtiendra en faisant rouler la circonférence OBCA sur la circonférence fixe DEF. Le déplacement élémentaire de la figure qui
résulte du roulement du premier cercle sur le second, équivaut au déplacement élémentaire en vertu duquel les extrémités de la droite AB glisseraient sur les droites fixes CX, CY.

On arriverait à la même conclusion si l'angle YCX des
droites directrices n'était pas droit.

On peut observer que tout point de la circonférence mobile
OBCA décrit une droite passant par le point C ; que le point I,
centre de ce cercle, décrit, autour du centre C, un cercle de

diamètre égal à AB ; que tout point de la droite mobile AB décrit une ellipse qui a le point C pour centre, et les droites CX, CY, pour directions de ses axes principaux. Enfin, si l'on appelle v la vitesse avec laquelle le point de contact parcourt l'une ou l'autre des courbes OBCA, OEFD, et ω la vitesse angulaire de la courbe mobile au même instant, l'équation générale

$$\omega = v \left(\frac{1}{\rho} - \frac{1}{R} \right)$$

peut s'appliquer.

On a ici

$$R = CO = AB,$$
$$\rho = OI = \tfrac{1}{2} AB.$$

Nous avons pris R avec le signe — dans l'équation, parce que les courbures des deux circonférences dont l'une roule sur l'autre sont ici dans le même sens, et que les angles de contingence se retranchent au lieu de s'ajouter.

Nous aurons donc

$$\omega = v \times \left(\frac{1}{\tfrac{1}{2}AB} - \frac{1}{AB} \right) = \frac{v}{AB},$$

ou bien

$$v = \omega \times AB$$

Le point de contact se meut par conséquent sur la circonférence ED, avec une vitesse égale à $AB \times \omega$, comme il est facile de le reconnaître directement.

145. Cette manière de construire l'ellipse conduit à la solution d'un problème important de géométrie : *Étant donné un système de diamètres conjugués, trouver la grandeur et la direction des deux axes.*

Considérons d'abord le mouvement épicycloïdal du cercle de diamètre OC, au dedans de la circonférence de rayon OC. Tout point M du plan du cercle mobile décrit une ellipse, et la normale à cette ellipse au point M est la droite

OM. Du point C abaissons CL perpendiculaire sur OM prolongée ; cette droite CL coupe la direction OM en un point L qui appartient à la circonférence mobile, car O et C sont les extrémités d'un même diamètre de cette circonférence ; d'ailleurs CL est parallèle à la tangente MT à l'ellipse au point M. Donc CM, CL, sont les directions de deux diamètres conjugués de l'ellipse. Je dis de plus que la grandeur du diamètre conjugué de CM est donnée sur la figure par la droite OM. Joignons en effet le point M au centre I du cercle mobile, et prolongeons

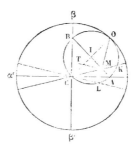

Fig. 144.

cette droite jusqu'à la rencontre de la circonférence en A et en B. Les points A et B décriront dans le mouvement de la circonférence les droites fixes $\alpha C x'$, $\beta C \beta'$, qui sont rectangulaires, et qui ne sont autres que les directions des axes de l'ellipse lieu du point M. On obtiendrait la même courbe en faisant glisser la droite de longueur constante AB dans l'angle droit $\beta C x$. Donc BM est le demi grand axe, a, et MA le demi petit axe, b, de l'ellipse. Mais on a, dans le cercle OACB,

$$\mathrm{ML} \times \mathrm{OM} = \mathrm{MB} \times \mathrm{MA} = ab.$$

ML est égal au produit du demi-diamètre $\mathrm{CM} = a'$ par le sinus de l'angle $\mathrm{MCL} = \theta$ que ce diamètre fait avec son diamètre conjugué ; on a donc

$$\mathrm{OM} \times a' \sin \theta = ab.$$

Or, si l'on appelle b' la longueur du demi-diamètre conjugué de a', le théorème d'Apollonius donne

$$a'b' \sin \theta = ab.$$

Donc

$$b' = \mathrm{OM}.$$

De là résulte la construction suivante, indiquée par

M. Mannheim dans les *Nouvelles Annales de mathématiques*
(t. XVI, p. 187). Étant donnés les deux demi-diamètres $CM = a'$,
$CN = b'$, d'une ellipse, du point M abaissons une perpendiculaire
sur la direction de NC, et prenons sur cette droite $MO = CN = b'$.

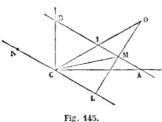

Joignons OC, et soit I le milieu de cette droite. Puis portons sur la droite IM, de part et
d'autre du point I, deux quantités $IA = IB = IC$. Les directions CA, CB, seront les directions des axes. Le demi-axe a,
que l'on doit porter suivant la
direction CA, est égal à BM, et
le demi-axe b, à porter dans la direction CB, est égal à AM.

Fig. 145.

PROBLÈME INVERSE DES ÉPICYCLOÏDES.

146. *Étant données dans un plan deux lignes* AB, MN, *déterminer une troisième courbe telle, que, si on la fait rouler sur* AB,
un point invariablement lié à cette ligne engendre l'autre ligne MN.
Soit PQ la courbe cherchée dans une de ses positions par-

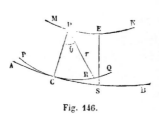

ticulières ; elle touche en C la
ligne AB. Du point C abaissons
la normale CD sur la ligne MN.
Le point D, supposé invariablement lié à PQ, décrira dans le
mouvement de roulement élémentaire de la courbe PQ un
chemin normal à CD, et par suite

Fig. 146.

se déplacera suivant la courbe MN. Le point D est donc le point
décrivant.

Considérons ensuite sur la courbe PQ un second point R,
et prenons sur la ligne AB un arc CS égal à CR. Le point R
viendra, dans le roulement, coïncider avec le point S, et
abaissant la normale SE sur la courbe MN, on aura en E la

position correspondante du point décrivant sur sa trajectoire
MN. Or ce point doit être encore le point D, supposé entraîné
par la courbe mobile PQ. La droite SE est donc la position
prise en vertu du roulement par la droite RD ; par suite, les
longueurs RD, SE sont égales, et l'angle R, formé par la droite
DR et la courbe PQ, est égal à l'angle S formé par la droite SE
et la courbe AB.

On connaît, d'après le tracé des deux courbes AB, MN, la
relation qui existe entre l'angle S et la longueur $l = $ ES comprise entre les deux courbes sur la normale à la courbe MN.
Soit

$$\tang S = f(l),$$

l'équation qui lie ensemble ces deux variables. Cette équation
existera pareillement entre la tangente de l'angle R et la longueur DR $= r$. Prenons donc le point D pour pôle, et la droite
DC pour axe polaire ; la tangente de l'angle R est donnée par
l'équation

$$\tang R = \frac{r d\theta}{dr},$$

et l'équation polaire de la courbe cherchée sera

$$\frac{r d\theta}{dr} = f(r),$$

ou, en séparant les variables,

$$d\theta = \frac{f(r) dr}{r}.$$

Il ne reste plus qu'à l'intégrer. On peut remarquer d'ailleurs que l'égalité qui existe point par point entre les angles
R et S et entre les longueurs ES et DR assure aussi l'égalité
entre les arcs CS et CR.

147. *Exemple.* — On donne pour lignes AB et MN deux
droites (fig. 147). On demande quelle courbe il faut faire rouler sur la droite AB pour qu'un point lié à cette courbe décrive
la droite MN.

Menons une normale ES à la droite MN. Nous trouvons pour

l'angle S une valeur constante égale à $\frac{\pi}{2} - \alpha$, α étant l'angle des deux droites.

Donc l'équation de la courbe cherchée est

$$\frac{r\,d\theta}{dr} = \tan\left(\frac{\pi}{2} - \alpha\right) = \cot\alpha,$$

ce qui donne en intégrant, et en appelant A une constante arbitraire,

$$r = Ae^{\theta\,\tan\alpha},$$

équation d'une spirale logarithmique qui coupe tous ses rayons vecteurs sous l'angle $\frac{\pi}{2} - \alpha$, et qui a le pôle pour point asymptotique. Quand on fait rouler cette courbe sur une droite,

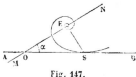

Fig. 147.

le pôle décrit une autre droite faisant un angle α avec celle-ci. On peut déduire de là cette autre propriété de la spirale logarithmique : la longueur de l'arc de la courbe à partir d'un de ses points S jusqu'au pôle autour duquel elle fait une infinité de circuits, est finie et égale à la longueur SO.

148. Pour ligne MN, prenons une *chaînette*, et pour ligne directrice AB l'axe horizontal de la courbe, c'est-à-dire l'horizontale menée dans son plan à une distance FG $= a$ au-dessous de son point le plus bas ; a est le paramètre de la chaînette, celui qui entre dans l'équation de la courbe

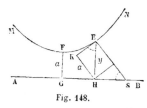

Fig. 148.

$$y = \frac{a}{2}\left(e^{\frac{x}{a}} + e^{-\frac{x}{a}}\right).$$

Cherchons la relation entre la tangente de l'angle S et la longueur ES de la normale.

Pour cela, différentions l'équation précédente :

$$\frac{dy}{dx} = \frac{1}{2}\left(e^{\frac{x}{a}} - e^{-\frac{x}{a}}\right).$$

On en déduit

$$ds = \sqrt{1 + \frac{1}{4}\left(e^{\frac{2x}{a}} + e^{-\frac{2x}{a}} - 2\right)}\,dx,$$

$$ds = \frac{1}{2}\left(e^{\frac{x}{a}} + e^{-\frac{x}{a}}\right)dx = \frac{y\,dx}{a}.$$

La normale ES a pour longueur $\dfrac{y\,ds}{dx} = \dfrac{y^2}{a}$. Nous ferons donc

$$l = \frac{y^2}{a}.$$

La distance HK du pied de l'ordonnée à la tangente est égale à

$$\frac{y\,dx}{ds} = a\,;$$

par suite

$$\sin S = \cos \text{KHE} = \frac{a}{y}.$$

Donc

$$\tang S = \frac{\dfrac{a}{y}}{\sqrt{1 - \dfrac{a^2}{y^2}}} = \frac{a}{\sqrt{y^2 - a^2}},$$

ou bien

$$\tang S = \frac{a}{\sqrt{al - a^2}} = \sqrt{\frac{a^2}{al - a^2}} = \sqrt{\frac{a}{l - a}}.$$

L'équation polaire de la courbe cherchée sera donc, en remplaçant l par r,

$$\frac{r\,d\theta}{dr} = \sqrt{\frac{a}{r - a}}.$$

On est ainsi conduit à chercher l'intégrale de l'équation

$$d\theta = \sqrt{\frac{a}{r-a}} \frac{dr}{r}.$$

Posons

$$r - a = au^2,$$

u étant une nouvelle variable ; de cette relation on déduit

$$dr = 2au\,du,$$

$$\sqrt{\frac{a}{r-a}} = \frac{1}{u},$$

$$d\theta = \frac{1}{u} \cdot \frac{2au\,du}{a(1+u^2)} = \frac{2du}{1+u^2},$$

et intégrant,

$$\frac{\theta}{2} = \operatorname{arc\,tang} u + C.$$

On peut disposer de la constante de manière que θ soit nul pour le point le plus bas de la chainette. On a alors $r = a$, et par suite $u = 0$. On prendra donc $C = 0$, et l'équation de la courbe sera

$$u = \operatorname{tang} \frac{\theta}{2},$$

ou bien, en élevant au carré,

$$\frac{r-a}{a} = \operatorname{tang}^2 \frac{\theta}{2},$$

$$r = a\left(1 + \operatorname{tang}^2 \frac{\theta}{2}\right) = \frac{a}{\cos^2 \frac{\theta}{2}} = \frac{2a}{1 + \cos\theta},$$

équation d'une parabole rapportée à son axe et à son foyer. La chainette est donc le lieu décrit par le foyer d'une parabole qui roule sur une droite fixe.

MOUVEMENT D'UNE FIGURE SPHÉRIQUE SUR LA SPHÈRE.

149. Les raisonnements que nous avons faits au sujet du mouvement d'une figure plane dans son plan, s'appliquent identiquement au mouvement d'une figure sphérique sur la sphère, et sans les répéter ici, nous pouvons poser les théorèmes suivants :

1° Deux positions successives d'une même figure mobile sur la sphère étant données, on peut amener cette figure de l'une à l'autre au moyen d'une rotation unique autour d'un diamètre de la surface.

2° Le mouvement élémentaire d'une figure mobile sur la sphère est une rotation infiniment petite autour d'un diamètre de la surface. Ce diamètre est appelé *axe instantané* de rotation, et les points de rencontre de la sphère avec cet axe sont les *pôles instantanés*.

Les pôles instantanés de rotation sont les points de concours de tous les arcs de grand cercle menés par chaque point de la figure mobile normalement à sa trajectoire.

3° Le mouvement continu d'une figure mobile sur la sphère est une suite de rotations infiniment petites, et peut s'obtenir en faisant rouler une ligne fixée à la figure mobile sur une ligne fixe tracée sur la sphère. En d'autres termes, le mouvement continu d'une figure mobile sur la sphère est un *mouvement épicycloïdal sphérique.*

APPLICATION. — CONSTRUIRE SUR LA SPHÈRE LE QUADRILATÈRE MAXIMUM AVEC QUATRE CÔTÉS DONNÉS.

150. Soit O le centre de la sphère ;

OA son rayon, que nous supposerons égal à l'unité;

ABCD le quadrilatère cherché, dont les quatre côtés AB, BC, CD, DA, sont des arcs de grand cercle de longueur connue, et qui renferme la surface la plus grande possible.

Considérons les sommets A et B comme fixes, et déformons le quadrilatère infiniment peu, en faisant tourner les côtés AD, BC, autour de ces points ; le quadrilatère prendra la forme

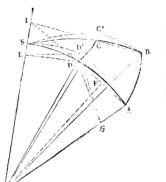

AD'C'B ; pour exprimer que sa surface est maximum, il suffira d'égaler les deux surfaces ABCD, AB'C'D'.

Prolongeons les arcs AD, BC, jusqu'à leur rencontre au point S. Ce point sera le *pôle instantané* de la rotation qui amène le côté DC dans la position D'C' (§ 149, 2°) ; le triangle SD'C' n'est autre que le triangle SDC, déplacé d'un certain angle infiniment petit autour du point S.

Fig. 149.

Appliquons les raisonnements que nous avons faits pour résoudre la même question sur le plan (§ 158) ; nous reconnaîtrons que la condition du maximum se réduit à l'équivalence des triangles infiniment petits

$$SAD' = SBC'.$$

Les arcs DD', CC', qui représentent les déplacements respectifs des points D et C, partagent chacun de ces triangles en deux parties que nous allons évaluer séparément. Considérons d'abord la partie SDD'. Soit $d\varphi$ l'angle au sommet S. L'arc DD' appartient à un petit cercle décrit du pôle S avec un rayon sphérique égal à SD. Du point D, abaissons sur OS une perpendiculaire DE ; le point E sera le centre de l'arc DD', et l'angle DED' sera égal à $d\varphi$. Pour évaluer l'aire SDD', remarquons que cette figure est un fuseau dans la zone qui a le point S pour pôle, et pour base le petit cercle auquel appartient l'arc DD'. La hauteur de cette zone est la distance ES ; soit arc $SD = \varepsilon$; nous aurons $ES = 1 - \cos\varepsilon$, et la surface de la zone sera $2\pi(1 - \cos\varepsilon)$; la surface du fuseau dont l'angle au centre est $d\varphi$, est par suite égale à $(1 - \cos \varepsilon) d\varphi$.

On peut considérer de même l'arc infiniment petit DD′ comme décrit du point A comme pôle, avec un rayon sphérique AD ; le centre de cet arc est au point G, pied de la perpendiculaire abaissée du point D sur le rayon OA, et l'angle DGD′ est égal à l'angle DAD′; appelons $d\psi$ cet angle, et α l'arc AD, qui est l'un des côtés donnés. La surface de la zone sphérique à une base dont fait partie le fuseau ADD′ sera égale à

$$2\pi (1 - \cos \alpha),$$

et le fuseau lui-même à

$$(1 - \cos \alpha) \, d\psi.$$

Mais $d\psi$ peut s'exprimer en fonction de $d\varphi$. On a en effet

$$DD′ = DE \times \text{angle } DED′ = DG \times \text{angle } DGD′,$$

ce qui donne la relation

$$\sin \varepsilon \times d\varphi = \sin \alpha \times d\psi.$$

Donc

$$d\psi = \frac{\sin \varepsilon}{\sin \alpha} \, d\varphi.$$

L'aire du triangle SD′A est par suite égale à la somme

$$(1 - \cos \varepsilon) \, d\varphi + (1 - \cos \alpha) \frac{\sin \varepsilon}{\sin \alpha} \, d\varphi.$$

Opérons de même pour le triangle SC′B. Soit

$$\text{arc } BC = \beta, \quad \text{arc } SC = \theta.$$

L'angle CSC′ φ encore égal à $d\varphi$; quant à l'angle CBC′, il est égal à

$$\frac{\sin \theta}{\sin \beta} \, d\varphi,$$

de sorte que l'aire du triangle SBC′ est mesurée par la somme

$$(1 - \cos \theta) \, d\varphi + (1 - \cos \beta) \frac{\sin \theta}{\sin \beta} \, d\varphi.$$

La condition du maximum est, en supprimant le facteur $d\varphi$,

$$1 - \cos \varepsilon + (1 - \cos \alpha) \frac{\sin \varepsilon}{\sin \alpha} = 1 - \cos \theta + (1 - \cos \beta) \frac{\sin \theta}{\sin \beta}.$$

Dans cette équation remplaçons

$$
\begin{aligned}
1 - \cos \alpha \quad &\text{par} \quad 2 \sin^2 \tfrac{1}{2} \alpha, \\
\sin \alpha \quad &\text{par} \quad 2 \sin \tfrac{1}{2} \alpha \cos \tfrac{1}{2} \alpha, \\
1 - \cos \beta \quad &\text{par} \quad 2 \sin^2 \tfrac{1}{2} \beta, \\
\sin \beta \quad &\text{par} \quad 2 \sin \tfrac{1}{2} \beta \cos \tfrac{1}{2} \beta.
\end{aligned}
$$

Il viendra, en réduisant et en supprimant les facteurs communs,

$$\cos \varepsilon - \frac{\sin \tfrac{1}{2} \alpha}{\cos \tfrac{1}{2} \alpha} \sin \varepsilon = \cos \theta - \frac{\sin \tfrac{1}{2} \beta}{\cos \tfrac{1}{2} \beta} \sin \theta,$$

ou bien, en renversant les fractions,

$$\frac{\cos \tfrac{1}{2} \alpha}{\cos (\varepsilon + \tfrac{1}{2} \alpha)} = \frac{\cos \tfrac{1}{2} \beta}{\cos (\theta + \tfrac{1}{2} \beta)}.$$

Menons la corde AD, et prolongeons-la jusqu'à la rencontre en I, avec le rayon OS prolongé. Du point O abaissons sur AD la perpendiculaire OF, qui partage l'angle AOD $= \alpha$ en deux parties égales. Nous aurons angle SOF $= \varepsilon + \tfrac{1}{2} \alpha$, et $OI = \dfrac{OF}{\cos SOF} = \dfrac{\cos \tfrac{1}{2} \alpha}{\cos (\varepsilon + \tfrac{1}{2} \alpha)}$. La corde BC prolongée coupe de même le rayon OS en un point situé à une distance du point O égale à $\dfrac{\cos \tfrac{1}{2} \beta}{\cos (\theta + \tfrac{1}{2} \beta)}$. Ces deux fractions étant égales, les deux directions AD, BC, vont couper le rayon OS en un même point I, et par suite les quatre points A, B, C, D, sont dans un même plan. Le *quadrilatère maximum* ABCD *est donc inscriptible dans un cercle*, intersection de la sphère et du plan qui contient ses quatre sommets.

Il est facile d'étendre ce théorème à un polygone sphérique d'un nombre quelconque de côtés, puis d'en déduire la propriété du cercle de contenir la plus grande surface à égalité de périmètre.

La construction sur la sphère d'un quadrilatère inscriptible dont quatre côtés soient donnés se ramène au même problème sur le plan.

En effet, les côtés donnés sont des arcs de grand cercle dont les cordes sont connues ; ces cordes forment un quadrilatère plan, inscrit dans le même cercle que le quadrilatère sphérique. Ayant donc construit avec les cordes un quadrilatère plan inscriptible (§ 138), on connaîtra le diamètre du cercle circonscrit au quadrilatère sphérique cherché ; le *rayon sphérique* de ce même cercle est la moitié de l'arc de grand cercle sous-tendu par son diamètre.

Le théorème relatif au plan n'est qu'un cas particulier du théorème relatif à la sphère ; il suffit de supposer le rayon R de cette sphère infini. A la place de ε, θ, α, β, mettons les rapports $\dfrac{\varepsilon}{R}$, $\dfrac{\theta}{R}$, $\dfrac{\alpha}{R}$, $\dfrac{\beta}{R}$, des longueurs des arcs SD, SC, DA, CB, au rayon. L'équation qui définit le maximum prendra la forme

$$\cos\frac{\varepsilon}{R} - \tan\tfrac{1}{2}\frac{\alpha}{R}\sin\frac{\varepsilon}{R} = \cos\frac{\theta}{R} - \tan\tfrac{1}{2}\frac{\beta}{R}\sin\frac{\theta}{R}.$$

Les angles $\dfrac{\alpha}{R}$, $\dfrac{\varepsilon}{R}$, ... sont infiniment petits quand R est infini. Remplaçons $\cos\dfrac{\varepsilon}{R}$ et $\cos\dfrac{\theta}{R}$ par $1 - \dfrac{\varepsilon^2}{2R^2}$ et $1 - \dfrac{\theta^2}{2R^2}$, en nous arrêtant aux termes du second ordre, puis les tangentes et les sinus par les arcs eux-mêmes, ce qui correspond au même degré d'approximation. Il viendra

$$1 - \frac{\varepsilon^2}{2R^2} - \tfrac{1}{2}\frac{\alpha\varepsilon}{R^2} = 1 - \frac{\theta^2}{2R^2} - \tfrac{1}{2}\frac{\beta\theta}{R^2}.$$

Donc

$$\varepsilon(\varepsilon + \alpha) = \theta(\theta + \beta),$$

ou enfin

$$SD \times SA = SC \times SB,$$

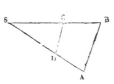

Fig. 150.

équation qui montre que les 4 points ABCD sont sur une même circonférence.

MOUVEMENT D'UN SOLIDE INVARIABLE QUI A UN POINT FIXE.

151. Considérons un solide invariable, mobile autour d'un point fixe O. Coupons ce solide par une surface sphérique SS' ayant le point O pour centre. Nous obtiendrons pour inter-

section une certaine figure sphérique A, qui se déplacera à la surface de la sphère S quand elle sera entraînée par le mouvement du solide. Le mouvement élémentaire de la figure A est, en vertu des théorèmes précédents, une rotation infiniment petite autour d'un diamètre de la sphère; donc *le mouvement élémentaire du solide* lié à la figure A *est une rotation infiniment petite autour d'un axe instantané passant par le point* O. Nous savons de plus que le mouvement continu de la figure A sur la sphère S peut s'obtenir en faisant rouler une ligne L, appartenant à la figure A, sur une ligne fixe λ, tracée sur la surface de la sphère S. Ce mouvement de la figure A suffit pour définir le mouvement du corps. Nous pouvons prendre les lignes λ et L comme les directrices de deux surfaces coniques ayant le point O pour centre commun; le roulement de L sur λ équivaudra au roulement du cône (O,L) sur le cône fixe (O,λ), de sorte qu'en définitive *le mouvement continu d'un solide invariable qui a un point* O *fixe, peut s'obtenir en faisant rouler une surface conique appartenant au solide et ayant pour sommet le point* O, *sur une seconde surface conique ayant également pour sommet le point* O, *mais restant fixe dans l'espace.* L'axe instantané de rotation du solide, à un moment donné, est la génératrice de contact OM du cône mobile avec le cône fixe. Les résultats auxquels nous sommes parvenus pour le mouvement dans un plan ou parallèlement à un plan, sont des cas particuliers du mouvement d'un solide ayant un point fixe. La sphère se change en un plan quand son rayon grandit au

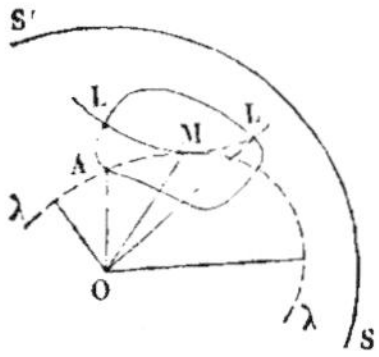

Fig. 151.

delà de toute limite; le point O s'éloignant indéfiniment, les cônes (O,L), (O,λ) deviennent des cylindres, et les lignes L et λ sont les sections de ces cylindres par des plans perpendiculaires à leurs génératrices. *Le mouvement continu d'un solide invariable mobile qui se déplace parallèlement à un plan, est donc le résultat du roulement d'une surface cylindrique liée au corps, sur une surface cylindrique fixe dans l'espace, et les génératrices de ces deux surfaces sont perpendiculaires au plan parallèlement auquel s'effectue le mouvement du solide.*

MOUVEMENT GÉNÉRAL D'UNE FIGURE PLANE DANS L'ESPACE.

152. Soit F la figure plane mobile, prise dans une de ses positions, et soit F′ une seconde position quelconque de la même figure. Cherchons comment on peut ramener la figure mobile de la seconde position à la première.

Appelons P et P′ les plans dans lesquels sont contenues les deux figures F et F′. Ces plans se coupent généralement suivant une droite LL′. On peut donc, en faisant tourner le plan P′ autour de cette droite LL′, amener la figure F′ dans le plan P. Représentons par P″ la nouvelle position prise dans ce rabattement par la figure mobile. On choisira le sens dans lequel on opère le rabattement du plan P′, de telle sorte que les deux figures égales F et F″, toutes deux situées dans le plan P, puissent coïncider l'une avec l'autre sans retournement de l'une d'elles. On peut alors ramener la figure F″ sur la figure F par une rotation unique autour d'un point O du plan P, c'est-à-dire autour d'une droite OO′ perpendiculaire à ce plan (§ 150).

Donc *on peut ramener la figure F′ dans la position F au moyen de deux rotations : l'une autour de l'intersection des deux plans, l'autre autour d'une perpendiculaire au plan de la figure F.*

153. Appliquons ce théorème à un déplacement infiniment petit. Nous en déduirons cette nouvelle proposition :

Le mouvement élémentaire d'une figure plane dans l'espace est

la résultante de deux rotations élémentaires, autour d'axes rec-
tangulaires; l'un LL', *situé dans le plan de la figure, l'autre* OO',
normal à ce plan.

L'axe LL', situé dans le plan P, est l'intersection de ce plan
avec la position infiniment voisine, P', qu'il occupe au bout
d'un temps infiniment petit; c'est donc une des génératrices
de la *surface développable* que le plan P enveloppe dans son
mouvement; c'est la *caractéristique* de cette surface, ou la
tangente à son *arête de rebroussement.*

Le second axe OO' est perpendiculaire au plan P, et c'est
autour de lui que s'opère le déplacement élémentaire de la figure dans ce plan. On appelle *foyer* de la figure plane[1], le point
O où l'axe OO' perce le plan P.

154. *Tous les plans normaux aux trajectoires des différents
points* m *de la figure mobile passent par le foyer* O.

En effet, le déplacement élémentaire *mm'* du point *m* est la
résultante de deux déplacements, l'un *mn* autour de l'axe LL'

Fig. 152.

et perpendiculaire au plan P, l'autre *mp*,
autour du point O, et situé dans ce plan.

La droite O*m* est perpendiculaire à *mp*;
elle est de plus perpendiculaire à *mn*.
Donc elle est perpendiculaire au plan *nmp*,
et par suite au déplacement effectif *mm'*.
Le plan normal à la trajectoire *mm'* contient donc la droite *m*O, et passe par le point O.

155. *La trajectoire du foyer* O, *considéré comme un point de
la figure mobile, est normale au plan* P.

En effet, le point O subit la rotation élémentaire autour
de la droite LL', sans participer à la rotation qui s'effectue
autour de lui. Donc son déplacement est normal au plan
P, et il est le seul point du plan qui possède cette propriété.

156. Lorsque le plan P et sa position infiniment voisine P'
ne se rencontrent pas, la *caractéristique* LL' passe à l'infini,

---

[1] M. CHASLES, *Propriétés géométriques du mouvement infiniment petit d'un
corps solide libre dans l'espace* (Comptes rendus de l'Académie des sciences,
t. XVI, 1843).

et la rotation qui s'opérait autour de cette droite se change en une *translation* perpendiculaire au plan P, c'est-à-dire parallèle à l'axe OO'; alors la figure mobile subit à la fois, dans son mouvement élémentaire, *une rotation autour de l'axe OO' et une translation parallèle à cet axe*. Chaque point m de la figure parcourt, en vertu de ce double déplacement, une hélice mm', tracée sur un cylindre ayant pour axe OO' et la distance om pour rayon; toutes ces hélices ont le même pas. Le mouvement élémentaire de la figure est donc un *mouvement hélicoïdal*, analogue au mouvement que prend une vis mobile dans un écrou fixe. Nous montrerons directement qu'il en est toujours ainsi, et que le déplacement élémentaire d'un corps solide quelconque est un mouvement hélicoïdal, dans lequel le corps éprouve une rotation autour d'un certain axe en même temps qu'une translation parallèle à cet axe.

MOUVEMENT ÉLÉMENTAIRE D'UN SOLIDE LIBRE DANS L'ESPACE.

157. Coupons le corps solide par un plan quelconque P, qui y détermine une figure F. Le mouvement du corps sera entièrement défini par le mouvement de cette figure; or nous venons de démontrer (§ 153) que le mouvement élémentaire de la figure plane F était la résultante de deux rotations, l'une autour de la caractéristique LL' du plan P, l'autre autour de la normale OO' au plan P, menée par le foyer O. Le point O est un point commun à tous les plans normaux aux trajectoires des différents points de la figure F.

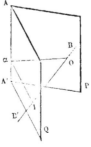

Fig. 155.

Considérons dans le corps solide une droite quelconque AA'; je dis que *les plans normaux aux trajectoires des différents points de AA' vont tous passer par une même droite BB'*. Menons, en effet, par la droite AA' un plan P quelconque; les plans normaux aux trajectoires de tous les points de ce plan passent par un certain point O, foyer du plan P. De même, les plans normaux aux trajectoires de tous les points d'un autre plan Q, mené aussi par AA', passent par un même point I, foyer du plan Q. Les plans normaux aux trajectoires des divers points de la droite AA', qui est contenue à la fois dans les plans P et Q, passent donc à la fois par les points O et I, et par suite ils contiennent tous la droite BB' qui joint les deux foyers. On voit en même temps que *le lieu des foyers de tous les plans conduits par une même droite* AA' *est une seconde droite* BB'.

Cette propriété est réciproque, c'est-à-dire que la droite AA' est le lieu des foyers des plans conduits par la droite BB'. Pour le démontrer, il suffit de faire voir que si par les points O et I on fait passer un plan OαI, coupant en α la droite AA', le point α est le foyer de ce plan. Or le point α, comme appartenant au plan P, décrit dans le mouvement élémentaire du corps un arc normal à la droite Oα (§ 154); comme appartenant au plan Q, il décrit un arc normal à la droite Iα. Le déplacement élémentaire du point α, normal à la fois aux droites αI et à αO, est normal au plan OαI; donc le point α est le foyer de ce plan (§ 155).

Les deux droites AA' et BB' sont ainsi conjuguées, et *la trajectoire de chaque point de l'une est normale au plan mené par ce point et l'autre.*

Cas particuliers. — 1° Les deux droites AA' et BB' peuvent avoir un point commun C. La trajectoire de ce point C, considéré comme appartenant à la droite AA', doit être normale à un plan conduit par le point C et la droite BB', c'est-à-dire à un plan quelconque mené par la droite BB'. Donc le point C est immobile, et par suite le mouvement élémentaire du solide est une rotation autour d'un axe passant par ce point (§ 151).

2° Les deux droites AA', BB' peuvent coïncider; c'est ce qui arrive quand un point de la droite AA' a une trajectoire normale à cette droite; on sait qu'alors tous les points de la droite AA' se déplacent normalement à la direction AA' (§ 128). Le lieu des foyers des plans conduits par AA' est donc la droite AA' elle-même. Le mouvement élémentaire de la droite AA' est dans ce cas un mouvement hélicoïdal, qu'on peut décomposer en une rotation autour de la normale commune à la droite AA′ et à sa position infiniment voisine, et une translation le long de cette normale commune.

5° Les foyers O, I, des plans P et Q, peuvent être tous deux infiniment éloignés, et alors la droite BB′ passe à l'infini; dans ce cas, tous les points de la droite AA′ ont des déplacements égaux et parallèles, et cette droite subit, par conséquent, un mouvement de translation.

Nous verrons tout à l'heure que le mouvement général d'un solide peut être décomposé d'une infinité de manières, en deux rotations simultanées; les droites conjuguées AA′, BB′, sont les axes de ces rotations.

Si, en effet, on imprime au corps autour de BB′ une rotation infiniment petite, chaque point de AA′ décrit dans ce mouvement un élément de trajectoire normal au plan mené par ce point et l'axe BB′; tandis qu'une rotation infiniment petite autour de AA′ laisse le même point immobile : les plans normaux aux trajectoires des points de AA′ passent donc tous par la droite BB′. De même, les plans normaux aux trajectoires des points de BB′ passent tous par la droite AA′.

DÉCOMPOSITION DU MOUVEMENT ÉLÉMENTAIRE D'UN SOLIDE EN UNE TRANSLATION ET UNE ROTATION.

158. Soient A, B, C, D,... les positions à un certain moment des divers points du système.

Soient A′, B′, C′, D′,... les positions des mêmes points au bout d'un temps dt très-court.

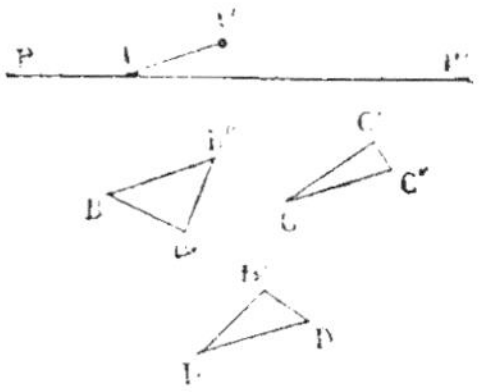

Le déplacement élémentaire de chacun de ces points est représenté par les droites infiniment petites AA′, BB′, CC′, DD′..., lesquelles sont égales aux produits des vitesses respectives des points A, B, C, D... par le temps dt.

Fig. 154.

Appliquons à tous ces points, moins un, la théorie de la composition des vitesses. Nous pouvons regarder la vitesse du point B, proportionnelle à BB′, comme décomposée en deux autres vitesses BB″, B″B′, dont l'une, BB″, soit égale et parallèle à la vitesse AA′ du point A. De même, en menant CC″ égal et parallèle à AA′, et joignant C′C″, nous pouvons regarder la vitesse CC′ du point C comme la résultante d'une vitesse égale et parallèle à celle du point A, et d'une seconde vitesse représentée en grandeur et en direction par C″C′. Faisons de même pour le point D et pour tous les autres points du système.

Il en résultera que le mouvement élémentaire du solide peut être décomposé en deux mouvements : 1° L'un, en vertu duquel tous les points du système décrivent dans le temps *dt* des chemins AA′, BB″, CC″, DD″,... égaux et parallèles ; ce premier mouvement est donc un mouvement de *translation* (§ 125) ;

2° Le second, en vertu duquel les points B, C, D..., amenés en B″, C″, D″... par le premier mouvement, décrivent les chemins B″ B′, et C″ C′, D″ D′... pendant que le point A, parvenu en A′, reste fixe. Ce second mouvement élémentaire est le mouvement d'un solide invariable qui a un point A fixe ; c'est donc une *rotation* infiniment petite autour d'un axe instantané PP′ passant par le point A (§ 151).

Nous avons donc ramené le mouvement élémentaire du solide à deux mouvements simples, une translation et une rotation, et comme nous pouvions faire cette décomposition en partant de tout autre point que le point A, on voit qu'elle est possible d'une infinité de manières.

Mais on peut, parmi toutes les décompositions possibles, en trouver une qui donne l'image la plus simple du mouvement du solide : on obtient alors le *mouvement hélicoïdal*.

MOUVEMENT HÉLICOÏDAL.

159. Décomposons la translation commune AA′ en deux translations, l'une parallèle à l'axe PP′, l'autre perpendicu-

laire à cet axe; il suffit pour cela (fig. 155) d'abaisser du point A' une perpendiculaire A'A$_1$ sur l'axe PP', et de regarder la vitesse AA' comme la résultante des deux vitesses simultanées, AA$_1$ et A$_1$A', puis de substituer de même aux vitesses BB'', CC'', DD'',... les vitesses simultanées BB$_1$ et B$_1$B'', CC$_1$ et C$_1$C'', DD$_1$ et D$_1$D'',... respectivement égales et parallèles à AA$_1$ et A$_1$A'. De cette manière, pour chaque point B, nous pourrons remplacer le contour BB''B', formé de deux côtés, par le contour

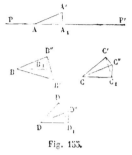

Fig. 155.

BB$_1$B''B', qui est formé de trois côtés, représentant trois vitesses simultanées.

Or remarquons que deux de ces côtés sont à angle droit sur l'axe PP', savoir le côté B''B$_1$, qui est parallèle à A'A$_1$, et le côté B''B', qui est le chemin infiniment petit décrit par un point du solide en vertu d'une rotation autour de cet axe. Les deux vitesses B''B$_1$ et B''B' sont donc perpendiculaires à PP'; par suite leur plan est aussi perpendiculaire à PP'; il en est de même de la vitesse résultante, B$_1$B', de ces deux vitesses prises en particulier, et de toutes les vitesses C$_1$C', D$_1$D',... obtenues en composant la vitesse due à la rotation autour de PP' avec la vitesse égale et parallèle à A$_1$A'.

Nous ramenons de cette manière le déplacement élémentaire du solide aux deux mouvements suivants :

1° Une translation, égale à AA$_1$ et parallèle à PP';

2° Un mouvement en vertu duquel les divers points A, B, C, D..., reçoivent simultanément des déplacements A$_1$A', B$_1$B', C$_1$C', D$_1$D', *tous parallèles à un même plan normal à* PP'. Ce mouvement élémentaire est donc *une rotation instantanée autour d'un axe perpendiculaire à ce plan*, c'est-à-dire parallèle à PP', c'est-à-dire, enfin, *parallèle à la translation*.

On donne à cet axe particulier le nom d'*axe instantané de rotation et de glissement* ou, plus simplement. d'*axe instantané glissant*.

Le mouvement élémentaire d'un solide mobile dans l'espace est donc le résultat d'une rotation infiniment petite autour d'un certain axe, le long duquel le solide subit en même temps une translation infiniment petite ; c'est, comme nous l'avons déjà observé (§ 156), un mouvement analogue au déplacement que subit une vis mobile dans son écrou, ou, en d'autres termes, *c'est un mouvement hélicoïdal.*

160. *De quelque manière qu'on décompose le mouvement élémentaire du solide en une rotation et une translation, l'axe de la rotation est toujours parallèle à une seule et même direction.*

Considérons, en effet, le mouvement élémentaire de la section faite dans le solide par un plan N normal à PP'. Le mouvement du solide est entièrement défini par le mouvement élémentaire de cette section. On fait passer le corps de la po-

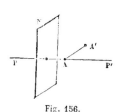

sition ABC à la position A'B'C' par une translation AA', qui n'altère pas le parallélisme du plan mobile, et par une rotation autour de PP' qui ne l'altère pas davantage, puisque l'axe PP' est, par hypothèse, normal à ce plan. Il n'en serait pas de même si l'on considérait le déplacement d'un plan oblique à l'axe, la translation conserverait encore le parallélisme de ce plan ;

Fig. 156.

mais la rotation le déplacerait tangentiellement à un cône de révolution ayant pour axe la droite PP'.

On peut concevoir le solide coupé par une infinité de plans parallèles au plan N, dont le parallélisme se conserve pendant le mouvement élémentaire, tandis que tout autre plan cesse, après le déplacement, d'être parallèle à sa position première.

Quel que soit le point du corps par lequel on fasse passer l'axe de la rotation élémentaire, ce point est situé dans un des plans N, et l'axe de la rotation correspondante, étant normal au plan N, est parallèle à l'axe PP'.

La direction et la grandeur de la translation varient quand

on déplace l'axe de rotation. Mais la direction de l'axe dans l'espace est toujours la même. On peut ajouter que la vitesse angulaire autour de l'axe n'est pas non plus altérée; c'est ce que nous démontrerons plus tard.

Pour ramener le déplacement du solide au mouvement hélicoïdal, il suffit de faire passer l'axe de rotation PP′ par le point O de l'un des plans N qui se déplace normalement à ce plan, c'est-à-dire par le *foyer* de ce plan (§ 155).

La translation est alors représentée par le déplacement OO′ de ce point; elle est égale aux projections AA₁, BB₁, sur la direction PP′, des déplacements totaux, AA′, BB′, des divers points du solide; la translation OO′ qui correspond au déplacement hélicoïdal, est donc moindre que toute trans-

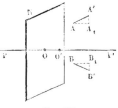

Fig. 157.

lation AA′, qui correspondrait à une autre décomposition quelconque. On voit en même temps qu'*à un instant donné le mouvement hélicoïdal d'un solide n'est possible que d'une seule manière.*

161. Proposons-nous de construire l'axe de rotation glissant, et de trouver les valeurs de la vitesse angulaire et de la vitesse de translation.

Prenons dans le solide trois points A, B, C, non en ligne droite; le mouvement de ces trois points suffit pour définir le mouvement du solide.

Considérons les vitesses V, V′, V″ que possèdent respectivement ces trois points à un moment donné.

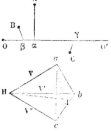

Fig. 158.

On les suppose connues en grandeur et en direction.

Par un point quelconque H de l'espace, menons trois droites Ha, Hb, Hc, égales et parallèles aux vitesses V, V′, V″ des points A, B, C. Nous pourrons toujours choisir ces points de manière que leurs vitesses ne soient pas parallèles à un même plan [1]. Les trois points a, b, c, détermineront un plan ; du point H abaissons sur ce plan une perpendiculaire HM, et joignons Ma, Mb, Mc. Nous pouvons décomposer la vitesse V $=$ Ha, en deux vitesses simultanées HM, Ma ; de même la vitesse V$'$ $=$ Hb en deux vitesses HM, Mb, et V$''$ $=$ Hc en deux vitesses HM, Mc. Nous ramènerons de cette manière les vitesses des trois points A, B, C, à une composante commune HM et à trois autres composantes Ma, Mb, Mc, perpendiculaires à la première, et parallèles à un même plan abc, normal à HM. La droite HM sera la vitesse de translation du système mobile parallèlement à l'axe instantané glissant. Nous déterminons, par cette construction, la direction de l'axe et la vitesse de la translation. Il reste à trouver la position vraie de l'axe et la grandeur de la vitesse angulaire de la rotation.

On y parviendra en coupant le solide par un plan normal à la direction HM, et en cherchant le foyer O de ce plan. Il suffit pour cela de prendre deux points du plan, et de mener les plans normaux à leurs trajectoires ; ces deux plans normaux couperont le plan mobile au point O cherché. On mènera par le point O une normale OO$'$ au plan mobile, ou une parallèle à HM, et ce sera l'axe instantané glissant.

La vitesse de rotation du système autour de l'axe est égale au rapport $\dfrac{\text{M}a}{\text{A}\alpha}$ de la composante Ma à la distance Aα. En effet, Ma est la vitesse linéaire du point A dans la rotation autour de OO$'$, et $\dfrac{\text{M}a}{\text{A}\alpha}$ la vitesse angulaire commune à tous les rayons Aα, Bβ, Cγ.

Le problème est donc entièrement résolu.

La construction que nous venons de faire montre bien que le mouvement élémentaire d'un solide libre dans l'espace ne peut être ramené que d'*une seule manière* à la coexistence d'une translation et d'une rotation autour d'un axe parallèle à la

---

[1] Autrement, toutes les vitesses des points du système étant parallèles à un plan fixe, le mouvement du corps serait parallèle à ce plan, et, au lieu du cas général, on retrouverait un cas déjà examiné (§ 132).

translation. L'axe instantané glissant est celui pour lequel la vitesse de translation est la moindre, car elle est mesurée par la longueur de la perpendiculaire HM, tandis que toute autre décomposition (fig. 159) donnerait lieu à une translation HM', plus grande que HM, et à trois vitesses M'a, M'b, M'c, parallèles au plan abc et correspondant, par conséquent, à une rotation autour d'un autre axe perpendiculaire à ce plan. On peut observer aussi que si, par un point H de l'espace, on mène des droites Ha, égales et parallèles

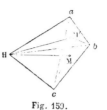

Fig. 159.

aux vitesses des divers points d'un système mobile à un moment donné, les extrémités a de ces droites seront toutes situées dans un même plan.

MOUVEMENT CONTINU D'UN SOLIDE INVARIABLE DANS L'ESPACE.

162. Le mouvement continu d'un solide invariable est une suite de mouvements élémentaires qu'on peut ramener chacun à une rotation autour d'un certain axe instantané et à une translation le long du même axe. Considérons la surface réglée, lieu des positions successives de l'axe instantané glissant dans l'espace ; considérons de plus les positions successives de l'axe instantané dans le corps solide ; ces positions successives y dessineront une seconde surface réglée appartenant au solide et entraînée dans son mouvement. Le mouvement continu du système sera donc un *roulement* de la surface mobile sur la surface fixe, en vertu duquel la surface mobile viendra appliquer successivement ses génératrices rectilignes sur les génératrices rectilignes de la surface fixe en tournant autour de chacune d'elles ; mais, outre ce roulement, la surface mobile éprouvera le long de chaque génératrice de contact un *glissement* ou *translation*. Nous venons de remarquer que la vitesse correspondante à ce dernier mouvement est moindre que pour toute autre décomposition du mouvement du solide en une translation et une rotation.

On peut aussi, en choisissant un point particulier du système, décomposer le mouvement continu du solide en une
translation égale au mouvement total de ce point, et une rotation autour d'une série d'axes instantanés qui passeront tous
par ce point. C'est là la décomposition la plus commode pour
résoudre les problèmes de dynamique. Le mouvement continu
comprend alors la translation d'un point, et le mouvement du
corps autour de ce point, c'est-à-dire le roulement d'un cône lié
invariablement au corps, sur un cône d'orientation constante
dans l'espace, entraîné par le mouvement du point (§ 151).

COMPOSITION DES MOUVEMENTS ÉLÉMENTAIRES.

163. Nous avons vu (§ 69) que quand un point mobile M
est animé à la fois de deux vitesses, MA, MB, la vitesse correspondante au mouvement effectif de ce
point est représentée en grandeur et en
direction par la diagonale MC du parallélogramme MACB, construit sur ces deux vitesses, ou par le troisième côté MC du
triangle MAC, dans lequel le côté AC, égal
et parallèle à la vitesse MB, est mené par l'extrémité A de la
vitesse MA.

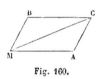

Fig. 160.

Nous nous proposons ici d'étendre aux mouvements simples
d'un corps solide cette théorie de la coexistence des mouvements établie d'abord pour un point unique.

Les mouvements simples sont la translation et la rotation.
Une translation est donnée quand on en connaît la direction
et la vitesse linéaire. Une rotation est connue quand on donne
la position vraie de l'axe autour duquel elle s'accomplit, et la
vitesse angulaire. De plus, il faut avoir soin de fixer, pour
la translation comme pour la rotation, le sens dans lequel
ces mouvements s'opèrent.

Pour la translation, le sens est indiqué par le sens même
de la droite parallèle à la translation ; de sorte qu'une droite
finie AB, prise dans le sens AB, définit complétement la gran-

deur, le sens et la direction d'une translation. On saura, en
effet, que cette translation s'opère parallèlement à AB, dans
le sens AB, et avec une vitesse égale à AB (§ 11), de sorte que,
dans un temps infiniment petit dt, le système considéré décrit
en vertu de ce mouvement le chemin AB $\times$ dt. La droite AB
peut d'ailleurs être déplacée comme on voudra dans l'espace,
pourvu qu'on n'altère ni son parallélisme, ni son sens, ni sa
grandeur.

On peut représenter de même par une droite finie LM, prise
dans un sens particulier LM, la grandeur et le sens d'une rotation. La direction indéfinie LM est l'axe de cette rotation ;
la position de cette droite doit être ici fixée d'une manière pré-
cise, et il ne suffirait plus de donner son parallélisme.
La longueur LM est la mesure de la *vitesse de la rotation* ; c'est la longueur de l'arc décrit dans l'unité
de temps par un point du corps tournant situé à l'u-
nité de distance de l'axe. On connaît ainsi la position
de l'axe et la vitesse angulaire du corps, et il reste à
fixer le sens dans lequel le corps tourne. On convient
pour cela d'attribuer à l'axe LM le sens dans lequel

Fig. 161.

un observateur, couché le long de cet axe, verrait la rotation
s'effectuer de gauche à droite, ou dans le sens du mouvement
ordinaire des aiguilles d'une montre. Dire que l'axe a la direction LM, c'est dire que l'observateur devrait avoir les pieds
en L et la tête en M; comme il voit toujours le mouvement
s'opérer de gauche à droite, le sens de la rotation est défini :
elle a le sens indiqué par la flèche F.

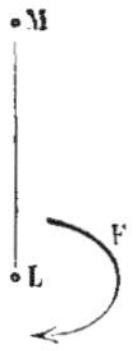

C'est tout cela que nous entendrons désormais par l'expression *axe d'une rotation* ; l'axe sera pour nous une longueur finie, prise sur l'axe géométrique autour duquel tourne un système, égale à la vitesse angulaire de ce système, et enfin dirigée dans un sens tel, que l'observateur couché le long de cet
axe voie le système tourner de gauche à droite.

Cette convention permet d'attribuer des signes aux rotations effectuées autour d'axes rectangulaires coordonnés, OX,
OY, OZ (fig. 162). Si la rotation s'effectue autour de OX, le sens de

l'axe sera le sens OX lorsque la rotation s'opérera de Y vers Z ; car alors l'observateur, pour la voir s'effectuer de gauche à droite, se couchera les pieds en O, la tête en X ; la direction de l'axe est dans ce cas celle des abscisses positives, et on dira par analogie que la *rotation est positive.* Si, au contraire, elle s'effectuait de Z vers Y, le sens de l'axe serait OX', du côté des abscisses négatives, et la rotation serait dite *négative.* On reconnaîtrait de même qu'avec la direction donnée habituellement aux parties positives des trois axes coordonnés, la rotation est positive autour de l'axe OY quand elle s'opère de Z vers X, et autour de l'axe OZ, quand elle s'opère de X vers Y.

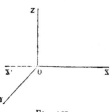

Fig. 162.

Ces préliminaires posés, nous allons chercher les règles de la composition des mouvements simples définis par des droites données de position, de sens et de grandeur. Les cas à examiner successivement sont les suivants :

Composition de deux translations.

Composition de deux rotations. . . . . { Autour d'axes parallèles.
Autour d'axes concourants.
Autour d'axes qui ne se rencontrent pas.

Composition d'une translation et d'une rotation. { Perpendiculaires entre elles.
Quelconques.

COMPOSITION DE DEUX TRANSLATIONS.

164. Soient MA, NB, deux translations simultanées, dont la grandeur, la direction et le sens sont donnés.

Fig. 163.

Pour trouver le mouvement résultant, considérons un point quelconque P du système qui subit ces deux translations. Ce point est animé à la fois de deux vitesses, l'une PQ, égale et parallèle à la vitesse MA de la première translation, l'autre PR égale et parallèle à la vitesse NB de la seconde. Ces deux vitesses se composent en une seule PS, diagonale du parallélogramme construit sur les deux vitesses PQ, PR. La même construction s'applique à tous les points du système mobile, et la vitesse résultante qu'elle détermine sera pour chacun égale et parallèle à PS. Tous les points sont donc animés de vitesses égales et parallèles ; le mouvement du système est par suite une translation (§ 125), déterminée en grandeur, en direction et en sens, par la droite PS, diagonale du parallélogramme construit sur les deux translations données.

De là résulte la règle suivante :

Pour composer deux translations données, on mène par un point quelconque de l'espace deux droites égales et parallèles à ces translations, et on achève le parallélogramme compris sous ces deux droites ; la diagonale du parallélogramme est la translation résultante cherchée.

On peut inversement décomposer *d'une infinité de manières* une translation donnée en deux translations simultanées. Il suffit que la translation donnée soit la diagonale d'un parallélogramme dont les côtés représentent les translations cherchées.

COMPOSITION DE DEUX ROTATIONS PARALLÈLES.

165. On appelle *rotations parallèles* des rotations dont les axes sont parallèles ; on appelle de même *rotations concourantes*, des rotations dont les axes concourent en un même point.

Soit O et O' les traces, sur le plan du papier, des axes des deux rotations données, qu'on suppose perpendiculaires à ce plan ; soit ω la vitesse angulaire de la première ; ω' la vitesse angulaire de la seconde ; nous supposerons d'abord que les rotations

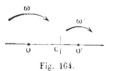

Fig. 164.

soient de même sens, c'est-à-dire que les axes soient dirigés dans le même sens à partir des points O et O'.

Le système qui subit ces deux rotations simultanées se déplace en vertu de chacune parallèlement au plan de la figure ; le mouvement résultant consiste donc aussi dans un déplacement parallèle à ce plan, et par suite le mouvement résultant est, soit une translation parallèle au même plan, soit une rotation autour d'un axe perpendiculaire (§ 133). Dans ce dernier cas, nous devons trouver dans le plan de la figure un point qui reste fixe en vertu de deux rotations simultanées ; ce point sera le pied de l'axe cherché.

Prenons sur la droite OO' un point C quelconque. Ce point, considéré comme subissant seulement la rotation ω, s'abaissera au-dessous de OO', pendant le temps infiniment petit dt, d'une quantité égale à $\omega\,dt \times OC$; considéré comme subissant uniquement la rotation ω', il s'élèvera, pendant le même temps, de la quantité $\omega\,dt \times O'C$; et par suite ce point C restera immobile en vertu de la coexistence des deux rotations, si l'on a l'égalité

$$\omega dt \times OC = \omega' dt \times O'C,$$

ou la proportion

$$\frac{OC}{O'C} = \frac{\omega'}{\omega}.$$

On obtient donc un point C qui reste fixe dans le mouvement résultant, en partageant la distance OO' en deux segments réciproquement proportionnels aux vitesses angulaires ω, ω'. Ce point est le pied de l'axe de la rotation résultante, lequel est perpendiculaire au plan du papier.

Il reste à trouver la grandeur Ω de cette rotation résultante.

On la déterminera en considérant le mouvement du point O' qui coïncide avec l'un des axes. Ce point étant situé sur l'axe O' ne subit aucun déplacement par suite de la rotation ω' ; son mouvement est donc entièrement dû à la rotation ω, t, en vertu de cette rotation, il s'abaisse au-dessous de OO', dans le temps dt, d'une quantité égale à $\omega\,dt \times OO'$. On substitue aux deux rotations ω et ω' une rotation unique Ω autour de l'axe C ; en vertu de ce nouveau mouvement, le point O' s'abaisse au-dessous de OO' pendant la durée infiniment petite dt d'une quantité $\Omega\, dt \times$ O'C. D'où résulte l'égalité

$$\omega dt \times OO' = \Omega dt \times O'C,$$

ou la proportion

$$\frac{\Omega}{\omega} = \frac{OO'}{O'C}.$$

Mais nous avons déjà la proportion

$$\frac{\omega'}{\omega} = \frac{OC}{O'C},$$

et par suite

$$\frac{\omega' + \omega}{\omega} = \frac{OC + O'C}{O'C} = \frac{OO'}{O'C}.$$

Comparant cette proportion à la première, nous en déduisons

$$\Omega = \omega' + \omega.$$

La rotation résultante est donc la somme des deux rotations composantes ; elle est d'ailleurs de même sens que chacune d'elles.

Supposons en second lieu que les rotations parallèles soient de sens contraires.

Cherchons encore sur la direction OO' un point C qui reste immobile en vertu de la simultanéité des deux déplacements correspondants à chacune des rotations données. Ce point se trouvera sur le prolongement de OO', et du

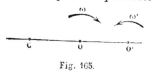

Fig. 165.

côté de la rotation la plus grande ; il sera défini par l'égalité

$$\omega dt \times OC = \omega' dt \times O'C,$$

ou par la proportion

$$\frac{OC}{O'C} = \frac{\omega'}{\omega}.$$

Le point C est encore déterminé par la condition que ses

distances aux centres O et O′ soient en raison inverse des rotations correspondantes.

Le mouvement résultant est une rotation autour d'un axe perpendiculaire au plan du papier et passant par le point C. Appelons Ω la grandeur de cette rotation unique. Nous déterminerons Ω en considérant le mouvement du point O′; comme il ne reçoit aucun déplacement de la rotation ω′, ses déplacements doivent être les mêmes, qu'on le considère comme entraîné par la rotation ω autour de O, ou par la rotation Ω autour de C. Donc

$$\Omega \times O'C = \omega' \times OO',$$

et par suite

$$\frac{\Omega}{\omega} = \frac{OO'}{O'C}.$$

Mais

$$\frac{\omega'}{\omega} = \frac{OC}{O'C},$$

et

$$\frac{\omega - \omega'}{\omega} = \frac{O'C - OC}{O'C} = \frac{OO'}{O'C}.$$

Donc enfin

$$\Omega = \omega - \omega'.$$

La rotation résultante est la différence des deux rotations composantes, et a le sens de la plus grande.

CAS PARTICULIER DE DEUX ROTATIONS PARALLÈLES, ÉGALES ET CONTRAIRES. — COUPLE DE ROTATIONS.

166. Supposons que les deux rotations ω et ω′ soient égales, mais contraires. Les formules précédentes deviennent

$$\frac{OC}{O'C} = \frac{\omega'}{\omega} = 1$$

et

$$\Omega = \omega - \omega' = 0,$$

La première équation nous indique que le point C est infiniment éloigné; car O'C surpasse OC d'une quantité constante OO', et pour que le rapport $\dfrac{OC}{O'C}$ puisse être considéré comme égal à l'unité, il faut et il suffit que la distance OC soit infiniment grande par rapport à la distance constante OO'. La seconde équation nous apprend que Ω est nul; de sorte que le mouvement résultant est *une rotation nulle autour d'un axe infiniment éloigné*.

Nous avons déjà fait pressentir (§ 135) que ce mouvement particulier était l'équivalent d'une translation. Il est facile de le vérifier.

Prenons un point quelconque M du plan; la rotation ω autour de O imprime à ce point un déplacement MA, perpendiculaire à la droite MO, et égal à $\omega\,dt \times$ MO. La rotation ω autour de O' lui imprime un déplacement MB $= \omega\,dt \times$ MO', et le déplacement résultant est représenté par la dia-

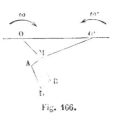

Fig. 166.

gonale MN du parallélogramme MANB, construit sur les côtés MA, MB. Le triangle MAN a son côté MA perpendiculaire et proportionnel à MO; le côté AN $=$ MB est perpendiculaire et proportionnel à MO'; l'angle MAN est égal à OMO'; par suite le triangle MAN est semblable à OMO', et MN, homologue de OO', lui est proportionnel et normal.

Les déplacements résultants des points du système, tous perpendiculaires à une même direction OO', sont parallèles entre eux. On a de plus la proportion

$$\frac{MN}{OO'} = \frac{MA}{OM} = \omega dt.$$

Donc

$$MN = \omega dt \times OO',$$

quantité constante. Les déplacements résultants des points du système sont donc égaux et parallèles, ce qui caractérise le mouvement de translation.

Le rapport $\dfrac{MN}{dt}$ est la vitesse linéaire de cette translation.

Elle est égale à $\omega \times 00'$, ou au produit de la rotation commune par la distance $00'$ des deux centres de rotation.

En résumé, *deux rotations parallèles, égales et de sens opposés, se composent en une translation perpendiculaire à la droite qui joint les centres des rotations, et égale au produit de la rotation commune par la distance de ces centres.*

On a donné le nom de *couple de rotations* à l'ensemble de deux rotations égales, parallèles et de sens opposés ; un *couple de rotations* équivaut à une translation ; la mesure de cette translation est le produit de la vitesse angulaire commune aux deux rotations par la distance des centres, qu'on nomme *bras de levier du couple.*

COMPOSITION D'UNE ROTATION ET D'UNE TRANSLATION PERPENDICULAIRE A LA ROTATION.

167. Soit O le pied de l'axe de la rotation ω, et soit AB la droite, perpendiculaire à cet axe par hypothèse, qui repré-

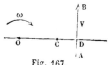

Fig. 167.

sente en grandeur, en direction et en sens la vitesse V de la translation donnée.

Du point O abaissons une perpendiculaire OD sur la direction AB, et cherchons sur cette droite un point C qui reste immobile en vertu de la coexistence des deux mouvements qu'il subit.

En vertu de la rotation, le point C s'abaisse au-dessous de OD, perpendiculairement à OC, d'une quantité $\omega \, dt \times OC$; et, en vertu de la translation, il s'élève au-dessus, dans une direction perpendiculaire à OC, d'une quantité Vdt. Il reste immobile si l'on a

$$\omega \times OC = V,$$

ou

$$OC = \frac{V}{\omega}.$$

Le point C est l'axe de la rotation résultante.

La grandeur Ω de cette rotation se déduit du déplacement du point O. Ce point, ne subissant que la translation, s'élève au-dessus de OD de la quantité Vdt; la rotation Ω autour de C l'élève de $\Omega dt \times$ OC. Donc $\Omega \times$ OC $=$ V, et par suite $\Omega = \omega$.

La composition de la translation V avec la rotation perpendiculaire ω, a donc pour seul effet de déplacer l'axe de rotation d'une quantité OC $= \dfrac{V}{\omega}$, sans altérer ni la grandeur, ni le sens de cet axe.

On pourrait parvenir à ce résultat en employant un *couple de rotations*. En effet, après avoir déterminé le point C sur la droite OD, par l'équation

$$\omega \times OC = V,$$

nous pouvons considérer la translation V comme remplacée par deux rotations simultanées, égales à ω, parallèles, et de sens contraires : l'une ω', ayant lieu autour de l'axe C, l'autre ω'', autour de l'axe O, et contraire à la rotation donnée ω. Nous savons, en effet, que le couple (ω',ω'') équivaut à la translation $\omega \times$ OC, ou V, dans le sens de la flèche.

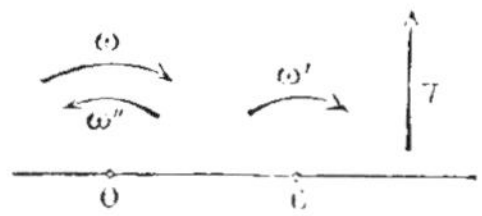

Fig. 168.

Or les rotations ω et ω'', égales et contraires autour du même axe, se détruisent, et il reste une rotation ω' autour de C, égale et de même sens que la rotation ω.

COMPOSITION DE DEUX ROTATIONS CONCOURANTES

168. Soient OA, OB, les deux axes de rotation. Ils représentent chacun, comme on sait, la position de l'axe fixe autour duquel tourne le corps, la grandeur de la vitesse angulaire, enfin le sens du mouvement. Le point de concours O des deux axes restant fixe dans les deux mouvements composants, reste encore fixe dans le mouvement résultant; ce mouvement est donc une rotation autour d'un axe passant par le point O (§151.)

Construisons le parallélogramme OACB sur les deux axes OA, OB, et menons la diagonale OC. Je dis que cette diagonale représente en direction, en grandeur et en sens, l'axe de la rotation résultante.

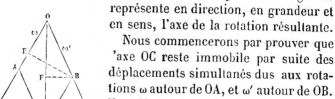

Fig. 169.

Nous commencerons par prouver que 'axe OC reste immobile par suite des déplacements simultanés dus aux rotations ω autour de OA, et ω' autour de OB. Il suffit pour cela de montrer que le point C reste fixe.

En vertu de la rotation ω, le point C se déplace perpendiculairement au plan de la figure, et s'enfonce derrière ce plan d'une quantité égale à $\omega dt \times Ca$, en appelant Ca la perpendiculaire abaissée du point C sur la direction OA.

En vertu de la rotation ω', le point C se déplace en avant du même plan et perpendiculairement à ce plan, d'une quantité $\omega' dt \times Cb$, Cb étant la perpendiculaire abaissée du point C sur le côté OB prolongé.

Le point C reste donc immobile si l'on a l'égalité

$$\omega \times Ca = \omega' \times Cb.$$

Mais les vitesses ω et ω' sont représentées sur la figure par les longueurs OA, OB des axes de rotation. L'égalité précédente devient donc

$$OA \times Ca = OB \times Cb,$$

et sous cette forme, on reconnaît qu'elle est satisfaite, car $OA \times Ca$ mesure le double de l'aire du triangle OAC, et $OB \times Cb$ mesure de même le double de l'aire du triangle OBC, qui est égal au triangle OAC.

Le point C restant fixe ainsi que le point O, OC est la direction de l'axe de la rotation résultante.

Appelons Ω la grandeur de cette rotation. Pour la déterminer, considérons le mouvement d'un point quelconque B de l'axe OB; ce point ne subit aucun déplacement en vertu de la rotation ω', puisqu'il est situé sur l'axe de cette rotation. Ses déplacements doivent donc être les mêmes, qu'on les déduise de la rotation ω autour de OA, ou de la rotation Ω autour de OC. Du point B abaissons sur OA et OC des perpendiculaires BE, BF. En vertu de la rotation OA, le point B se déplace perpendiculairement au plan du papier, en arrière de ce plan, d'une quantité égale à ω*dt* × BE; en vertu de la rotation autour de OC, il se déplace, dans la même direction et dans le même sens, d'une quantité Ω*dt* × BF, et nous avons l'égalité

$$\omega \times BE = \Omega \times BF.$$

Mais la vitesse ω est représentée sur la figure par la longueur OA de l'axe autour duquel s'effectue la rotation ω. Le produit ω × BE, ou OA × BE, mesure l'aire du parallélogramme OACB. Le produit OC × FB mesure le double de l'aire du triangle OCB, c'est-à-dire l'aire du même parallélogramme. Donc

$$OA \times BE = OC \times FB.$$

Or

$$\omega = OA;$$

donc

$$\Omega = OC.$$

La rotation résultante de deux rotations concourantes est donc représentée en direction, en grandeur et en sens, par la diagonale OC du parallélogramme construit sur les axes OA et OB des deux rotations données.

169. Ce théorème de cinématique fournit une démonstration d'un théorème de géométrie.

Prenons, dans le plan du parallélogramme OACB, un point M quelconque, que nous supposerons animé de

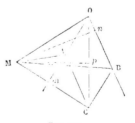

Fig. 170.

deux mouvements simultanés de rotation autour des axes OA et OB, avec des vitesses angulaires respectivement proportionnelles aux longueurs OA et OB. Le mouvement résultant du point M sera une rotation autour de l'axe OC, avec une vitesse angulaire proportionnelle à la longueur OC. D'ailleurs les déplacements du point M dans ces trois rotations sont normaux au plan de la figure, et par suite le déplacement résultant est la somme algébrique des déplacements composants. Abaissons du point M les perpendiculaires Mm, Mn, Mp, sur les côtés du parallélogramme et la diagonale, nous aurons, en omettant le facteur dt, l'équation

$$\text{OA} \times \text{M}m + \text{OB} \times \text{M}n = \text{OC} \times \text{M}p.$$

Or OA $\times$ Mm est la mesure du double de la surface du triangle MOA ; de même OB $\times$ Mn est le double du triangle MOB, et OC $\times$ Mp le double du triangle MOC. Le triangle MOC, fait sur la diagonale, est donc la somme (algébrique) des triangles faits sur les côtés OA et OB ; ce théorème, connu en géométrie sous le nom de *théorème de Varignon*, sert en statique à établir la théorie des moments.

COMPOSITION DE DEUX ROTATIONS NON CONCOURANTES ET NON PARALLÈLES, ET COMPOSITION D'UNE ROTATION AVEC UNE TRANSLATION QUELCONQUE.

170 Soient OA, O'B, les axes de deux rotations qui ne sont ni parallèles, ni concourantes.

Par le point O' menons une droite O'A', égale et parallèle à

Fig. 171.

OA, mais dirigée en sens contraire, puis achevons le parallélogramme dont O'A' est le côté et O'B la diagonale. Il suffira pour cela de joindre BA', et de mener par les points O' et B des parallèles O'C, BC, aux côtés BA', O'A'.

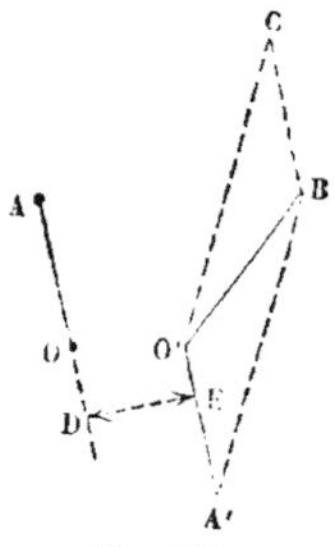

La ligne O'B étant la diagonale du parallélogramme construit sur les deux côtés O'A', O'C, la rotation O'B est la résultante de deux rotations O'A' et O'C, et nous pouvons substituer à la rotation donnée l'ensemble de ces deux nouvelles rotations.

Mais les deux rotations OA, O'A', sont égales, parallèles et de sens opposés. Donc (§ 166) elles équivalent à une translation, perpendiculaire au plan des parallèles OA, O'A', et égale au produit de la rotation OA par la distance DE des deux axes parallèles.

Le problème est ainsi ramené à la composition d'une rotation O'C avec une translation donnée MN (fig. 172).

Nous pouvons décomposer la translation MN en deux composantes MP, MQ, par la règle du parallélogramme, en faisant en sorte que MQ soit parallèle à O'C, et que MP soit perpendiculaire à MQ ou à O'C. Il suffit pour cela de mener par le point M une droite MS indéfinie, parallèle à O'C, et un plan RR', perpendiculaire à O'C ; puis par les deux droites MN, MS, de faire passer un plan qui coupera le plan RR' suivant une droite indéfinie ML ;

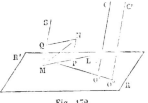

Fig. 172.

cette droite sera la direction de la seconde composante. On achèvera le parallélogramme en menant NP parallèle à MQ, et NQ parallèle à MP ; de cette façon, nous aurons substitué à la translation unique MN deux translations simultanées rectangulaires MP, MQ.

La translation MP, perpendiculaire à la rotation O'C, peut se composer avec cette rotation (§ 167), et donne pour résultante une rotation O''C', qui n'est autre que la rotation O'C, déplacée d'une certaine quantité O'O'', parallèlement à elle-même, suivant la perpendiculaire abaissée du point O' sur la vitesse MP. On obtient donc une rotation O''C' et une translation MQ parallèle à la rotation. Le système qui subit à la fois ces deux mouvements élémentaires, *glisse* avec une vitesse MQ le long de l'axe O''C', autour duquel il tourne avec une vitesse angulaire O''C'. Donc enfin (§ 159) la direction O''C' est l'*axe instantané glissant* du système.

171. On pourrait procéder différemment. Substituons (fig. 173) à la rotation OA une rotation O'A', égale et parallèle, rencontrant l'axe O'B en un point O' quelconque, et une translation perpendiculaire au plan des parallèles OA, O'A, et égale

à ω × DE (§ 167). Les deux rotations O'A' et O'B sont concourantes : elles se composent donc en une rotation unique O'C,

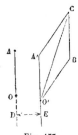

Fig. 173.

qu'on obtient par la règle du parallélogramme (§ 165). On ramène ainsi les deux
rotations à une rotation et une translation :
puis on peut continuer comme tout à l'heure.
La translation sera décomposée en deux
translations rectangulaires, l'une parallèle,
l'autre normale à l'axe de la rotation ; et la
translation normale, composée avec la rotation, aura pour effet de déplacer l'axe de
cette rotation parallèlement à lui-même,
sans altérer sa grandeur. En définitive, on obtiendra une rotation et une translation parallèles.

172. La composition des mouvements élémentaires simultanés nous amène à retrouver et à compléter les théorèmes
relatifs au déplacement élémentaire d'un système solide.

Nous avons reconnu d'abord que le mouvement élémentaire
d'un solide pouvait être décomposé en une translation égale
et parallèle au mouvement élémentaire d'un point A, et en
une rotation Ω autour d'un axe passant par ce point A (§ 158).

Si la translation est normale à la rotation, les deux mouvements se composent en une seule rotation égale et parallèle
à la rotation primitive Ω (§ 167).

Si la translation est oblique à la rotation, on peut décomposer la translation en deux nouvelles translations, l'une parallèle à la rotation, l'autre normale ; celle-ci, composée avec la
rotation Ω, donne une rotation égale autour d'un axe parallèle,
de sorte que le mouvement élémentaire est ramené à une rotation et à une translation parallèle, c'est-à-dire enfin au mouvement hélicoïdal (§ 170).

Dans toutes ces transformations, la rotation primitive Ω n'est
altérée ni en grandeur ni en direction.

On peut, au lieu de composer la rotation Ω avec la composante de la translation qui lui est normale, substituer à la
translation un couple de rotations (ω, ω') autour de deux axes

parallèles, dont l'un rencontre l'axe de la rotation Ω; les deux rotations concourantes, ω et Ω, peuvent se composer en une seule Ω' ($\S$ 168); et le mouvement élémentaire du solide est ramené à *deux rotations ω', Ω', autour de deux axes non concourants.*

Ces deux axes sont des *droites conjuguées* ($\S$ 157); chacune est située à la fois dans les plans normaux menés aux trajectoires des points de l'autre.

173. Supposons qu'on définisse, à un certain instant, le mouvement élémentaire d'un système solide par la vitesse de translation OP d'un point O, appartenant à ce système, et par la grandeur et la direction OR de l'axe de la rotation instantanée autour d'un axe passant par ce même point. On mène par le point O des axes rectangulaires OX, OY, OZ, suivant lesquels on peut décomposer les mouvements élémentaires ainsi définis; projetons OP et OR parallèlement aux axes; soient V et Ω la vitesse OP et la rotation OR; α, β, γ, les angles que OP fait avec les trois axes, et

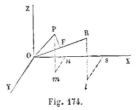

Fig. 174.

λ, μ, ν, les angles de OR avec les mêmes axes. Appelons enfin u, v, w, les composantes de V suivant les axes, et p, q, r, les composantes de Ω; en sorte qu'on ait

$$u = On = V \cos \alpha, \qquad p = Os = \Omega \cos \lambda,$$
$$v = nm = V \cos \beta, \qquad q = sl = \Omega \cos \mu,$$
$$w = mP = V \cos \gamma, \qquad r = lR = \Omega \cos \nu.$$

Remarquons en passant qu'au lieu de donner V, Ω et leurs directions, on peut donner les six composantes u, v, w, p, q, r; ce qui revient à décomposer le mouvement élémentaire du solide en trois translations parallèles aux axes coordonnés, et en trois rotations autour des mêmes axes.

Proposons-nous de déterminer l'axe instantané glissant.

On sait d'abord qu'il est parallèle à OR ($\S$ 172). Décomposons la translation OP en deux composantes OF, FP, en abaissant du point P la perpendiculaire sur OR. La droite OF sera la vitesse de translation, ou de glissement, dans le mouvement hélicoïdal ; elle est égale au produit de V par le cosinus de l'angle de OP avec OR ; le cosinus de cet angle est égal à

$$\cos \alpha \cos \lambda + \cos \beta \cos \mu + \cos \gamma \cos \nu,$$

ou à

$$\frac{up + vq + wr}{V\Omega} ;$$

donc la vitesse du glissement est égale à

$$\frac{up + vq + wr}{\Omega} ;$$

elle fait avec les axes les mêmes angles λ, μ, ν, que la rotation donnée.

Pour trouver la position de l'axe glissant, on pourrait composer la rotation $\Omega = OR$ avec la translation normale PF (§170). Mais on arrive plus simplement par la marche suivante au résultat cherché.

Considérons un point quelconque M du système solide, et soient x, y, z ses coordonnées ; cherchons quelles variations ces coordonnées éprouvent par suite des six mouvements élémentaires subis simultanément par le solide. Il suffit pour cela de considérer successivement ces six mouvements, de déterminer les variations correspondantes des coordonnées, et de faire la somme algébrique des résultats ainsi obtenus.

La vitesse u augmente, pendant le temps dt, la coordonnée x de udt sans rien changer à y ni à z.

De même, la vitesse v augmente y de vdt sans altérer x ni z ;

Et la vitesse w augmente z de wdt sans altérer x ni y.

Chacune des rotations p, q, r, altère à la fois deux coordonnées, en laissant sa valeur à celle qui est parallèle à l'axe autour duquel cette rotation s'opère.

Ainsi p altère y et z sans altérer x ; q altère x et z sans altérer y, et y altère x et y sans altérer z.

Pour évaluer les variations de y et de z dues à la rotation p, projetons le point M sur le plan YOZ (fig. 175) ; la rotation p, supposée positive, amène, pendant le temps dt, le point M en M', par une rotation dans le sens YZ autour de l'axe projeté en O ; menons MN, M'N' parallèles à OZ, et ML parallèle à OY : le z du point augmente de LM', et la coordonnée y diminue de ML. Or le triangle MM'L est semblable au triangle OMN, dont les côtés sont respectivement perpendiculaires aux côtés du premier ; on a donc la série de rapports égaux

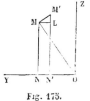

Fig. 175.

$$\frac{ML}{MN} = \frac{LM'}{ON} = \frac{MM'}{OM},$$

et, observant que

$$MM' = p \times OMdt,$$
$$MN = z,$$
$$ON = y,$$

on en déduit

$$ML = pzdt,$$
$$LM' = pydt.$$

La variation de y due à la rotation p est donc égale à $-pz\,dt$, et la variation de z égale à $+py\,dt$. On reconnait de même que la rotation q autour de OY fait varier z de $-qx\,dt$, et x de $+qz\,dt$; qu'enfin la rotation p autour de OZ fait varier x de $-ry\,dt$ et y de $+rx\,dt$.

Réunissant tous ces résultats, on forme le tableau suivant :

MOUVEMENTS ÉLÉMENTAIRES.	VARIATIONS CORRESPONDANTES DES COORDONNÉES		
	x	y	z
u	$+ udt$	0	0
v	0	$+ vdt$	0
w	0	0	$+ wdt$
p	0	$- pzdt$	$+ pydt$
q	$+ qzdt$	0	$- qxdt$
r	$- rydt$	$+ rxdt$	0

Les variations des coordonnées dues à tous ces mouvements pris ensemble sont donc

$$(1) \quad \begin{cases} dx = (u + qz - ry)\,dt, \\ dy = (v - pz + rx)\,dt, \\ dz = (w + py - qx)\,dt. \end{cases}$$

On pourrait décomposer la vitesse V en deux ou plusieurs composantes, et opérer sur chacune de ces composantes prises séparément ; on trouverait toujours le même résultat en réunissant les variations correspondantes par voie d'addition algébrique. Arrangeons-nous pour que l'une des composantes de la vitesse V soit la vitesse OF de glissement ; les composantes de cette vitesse sont :

Suivant l'axe OX,

$$\frac{up + vq + wr}{\Omega} \times \frac{p}{\Omega} = \frac{up^2 + vpq + wpr}{p^2 + q^2 + r^2};$$

Suivant l'axe OY,

$$\frac{up + vq + wr}{\Omega} \times \frac{q}{\Omega} = \frac{upq + vq^2 + wqr}{p^2 + q^2 + r^2};$$

Suivant l'axe OZ,

$$\frac{up + vq + wr}{\Omega} \times \frac{r}{\Omega} = \frac{upr + vqr + wr^2}{p^2 + q^2 + r^2}.$$

Les composantes suivant les mêmes axes de la vitesse FP seront les différences

$$u - \frac{up^2 + vpq + wpr}{p^2 + q^2 + r^2} = \frac{u(q^2 + r^2) - p(vq + wr)}{p^2 + q^2 + r^2},$$

$$v - \frac{upq + vq^2 + wqr}{p^2 + q^2 + r^2} = \frac{v(p^2 + r^2) - q(up + wr)}{p^2 + q^2 + r^2},$$

$$w - \frac{upr + vqr + wr^2}{p^2 + q^2 + r^2} = \frac{w(p^2 + q^2) - r(up + vq)}{p^2 + q^2 + r^2},$$

et par suite, *abstraction faite de la vitesse de glissement*, les variations des coordonnées dues à la rotation Ω et à la translation FP seront

$$(2)\quad \begin{aligned} dx' &= \left(\frac{u\,(q^2 + r^2) - p\,(vq + wr)}{p^2 + q^2 + r^2} + qz - ry\right) dt,\\ dy' &= \left(\frac{v\,(r^2 + p^2) - q\,(wr + up)}{p^2 + q^2 + r^2} + rx - pz\right) dt,\\ dz' &= \left(\frac{w\,(p^2 + q^2) - r\,(up + vq)}{p^2 + q^2 + r^2} + py - qx\right) dt, \end{aligned}$$

ces formules étant obtenues en remplaçant dans les équations (1) les composantes u, v, w de la vitesse totale V, par les composantes de sa composante FP.

Or l'axe instantané glissant reste immobile quand on supprime le glissement qui s'opère le long de sa direction; les équations de cet axe s'obtiendront donc en égalant à zéro les variations dx', dy', dz'. L'axe instantané glissant est ainsi la droite définie par les trois équations :

$$(3)\quad \begin{cases} py - qx = \dfrac{r\,(up + vq) - w\,(p^2 + q^2)}{p^2 + q^2 + r^2},\\[2mm] qz - ry = \dfrac{p\,(vq + wr) - u\,(q^2 + r^2)}{p^2 + q^2 + r^2},\\[2mm] rx - pz = \dfrac{q\,(wr + up) - v\,(r^2 + p^2)}{p^2 + q^2 + r^2}. \end{cases}$$

Ces trois équations ne sont pas incompatibles; en effet, si l'on élimine z entre les deux dernières, on retombe sur la première en vertu de l'identité :

$$r\,[r\,(up + vq) - w\,(p^2 + q^2)] + p\,[p\,(vq + wr) - u\,(q^2 + r^2)]$$
$$+ q\,[q\,(up + wr) - v\,(p^2 + r^2)] = 0.$$

174. Cherchons quelles variations de coordonnées produit sur un solide une rotation ω autour d'un axe AP, qui ne passe pas par l'origine.

Pour définir la position de l'axe AP, nous donnerons les coordonnées ξ, η, ζ, d'un de ses points A, et les composantes p', q', r', de la rotation ω décomposée parallèlement aux trois axes.

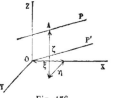

Fig. 176.

Par le point O, menons un axe OP′, parallèle à AP ; nous pourrons supposer la rotation ω transportée à cet axe, en y joignant une translation perpendiculaire au plan des deux droites AP, OP′. Soient u', v', w', les composantes de cette translation ; nous aurons d'abord

$$u'p' + v'q' + w'r' = 0,$$

puisque l'angle de la translation avec la rotation OP′ est droit ; les équations de l'axe AP seront les équations (5), savoir :

$$p'y - q'x = \frac{r'\,(u'p' + v'q') - w'\,(p'^2 + q'^2)}{p'^2 + q'^2 + r'^2},$$

$$q'z - r'y = \frac{p'\,(v'q' + w'r') - u'\,(q'^2 + r'^2)}{p'^2 + q'^2 + r'^2},$$

$$r'x - p'z = \frac{q'\,(w'r' + u'p') - v'\,(r'^2 + p'^2)}{p'^2 + q'^2 + r'^2}.$$

Remplaçant $u'p' + v'q'$ par $- w'r'$, $v'q' + w'r'$ par $- u'p'$, et $u'p' + w'r'$ par $- v'q'$, il vient

$$p'y - q'x = - w',$$
$$q'z - r'y = - u',$$
$$r'x - p'z = - v',$$

et ces équations déterminent les composantes, u', v', w', de la translation. L'axe AP passant en effet au point A, dont les coordonnées ξ, η, ζ, sont des quantités connues, on aura

$$(4) \qquad \begin{cases} u' = r'\eta - q'\zeta, \\ v' = p'\zeta - r'\xi, \\ w' = q'\xi - p'\eta; \end{cases}$$

ces relations pourraient se déduire des équations (1), en y faisant dx, dy, dz égaux à 0. Nous pouvons ensuite appliquer ces mêmes équations à la recherche des variations des coordonnées x, y, z d'un point quelconque, sous l'influence de la translation (u', v', w') et de la rotation (p', q', r'), passant par l'origine ; et nous aurons par conséquent :

$$dx = (r'\eta - q'\zeta + q'z - r'y)\,dt,$$
$$dy = (p'\zeta - r'\xi + r'x - p'z)\,dt,$$
$$dz = (q'\xi - p'\eta + p'y - q'x)\,dt,$$

ou bien

$$(5) \quad \begin{cases} dx = [q'\,(z-\zeta) - r'\,(y-\eta)]\,dt, \\ dy = [r'\,(x-\xi) - p'\,(z-\zeta)]\,dt, \\ dz = [p'\,(y-\eta) - q'\,(x-\xi)]\,dt, \end{cases}$$

formules auxquelles conduirait directement un changement de coordonnées, résultant du transport de l'origine au point A, sans altération du parallélisme des axes.

175. Enfin, nous allons déterminer les équations de deux *lignes conjuguées ;* elles seront définies, l'une par les coordonnées ξ, η, ζ de l'un de ses points et les composantes p', q', r', de la vitesse angulaire, l'autre par les coordonnées ξ', η', ζ', et les composantes p'', q'', r''.

Appelons toujours u, v, w, et p, q, r, les composantes données de la translation, et de la rotation autour d'un axe passant par l'origine.

Les variations dx, dy, dz des coordonnées d'un même point, dues aux mouvements composants, s'obtiendront en faisant les sommes algébriques des variations partielles dues à chaque mouvement en particulier ; appliquons donc les équations (1) et (5), et nous aurons, en divisant par dt,

$$(6) \quad \begin{cases} u + qz - ry = q'\,(z-\zeta) - r'\,(y-\eta) + q''\,(z-\zeta') - r''\,(y-\eta'), \\ v + rx - pz = r'\,(x-\xi) - p'\,(z-\zeta) + r''\,(x-\xi') - p''\,(z-\zeta'), \\ w + py - qx = p'\,(y-\eta) - q'\,(x-\xi) + p''\,(y-\eta') - q''\,(x-\xi'). \end{cases}$$

Ces équations doivent être vérifiées par toutes les valeurs possibles de x, y, z ; et par suite, les multiplicateurs de ces variables et le terme indépendant doivent être séparément nuls ; ce qui conduit aux neuf équations

$$(7) \quad \begin{cases} \begin{cases} u + q'\zeta - r'\eta + q''\zeta' - r''\eta' = 0, \\ q - q' - q'' = 0, \\ r - r' - r'' = 0. \end{cases} \\ \begin{cases} v + r'\xi - p'\zeta + r''\xi' - p''\zeta' = 0, \\ r - r' - r'' = 0, \\ p - p' - p'' = 0. \end{cases} \\ \begin{cases} w + p'\eta - q'\xi + p''\eta' - q''\xi' = 0, \\ p - p' - p'' = 0, \\ q - q' - q'' = 0. \end{cases} \end{cases}$$

Ce groupe de neuf équations ne contient que cinq relations distinctes.

Il y en a d'abord trois qui sont écrites deux fois, ce qui réduit le nombre effectif d'équations à six ; de plus, multiplions la première par p'', la quatrième par q'', la septième par r'', et ajoutons : nous aurons pour résultat

$$p''u + q''v + r''w + q'p'' \begin{vmatrix} \zeta - r'p'' \\ -p'q'' \end{vmatrix} \begin{vmatrix} \eta + r'q'' \\ +p'r'' \end{vmatrix} \begin{vmatrix} \eta + r'q'' \\ -r''q' \end{vmatrix} \xi = 0.$$

Remplaçant dans cette équation p'', q'', r'', par $p - p'$, $q - q'$, $r - r'$, il vient

$$(p-p')u + (q-q')v + (r-r')w + (pq'-qp')\zeta + (rp'-pr')\eta \\ + (qr'-rq')\xi = 0,$$

ou bien

(8) $p'(u + q\zeta - r\eta) + q'(v + r\xi - p\zeta) + r'(w + pu - q\xi) = pu + qr + wr,$

équation qui lie entre elles les six quantités p', q', r' et ξ, η, ζ.

Si donc on donne u, v, w, p, q, r, on pourra prendre arbitrairement un point ξ, η, ζ, pour y faire passer l'axe de l'une des deux rotations ; l'équation (8) établit une condition à laquelle doivent satisfaire les composantes p', q', r', de cette rotation ; deux seulement sont donc arbitraires, et la troisième se déduit de l'équation (8). On peut prendre arbitrairement, par exemple, les rapports $\dfrac{p'}{r'}$, $\dfrac{q'}{r'}$, qui définissent entièrement la direction de l'axe ; l'équation (8) donne ensuite les valeurs des rotations composantes, et par suite de la rotation totale.

Une fois ce choix fait, les équations (7) font connaître, les unes les composantes de la rotation conjuguée p'', q'', r'', les autres les équations de l'axe autour duquel elle s'effectue.

APPLICATION DE LA THÉORIE DES MOUVEMENTS SIMULTANÉS AU MOUVE-
MENT DE LA TERRE DANS L'ESPACE. — THÉORIE SOMMAIRE DU PEN-
DULE DE FOUCAULT.

176. Le mouvement de la terre dans l'espace fournit
un exemple de la composition des mouvements simultanés. On sait que le globe terrestre parcourt dans l'année
une ellipse dont le soleil occupe un des foyers; ce mouvement représente le mouvement de *transla-
tion*. En même temps, le globe terrestre est
animé, de l'ouest à l'est, d'un mouvement
de *rotation* uniforme autour de la *ligne des
pôles*, ou de *l'axe du monde;* la durée de
la révolution est de 24 heures. Voilà donc
le mouvement de la terre décomposé en

Fig. 177

deux mouvements simples, la translation et la rotation,
et à chacun de ces mouvements correspond une période particulière : à la translation l'*année*, à la rotation le *jour*.

La durée du jour solaire, prise entre deux passages consécutifs du soleil au méridien du même point du globe, est légèrement variable aux différentes époques de l'année, bien
que la vitesse de rotation du globe soit constante. Il est facile
de se rendre compte de cette inégalité. Soit S le centre du
soleil, et T la terre en un point de son orbite LL' (fig. 177).
Joignons le centre T de la terre au centre du soleil; la ligne
TS rencontre en A la surface terrestre, de sorte qu'à l'époque
que nous considérons, *il est midi vrai pour le point* A.

Vingt-quatre heures après, la terre s'est transportée en T'
en vertu de son mouvement de translation. En même temps,
le globe a subi une rotation autour de son centre T et a accompli
un tour entier; mais ce tour entier n'a pas ramené le point A
dans la direction du soleil, car le tour est entièrement accompli dès que le point A est arrivé en A'' sur une parallèle, T'A'',
à TA. L'intervalle de temps compris entre deux retours consécutifs d'un même point A dans des directions parallèles

TA, T'A'', est nommé *jour sidéral*, parce qu'on peut supposer
que ces directions TA, T'A'' aboutissent à une même étoile infiniment éloignée de la terre; le *jour sidéral* mesure la véritable période du mouvement de rotation uniforme, et a une
durée constante. Le *jour solaire* surpasse le jour sidéral de
tout le temps que le globe met à décrire le petit angle A''T'A';
ce petit déplacement angulaire (pendant lequel le centre T' de
la terre avance d'une certaine quantité sur sa trajectoire) ramène le point A en A' et complète la durée du jour solaire,
intervalle de temps qui s'écoule entre deux *midis vrais* consécutifs en un même point du globe.

La durée du jour solaire est donc variable, car elle dépend
de la vitesse de translation de la terre, laquelle n'est pas la
même pour tous les points de l'orbite, c'est-à-dire pour **tous**
les jours de l'année.

Le *jour moyen* ou *jour civil*, est la moyenne des jours so-
laires pendant l'année. C'est une période constante qu'on partage en 24 heures. Cherchons le rapport du jour sidéral **au**
jour solaire moyen. La durée de la révolution entière de la
terre autour du soleil, ou l'année, est d'environ 365 jours
moyens $\frac{1}{4}$. Or, en un jour moyen, la terre fait autour de
son axe un tour entier pour amener le point A en A'', et
elle décrit de plus un angle A''T'A', égal à T'ST; appelons t
la durée du jour sidéral rapportée au jour moyen : la va-
leur moyenne de l'angle T'ST est égale à la fraction $\dfrac{1}{365\frac{1}{4}}$ du
tour entier, et, par suite, le temps que met la terre à décrire
cet angle est

$$\times \frac{1}{365\frac{1}{4}}.$$

Donc

$$t\left(1 + \frac{1}{365\frac{1}{4}}\right) = 24 \text{ heures solaires moyennes} = 86400 \text{ secondes}.$$

et enfin

$$t = \frac{86400 \times (365\frac{1}{4})}{366\frac{1}{4}} = 86164 \text{ secondes},$$

Le jour sidéral est donc plus court que le jour solaire moyen, de 86400 — 86164 = 236 secondes = 3ᵐ 56ˢ, ou d'environ 4 minutes (de jour moyen).

177. La translation annuelle et la rotation diurne sont les principaux mouvements de la terre. Mais ce ne sont pas les seuls. Les astronomes ont découvert que notre globe participe à d'autres mouvements beaucoup plus difficiles à étudier. Nous avons admis jusqu'ici que l'axe de la terre se déplaçait dans l'espace parallèlement à lui-même. Ce n'est pas le mouvement le plus général d'un corps solide. Nous avons décomposé le mouvement de la terre en une translation et une rotation autour d'un axe passant par son centre. Faisant abstraction du premier mouvement, le second, qui s'accomplit autour d'un même point fixe, peut consister dans une série de rotations instantanées autour d'axes successifs passant par ce point, et nous avons vu (§ 162) que ce mouvement continu de rotation équivalait au roulement d'un cône lié au corps mobile, sur la surface d'un second cône fixe dans l'espace. La translation parallèle de l'axe de rotation n'étant pas le mouvement le plus général d'un corps libre, il est probable que la terre est animée d'un mouvement plus compliqué.

On constate, en effet, que l'axe de la terre n'est ni rigoureusement fixe dans le globe, ni rigoureusement parallèle à une direction fixe dans l'espace. Hipparque a reconnu le premier que l'axe de la terre décrit en 26000 années un cône droit autour d'une perpendiculaire au plan de l'écliptique : ce mouvement, extrêmement lent, déplace d'environ 50 secondes sexagésimales par an la ligne d'intersection de l'écliptique avec l'équateur ; il est connu en astronomie sous le nom de *précession des équinoxes*. Bradley a démontré plus tard que l'axe de la terre ne suit pas exactement la surface du cône droit indiqué par Hipparque, mais qu'il oscille de quelques secondes de part et d'autre de cette surface dans une période de 18 années environ : c'est ce mouvement qu'on appelle la *nutation*. On rend compte de ces mouvements en imaginant un cône très-peu ouvert, ayant son sommet au centre même

de la terre et faisant corps avec elle, puis un second cône
ayant même sommet, mais fixe dans l'espace, et en supposant que le premier cône roule sur le second de manière
à faire chaque jour un tour entier. Si l'on néglige la nutation, balancement très-restreint de l'axe de part et d'autre
d'une position moyenne, et si l'on se borne au mouvement
moyen de précession, on peut définir le mouvement ainsi
simplifié en prenant pour cône mobile et pour cône fixe deux
cônes de révolution. Le pôle réel du globe, au lieu d'être
un point rigoureusement fixe sur la surface de la terre, est
un point mobile qui, dans cette hypothèse, décrirait chaque
jour autour du pôle moyen un cercle d'environ 26 centimètres
de rayon.

178. *Pendule de Foucault.* La décomposition des rotations
fournit une explication sommaire du mouvement apparent
observé dans l'expérience de Foucault.

On attache à un point A très-élevé un fil AB d'une grande
longueur; à l'extrémité B on suspend une lentille pesante. On
écarte le pendule ainsi formé de la position verticale AC, puis

Fig. 178.

on le laisse osciller de AB en AB'. Quand l'expérience est faite avec toutes les précautions convenables, on ne tarde pas à remarquer que le
plan d'oscillation du pendule prend, par rapport aux objets fixes environnants, un mouvement à peu près uniforme autour de la verticale, dans le sens du mouvement apparent du
soleil, comme si ce plan ne subissait pas le
mouvement d'entraînement qui correspond à
la rotation de la terre.

Voici comment on peut se rendre compte de ce phénomène.

Soit (fig. 179) PEP'E' la sphère terrestre; O, son centre;
PP', la ligne des pôles ou l'axe de la sphère, qui conserve
dans l'espace une direction sensiblement fixe; EE', le plan de
l'équateur.

Suspendons d'abord le fil au point A, sur la verticale
du pôle nord, écartons la lentille B de la verticale, et laissons

osciller le pendule. Rigoureusement, l'oscillation ne s'effectuerait pas dans le plan vertical PAB, parce qu'en écartant la
lentille, la main de l'observateur lui communique au point B,
perpendiculairement à ce plan, la vitesse qu'elle possède elle-
même en ce point, et qui est le produit de sa distance, BP,
à l'axe de la terre, par la vitesse
angulaire du globe. Mais cette vitesse
est très-faible, parce que la distance BP
est très-petite, et nous admettrons
qu'on peut n'en pas tenir compte, ou,
plus rigoureusement, qu'on a eu soin
de la détruire, en imprimant à la lentille, au moment où on l'abandonne,
une vitesse égale et contraire. Alors le
mouvement s'accomplit dans le plan
PAB. On s'assure, par une expérience

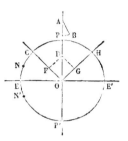

Fig. 179.

préalable, que la torsion du fil AB ne déplace pas le plan d'oscillation. La pesanteur ne contribue pas d'ailleurs à modifier la position de ce plan. Il restera donc fixe dans l'espace,
et comme le globe fait en vingt-quatre heures un tour entier
de l'ouest à l'est autour de l'axe PA, l'observateur, entraîné
dans ce mouvement, attribuera au plan d'oscillation du pendule un mouvement de rotation de l'est à l'ouest, égal et contraire au mouvement dont il est lui-même animé; le plan du
pendule, pour l'observateur placé les pieds en P, la tête en A,
tournera donc de gauche à droite, dans le sens de la marche
apparente du soleil.

On reconnaîtrait de même que, si l'observation se faisait au
pôle sud, P', le plan du pendule paraîtrait tourner de droite à
gauche autour de P'P, car l'observateur aurait au point P' la
position inverse de celle qu'il a en P.

On peut donc prévoir qu'en un point pris au hasard à la surface de la terre, le plan du pendule prendra un certain mouvement apparent; mais quelle relation ce mouvement apparent aura-t-il avec le mouvement de rotation de la terre?

Pour résoudre cette question, remarquons d'abord que si

l'on fait l'expérience en deux points N et N′, également distants de l'équateur EE′, l'un dans l'hémisphère boréal, l'autre
dans l'hémisphère austral, on verra, en N, le plan du pendule
tourner autour de la verticale dans le sens *est-sud-ouest-nord*,
tandis qu'en N′, il tournera autour de la verticale du lieu, dans
le sens *est-nord-ouest-sud*. A l'équateur, par conséquent, le
plan du pendule restera immobile, car l'équateur est la limite
commune des deux régions où les mouvements observés sont
contraires.

Nous avons ainsi reconnu les lois du mouvement apparent
au pôle et à l'équateur : au pôle, rotation qui fait accomplir
au plan du pendule, de l'est à l'ouest, un tour entier de l'hori-
zon en 24 heures ; à l'équateur, immobilité du plan. Il reste
à savoir ce qui se passe en un point C, intermédiaire entre le
pôle P et l'équateur.

Joignons OC, et élevons sur OC une perpendiculaire OH ;
puis prenons sur l'axe OP une longueur OD pour représenter
la vitesse de rotation du globe. Décomposons cette rotation
en deux autres, autour des axes OC, OH ; pour cela il suffit de
projeter le point D en F et en G, sur les droites rectangulaires
OC et OH. Les longueurs OF et OG représenteront, à la même
échelle, les vitesses de rotation composantes, et en appelant
ω la rotation de la terre et λ la latitude, COE, du point C, la
rotation OF sera égale à ω sin λ, et la rotation OG à ω cos λ.

Considérons successivement ces deux rotations. A l'égard de
la rotation OG, le point C se trouve comme à l'équateur de la
sphère dont le point H est le pôle. Si cette rotation existait
seule, elle ne produirait aucun déplacement apparent du
plan d'oscillation du pendule, et par suite nous n'avons pas
à tenir compte de la composante OG.

A l'égard de la rotation OF, le point C est situé au pôle qu'aurait le globe si cette rotation existait seule ; par conséquent le
plan d'oscillation du pendule prendra, par rapport à l'observateur qui fait en C l'expérience, un mouvement de rotation
autour de la verticale du lieu, de l'est à l'ouest en passant par
le sud, et avec une vitesse angulaire égale à ω sin λ. Puisque

le globe fait un tour entier sur lui-même en 24 heures, le plan du pendule fera au point C le tour entier de la verticale dans un temps égal à 24 heures $\times \dfrac{1}{\sin \lambda}$, c'est-à-dire dans un temps de plus en plus long à mesure que le point C se rapproche de l'équateur; la durée du tour devient infinie quand le point C est sur l'équateur même, parce qu'alors OF est nul, ce qui confirme ce que nous avions reconnu déjà.

A la latitude de 45°, $\sin \lambda = \frac{1}{2} \sqrt{2} = \dfrac{1}{1,41}$. Donc la durée du tour entier serait, à cette latitude, de

$$24 \text{ heures} \times 1,41,$$

ou de 33 heures 50 minutes.

Cette célèbre expérience rend sensible pour ainsi dire le mouvement de rotation de la terre.

La dynamique nous fournira une analyse plus rigoureuse du phénomène.

MOUVEMENT RELATIF DE DEUX SOLIDES.

179. Si deux systèmes invariables sont tous deux en mouvement, et qu'on propose de trouver le mouvement relatif de l'un par rapport à l'autre, on peut, par la pensée, imprimer aux deux systèmes un même mouvement commun, ce qui n'altérera en rien le mouvement relatif cherché (§ 70); prenons pour ce mouvement additionnel un mouvement égal et contraire au mouvement absolu dont le second système est animé; le second système sera ramené au repos, et le mouvement résultant que possédera le premier système sera le mouvement relatif demandé.

Dans le cas le plus général, on sera conduit par cette règle à composer ensemble deux mouvements élémentaires hélicoïdaux : le mouvement résultant est encore un mouvement hélicoïdal.

180. Supposons que les deux systèmes solides soient tangents en un point unique, ce qui arrive fréquemment dans les

machines. Le mouvement relatif de l'un des corps par rapport à l'autre, supposé fixe, rentre dans les différents cas suivants.

Le *pivotement* est une rotation du corps mobile autour de la normale élevée au point de contact des deux corps sur les surfaces par lesquelles ils se touchent.

Le *roulement* consiste en une série de rotations infiniment petites du corps mobile autour d'une droite menée par le point de contact dans le plan tangent commun. Dans ce mouvement, la suite des points de contact forme une courbe sur chacun des deux corps ; la courbe du corps mobile roule sur la courbe fixe, c'est-à-dire qu'il y a à chaque instant égalité entre les arcs parcourus par le point de contact sur chacune de ces deux lignes.

Le *glissement* a lieu quand un même point du corps mobile touche le corps fixe en des points différents ; on dit alors que le glissement est *simple*. Il est *mixte*, c'est-à-dire compliqué de roulement, quand les points des deux corps qui arrivent successivement au contact ne sont pas à la même distance les uns des autres sur les deux corps, ou lorsqu'il n'y a pas égalité entre les arcs parcourus simultanément sur les lignes de contact par le point géométrique commun aux deux corps. On donne le nom de *glissement mixte angulaire* au mouvement de glissement mixte, lorsque les deux lignes des points de contact successifs ne sont pas tangentes l'une à l'autre au point de contact des deux corps, ou lorsqu'elles se coupent sous un certain angle dans le plan tangent commun. Lorsque ces deux lignes sont tangentes, le glissement mixte est dit *tangentiel*.

181. Quand les deux corps ont plus d'un point de contact, le mouvement relatif rentre dans l'une ou l'autre de ces classes, si l'on se borne à considérer un point de contact en particulier ; mais la nature du mouvement relatif peut varier d'un point de contact à un autre.

Les mouvements les plus utiles à considérer sont encore le roulement simple et le roulement accompagné de glissement.

Lorsqu'il y a roulement simple en tout point de contact des deux solides, le corps mobile tourne autour d'une droite

menée par ce point dans le plan tangent commun; et par
suite, tous ces points de contact sont situés sur une seule et
même ligne droite, qui sert d'axe à la rotation instantanée.
Pour que le mouvement continu du corps mobile puisse être
un roulement simple sur le corps fixe, il faut donc que les
surfaces des deux corps soient des surfaces *réglées*. C'est ce
qui a lieu, par exemple, quand un cylindre roule sur un plan
ou sur un autre cylindre parallèle, ou quand un cône roule
sur un plan ou sur un autre cône de même sommet.

Si les surfaces des deux corps sont réglées, il est possible
qu'à chaque instant le mouvement élémentaire du solide mobile comprenne une rotation autour de la génératrice de contact, et une translation le long de cette même génératrice.
C'est ce qui a lieu, par exemple, dans le mouvement continu
d'un solide, pour les deux surfaces réglées formées dans
l'espace et dans le corps par la suite des positions de l'axe
instantané glissant (§ 162).

182. Soit M le point de contact, à un certain instant, de
deux corps mobiles. Au bout du temps infiniment petit *dt*, le
point M, considéré comme appartenant
au premier corps, vient en M′, et le
point M, considéré comme appartenant au second corps, vient en M″.

Soit AB le plan tangent commun
aux deux corps mené par le point M.
Ce plan, entraîné successivement par

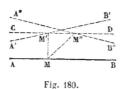

Fig. 180.

le mouvement de chacun de ces deux corps, viendra occuper
les positions A′B′ pour l'un, A″B″ pour l'autre; ces nouveaux
plans font des angles infiniment petits avec leur position primitive, et par suite les points qui y sont situés dans le voi-
sinage des points infiniment rapprochés M′ et M″, sont à des
distances de ces plans infiniment petites du second ordre. On
peut donc regarder, les points M′ et M″ comme appartenant à
un plan CD parallèle au plan AB. Le nouveau point de contact
des deux corps au bout du temps *dt* est situé à une distance de
ce plan infiniment petite du second ordre. La distance M′M″

représente le *glissement relatif* des deux corps au point M,
et le quotient $\dfrac{M'M''}{dt}$ *la vitesse du glissement relatif*. Le glissement élémentaire est ainsi mesuré par la *distance acquise* par
deux points primitivement confondus en un seul, ou, ce qui
revient au même, par la *distance perdue* par deux points primitivement séparés qui viennent se confondre en un seul.

Lorsque le mouvement relatif des deux corps est un roulement simple, le glissement relatif est un infiniment petit du
second ordre, et la vitesse du glissement est nulle. En effet,

Fig. 181.

soit M, à un certain instant, le point de contact
des deux corps qui roulent l'un sur l'autre.
Considérons les deux points E et F qui viennent
se confondre, en vertu du roulement, au bout
du temps *dt;* ces points sont à des distances infiniment
petites égales, ME $=$ MF, de l'axe de la rotation élémentaire
qui s'opère autour du point M ; une rotation infiniment petite ωdt autour de M amène le point E à coïncider avec le
point F ; l'arc EF, qui représente le *glissement élémentaire*, est
donc égal au produit de la distance ME, par la rotation $\omega dt;$
ce produit est un infiniment petit du second ordre, et par
suite la vitesse du glissement est égale à zéro.

EXEMPLE DE LA RECHERCHE DU MOUVEMENT RELATIF
DE DEUX SOLIDES.

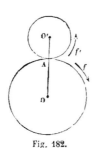

Fig. 182.

183. Supposons que les deux cercles OA
et O'A, tangents au point A , ou plutôt les
deux cylindres droits auxquels ces cercles
servent de bases, soient animés chacun d'un
mouvement de rotation autour de son centre,
le premier dans le sens de la flèche *f*, et le
second dans le sens de la flèche *f'*, de manière que les *vitesses linéaires* des points des
deux circonférences soient égales. C'est ce
qui a lieu , par exemple, dans les engrenages. On demande

le mouvement du système O' par rapport au système O.

Appelons v la vitesse linéaire commune aux deux circonférences ; la vitesse angulaire de la rotation qui s'effectue autour de l'axe O sera égale à $\frac{v}{R}$, en appelant R le rayon OA du premier cercle ; la vitesse angulaire du second cercle autour de O' sera de même $\frac{v}{R'}$, en appelant R' le rayon $O'A$. Imprimons à l'ensemble des deux systèmes un mouvement égal et contraire au mouvement propre du système O. De cette manière, le système O restera en repos, et le système O' prendra un mouvement composé qui sera le mouvement cherché.

Nous sommes donc amenés à composer la rotation $\frac{v}{R'}$ autour de l'axe O', mouvement propre du cercle $O'A$, avec une rotation égale et contraire à $\frac{v}{R}$, autour de l'axe O. Ces deux rotations sont parallèles et de même sens ; elles se composent (§ 165) en une seule, parallèle, de même sens, et égale à leur somme $\frac{v}{R} + \frac{v}{R'}$, et l'axe de la rotation résultante partage la distance OO' des axes des rotations composantes dans le rapport inverse des vitesses angulaires, c'est-à-dire dans le rapport

$$\frac{\left(\frac{v}{R}\right)}{\left(\frac{v}{R'}\right)} = \frac{R'}{R} = \frac{O'A}{OA}.$$

Cet axe passe donc au point de contact A des deux cercles. La circonférence $O'A$ *roule sans glisser* sur le cercle OA ; le mouvement relatif du cercle O' par rapport au cercle O est un roulement uniforme du premier cercle sur le second, et la vitesse angulaire de la circonférence mobile autour de son point de contact avec la circonférence fixe est égale à

$$v\left(\frac{1}{R} + \frac{1}{R'}\right),$$

formule que nous avions déjà établie d'une manière générale
(§ 143), pour le roulement d'une courbe mobile sur une courbe
fixe, en appelant v la vitesse linéaire du point géométrique de
contact des deux courbes.

CHAPITRE II

DE L'ACCÉLÉRATION DANS LE MOUVEMENT RELATIF
ET DANS LE MOUVEMENT ÉPICYCLOÏDAL

184. La *vitesse absolue* d'un point dont le mouvement est
rapporté à des axes mobiles est, comme nous l'avons vu (§ 67),
la résultante de la *vitesse relative* du point par rapport
aux axes, et de la *vitesse d'entraînement* qu'aurait le point
s'il était lié aux axes pendant un instant infiniment court ;
cette décomposition est toujours vraie, quel que soit le mouvement d'entraînement.

Il n'en est pas de même de l'accélération, et, sauf certains
cas particuliers que nous étudierons en détail, il n'est pas vrai
de dire que l'accélération totale du mouvement absolu d'un
point mobile soit la résultante de deux accélérations, dont
l'une corresponde au mouvement relatif, l'autre au mouvement du point lié aux axes mobiles et entraîné par eux ; pour
trouver l'accélération totale du mouvement absolu, il faut
composer ensemble trois accélérations, savoir : les deux accélérations qui viennent d'être indiquées, et une troisième accélération, dite *complémentaire*, que nous allons définir, et qui
dépend de la nature du mouvement d'entraînement.

Les axes mobiles forment un système invariable, et par
suite (§ 158) le déplacement élémentaire qu'ils subissent peut
être décomposé d'une infinité de manières en une translation
et une rotation. Mais à un certain instant le point mobile M
coïncide avec un point géométrique, A, du système de compa-

raison, et le mouvement d'entraînement fait passer ce point
géométrique de A en A'; par suite, le mouvement élémentaire
d'entraînement du système de comparaison est décomposable
en une translation AA', et une rotation autour d'un axe instantané PP', qu'on peut regarder comme passant par le point A'
(fig. 183).

Le mouvement d'entraînement du point A, lié aux axes
mobiles, fait décrire à ce point une certaine trajectoire AC;
au bout d'un temps infiniment petit, dt, après le passage du
point M en A, le point A est parvenu en A'. Menons en A la
tangente AB à la trajectoire AC, et prenons $AB = v_e dt$, en appelant v_e la vitesse d'entraînement. Joignons BA'; nous savons
(§ 91) que BA' est égal à

$$\tfrac{1}{2} j_e \, dt^2,$$

j_e étant l'accélération totale d'entraînement.

Pendant ce temps, le point mobile M, qui était en A à l'origine du temps dt, est parvenu en M' sur sa *trajectoire relative* AD.

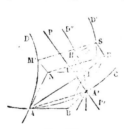

Désignons par v_r et j_r la vitesse et l'accélération du mouvement relatif, puis
prenons sur la tangente à la trajectoire
relative une longueur $AN = v_r dt$, joignons NM', et nous aurons $NM' = \tfrac{1}{2} j_r dt^2$.
Nous trouvons donc sur la figure la vi-
tesse et l'accélération d'entraînement,
la vitesse et l'accélération relatives. Il
reste à trouver la vitesse et l'accélération absolues.

Fig. 183.

La trajectoire relative AD subit le mouvement d'entraînement;
elle se transporte donc, pendant le temps dt, de AD dans une
certaine position A'D'', et ce mouvement peut être décomposé en
deux autres : un mouvement de translation, parallèle à AA',
qui amènera la trajectoire relative de la position AD à la position A'D'; et un mouvement de rotation autour de l'axe PP',
qui la fera passer de la position A'D' à la position A'D'', en faisant décrire à chaque point S de la trajectoire un arc de cercle

infiniment petit, SH, dont le centre est quelque part en I sur l'axe PP'. Si nous prenons A'H = A'S = AM', le point H sera la position absolue du point mobile M au bout du temps dt ; le point S serait la position vraie du mobile M au bout de ce temps si la rotation autour de l'axe PP' n'existait pas.

Achevons le parallélogramme NABL ; les côtés AN, AB, étant respectivement égaux à $v_r dt$ et $v_e dt$, la diagonale AL, résultante de ces deux déplacements, sera égale à $V dt$, V désignant la vitesse absolue du mobile M. Joignant donc LH, et appelant j l'accélération totale du mouvement absolu, nous aurons LH $= \frac{1}{2} j dt^2$.

La droite M'S est égale et parallèle à la droite AA' ; sur les droites M'S et M'N, construisons un parallélogramme M'NRS ; nous aurons RS = M'N, et NR sera égal et parallèle à AA'.

Joignons enfin RA' et RL ; la figure SRA' n'est autre que la figure M'NA transportée parallèlement à elle-même d'une quantité égale à AA'. Donc RA' est égal et parallèle à AN, et par suite à BL ; la figure LBA'R est un parallélogramme, et LR est aussi égal et parallèle à BA'. Le contour polygonal LRSH se compose ainsi de trois côtés, dont les deux premiers LR, RS, sont respectivement égaux et parallèles à BA' et à NM', c'est-à-dire aux lignes qui représentent en direction et en grandeur, au facteur $\frac{1}{2} dt^2$ près, l'accélération totale dans le mouvement d'entraînement et dans le mouvement relatif. Le troisième côté SH est un élément de circonférence, normal au plan HA'P, qui passe par la trajectoire relative et par l'axe instantané ; il a pour longueur IH $\times \omega dt$, en appelant ω la vitesse angulaire du système de comparaison autour de l'axe PP' ; l'élément IH peut être regardé comme la projection de A'H sur un plan perpendiculaire à PP', et l'élément A'H, espace décrit par le point mobile pendant le temps dt sur sa trajectoire relative, est, à la limite, égal au produit $v_r dt$. Appelons α l'angle formé par l'axe instantané PP' avec la vitesse relative. La longueur IH sera égale à $v_r dt \times \sin \alpha$, et par suite

$$SH = v_r \, dt \sin \alpha \times \omega dt = \omega v_r \sin \alpha \, dt^2.$$

Le côté LH, qui ferme le contour, est égal au produit $\frac{1}{2} j dt^2$. Divisons par $\frac{1}{2} dt^2$ les quatre côtés du quadrilatère LRSH. Cela revient à y substituer une figure semblable, L'R'S'H', dont les côtés (fig. 184) seront j, j_e, j_r, et $\frac{2 SH}{dt^2} = 2 \omega v_r \sin \alpha$. Le côté L'H' est la résultante géométrique des côtés L'R', R'S', S'H, chacun pris dans le sens des flèches. Par consé-

Fig. 184.

quent, *l'accélération* j *du mouvement absolu est la résultante de trois accélérations, savoir : l'accélération* j_e *du mouvement d'entraînement, l'accélération* j_r *du mouvement relatif, et l'accélération* $j_c = 2 \omega v_r \sin \alpha$, *qui est perpendiculaire à la fois à la vitesse relative et à l'axe instantané de rotation, et dirigée dans le sens* SH (fig. 183), *c'est-à-dire dans le sens où la rotation instantanée tend à faire tourner l'extrémité* S *d'une aiguille* A'S *dirigée suivant la vitesse relative.*

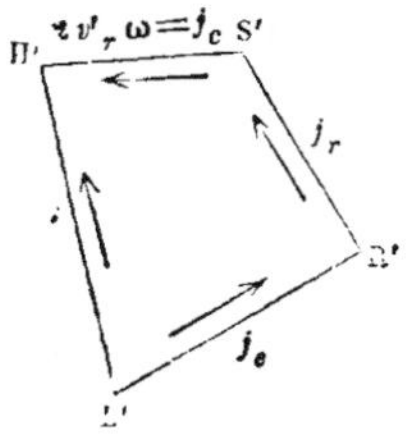

Cette accélération complémentaire j_c est nulle lorsque $\omega = 0$, c'est-à-dire lorsque l'entraînement se réduit à une simple transla-tion, ou lorsque $v_r = 0$, ou enfin lorsque $\sin \alpha = 0$, c'est-à-dire lorsque la vitesse relative est nulle ou dirigée suivant l'axe instantané de rotation. Dans ces divers cas particuliers, l'accélération absolue est la résultante de deux accélérations seulement, celle du mouvement relatif et celle du mouvement d'entraînement. Dans tout autre cas, il faut joindre à ces deux accélérations l'accélération complémentaire. Tel est le théo-rème sur l'accélération dans le mouvement relatif; on lui donne le nom de *théorème de Coriolis.*

DÉCOMPOSITION DE L'ACCÉLÉRATION COMPLÉMENTAIRE SUIVANT TROIS AXES RECTANGULAIRES.

185. La définition que nous venons de donner de la troi-sième accélération est bien complète, mais elle est, en gé-néral, d'une application peu commode; on la simplifie en dé-

composant l'accélération j_c parallèlement à trois axes rectangulaires, parallèlement auxquels on décompose de même la rotation instantanée ω et la vitesse relative v_r. Le problème à résoudre est donc le suivant : étant données les trois composantes

$$p, q, r, \text{ de } \omega,$$

et les trois composantes

$$v_x, v_y, v_z, \text{ de } v_r,$$

trouver les composantes de l'accélération $2\omega v_r \sin\alpha$, projetée sur les mêmes axes.

Soit (fig. 185) M le point mobile ;

PP′ l'axe instantané de rotation, qu'on peut toujours supposer passer par le point M, en introduisant dans le mouvement d'entraînement une translation convenable ;

MA une droite qui représente en grandeur et en direction la vitesse relative, v_r.

Prenons sur l'axe PP′, à partir du point M et dans le sens où l'observateur devrait s'étendre le long de

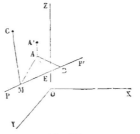

Fig. 185.

l'axe pour voir la rotation s'effectuer de gauche à droite, une quantité MB, qui représentera en grandeur et en direction la vitesse angulaire ω.

La rotation ω tend à déplacer dans le sens AA′ l'extrémité A de la vitesse relative ; élevons au point M une perpendiculaire MC au plan AMB, et menons cette perpendiculaire dans le sens AA′ ; puis prenons sur cette droite une longueur MC égale au produit $2\omega v_r \sin\alpha$; l'angle α est l'angle AMB, et par suite $v_r \sin\alpha$ est la hauteur AE du triangle AMB ; l'accélération cherchée sera égale, par conséquent, à

$$2 \times MB \times AE,$$

c'est-à-dire au quadruple de la surface de ce triangle. Nous
devrons donc porter sur MC une longueur représentant, à une
échelle arbitraire, quatre fois l'aire du triangle AMB. C'est
cette longueur MC que nous avons à projeter sur les trois axes.

La droite MC fait, avec chacun des axes coordonnés, un angle
égal à l'angle que fait le plan normal AMB avec un plan normal

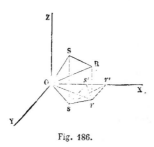

Fig. 186.

à cet axe, et par suite, pour projeter la droite MC sur l'axe OX, il
suffit de projeter l'aire du triangle
sur le plan YOZ ; pour projeter MC
sur les axes OY, OZ, il suffit de
même de projeter le triangle sur
les plans ZOX, XOY.

Par le point O (fig.186), menons
une droite OR égale et parallèle
à MB (fig. 185), puis une droite OS
égale et parallèle à MA, et projetons sur le plan XOY le point S
en s, le point R en r.

Projetons ensuite s et r en s' et r' sur l'axe OX. Nous aurons

$$p = Or', \qquad q = r'r,$$
$$v_x = O's', \qquad v_y = s's.$$

Le triangle à évaluer est Ors, projection du triangle ORS,
qui est égal à MBA. Joignons s'r ; la surface Ors est égale à la
différence du quadrilatère Osrs' et du triangle O$s'r$. Mais le
quadrilatère Osrs' est la somme du triangle O$s's$ et du triangle ss'r, lequel est équivalent au triangle ss'r', puisqu'ils ont
même base ss', et que leurs sommets sont sur une parallèle,
rr', à la base. Donc

triangle Osr = triangle Oss' + triangle s'sr' — triangle O$s'r$
= triangle Osr' — triangle O$s'r$.

Le triangle Osr' a pour mesure la moitié du produit de sa base
Or' par sa hauteur ss', ou $\frac{1}{2} pv_y$; le triangle O$s'r$ a pour mesure
la moitié du produit de sa base Os' par sa hauteur rr', ou $\frac{1}{2} qv_x$;
donc enfin

triangle O$sr = \frac{1}{2} (pv_y - qv_x)$;

le quadruple de ce triangle est donc égal à

$$2\,(p v_y - q v_x);$$

telle est la valeur de la composante de l'accélération j_c suivant l'axe OZ perpendiculaire au plan XOY ; ce que nous exprimerons en écrivant

$$j_{c,z} = 2\,(p v_y - q v_x).$$

186. Cette formule attribue un signe à la composante de j_c. Pour le vérifier, supposons successivement que l'axe instantané soit parallèle à l'axe OX, puis à l'axe OY.

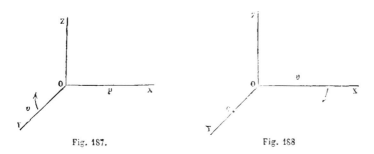

Fig. 187. Fig. 188

Dans le premier cas (fig. 187), nous supposerons la vitesse relative dirigée parallèlement à l'axe OY, et dans le second (fig. 188), à l'axe OX.

Dans le premier cas, il faudra faire dans la formule $q = 0$ et $v_x = 0$; elle se réduira donc à

$$j_{c,z} = 2 p v_y,$$

ce qui est d'accord avec la règle ; car si p et v_y sont positifs, la rotation instantanée tend à faire tourner l'extrémité de la vitesse relative dans le sens YZ, et par suite l'accélération complémentaire à la direction positive OZ. On vérifierait de même la formule pour les autres signes que peuvent avoir les facteurs.

Dans le second cas, il faudra faire $p = 0$, $v_y = 0$, et par

suite, on aura $j_{c,z} = -2qv_x$, ce qu'il est encore facile de vérifier en faisant successivement q et r_y positifs et négatifs.

Le signe de la formule, vérifié dans ces cas particuliers,
doit être admis dans le cas général en vertu du principe de
continuité.

En raisonnant de même pour les deux autres plans, on parviendra aux formules suivantes, que l'on peut déduire l'une
de l'autre par de simples permutations de lettres

$$j_{c,x} = 2 \, (qv_z - rv_y);$$
$$j_{c,y} = 2 \, (rv_x - pv_z);$$
$$j_{c,z} = 2 \, (pv_y - qv_x).$$

Pour former ces équations, on peut écrire sur une même
ligne les trois composantes de la rotation instantanée dans
l'ordre p, q, r, en répétant la première à la suite de la troisième; au-dessous on écrira dans le même ordre les trois
composantes de la vitesse relative v_x, v_y, v_z, qu'on fera suivre
aussi de la première, comme si ces composantes étaient
écrites en cercle; on obtiendra ainsi le tableau suivant :

$$\begin{array}{cccc} p & q & r & p \\ v_x & v_y & v_z & v_x \end{array}$$

On formera les *différences des produits en croix*, ou les *dé-
terminants*

$$pv_y - qv_x,$$
$$qv_z - rv_y,$$
$$rv_x - pv_z,$$

des termes de cette double suite; on les multipliera par 2,
et chacun des produits représentera une des composantes de
l'accélération j_c; chaque produit contient les composantes
parallèles à deux des axes coordonnés, de la rotation et de la
vitesse relative, et représente la projection de l'accélération j_c
sur le troisième axe.

187. Les équations ainsi obtenues sont des cas particuliers
d'un théorème beaucoup plus général : *si l'on décompose la
rotation* ω *en* m *rotations composantes,* ω', ω'',..., $\omega^{(m)}$, *et la
vitesse relative* $\mathbf{v}$ *en* n *vitesses composantes,* $\mathbf{v'}$, $\mathbf{v''}$,..., $\mathbf{v}^{(n)}$,

l'accélération complémentaire est la résultante des mn *accélérations complémentaires obtenues en associant successivement chaque composante de* ω *à chaque composante de* v.

Nous pouvons vérifier cette proposition dans le cas particulier que nous venons de traiter; décomposons la rotation ω en trois rotations p, q, r, parallèles aux axes, et la vitesse relative v en trois vitesses v_x, v_y, v_z, suivant les mêmes axes : nous formerons les neuf accélérations complémentaires suivantes par la combinaison de chacune des trois rotations avec chacune des trois vitesses relatives :

$$\left\{ \begin{array}{llll} p & \text{et} & v_x, & \text{accélération nulle;} \\ p & \text{et} & v_y, & +2pv_y, \quad \text{suivant l'axe OZ;} \\ p & \text{et} & v_z, & -2pv_z, \quad \text{suivant l'axe OY;} \end{array} \right.$$

$$\left\{ \begin{array}{llll} q & \text{et} & v_x, & -2qv_x, \quad \text{suivant l'axe OZ;} \\ q & \text{et} & v_y, & \text{accélération nulle;} \\ q & \text{et} & v_z, & +2qv_z, \quad \text{suivant l'axe OX;} \end{array} \right.$$

$$\left\{ \begin{array}{llll} r & \text{et} & v_x, & +2rv_x, \quad \text{suivant l'axe OY;} \\ r & \text{et} & v_y, & -2rv_y, \quad \text{suivant l'axe OX;} \\ r & \text{et} & v_z, & \text{accélération nulle.} \end{array} \right.$$

Faisant la somme algébrique des accélérations composantes dirigées suivant un même axe, on parvient aux composantes de l'accélération complémentaire cherchée, et l'on retrouve les expressions déjà obtenues.

Le théorème est donc démontré dans le cas particulier de la décomposition de la rotation et de la vitesse relative suivant trois mêmes axes rectangulaires. Il est facile d'étendre la démonstration au cas général.

Décomposons suivant trois axes rectangulaires chacune des rotations ω', ω'',..., $\omega^{(m)}$, et chacune des vitesses relatives v', v'',..., $v^{(n)}$. Soient

$$\begin{array}{lll} p', & q', & r', \\ p'', & q'', & r'', \\ \vdots & & \\ p^{(m)}, & q^{(m)}, & r^{(m)}, \end{array}$$

les composantes des rotations, et

$$v'_x, \quad v'_y, \quad v'_z,$$
$$v''_x, \quad v''_y, \quad v''_z,$$
$$\vdots$$
$$v^{(n)}_x, \quad v^{(n)}_y, \quad v^{(n)}_z,$$

les composantes des vitesses.

La combinaison de la rotation $\omega^{(k)}$ avec la vitesse $v^{(i)}$ nous donnera suivant l'axe OZ une accélération complémentaire

$$p^{(k)} v^{(i)}_y - q^{(k)} v^{(i)}_x ;$$

La somme algébrique de toutes ces accélérations composantes est représentée par la double somme

$$\sum_{k=1}^{k=m} \sum_{i=1}^{i=n} \left[p^{(k)} v^{(i)}_y - q^{(k)} v^{(i)}_n \right].$$

Or faisons d'abord varier l'indice k, en conservant à l'indice i une valeur constante; il vient pour la première sommation :

$$v^{(i)}_y \sum_{k=1}^{k=m} p^{(k)} - v^{(i)}_x \sum_{k=1}^{k=n} q^{(k)}.$$

Il faut ensuite faire varier l'indice i de 1 à n, et ajouter toutes les expressions résultantes, ce qui donne en définitive

$$\sum_{i=1}^{i=n} v^{(i)}_y \times \sum_{k=1}^{k=m} p^{(k)} - \sum_{i=1}^{i=n} v^{(i)}_x \times \sum_{i=1}^{h=m} q^{(k)},$$

c'est-à-dire le résultat même auquel on serait parvenu en appliquant la formule aux composantes

$$[p' + p'' + \ldots + p^{(m)}] \quad \text{et} \quad [q' + q'' + \ldots + q^{(m)}]$$

de la rotation, et aux composantes

$$\left[v'_x + v''_x + \ldots + v^{(n)}_x \right] \quad \text{et} \quad \left[v'_y + v''_y + \ldots + v^{(n)}_y \right]$$

de la vitesse relative, estimées chacune suivant les axes
coordonnés. Il est donc indifférent, au point de vue du résultat final, de considérer la rotation totale ω et la vitesse relative totale v, ou bien les composantes de la rotation et les composantes de la vitesse, pourvu qu'on n'omette aucune combinaison et qu'on fasse la composition des résultats partiels
obtenus.

APPLICATIONS DU THÉORÈME DE CORIOLIS.

188. L'accélération j du mouvement absolu étant la résultante des trois accélérations j_r, j_e et j_c, on peut dire aussi que
l'accélération j_r du mouvement relatif est la résultante de trois
accélérations, savoir l'accélération j du mouvement absolu, et
les accélérations j_e et j_c changées de sens; pour trouver l'accélération du mouvement relatif d'un point, connaissant l'accélération du mouvement absolu, il suffira donc de composer
cette accélération avec l'accélération d'entraînement prise en
sens contraire, et avec l'accélération complémentaire également changée de sens. On donne à l'accélération complémentaire ainsi changée de sens le nom d'*accélération centrifuge
composée*.

On sait déjà que l'accélération complémentaire j_c est nulle
lorsque le mouvement d'entraînement est une translation,
parce qu'alors $ω = 0$. Lorsque le mouvement d'entraînement
est rectiligne et uniforme, $j_e = 0$ et alors j_r ne diffère pas de j;
l'accélération absolue est identique à l'accélération relative,
bien que la vitesse relative diffère de la vitesse absolue.

Cette remarque permet de résoudre très-simplement certains problèmes. Prenons pour exemple la recherche de l'accélération totale du mouvement d'un point appartenant à un
cercle qui roule uniformément sur une droite fixe, et pour
simplifier, supposons que ce point soit situé sur la circonférence du cercle mobile. Soit O le centre, OA le rayon du
cercle et LL′ la droite fixe; soit B le point dont on demande

l'accélération totale. Le roulement du cercle sur la droite consiste dans une rotation instantanée autour du point A;

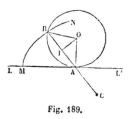

Fig. 189.

la vitesse de cette rotation , ω, est supposée constante. Nous pouvons regarder cette rotation autour du point A, comme la résultante d'une rotation égale et de même sens autour du point O, et d'une translation parallèle à LL' et égale à ω × OA (§ 167). Au lieu de considérer le mouvement absolu du cercle, nous regarderons ce mouvement comme composé de deux mouvements simples, l'un de rotation autour du centre O, avec une vitesse angulaire constante ω, et l'autre de translation parallèlement à LL', avec une vitesse linéaire constante ω × OA.

Prenons le premier de ces mouvements pour mouvement relatif : le second sera le mouvement d'entraînement, et comme il est rectiligne et uniforme, l'accélération du mouvement relatif ne différera pas de l'accélération du mouvement absolu. Or on connaît l'accélération dans le mouvement circulaire uniforme (§ 93) ; elle est dirigée du point mobile B vers le centre O, et est égale au carré de la vitesse linéaire du point, divisé par le rayon, ou à

$$\frac{\omega^2 \times \overline{OB}^2}{OB} = \omega^2 \times OB.$$

Telle est l'accélération cherchée. Elle est constante en grandeur, et constamment dirigée vers le centre O du cercle mobile. Nous généraliserons tout à l'heure ce théorème.

189. Il est facile d'en déduire le rayon de courbure de la cycloïde MN décrite par le point B. On sait que l'accélération totale est la résultante de deux accélérations, l'une tangentielle, l'autre normale à la trajectoire, et que cette dernière accélération est égale au carré de la vitesse divisé par le rayon de courbure (§ 96). La normale à la trajectoire du point B est la droite AB, qui joint le point B au centre instantané de rota-

tion A , et la vitesse du point B est égale à $\omega \times AB$. Le carré
de la vitesse est donc $\omega^2 \times AB^2$, et $\dfrac{\omega^2 \times AB^2}{\rho}$ est la composante
normale de l'accélération totale.

Mais l'accélération totale est dirigée suivant BO, et est égale
à $\omega^2 \times OB$; projetons cette accélération sur la direction de la
normale BA. La droite OB projetée sur BA donne le segment BI,
moitié de AB. La composante normale de l'accélération est donc
égale à $\omega^2 \times BI$, ou à $\dfrac{\omega^2}{2} \times AB$, et l'on a l'égalité

$$\frac{\omega^2}{2} \times AB = \omega^2 \times \frac{\overline{AB}^2}{\rho},$$

ou bien

$$\rho = 2AB.$$

*Dans la cycloïde, le rayon de courbure BC, en un point donné B
de la courbe, est donc double de la normale BA en ce point.*

190. Problème. — *Vérifier le théorème de Coriolis dans le
mouvement apparent d'un point fixe* F, *rapporté à deux axes
mobiles* OX, OY *tracés dans son plan, et
animés d'un mouvement uniforme de rotation autour de leur intersection commune* O.

On donne la vitesse angulaire ω de la
rotation des axes autour de l'origine O;
la distance OF reste constante ; nous la
représenterons par R. La rotation des
axes s'opérant dans le sens de la flèche f
avec la vitesse ω, le point F, qui en réa-

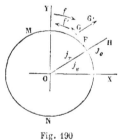

Fig. 190

lité reste fixe, aura par rapport aux axes un mouvement apparent, qui sera une rotation égale et contraire ; il semblera
donc décrire uniformément la circonférence FMN, qui a le
point O pour centre et $R = OF$ pour rayon, et sa vitesse linéaire
sera constante et égale à $OF \times \omega$. Le sens du mouvement relatif est le sens de la flèche f'.

L'accélération du mouvement absolu du point F est nulle, puisque le point reste fixe. Nous devons donc trouver une résultante nulle en composant les trois accélérations j_r, j_e, j_c. Déterminons ces trois accélérations en direction et en grandeur.

L'accélération j_r est dirigée suivant FO, et elle est égale à

$$\omega^2 \times OF.$$

L'accélération j_e s'obtient en considérant le mouvement du point F supposé lié aux axes mobiles ; or ce point entraîné par les axes décrirait uniformément la circonférence FNM dans le sens de la flèche f, avec une vitesse $\omega \times OF$; donc l'accélération j_e est encore dirigée de F vers O, et elle est égale aussi à $\omega^2 \times OF$.

Les deux accélérations j_r et j_e, toutes deux dirigées suivant la même droite FO, se composent en s'ajoutant, ce qui donne $2\omega^2 \times OF$ pour somme de ces deux premières composantes.

Cherchons l'accélération j_c.

Elle est normale à la fois à la vitesse relative, laquelle est dirigée suivant la tangente FG, et à l'axe de rotation projeté en O ; elle a donc pour direction la droite FO, qui est normale à la fois à ces deux droites. Elle a pour sens le sens dans lequel la rotation instantanée (qu'on peut supposer transportée parallèlement à elle-même au point F) tend à déplacer l'extrémité G de la vitesse relative ; c'est ici le sens GG', et, par suite, le sens de l'accélération complémentaire est FH.

Enfin elle a pour grandeur $2v_r \omega \sin \alpha$. Ici $v_r \sin \alpha$, projection de la vitesse relative sur un plan normal à l'axe, n'est autre que la vitesse relative elle-même, qui est égale à $\omega \times OF$; donc $j_c = 2\omega^2 \times OF$. La troisième accélération est dirigée en sens contraire des deux premières, suivant la même droite, et elle est égale à leur somme ; la résultante des trois accélérations, $j_r + j_e - j_c$, est égale à zéro, et le théorème est ainsi vérifié.

191. PROBLÈME. — *Trouver l'accélération* j *du mouvement*

absolu d'un point M, *qui glisse avec une vitesse linéaire constante* v
le long d'une droite OA, *laquelle est animée, autour d'un axe
projeté en* O, *d'une vitesse angulaire* ω *dans le sens de la flèche* f.
On suppose la vitesse *v* dirigée dans le sens OA (fig. 191).

Nous considérerons le glissement
uniforme du point M sur la droite OA
comme un mouvement relatif, et le
mouvement de rotation de la droite OA
autour de l'axe O sera le mouvement
d'entraînement ; la vitesse *v* est la
vitesse relative.

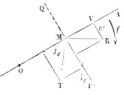

Fig. 191.

Cherchons les trois composantes j_r, j_e et j_c, dont la résultante est l'accélération cherchée *j*.

L'accélération j_r est nulle, car le mouvement relatif est,
par hypothèse, rectiligne et uniforme.

L'accélération j_e est celle qu'aurait le point M s'il était entraîné par les axes mobiles ; comme la vitesse de rotation ω
est constante, le point M décrirait uniformément autour du
point O une circonférence de rayon OM avec une vitesse
linéaire ω × OM ; donc l'accélération j_e est dirigée suivant MO
et égale à ω² × OM.

L'accélération complémentaire est perpendiculaire à l'axe O
et à la vitesse relative, laquelle est dirigée suivant OA ; elle
coïncide donc en direction avec la droite PQ, menée par le
point M dans le plan de la figure perpendiculairement à OA.
Pour déterminer son sens, considérons l'extrémité d'une
aiguille MV, dirigée dans le sens de la vitesse relative ; la
rotation ω, transportée parallèlement à elle-même en M, ferait
décrire à l'extrémité de l'aiguille MV un arc V*v'*, dont le sens
indique le sens de l'accélération j_c ; cette accélération est donc
dirigée suivant MP. Elle est d'ailleurs égale à 2ωv_r sin α, ou,
dans ce cas particulier, à 2*v*ω.

Ayant pris deux longueurs respectivement égales à ω²×OM
et à 2*v*ω, sur les directions MO et MP, on aura l'accélération
totale du mouvement absolu en construisant la diagonale MT
du rectangle formé sur ces deux longueurs.

La vitesse absolue du point M s'obtiendrait de la même manière en composant la vitesse v, dirigée suivant MA, avec la vitesse d'entrainement, égale à $\omega \times OM$, et dirigée suivant MP ; elle serait représentée par la diagonale MR du rectangle formé sur ces deux droites.

192. *Accélération dans le mouvement rapporté à des coordonnées polaires.*

Le mouvement du point M défini par les valeurs, en fonction du temps, du rayon $OM = r$, et de l'angle polaire $MOA = \theta$,

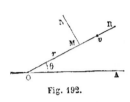

Fig. 192.

peut être décomposé en une translation le long du rayon OM, et une rotation du rayon OM autour du point O. Supposons, pour fixer les idées, que le mouvement du point le long du rayon soit dirigé dans le sens OM, et que le mouvement de OM autour du point O

s'opère dans le sens qui fait croître l'angle θ. La vitesse de glissement du point M sera représentée par $\dfrac{dr}{dt}$, et elle sera positive ; la rotation sera aussi positive, et représentée par $\dfrac{d\theta}{dt}$.

Nous pouvons regarder le premier mouvement comme un mouvement relatif, et le second comme un mouvement d'entrainement ; il s'agit de chercher l'accélération totale du mouvement absolu résultant.

L'accélération relative j_r est dirigée suivant le rayon OM, et est égale à $\dfrac{d^2r}{dt^2}$, en grandeur et en signe.

L'accélération d'entrainement j_e est l'accélération qu'aurait le point M, s'il était entrainé par la rotation du rayon OM ; dans ce mouvement, le point M décrit une circonférence autour du point O, avec une vitesse égale à $r\dfrac{d\theta}{dt}$; l'accélération totale de ce mouvement circulaire se décompose en deux : l'une tangentielle, dirigée suivant MN perpendiculairement à

OM, et égale à $r\dfrac{d^2\theta}{dt^2}$; l'autre, centripète, dirigée suivant MO,

et égale à $\dfrac{\left(r\dfrac{d\theta}{dt}\right)^2}{r}$, ou à $r\left(\dfrac{d\theta}{dt}\right)^2$.

Enfin l'accélération complémentaire est dirigée suivant MN, normalement à l'axe de rotation et à la vitesse relative, et elle a pour valeur $2\omega v_r \sin\alpha$, ou ici, l'angle α étant droit, $2\dfrac{d\theta}{dt}\dfrac{dr}{dt}$.

Ajoutons algébriquement les accélérations qui ont la même direction, nous trouverons pour composantes de l'accélération totale,

$$\text{suivant MR,}\qquad \frac{d^2r}{dt^2} - r\left(\frac{d\theta}{dt}\right)^2 = j_{\text{R}},$$

$$\text{suivant MN,}\qquad r\left(\frac{d\theta}{dt}\right)^2 + 2\frac{d\theta}{dt}\frac{dr}{dt} = j_{\text{N}};$$

ce sont les formules déjà trouvées § 107.

195. *Remarque sur les mouvements observés à la surface de la terre.* — Les mouvements que nous observons à la surface de la terre, sont rapportés à des objets placés sur cette surface, et que nous regardons comme fixes, tandis qu'en réalité ils sont entraînés avec notre planète. Ce sont donc des mouvements apparents, et l'observation directe ne nous révèle, par conséquent, que des vitesses relatives et des accélérations relatives. Pour passer de là aux vitesses absolues et aux accélérations absolues, il faut composer les unes avec les vitesses d'entraînement, les autres avec les accélérations d'entraînement et les accélérations complémentaires. Le mouvement de translation de la terre et son mouvement de rotation peuvent d'ailleurs être considérés successivement et indépendamment l'un de l'autre, sauf à composer ultérieurement les résultats correspondants à chacun d'eux (§ 187). Si l'on se borne à considérer

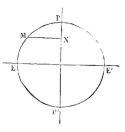

Fig. 195.

le mouvement de rotation diurne de la terre autour de la ligne
des pôles PP′, on reconnaîtra qu'à l'accélération observée j_r,
qui est celle du mouvement apparent d'un point M, il faut
ajouter d'abord l'accélération d'entraînement, j_e, du même
point, laquelle est due au mouvement uniforme du point M
autour de l'axe PP′; elle est par suite égale à $\omega^2 \times MN$, et
est dirigée dans le sens MN; puis l'accélération j_c, perpendiculaire à la fois à la trajectoire relative et à l'axe PP′, et égale
à $2\omega v \sin \alpha$, v étant la vitesse observée, et α l'angle qu'elle fait
avec l'axe du monde PP′. Si, par exemple, l'observation a lieu
en un point de l'équateur EE′, et que le point mobile suive un
des méridiens, on aura $\sin \alpha = 0$, et la troisième accélération
sera nulle.

Lorsque le mouvement observé est très-lent, v est très-petit
et l'accélération j_c est négligeable. Mais pour les mouvements
rapides, on commettrait quelquefois une grande erreur en ne
tenant pas compte de l'accélération j_c.

La dynamique nous offrira de nombreuses applications de
ces principes.

ACCÉLÉRATION DANS LE MOUVEMENT ÉPICYCLOÏDAL. — RAYON DE COURBURE
DES ÉPICYCLOÏDES.

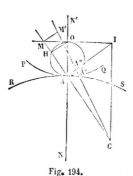

Fig. 194.

194. Soit M un point invariablement lié à la courbe mobile PQ, qui
roule sans glisser sur la courbe fixe
RS. Nous supposerons d'abord que la
vitesse de rotation, ω, de la courbe
mobile autour du point de contact A
soit constante; on demande de déterminer l'accélération totale du point M.

Considérons le point A′ de la courbe
PQ qui, au bout du temps dt, sert de
centre instantané de rotation, et vient
se placer sur la courbe fixe RS, en un point A′ qui n'est pas

indiqué sur la figure. Les deux points A′, A′₁ sont, dans l'état primitif de la figure, à une distance infiniment petite du second ordre, et par suite nous pouvons les regarder comme déjà confondus en un seul. Soit AA′ = ds ; la vitesse du point de contact le long des deux courbes roulantes sera $\dfrac{ds}{dt}$, et par suite (§ 145) la vitesse ω de la rotation autour de A est donnée par l'équation

$$\omega = \frac{ds}{dt}\left(\frac{1}{R} + \frac{1}{R'}\right),$$

en appelant R et R′ les rayons de courbure des courbes PQ et RS au point A.

Posons $\dfrac{1}{R} + \dfrac{1}{R'} = \dfrac{1}{K}$, K étant une nouvelle longueur déterminée par cette relation. Nous aurons

$$\omega = \frac{ds}{K\,dt}.$$

La vitesse v du point M est, si l'on appelle p la distance AM, égale au produit $p\omega$, et elle est dirigée perpendiculairement à la droite AM, normale au lieu décrit par ce point M. Au bout du temps dt, le point M vient en M′, en parcourant l'arc MM′ = $p\omega\,dt$. La droite M′A′ sera la nouvelle normale à la courbe décrite par le point mobile, et par suite, si l'on prolonge MA, M′A′, le point C où se coupent ces deux normales infiniment voisines, sera le centre de courbure de la courbe MM′; la distance MC = ϱ sera son rayon de courbure.

Cela posé, l'accélération totale du point M se décompose en une accélération tangentielle, dirigée suivant MM′, et égale à $\dfrac{dv}{dt}$, et une accélération normale dirigée suivant MC et égale à $\dfrac{v^2}{\varrho}$.

Mais nous avons $v = p\omega = \dfrac{p\,ds}{K\,dt}$.

Si donc ω est constant,

$$dv = \omega dp = \frac{ds}{\mathrm{K}dt} \times dp.$$

La différentielle dp s'obtient sur la figure en projetant le point A en A'' sur la direction CM'. Car $A'M'$ est égal à $p + dp$, et l'arc MM' est normal à $A'M'$. On a donc

$$dp = \mathrm{AA}' \sin \alpha = ds \times \sin \alpha,$$

α étant l'angle de la direction AM avec la normale commune AN'.

On en déduit

$$\frac{dv}{dt} = \frac{ds^2}{\mathrm{K}dt^2} \times \sin \alpha = \left(\frac{ds}{\mathrm{K}dt} \right)^2 \times \mathrm{K} \sin \alpha = \omega^2 \times \mathrm{K} \sin \alpha.$$

Prenons sur la normale commune AN' une quantité $AO = K$; abaissons sur MA la perpendiculaire OH, qui sera égale à $K \sin \alpha$. L'accélération tangentielle sera égale à $\omega^2 \times HO$.

Pour obtenir l'accélération centripète $\dfrac{v^2}{\rho}$, il faut calculer d'abord la valeur de $\rho = CM$.

Or les deux triangles CAA'', CMM', sont semblables et donnent la proportion

$$\frac{CA}{CM} = \frac{AA''}{MM'},$$

ou bien

$$\frac{\rho - p}{\rho} = \frac{ds \cos \alpha}{p \omega dt};$$

et par suite,

$$\frac{p}{\rho} = \frac{p \omega dt - ds \cos \alpha}{p \omega dt},$$

ce qui conduit, en définitive, à l'équation

$$\rho = \frac{p^2 \omega dt}{p \omega dt - ds \cos \alpha} = \frac{p^2 \times \dfrac{ds}{\mathrm{K}}}{p \dfrac{ds}{\mathrm{K}} - ds \cos \alpha} = \frac{p^2}{p - \mathrm{K} \cos \alpha}.$$

Cette équation fait connaître le rayon de courbure de l'épicycloïde décrite par le point M. On en déduit

$$\frac{v^2}{\rho} = \frac{p^2\omega^2}{\left(\dfrac{p^2}{p - \mathrm{K}\cos\alpha}\right)} = (p - \mathrm{K}\cos\alpha) \times \omega^2.$$

Mais $\mathrm{K}\cos\alpha = \mathrm{AH}$, et $p - \mathrm{K}\cos\alpha = \mathrm{MH}$. L'accélération centripète du point M est donc égale à $\omega^2 \times \mathrm{MH}$.

Les deux composantes de l'accélération totale du point mobile sont donc proportionnelles à MH et à HO; donc l'accélération totale est dirigée de M vers O, et elle est égale à $\omega^2 \times \mathrm{MO}$.

Au point de vue des accélérations, tout se passe pendant le temps dt, comme si un cercle de rayon K roulait sur la tangente à la courbe fixe au point A, en entraînant le point M (§ 188); ce cercle est ce qu'on appelle le *cercle de roulement*.

L'accélération centripète est nulle, et le rayon de courbure est infini, pour les points pour lesquels on a $p = \mathrm{K}\cos\alpha$, c'est-à-dire pour tous les points de la circonférence décrite sur AO comme diamètre. On donne à cette circonférence le nom de *circonférence des inflexions*.

193. L'équation $\rho = \dfrac{p^2}{p - \mathrm{K}\cos\alpha}$ montre que la distance $\mathrm{MA} = p$ est moyenne proportionnelle entre $\mathrm{MC} = \rho$ et $\mathrm{MH} = p - \mathrm{K}\cos\alpha$.

De là résulte la construction suivante du centre de courbure C. Joignons MO, et élevons en A une perpendiculaire AI sur la droite MA. Soit I le point de rencontre de ces deux directions. Par ce point menons la droite IC parallèle à la droite NN', normale commune aux deux courbes. Le centre de courbure C sera à la rencontre des droites IC et MA.

En effet, les parallèles HO, AI, et les parallèles AO, CI nous donnent les proportions :

$$\frac{\mathrm{MH}}{\mathrm{MA}} = \frac{\mathrm{MO}}{\mathrm{MI}},$$

$$\frac{\mathrm{MC}}{\mathrm{MA}} = \frac{\mathrm{MI}}{\mathrm{MO}},$$

et en multipliant membre à membre,

$$\frac{MC \times MH}{\overline{MA}^2} = 1.$$

196. *Remarque.* — Si sur la droite AI on prend un point quelconque K, et qu'on joigne KM, KC, ces droites coupent la droite NN′ en deux points F et G, et l'on aura l'égalité

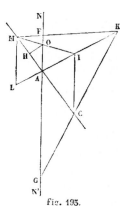

Fig. 195.

$$\frac{I}{AF} + \frac{I}{AG} = \frac{I}{AO}.$$

Ce théorème suppose seulement la droite AK parallèle à HO, et il subsiste encore lorsque les angles égaux MHO, MAK ne sont pas droits.

Pour le démontrer, menons ML parallèle à AO.

Les triangles semblables KAF, KLM, et les triangles semblables KIC, KAG, nous permettent d'exprimer $\frac{1}{AF}$ et $\frac{1}{AG}$ en fonction des autres lignes de la figure. Il vient en effet

$$AF = ML \times \frac{AK}{LK} = ML \times \frac{AK}{LA + AK}.$$

Donc

$$\frac{1}{AF} = \frac{LA}{ML} \times \frac{1}{AK} + \frac{1}{ML}.$$

De même

$$\frac{1}{AG} = \frac{1}{IC} - \frac{AI}{IC} \times \frac{1}{AK}.$$

Faisons la somme, nous aurons

$$\frac{1}{AF} + \frac{1}{AG} = \frac{1}{ML} + \frac{1}{IC} + \frac{1}{AK}\left(\frac{LA}{LM} - \frac{AI}{IC}\right).$$

Mais les triangles MLA, CIA étant semblables, $\dfrac{LA}{ML}$ est égal à $\dfrac{AI}{IC}$: donc on a simplement

$$\frac{1}{AF} + \frac{1}{AG} = \frac{1}{ML} + \frac{1}{IC},$$

ce qui montre déjà que la somme des inverses des longueurs AF, AG est constante.

Les triangles semblables IAO, ILM, et les triangles semblables MAO, MCI, donnent enfin les égalités

$$ML = AO \times \frac{MI}{OI},$$

$$IC = AO \times \frac{MI}{MO}.$$

Donc

$$\frac{1}{LM} + \frac{1}{IC} = \frac{1}{AO \times MI} \times (OI + MO) = \frac{1}{AO},$$

et le théorème est démontré.

On pourrait d'ailleurs observer que $\dfrac{1}{AO}$ est la valeur que prend la fonction $\dfrac{1}{ML} + \dfrac{1}{IC}$ quand le point K vient à coïncider avec le point I, car alors le segment AG devient infini et son inverse est nul ; la fonction étant reconnue constante, doit donc être égale à $\dfrac{1}{AO}$.

Les rayons de courbure des courbes RS et PQ au point A (fig. 194) satisfont à la relation $\dfrac{1}{R} + \dfrac{1}{R'} = \dfrac{1}{AO}$; donc on peut prendre pour les points F et G les centres de courbure de ces deux courbes ; le centre de courbure de l'épicycloïde engendrée par le point M s'obtiendra en élevant en A une perpendiculaire sur la droite AM, en joignant MF, puis en cherchant l'intersection K de ces deux droites, et en joignant le point K au centre de courbure G ; l'intersection de GK et de MF sera le point demandé. Nous reviendrons sur cette construction quand nous étudierons les engrenages.

ACCÉLÉRATION DANS LE MOUVEMENT ÉPICYCLOÏDE PLAN.
CAS GÉNÉRAL.

197. Nous venons de chercher l'accélération dans le mouve
ment épicycloïdal, mais seulement dans le cas particulier où la
vitesse angulaire autour du centre instantané de rotation est
constante. Nous allons reprendre la question en supposant que
cette vitesse angulaire soit variable.

Soit O le centre instantané autour duquel, à un instant
t donné, pivote une figure plane; soit ω sa vitesse angulaire au même instant.

Soit O' le centre instantané autour duquel tourne la même

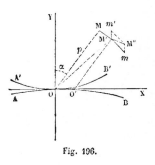

figure plane à l'instant $t + dt$, et
soit $\omega + d\omega$ sa nouvelle vitesse angulaire.

Prenons pour axe des x la direction OO' prolongée, et pour axe
des y la perpendiculaire élevée à
cette direction au point O. La
droite OX sera la tangente au point O
à la courbe fixe AB, lieu des centres
instantanés sur le plan, et à la
courbe roulante A'B', lieu des centres instantanés rapportés à la figure mobile.

Fig. 196.

Posons OO' $= d\sigma$; le point de contact des deux courbes parcourt l'arc $d\sigma$ dans le temps dt. Si donc R et R' sont les rayons
de courbure des courbes AB et A'B', on aura l'équation

$$\omega = \frac{d\sigma}{dt}\left(\frac{1}{R} + \frac{1}{R'}\right).$$

Soit M un point de la figure mobile, prise dans la position
où elle est tangente en O à la courbe fixe. Ce point M décrit
une épicycloïde, et on demande l'accélération totale de ce
point. Pour définir sa position, nous donnerons l'angle
YOM $= \alpha$, et la longueur OM $= p$.

A l'instant t, le point M est animé d'une vitesse normale
à OM et égale à $p\omega$; en vertu de cette vitesse, le point M parcourt dans le temps dt un arc MM' $= p\omega dt$. Projetons cet arc
sur les axes OX et OY, et divisons par le temps dt; nous aurons les composantes de la vitesse, savoir :

$$v_x = p\omega \cos\alpha \quad \text{et} \quad v_y = -p\omega \sin\alpha.$$

Au bout du temps dt, le centre de rotation s'est transporté
en O', et le point M' reçoit un déplacement perpendiculaire
à O'M', avec une vitesse angulaire égale à $\omega + d\omega$. Mais
nous pouvons regarder (§ 167) la rotation $\omega + d\omega$ autour
de O', comme la résultante d'une rotation $\omega + d\omega$, autour du
point O, et d'une translation dans la direction OY, égale au
produit $(\omega + d\omega) \times OO'$, c'est-à-dire égale à ωdz, en négligeant les infiniment petits d'ordre supérieur au premier. Le
point M' est donc animé de deux vitesses : l'une, M'm, normale
à OM', a pour projections sur les axes $p(\omega + d\omega)\cos(\alpha + d\alpha)$,
et $-p(\omega + d\omega)\sin(\alpha + d\alpha)$; l'autre, M'$m'$, parallèle à OY, a
pour valeur ωdz. On aura donc, en appelant v'_x, v'_y les composantes de la nouvelle vitesse,

$$v'_x = p(\omega + d\omega)\cos(\alpha + d\alpha),$$
$$v'_y = \omega dz - p(\omega + d\omega)\sin(\alpha + d\alpha).$$

La distance p reste la même pour les deux points M et M',
car, MM' étant infiniment petit et perpendiculaire à OM, les
deux droites OM, OM' diffèrent d'un infiniment petit du second
ordre, qui doit être supprimé.

Développons, supprimons les termes du second ordre, et
observons que $d\alpha = \omega dt$; il vient

$$v'_x = p\omega\cos\alpha + p\,d\omega\cos\alpha - p\omega^2\sin\alpha\,dt,$$
$$v'_y = \omega dz - p\omega\sin\alpha - p\,d\omega\sin\alpha - p\omega^2\cos\alpha\,dt.$$

Les composantes parallèles aux axes de l'accélération totale
sont, par conséquent,

$$j_x = \frac{v'_x - v_x}{dt} = p\cos\alpha \times \frac{d\omega}{dt} - p\omega^2\sin\alpha,$$
$$j_y = \frac{v'_y - v_y}{dt} = \omega\frac{dz}{dt} - p\sin\alpha \times \frac{d\omega}{dt} - p\omega^2\cos\alpha.$$

L'accélération du point M peut donc être décomposée en trois accélérations : une dirigée de M vers O, et égale à $p\omega^2$; une dirigée tangentiellement à l'arc MM′, et égale à $p\,\dfrac{d\omega}{dt}$; une troisième dirigée parallèlement à OY, et égale à $\omega\,\dfrac{d\sigma}{dt}$. Les deux premières correspondent au mouvement de rotation qui s'effectue autour de O avec une vitesse angulaire variant de ω à $\omega + d\omega$; la troisième, au mouvement de translation qui, composé avec la rotation $\omega + d\omega$, transporte cette rotation du centre O au centre O′.

Cette troisième accélération $\omega\,\dfrac{d\sigma}{dt}$ peut se décomposer aussi suivant la normale MO, et suivant la tangente MM′, et l'on aura, en appelant j_N et j_T les deux composantes de l'accélération totale,

$$j_N = p\omega^2 - \omega\,\frac{d\sigma}{dt}\cos\alpha,$$

$$j_T = p\,\frac{d\omega}{dt} - \omega\,\frac{d\sigma}{dt}\sin\alpha.$$

LIEUX GÉOMÉTRIQUES DES POINTS DONT L'ACCÉLÉRATION SATISFAIT A CERTAINES CONDITIONS DONNÉES. — CENTRE DES ACCÉLÉRATIONS.

198. Les points géométriques de la figure mobile sont définis dans le paragraphe précédent par les coordonnées polaires p et α ; on peut aussi les rapporter aux axes rectangulaires OX, OY, en remplaçant $p\sin\alpha$ par x, et $p\cos\alpha$ par y. Les accélérations projetées sur les axes deviennent alors

(1)
$$j_x = y\,\frac{d\omega}{dt} - \omega^2 x,$$
$$j_y = \omega\,\frac{d\sigma}{dt} - x\,\frac{d\omega}{dt} - \omega^2 y.$$

1° Cherchons d'abord le lieu des points du plan qui à l'instant t ont une même accélération totale j. Nous n'avons qu'à élever au carré les équations (1), et à ajouter ; il viendra

(2) $j^2 = (y^2 + x^2)\left(\omega^4 + \left(\dfrac{d\omega}{dt}\right)^2\right) + \omega^2\left(\dfrac{d\sigma}{dt}\right)^2 - 2x\,\dfrac{d\sigma}{dt}\,\dfrac{\omega\,d\omega}{dt} - 2y\omega^3\,\dfrac{d\sigma}{dt}.$

Cette équation représente une circonférence, dont le centre a pour coordonnées

$$(3) \quad x = \frac{\omega \dfrac{d\omega}{dt}\dfrac{dz}{dt}}{\omega^4 + \left(\dfrac{d\omega}{dt}\right)^2},$$

$$y = \frac{\omega^3 \dfrac{dz}{dt}}{\omega^4 + \left(\dfrac{d\omega}{dt}\right)^2}.$$

La position de ce point est indépendante de l'accélération donnée j, et par suite les points dont les accélérations sont égales forment une série de circonférences concentriques.

Si l'on applique au point (3) les formules (1), on verra que $j_x = 0$ et $j_y = 0$, de sorte que le centre commun des circonférences lieux des points dont les accélérations sont les mêmes, a une accélération nulle. Nous nommerons ce point le *centre des accélérations*.

2° Les lieux des points dont l'accélération totale a une même composante, parallèle à l'axe des x, ou à l'axe des y, comprennent deux séries de droites parallèles, dans deux directions rectangulaires.

Le lieu des composantes égales suivant OX a pour équation

$$\frac{d\omega}{dt}y - \omega^2 x = \text{const.},$$

et le lieu des composantes égales suivant OY,

$$\frac{d\omega}{dt}x + \omega^2 y = \text{const.}$$

Le coefficient angulaire de la première direction est $\dfrac{\omega^2}{\left(\dfrac{d\omega}{dt}\right)}$;

celui de la seconde, $-\dfrac{\left(\dfrac{d\omega}{dt}\right)}{\omega^2}$.

Si l'on considère en particulier les points pour lesquels

$j_z = 0$, et ceux pour lesquels $j_y = 0$, les premiers sont sur la droite

$$\frac{y}{x} = \frac{\omega^2}{\left(\dfrac{d\omega}{dt}\right)},$$

qui passe par l'origine ; les autres sont sur la droite

$$\frac{d\omega}{dt}\, x + \omega^2 y = \omega\, \frac{dz}{dt}.$$

Ces deux droites se coupent au point pour lequel $j = 0$, c'est-à-dire au centre des accélérations.

Il est à remarquer que les directions de ces droites ne dépendent pas de la vitesse $\dfrac{dz}{dt}$ du point de contact.

3° Enfin, cherchons les lieux des points pour lesquels l'une des deux composantes j_N, j_T a une valeur donnée. Les équations des lieux cherchés seront, en coordonnées polaires,

$$\rho\omega^2 - \omega\, \frac{dz}{dt} \cos x = \text{const.},$$

$$\rho\, \frac{d\omega}{dt} - \omega\, \frac{dz}{dt} \sin y = \text{const.}$$

Ces équations représentent les courbes appelés *limaçons de Pascal*. Sur l'axe OY (fig. 197), prenons une quantité

$$OC = \frac{\omega\, \dfrac{dz}{dt}}{\omega^2} = \frac{1}{\omega}\, \frac{dz}{dt}.$$ Puis sur OC comme diamètre décrivons une circonférence. Le lieu représenté par la première équation s'obtiendra en prolongeant d'une même quantité MP toutes les cordes OM issues du point O et comprises dans le cercle OC. De même, si sur l'axe OX on prend $OB = \dfrac{\omega\, \dfrac{dz}{dt}}{\dfrac{d\omega}{dt}}$,

et qu'on décrive un cercle sur OB comme diamètre, le lieu des points pour lesquels la composante j_T est constante, sera le limaçon obtenu en prolongeant les cordes ON d'une quantité constante NQ.

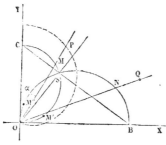

Fig. 197.

Les cercles OC, OB représentent les lieux des points pour lesquels j_N et j_T sont respectivement nulles ; le premier, OC, est donc la *circonférence des inflexions*, le long de laquelle $j_N = 0$; son diamètre OC ne dépend pas des circonstances du mouvement de la figure mobile ; car il est égal à $\dfrac{1}{\omega}\dfrac{d\sigma}{dt}$, c'est-à-dire à $\dfrac{1}{\dfrac{1}{R}+\dfrac{1}{R'}}$, en appelant R et R' les rayons de courbure des courbes AB, A'B' (§ 194). L'autre cercle OB a pour diamètre

$$\dfrac{\omega\dfrac{d\sigma}{dt}}{\dfrac{d\omega}{dt}} = \dfrac{\omega^2}{\left(\dfrac{d\omega}{dt}\right)}\times\dfrac{1}{\dfrac{1}{R}+\dfrac{1}{R'}},$$ et dépend par conséquent du mouvement imprimé à la courbe A'B'.

Ces deux cercles se coupent en deux points, le point O et un autre point S. Comme l'une des composantes, j_T ou j_N est nulle pour les points appartenant à l'un des cercles elles sont nulles à la fois aux points communs aux deux circonférences, et on pourrait en conclure que l'accélération totale, résultante de j_T et de j_N, est nulle aux deux points O et S. La conclusion est exacte pour le point S ; mais elle est fausse pour le point O. Au point S, en effet, le rayon OS est la direction commune prise par des rayons menés du point O à des points infiniment voisins du point S, situés respectivement sur les circonférences OB et OC. En ce point, par conséquent, la décomposition de l'accélération totale j se fait suivant la direction SO et une direction perpendiculaire, et dire que les composantes sont nulles suivant ces deux directions, c'est dire que l'accélération j est nulle elle-même. Il en est autrement au point O. Considérons un point M' infiniment voisin du point O sur le cercle OC; l'accélération totale de ce point se réduira à sa composante tangentielle j_T, normale à OM'; à la limite, cette composante sera parallèle à l'axe OY. De même, considérons un point M'' sur le cercle OB; son accélération se réduit à la composante centripète j_N, qui, à la limite, est aussi parallèle à l'axe OY. L'accélération du point O est en définitive dirigée suivant OY, et égale à $\omega\dfrac{d\sigma}{dt}$, comme l'indiquent les formules qui donnent j_x et j_y, et les deux cercles OB, OC peuvent se couper en ce point, en rendant nulle l'une des deux composantes j_N, j_T, sans rendre pour cela l'accélération totale j égale à zéro, parce que la décomposition de cette accélération j ne se fait plus dans tous les cas suivant les mêmes directions.

Il n'y a donc qu'un seul point, le point S, dont l'accélération totale soit nulle. Ce point est le centre des accélérations.

Les trois points C, S, B sont en ligne droite. La direction OS, axe radical des deux cercles OB, OC, est le lieu des points pour lesquels $j_x = 0$. La droite CB est le lieu des points pour lesquels $j_y = 0$.

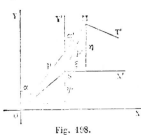

Fig. 198.

199. Nous terminerons en donnant une propriété mécanique du point S.

Soient x', y', ses coordonnées rapportées aux axes OX, OY, et soient ξ, η les coordonnées d'un point M rapportées à des axes SX', SY', menés par le point S parallèlement à OX et à OY. Nous aurons les équations $x = \xi + x'$, $y = \eta + y'$, qui nous permettront de passer des axes primitifs aux nouveaux axes; faisant cette transformation, il viendra pour les composantes j_x, j_y, de l'accélération totale :

$$j'_x = \frac{d\omega}{dt}(\eta + y') - \omega^2(\xi + x') = \frac{d\omega}{dt}\eta - \omega^2\xi,$$

$$j'_y = \omega\frac{dz}{dt} - \frac{d\omega}{dt}(\xi + x') - \omega^2(\eta + y') = -\frac{d\omega}{dt}\xi - \omega^2\eta,$$

en observant que la substitution de x' et y' à x et y dans les équations (1) donne 0 pour j_x et pour j_y. Rapportées aux nouveaux axes, les équations (1) perdent ainsi le terme en $\omega\frac{dt}{dz}$. Passons aux coordonnées polaires en posant $MSY' = \alpha'$ et $SM = p'$. Il viendra

$$\xi = p'\sin\alpha', \qquad \eta = p'\cos\alpha'.$$

Donc

$$j_x = p'\frac{d\omega}{dt}\cos\alpha' - p'\omega^2\sin\alpha,$$

$$j_y = -p'\frac{d\omega}{dt}\sin\alpha' - p'\omega^2\cos\alpha'.$$

Sous cette forme on reconnaît que l'accélération totale peut se décomposer en une composante $p'\omega^2$, dirigée suivant MS, et une composante $p'\frac{d\omega}{dt}$, dirigée suivant MT', perpendiculaire à MS; c'est-à-dire que *les accélérations des divers points de la figure sont les mêmes que si la figure entière tournait autour du point S, avec les vitesses angulaires successives* ω *et* $\omega + d\omega$.

On pourrait appeler le point O le *centre des vitesses*, car les vitesses des points M sont distribuées comme si la figure tournait autour du point O. Les accélérations sont distribuées comme si elle tournait autour du point S, ce qui justifie le nom de *centre des accélérations*.

USAGE DE LA CIRCONFÉRENCE DES INFLEXIONS POUR TROUVER LE
RAYON DE COURBURE DES COURBES ÉPICYCLOÏDALES.

200. Le diamètre OC de la circonférence des inflexions est égal à

$$\frac{1}{\frac{1}{R} + \frac{1}{R'}}.$$

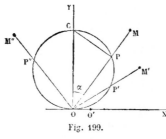

Fig. 199.

Pour trouver le rayon de courbure de l'épicycloïde engendré par un point M, on doit joindre OM (§ 195); cette droite coupe en P la circonférence des inflexions; on prendra ensuite pour le rayon de courbure cherché, ρ, une troisième proportionnelle aux segments MP, MO :

$$\rho = \frac{\overline{MO}^2}{MP}.$$

Dans cette équation, il convient d'attribuer un signe au segment MP et au rayon ρ. Le signe du segment MP est déterminé par la différence

$$MP = \rho - \frac{1}{\frac{1}{R} + \frac{1}{R'}} \cos \alpha = MO - OC \cos \alpha.$$

Le segment est donc positif ou négatif suivant que le point M est en dehors ou en dedans du cercle des inflexions.

Le rayon de courbure ρ a le même signe que le segment MP, et doit être porté dans le sens MP à partir du point M.

Cette équation s'applique à tous les points de la figure. Si donc on connaît les rayons de courbure ρ' et ρ'' pour les trajectoires de deux points M', M'', on pourra construire les deux points P' et P'' correspondants, puis, faisant passer une circonférence par les trois points O, P', P", on pourra, par l'application de la même formule, trouver le rayon de courbure de l'épicycloïde décrite par le point M.

Prenons pour exemple un triangle MM'M", dont deux sommets M', M" glissent sur deux courbes données A', A". Soient C', C" les centres de courbure de ces deux courbes; les normales C'M', C"M" se coupent en un point O, qui sera le centre instantané de la figure mobile. Les courbes directrices tournant leur convexité vers le centre instantané O, les rayons $\rho'=$M'C', $\rho''=$M"C" doivent être pris né-

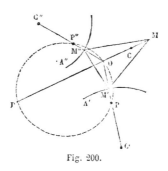

Fig. 200.

gativement, ce qui exige qu'on porte aussi les distances M'P', M"P" sur les normales, à partir des points M' et M", en sens contraire des sens M'O, M"O.

Prenons

$$M'P' = \frac{\overline{M'O}^2}{M'C'},$$

$$M''P'' = \frac{\overline{M''O}^2}{M''C''}$$

Puis par les trois points P', P" et O, faisons passer une circonférence. Elle rencontrera en un point P la droite OM, normale à la trajectoire du point M, et le point C, centre de courbure de cette trajectoire, s'obtiendra en prenant

$$MC = \frac{\overline{MO}^2}{MP}.$$

La même construction donne la tangente au lieu des centres instantanés de rotation successifs, car ce lieu touche le cercle des inflexions au point O.

THÉORÈME DE BOBILLIER [1].

201. *Lorsque deux côtés d'un triangle glissent respectivement sur deux circonférences fixes, le troisième côté enveloppe une troisième circonférence.*

Soit ABC le triangle mobile ; β et γ les deux cercles donnés ; le côté AB touche constamment la circonférence γ ; le côté AC

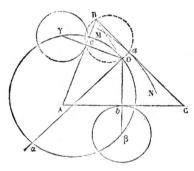

touche la circonférence β. Les points c et b, par lesquels chacune des droites AB, AC, touche son enveloppe, sont les pieds des perpendiculaires abaissées du centre instantané sur ces droites elles-mêmes. On aura donc le centre instantané de rotation, O, en cherchant l'intersection des perpendiculaires cO, bO, élevées en c et b sur les

Fig. 201.

côtés AB, AC ; ces perpendiculaires passent par les centres fixes γ et β des cercles donnés. L'angle γOβ étant le supplément de l'angle constant BAC, le point O appartient à un cercle passant par les points γ et β. Ce cercle, qu'on peut construire, est donc le lieu des centres instantanés de rotation successifs du triangle.

Pour avoir le point a par lequel le troisième côté BC touche son enveloppe, il suffit d'abaisser du point O une perpendiculaire Oa sur ce côté. Cette perpendiculaire passe par le centre de courbure, α, de l'enveloppe cherchée, point dont nous ignorons encore la position. Dans le déplacement infiniment petit du triangle, tout se passe comme si le côté BC tournait

[1] *Cours de géométrie pour les écoles d'arts et métiers.*

tangentiellement à un cercle ayant pour centre ce point α. Dans ce mouvement élémentaire, le centre instantané de rotation de la figure se déplace le long du cercle $\beta O\gamma$; de plus, les angles $\beta O\alpha$, BCA, dont les côtés sont respectivement perpendiculaires, sont égaux ou supplémentaires, et par conséquent l'angle $\beta O\alpha$ est connu; le point O est donc aussi assujetti à se mouvoir sur un cercle passant par les trois points O, α, β; le mouvement du point O serait donc impossible, à moins que ces deux cercles ne coïncident, ce qui exige que le point α soit situé à l'intersection du cercle $O\gamma\beta$ avec la perpendiculaire $O\alpha$ prolongée.

Il en résulte que le point α est fixe; d'abord il est situé sur le cercle fixe $O\gamma\beta$; ensuite les arcs $\beta\alpha$, $\gamma\alpha$ sont constants comme correspondant sur ce cercle à des angles inscrits constants $\gamma O\alpha$, $\beta O\alpha$. On peut ajouter que le triangle qu'on obtiendrait en joignant les points α, β, γ est semblable au triangle donné.

L'enveloppe du côté BC est donc un cercle MN décrit du point α comme centre, avec αa pour rayon.

Si les côtés AB, AC étaient assujettis à glisser sur des courbes quelconques, on pourrait, pendant un intervalle de temps infiniment petit, substituer à ces courbes leurs cercles osculateurs aux points c et b, et la construction du point α ferait connaître le centre de courbure de l'enveloppe du troisième côté BC.

La normale au lieu décrit par un sommet quelconque B, du triangle mobile, s'obtiendra en joignant OB. Or les angles c et a du quadrilatère $OaBc$ étant droits, ce quadrilatère est inscriptible, et OB est le diamètre du cercle circonscrit. Le cercle circonscrit au quadrilatère $OaBc$ est donc tangent en B au lieu décrit par le point B. On en déduit la méthode suivante pour mener une tangente au lieu décrit par le sommet, B, d'un angle constant dont les côtés Bc, Ba, glissent sur des courbes don-

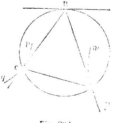

Fig. 202.

nécs *mn*, *pq* (fig. 202). Il suffit de joindre les points de contact *a*
et *c*, et de décrire sur la droite *ac* un segment capable de
l'angle donné B. Le cercle *aBc* sera tangent au lieu décrit
par le sommet B.

COMPOSANTES DE LA VITESSE D'UN POINT D'UN CORPS SOLIDE
ASSUJETTI A TOURNER AUTOUR D'UN POINT FIXE.

202. Soit O le point fixe autour duquel tourne le corps ; OA
l'axe instantané de rotation, autour duquel il est animé, au
bout du temps *t*, d'une vitesse angulaire ω. Nous pouvons dé-

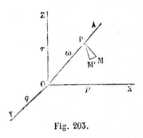

Fig. 203.

composer la rotation ω en trois rotations *p*, *q*, *r*, autour de trois axes
rectangulaires OX, OY, OZ, menés
par le point O. Nous nous proposons de chercher les projections sur
les axes, de la vitesse linéaire d'un
point M, lié invariablement au
corps. Ce point décrit dans le temps
dt, autour de OA, un arc élémen-
taire MM' égal à MP × ω*dt* (MP étant la distance du point M à
l'axe instantané), dans une direction perpendiculaire au plan
OAM. Ce sont les composantes suivant les axes de cet arc infiniment petit, qui, divisées par *dt*, nous donneront les vitesses
cherchées $\frac{dx}{dt}$, $\frac{dy}{dt}$, $\frac{dz}{dt}$. La méthode la plus simple consiste à
chercher successivement les variations produites sur les coor-
données *x*, *y*, *z* du point M, par les rotations composantes
p, *q*, *r*, considérées seules, et à additionner algébriquement
les résultats partiels obtenus.

C'est cette méthode que nous avons suivie § 175, quand nous
supposions le corps animé à la fois des translations *u*, *v*, *w*,
parallèlement aux axes, et des rotations *p*, *q*, *r*, autour des
axes ; le résultat peut donc se déduire des équations (1) de la

page 256, en y faisant nulles les trois vitesses u, v, w; il viendra, en divisant par dt,

$$\frac{dx}{dt} = qz - ry,$$

$$\frac{dy}{dt} = rx - pz,$$

$$\frac{dz}{dt} = py - qx,$$

équations qui se transforment l'une dans l'autre à l'aide d'une *permutation tournante*, en changeant simultanément x en y, y en z, z en x, et p en q, q en r, r en p.

Comme les trois équations ainsi obtenues ont une grande importance dans la théorie de la rotation des corps solides, nous les établirons d'une seconde manière, plus directe, en ce qu'elle n'emprunte rien à la théorie de la décomposition des rotations et des mouvements.

Convenons de représenter la rotation ω autour de OA, par une longueur portée sur OA à partir du point O; projetons cette longueur sur les axes, et soient p, q, r, les longueurs des projections. La direction de l'axe OA sera définie par les cosinus des angles AOX, AOY, AOZ, c'est-à-dire par les trois rapports $\frac{p}{\omega}$, $\frac{q}{\omega}$, $\frac{r}{\omega}$; la somme des carrés de ces rapports est égale à l'unité. Soient x, y, z, les coordonnées d'un point M du corps solide dans sa position primitive; $x + dx$, $y + dy$, $z + dz$, les coordonnées de la seconde position, M', du même point, au bout du temps dt. Nous remarquerons que la rotation autour de OA ne change ni la distance du point M au point O, ni l'angle que fait cette distance avec l'axe de rotation OA.

La distance du point M à l'origine est égale à $\sqrt{x^2 + y^2 + z^2}$; et comme elle reste la même quand le point M passe en M', sa différentielle est nulle, ce qui donne la relation

(1) $$x\,dx + y\,dy + z\,dz = 0.$$

L'angle V de la direction OM avec l'axe OA a pour cosinus

la somme des produits des cosinus des angles que ces deux directions font avec les axes :

$$\cos V = \frac{p}{\omega} \times \frac{x}{\sqrt{x^2+y^2+z^2}} + \frac{q}{\omega} \times \frac{y}{\sqrt{x^2+y^2+z^2}} + \frac{r}{\omega} \times \frac{z}{\sqrt{x^2+y^2+z^2}}$$

$$= \frac{px+qy+rz}{\omega \sqrt{x^2+y^2+z^2}}.$$

L'angle V ne variant pas quand x, y, z, deviennent $x+dx$, $y+dy$, $z+dz$, on aura de même en différentian

$$(2) \qquad p\,dx + q\,dy + r\,dz = 0.$$

Cette dernière équation s'établirait plus vite en exprimant que les directions MM' et OA, définies par leurs projections respectives, dx, dy, dz, et p, q, r, sont rectangulaires.

Des équations (1) et (2) on déduit en éliminant successivement dz, dx, dy, la suite des rapports égaux :

$$(5) \qquad \frac{dx}{qz-ry} = \frac{dy}{rx-pz} = \frac{dz}{py-qx},$$

et la question est ramenée à déterminer la valeur commune de ces trois rapports. Pour cela, élevons-les au carré, puis ajoutons les trois fractions terme à terme, et extrayons la racine carrée des termes résultants; l'égalité des rapports ne sera pas troublée, et l'on aura par conséquent

$$(4) \quad \frac{dx}{qz-ry} = \frac{dy}{rx-pz} = \frac{dz}{py-qx} = \frac{\sqrt{dx^2+dy^2+dz^2}}{\sqrt{(qz-ry)^2+(rx-pz)^2+(py-qx)^2}}.$$

Le numérateur, pris positivement, représente l'arc MM'.

Quant au dénominateur, il peut se transformer de la manière suivante. On a identiquement [1]

$$(qz-ry)^2+(rx-pz)^2+(py-qx)^2$$
$$= (p^2+q^2+r^2)(x^2+y^2+z^2) - (px+qy+rz)^2 = \omega^2(x^2+y^2+z^2) - (px+qy+rz)^2.$$

---

[1] Cette identité montre comment le produit de la somme de trois carrés par la somme de trois carrés peut se mettre sous la forme d'une somme de quatre carrés.

Abstraction faite du signe, la racine carrée indiquée est égale à

$$\sqrt{\omega^2(x^2+y^2+z^2)-(px+qy+rz)^2} = \omega\sqrt{x^2+y^2+z^2} \times \sqrt{1-\left(\frac{px+qy+rz}{\omega\sqrt{x^2+y^2+z^2}}\right)^2}$$
$$= \omega\sqrt{x^2+y^2+z^2}\sqrt{1-\cos^2 V} = \omega\sqrt{x^2+y^2+z^2}\sin V = \omega \times MP.$$

Le rapport est donc égal en valeur absolue à la fraction $\dfrac{MM'}{\omega \times MP}$, c'est-à-dire à dt.

Mais il reste à discuter le signe avec lequel dt doit être pris. On résoudra cette dernière question en suivant la marche indiquée dans le § 186 pour un problème tout à fait semblable. Nous appliquerons les formules à des cas particuliers où le signe de dt soit facile à déterminer *a priori*. La loi de continuité exige qu'on conserve cette détermination. Supposons par exemple que l'axe OA coïncide avec OZ; les quantités p et q seront nulles, et la quantité r sera égale à ω. Si de plus ω est positif, cette rotation s'opérant autour de OZ, de X vers Z, fera croître l'ordonnée y de tout point M qui se projette dans l'angle ZOX, et décroître son abscisse x; donc les formules, en y faisant x, y et r positifs, en même temps que p et q nuls, doivent donner dy positif et dx négatif; ces hypothèses particulières, introduites dans les équations (5), les réduisent à

$$\frac{dx}{-ry} = \frac{dy}{rx} = \frac{dz}{0}.$$

De là résulte que dz est nul, et que les rapports $\dfrac{dx}{-ry}$ et $\dfrac{dy}{rx}$ sont tous deux positifs. Aussi devra-t-on prendre positivement la valeur commune, dt, des trois rapports, ce qui ramène les équations (4) à la forme définitive:

$$(5) \qquad \begin{cases} dx = (qz - ry)\,dt, \\ dy = (rx - pz)\,dt, \\ dz = (py - qx)\,dt. \end{cases}$$

Nulle part dans tout ce raisonnement on n'a considéré les quantités p, q, r comme des rotations qui s'effectuent autour des axes coordonnés, et dont la coexistence puisse remplacer la rotation ω autour de OA. Ce sont de simples quantités auxiliaires, qui définissent à la fois la direction OA et la grandeur de la rotation, mais qui n'ont pas d'autre signification cinématique. Les équations (5) une fois démontrées de cette manière, on pourra en déduire la loi de la décomposition d'une rotation OA en trois rotations autour d'axes rectangulaires : il suffit d'observer que, d'après ces équations (5), les déplacements dus à la rotation ω autour de OA peuvent s'obtenir en composant les effets particuliers de trois rotations égales à *p*, *q*, *r*, qui s'effectueraient respectivement autour des trois axes OX, OY, OZ, en sorte que l'ensemble des trois rotations *p*, *q*, *r*, équivaut à la rotation ω.

ACCÉLÉRATION DANS LE MOUVEMENT D'UN SOLIDE AUTOUR D'UN POINT FIXE O.

203. Soit, à l'instant *t*, OA l'axe autour duquel le corps solide tourne avec une vitesse angulaire ω. Par le point O, menons trois axes rectangulaires fixes OX, OY, OZ. Nous pouvons décomposer la rotation ω, dont l'axe est dirigé suivant la droite OA, en trois rotations *p*, *q*, *r*, autour des axes coordonnés ; ces rotations produisent pendant le temps infiniment petit *dt* des variations *dx*, *dy*, *dz*, sur les coordonnées rectangulaires *x*, *y*, *z* d'un point M, lié au corps ; nous venons de voir (§ 202) que ces variations sont données par les équations :

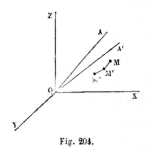

Fig. 204.

$$(1) \quad \begin{cases} dx = (qz - ry)\, dt, \\ dy = (rx - pz)\, dt, \\ dz = (py - qx)\, dt. \end{cases}$$

Les composantes de la vitesse du point M sont

$$(2) \quad \begin{cases} v_x = \dfrac{dx}{dt} = qz - ry, \\[2mm] v_y = \dfrac{dy}{dt} = rx - pz, \\[2mm] v_z = \dfrac{dz}{dt} = py - qx. \end{cases}$$

Les différentielles dx, dy, dz sont les projections sur les axes du déplacement infiniment petit MM′ du point M, tournant d'un angle ωdt autour de OA.

Au bout du temps dt, l'axe de rotation est devenu la droite OA′, et le point mobile, parvenu en M′, est animé autour de cette droite d'une vitesse angulaire $\omega + d\omega$, qui l'amène de M′ en M″ dans un nouvel intervalle de temps dt. Les composantes de la rotation $\omega + d\omega$ suivant les axes sont $p + dp$, $q + dq$, $r + dr$; les coordonnées de M′ sont d'ailleurs $x + (qz - ry)\,dt$, $y + (rx - pz)\,dt$, $z + (py - qx)\,dt$. Appelons v'_x, v'_y, v'_z les composantes de la vitesse du point M′ dans le passage de M′ en M″; nous aurons, en appliquant les équations (2),

$$(3) \quad \begin{cases} v'_x = (q+dq)[z+(py-qx)\,dt] - (r+dr)[y+(rx-pz)\,dt], \\[1mm] v'_y = (r+dr)[x+(qz-ry)\,dt] - (p+dp)[z+(py-qx)\,dt], \\[1mm] v'_z = (p+dp)[y+(rx-pz)\,dt] - (q+dq)[x+(qz-ry)\,dt]. \end{cases}$$

Pour en déduire les composantes j_x, j_y, j_z, de l'accélération du point M, il suffit de diviser par dt les accroissements des composantes des vitesses; il vient, en effaçant les termes infiniment petits,

$$(4) \quad \begin{cases} j_x = \dfrac{v'_x - v_x}{dt} = z\dfrac{dq}{dt} - y\dfrac{dr}{dt} - (q^2+r^2)\,x + p\,(qy+rz), \\[2mm] j_y = \dfrac{v'_y - v_y}{dt} = x\dfrac{dr}{dt} - z\dfrac{dp}{dt} - (r^2+p^2)\,y + q\,(rz+px), \\[2mm] j_z = \dfrac{v'_z - v_z}{dt} = y\dfrac{dp}{dt} - x\dfrac{dq}{dt} - (p^2+q^2)\,z + r\,(px+qy). \end{cases}$$

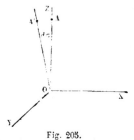

Fig. 205.

Pour simplifier ces formules, supposons que nous prenions pour axe des z la droite OA, axe instantané du solide à l'instant t, et pour plan des ZOX le plan AOA', plan tangent commun aux deux cônes, dont l'un est fixe dans l'espace, et dont l'autre, mobile avec le solide, l'entraine dans son roulement sur le premier. On aura à l'instant t

$$p = 0,$$
$$q = 0,$$
$$r = \omega.$$

La rotation ω, supposée positive, s'opère de X vers Y.

A l'instant $t + dt$, la rotation $\omega + d\omega$, s'opère autour de l'axe OA', qui fait un angle AOA' $= d\tau$ avec l'axe OA; décomposons cette rotation autour des axes OX, OY, OZ; nous aurons

$$p + dp = (\omega + d\omega)\cos\left(\frac{\pi}{2} + d\tau\right),$$
$$q + dq = 0,$$
$$r + dr = (\omega + d\omega)\cos d\tau,$$

ou, en retranchant les premières équations et en supprimant les infiniment petits du second ordre,

$$dp = -\omega d\tau,$$
$$dq = 0,$$
$$dr = d\omega.$$

Substituons ces valeurs dans les équations (4), il vient pour les équations simplifiées

$$(5) \quad \begin{cases} j_x = -y\,\dfrac{d\omega}{dt} - \omega^2 x, \\[2mm] j_y = x\,\dfrac{d\omega}{dt} + z\omega\,\dfrac{d\tau}{dt} - \omega^2 y, \\[2mm] j_z = -y\omega\,\dfrac{d\tau}{dt}. \end{cases}$$

Au lieu d'employer les coordonnées rectangles, on peut définir la position des points du solide à l'aide des coordonnées
polaires (§ 65). Du point O comme centre, décrivons une sphère
avec un rayon OM arbitraire. La position du point M sera définie sur cette surface par les deux angles ZOM $= \theta$ et XON $= \varphi$.

Pour exprimer les coordonnées x, y, z, en fonction des
nouvelles coordonnées R $=$ OM, θ et φ, on aura les équations :

$$x = R \sin \theta \cos \varphi,$$
$$y = R \sin \theta \sin \varphi,$$
$$z = R \cos \theta.$$

Le corps tourne autour du point O; la distance OM reste
donc constante pour un même point dans toute la suite du
mouvement. Décomposons l'accélération totale du point M
suivant les trois directions rectangulaires formées par le rayon
MO, par la tangente MT à l'arc ZN, et par la tangente MT′ au

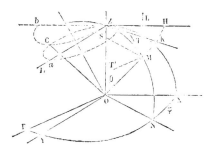

Fig. 206.

parallèle qui serait décrit sur la sphère par le point M, dans
sa rotation autour de OZ. Par le point O, menons des parallèles aux droites MT, MT′. La droite OP, parallèle à MT, sera
située dans le plan ZON, et fera avec OZ un angle égal au
complément de θ. La droite OR, parallèle à MT′, sera située
dans le plan XOY, et fera un angle droit avec la droite ON.

Cherchons les cosinus des angles de ces trois droites avec les axes coordonnés. On trouvera les neuf relations

$$\cos \text{MOX} = \cos \varphi \sin \theta, \quad \cos \text{POX} = -\cos \varphi \cos \theta, \quad \cos \text{ROX} = -\sin \varphi,$$
$$\cos \text{MOY} = \sin \varphi \sin \theta, \quad \cos \text{POY} = -\sin \varphi \cos \theta, \quad \cos \text{ROY} = \cos \varphi,$$
$$\cos \text{MOZ} = \cos \theta, \quad\quad \cos \text{POZ} = \sin \theta, \quad\quad\quad \cos \text{ROZ} = 0.$$

Désignons par j_m, j_p, j_r, les composantes de l'accélération projetée sur les directions OM, OP, OR ; nous aurons

$$j_m = j_x \cos \text{MOX} + j_y \cos \text{MOY} + j_z \cos \text{MOZ} = j_x \cos \varphi \sin \theta + i_y \sin \varphi \sin \theta + j_z \cos \theta.$$

De même

$$j_p = - j_x \cos \varphi \cos \theta - j_y \sin \varphi \cos \theta + j_z \sin \theta,$$
$$i_r = - j_x \sin \varphi + j_y \cos \varphi.$$

Remplaçons, dans ces équations, j_x, j_y, j_z, par leurs valeurs, et, dans ces valeurs, x, y, z par leurs expressions en R, θ et φ. Nous aurons en définitive

$$j_m = - \text{R}\omega^2 \sin^2 \theta,$$
$$j_p = \text{R}\omega^2 \sin \theta \cos \theta - \text{R}\omega \frac{d\tau}{dt} \sin \varphi,$$
$$j_r = \text{R} \frac{d\omega}{dt} \sin \theta + \text{R}\omega \frac{d\tau}{dt} \cos \varphi \cos \theta.$$

Les accélérations sont positives quand elles sont dirigées de O vers M, de O vers P, de O vers R. Le signe — devant la première indique une composante dirigée vers le point fixe O. On peut encore décomposer l'accélération totale suivant les directions ML, parallèle à OZ, MS, perpendiculaire abaissée du point M sur l'arc OZ, et MT', tangente à l'élément décrit par le point M dans sa rotation instantanée autour de l'axe OZ. La première composante est égale à j_z ; la troisième, à j_r ; quant à la seconde, on l'obtiendra, en ajoutant les composantes de j_m et j_p, projetées sur la droite MS, et on trouvera

$$j_s = \text{R}\omega^2 \sin \theta - \text{R}\omega \frac{d\tau}{dt} \sin \varphi \cos \theta.$$

Cette composante est comptée positivement dans la direction centripète MS.

En égalant successivement $j_m, j_p, \dots$ à des constantes, on aura pour une valeur donnée de R les équations des lieux géométriques des points dont l'accélération satisfait à des conditions données. Par exemple, les points de la sphère OM pour lesquels l'accélération j_m a une même valeur sont les petits cercles de cette sphère qui ont pour pôle le point Z. Le lieu des points pour lesquels $j_s = 0$ a pour équation, entre les variables θ et φ,

$$\operatorname{tang} \theta = \frac{1}{\omega} \frac{d\sigma}{dt} \sin \varphi;$$

cette équation définit un cône ayant son sommet au point O.

Le lieu des points pour lesquels j_r est nulle est un autre cône dont l'équation est

$$\operatorname{tang} \theta = - \omega \frac{d\sigma}{d\omega} \cos \varphi.$$

Ces deux cônes sont des surfaces du second degré, que les plans perpendiculaires à l'axe OZ coupent suivant des cercles.

Considérons en effet le plan tangent mené à la sphère au point Z ; la droite OM prolongée perce ce plan en un point K dont les coordonnées, $x = $ ZH et $y = $ HK, sont égales à

$$x = R \operatorname{tang} \theta \cos \varphi,$$
$$y = R \operatorname{tang} \theta \sin \varphi.$$

On en déduit

$$\operatorname{tang} \varphi = \frac{y}{x}, \quad \operatorname{tang} \theta = \frac{y}{R \sin \varphi} = \frac{\sqrt{x^2 + y}}{R}$$

et

$$\sin \varphi = \frac{y}{\sqrt{x^2 + y^2}},$$
$$\cos \varphi = \frac{x}{\sqrt{x^2 + y^2}}$$

Substituant dans les équations des cônes, il vient pour le premier

$$\frac{\sqrt{x^2 + y^2}}{R} = \frac{1}{\omega} \frac{d\sigma}{dt} \frac{y}{\sqrt{x^2 + y^2}}, \quad \text{ou} \quad (x^2 + y^2) = R \frac{1}{\omega} \frac{d\sigma}{dt} y,$$

et pour le second

$$\frac{\sqrt{x^2+y^2}}{R} = - \omega \frac{d\sigma}{d\omega} \frac{x}{\sqrt{x^2+y^2}}, \quad \text{ou} \quad x^2+y^2 = - R\omega \frac{d\sigma}{d\omega} x,$$

équations de deux circonférences, dont l'une, Za, a son centre sur la droite ZI, parallèle à l'axe OY, et l'autre, Zb, a son centre sur le prolongement de ZH, parallèle à l'axe OX.

Ces deux cônes du second degré ayant un sommet commun, se coupent suivant deux génératrices, dont l'une est l'axe de rotation OZ ; l'autre génératrice OC est le lieu des points pour lesquels les composantes j_s et j_r sont nulles à la fois, c'est-à-dire pour lesquels l'accélération totale se réduit à sa composante parallèle à l'axe OZ.

LIVRE IV

CHAPITRE PREMIER

GUIDES DU MOUVEMENT ET CLASSIFICATION DES MÉCANISMES

---

204. Les machines que l'on emploie dans l'industrie comprennent en général trois parties distinctes :

1° Un *récepteur*, qui reçoit directement l'action de la puissance motrice, comme la roue dans un moulin à eau, les ailes dans un moulin à vent, le piston dans les machines à vapeur;

2° L'*outil*, ou appareil propre à exécuter l'ouvrage que l'on se propose de faire, comme la meule d'un moulin, ou les machines à raboter, à mortaiser, à aléser, d'une fabrique d'ouvrages en fer; ordinairement l'outil ou les outils subissent directement la principale résistance que la machine ait à vaincre;

3° Enfin, entre le récepteur et l'outil, une série de *mécanismes*, ou d'organes propres à transformer le mouvement du récepteur en celui de l'outil, de manière à assurer à l'outil le mouvement et la vitesse qui conviennent le mieux au travail à exécuter.

L'étude des transformations de mouvement au point de vue géométrique est une branche de la cinématique. Nous allons examiner dans ce chapitre quelques-uns des mécanismes les plus simples et les plus généralement employés.

On n'admet guère dans les machines que deux genres de

mouvement: le mouvement rectiligne et le mouvement circulaire. Ce sont les plus faciles à réaliser.

Ces mouvements peuvent être ou *continus*, ou *alternatifs*; *continus*, s'ils ont lieu toujours dans le même sens; *alternatifs*, s'ils ont lieu alternativement dans un sens, puis en sens contraire.

Le mouvement *rectiligne continu* n'est pas en général admissible dans une machine, parce que s'il se prolongeait indéfiniment, il éloignerait de plus en plus les organes qui en seraient animés. Aussi les mouvements rectilignes sont-ils nécessairement limités en pratique à une certaine période, au delà de laquelle le mouvement en sens contraire intervient pour ramener la pièce mobile à son point de départ, et rendre le mouvement direct possible de nouveau.

Le mouvement circulaire continu est au contraire indéfiniment possible, sans restriction d'aucune sorte.

Les mouvements que l'on rencontre le plus souvent dans les machines sont donc:

Le mouvement rectiligne alternatif;

Le mouvement circulaire, soit continu, soit alternatif.

205. Le mouvement dans les machines peut être *uniforme*, *varié*, ou *périodique*; on dit qu'il est *périodiquement uniforme* quand, à certains intervalles de temps égaux entre eux, on retrouve toutes les pièces mobiles revenues dans les mêmes positions et animées des mêmes vitesses.

Comme on se propose en général de faire exécuter par une machine un seul genre de travail, exigeant un déplacement défini de l'outil, on assujettit les pièces mobiles à des liaisons qui, en rendant ce déplacement possible, empêchent la production de tous les autres. C'est ce qu'on entend quand on dit qu'une machine est un système à *liaisons complètes*; dans un tel système, le mouvement d'un point particulier n'est possible que sur une seule trajectoire, et définit complétement le mouvement de tout autre point; le problème cinématique à résoudre consiste alors à trouver la relation entre les mouvements des divers points.

GUIDES DU MOUVEMENT CIRCULAIRE.

206. Pour assurer le mouvement de rotation autour d'un axe fixe, on se sert d'un *arbre tournant*. La figure 207 représente un arbre tournant horizontal, en fer.

Fig. 207.

L'arbre est terminé à ses deux extrémités par deux *tourillons* A, A', qui s'engagent dans les *paliers* ou *coussinets*. Les épaulements B, B', ont pour objet d'empêcher les déplacements longitudinaux de l'arbre dans les paliers ; ils sont raccordés aux tourillons par des congés D, D'. Quelquefois on termine le tourillon par un *collet*, C, qui prévient tout déplacement latéral.

La figure 208 représente un *palier* avec *chapeau* et *godet de graissage*.

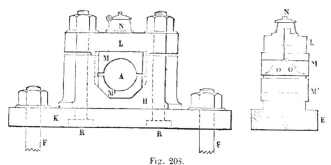

Fig. 208.

H, Palier ou coussinet. — K, Semelle. — F, F, Boulons pour fixer le palier. — L, Chapeau. — R, R, Boulons à tête noyée, pour serrer le chapeau contre le corps du palier. — M, Coquille supérieure (en cuivre). — M', Coquille inférieure. — A, Vide occupé par le tourillon de l'arbre. — N, Godet de graissage. — O, O, Rainures hélicoïdes pratiquées dans la surface de la coquille supérieure, pour répartir l'huile de graissage sur le pourtour du tourillon.

On peut quelquefois supprimer le chapeau et la coquille

supérieure. Alors l'arbre repose simplement dans le coussinet.
La figure 209 représente un appareil de ce genre.

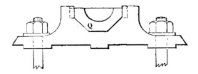

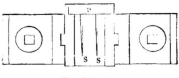

Fig. 209.

Le collet de l'arbre
tournant plonge dans
le réservoir d'huile P,
et fait refluer i'huile
dans les rainures de
graissage S, creusées
dans la coquille infé-
rieure Q.

Lorsque les arbres tournants n'ont pas à supporter de
grands efforts, on réduit beau-
coup le frottement des appuis en
substituant des pointes coniques
aux tourillons; c'est ce qu'on fait
pour les *arbres de tour* (fig. 210).

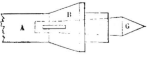

Fig. 210.

L'arbre A porte à ses extrémités un renflement B dans lequel on engage un goujon terminé en G par le tourillon conique. La pointe du cône s'appuie contre un
plan fixe, dans lequel elle s'enfonce d'une
petite quantité.

207. Les arbres verticaux, A, sont terminés
à leur partie supérieure par un tourillon qui
s'engage dans un palier, et à leur base inférieure, par un *pivot* B, qui peut faire corps
avec l'arbre, ou bien former une pièce rapportée.

Ce qu'il y a de particulier dans ce cas,
c'est que l'arbre s'appuie non-seulement sur
la surface convexe du pivot, comme cela a lieu pour les tou
rillons, mais encore sur sa surface terminale, à laquelle on
donne généralement une forme légèrement bombée (fig. 211).

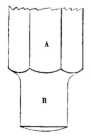

Fig. 211.

Dans la figure 212, le pivot B est rapporté ; il est fixé au corps
de l'arbre au moyen d'un *prisonnier* b ; on ménage dans
l'arbre une ouverture c qui
permet de chasser le pivot pour
le remplacer.

La *crapaudine* est généralement formée d'un cylindre,
ou *collet* en bronze, au dedans
duquel glisse la surface convexe du pivot, et d'un *grain
d'acier*, ou *culot*, sur lequel
porte la surface terminale. On

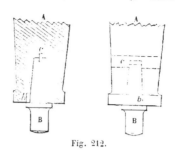

Fig. 212.

se ménage la possibilité de déplacer un peu, à l'aide de vis, la
position de l'arbre, soit dans le plan horizontal, soit en hauteur.

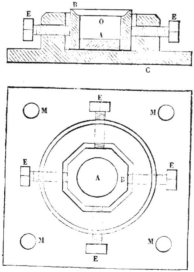

Fig. 213

A, Grain d'acier. — B, Collet en bronze. — C, Boîte de la crapaudine, fixée par les boulons M, M. — O, Vide que vient occuper le pivot de l'arbre tournant. — E, Vis butantes.

La figure 213 représente une crapaudine simple ; les vis butantes permettent d'opérer de petits déplacements horizontaux de l'arbre sans déplacer la boite.

La figure 214 représente la *crapaudine à arcade*, dans laquelle, outre les vis butantes, une vis spéciale permet de soulever ou d'abaisser légèrement l'arbre tournant.

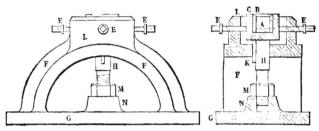

Fig. 214.

F, Arcade ou pont. — G, Semelle ou patin. — A, Grain d'acier. — B, Collet de bronze. — C, Première boite. — E, Vis butantes, pour déplacer latéralement l'arbre avec la première boite. — L, Seconde boite, fixe, et faisant corps avec l'arcade. — H, cylindre pour le soulèvement du pivot. Il traverse l'arcade et est muni dans cette région d'un ergot K, qui l'empêche de tourner sur lui-même. A sa partie inférieure il porte un pas de vis qui s'engage dans un écrou M. L'extrémité pénètre dans le vide du renflement, N, de la semelle. On obtient donc un petit déplacement du pivot en hauteur en tournant l'écrou dans le sens convenable.

208. Les arbres tournants verticaux, avons-nous dit, sont.

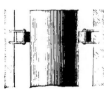

Fig. 215.

retenus à leur extrémité supérieure par un collier ou collet ; pour réduire le frottement de l'arbre contre cette pièce, au dedans de laquelle il tourne, on interpose quelquefois entre les deux un *collier à galets* représenté par la figure 215.

Grâce à cette disposition, le frottement de glissement est remplacé par un frottement de roulement de l'arbre contre les galets, lequel est beaucoup plus doux. Il y a bien encore un frottement de glissement, celui des tourillons des galets : mais la petitesse du diamètre des tourillons diminue notablement les inconvénients d'une pareille résistance.

Les couronnes de galets sur lesquelles reposent les *plaques tournantes* (fig. 216) présentent une disposition analogue ; mais là le frottement peut être encore réduit en laissant à la couronne de galets la liberté de rouler sur un rail circulaire, au lieu de fixer d'une manière invariable les axes de chacun des

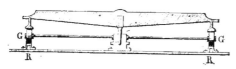

Fig. 216.

galets. La surface convexe des galets G appartient à un cône dont le sommet est situé sur l'axe central de la plaque. Les galets roulent sur un rail circulaire, RR, qu'on peut supposer dressé dans un plan horizontal ; la plaque repose sur les galets par un second rail dont la surface de roulement a la même inclinaison que la génératrice la plus élevée des galets coniques. La couronne de galets roule donc sur un rail fixe, et la plaque roule sur la couronne de galets ; il est facile de voir que le déplacement angulaire de la plaque est double du déplacement angulaire de la couronne autour de son axe vertical.

GUIDES DU MOUVEMENT RECTILIGNE.

209. Pour guider le mouvement rectiligne, on emploie les *rainures et languettes* (fig. 217), les *glissières* (fig. 218), les *anneaux mobiles* le long d'une tige fixe (fig. 219), les tiges mobiles à travers des anneaux fixes (fig. 220), les roulettes mobiles sur des montants fixes (fig. 221 et 222), les tiges mobiles roulant sur des cylindres fixes (fig. 223).

210. Il existe enfin des appareils spéciaux propres à guider un point mobile le long d'une trajectoire définie.

Les *rails* d'un chemin de fer, pour n'en citer qu'un exemple, ne sont autre chose que des guides destinés à maintenir les

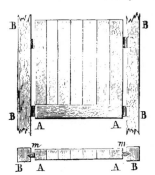

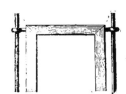

Fig. 219.

Fig. 217.

AA, Châssis mobile. — BB, Montants
servant à guider le châssis. — *mm*,
Languette ou oreilles, engagées dans
les rainures pratiquées le long des
montants BB.

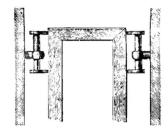

Fig. 218.

Fig. 220.

trains sur une voie déterminée ; les *changements de voie* sont

Fig. 221.

Fig. 222.

Fig. 223.

des guides mobiles, qui servent à faire passer à volonté les
trains d'une voie sur une autre.

CLASSIFICATION DES TRANSMISSIONS DE MOUVEMENT.

211. La première classification des organes de transmission de mouvement, donnée par Monge, a été complétée en 1808 par Lanz et Bétancourt, et se résume dans le tableau suivant :

					Classes d'après Hachette.
Transformation du mouvement	Rectiligne	Continu en mouvement	Rectiligne	Continu	I
				Alternatif	II
			Circulaire	Continu	III
				Alternatif	IV
		Alternatif en mouvement	Rectiligne	Continu	»
				Alternatif	VIII
			Circulaire	Continu	»
				Alternatif	IX
	Circulaire	Continu en mouvement	Rectiligne	Continu	»
				Alternatif	V
			Circulaire	Continu	VI
				Alternatif	VII
		Alternatif en mouvement	Rectiligne	Continu	»
				Alternatif	»
			Circulaire	Continu	»
				Alternatif	X

Cette classification un peu artificielle est abandonnée aujourd'hui, et on l'a remplacée par la classification suivante, qui est due à M. Willis.

Les organes de transmission se partagent en trois genres :

Le premier genre comprend la transmission par contact direct ;

Le second, la transmission par l'intermédiaire d'un lien rigide ;

Le troisième, la transmission par l'intermédiaire d'un lien flexible.

Les trois genres se subdivisent chacun en trois classes :

La classe A comprend les transmissions dont le sens est toujours le même, et où il existe un rapport constant entre les vitesses simultanées de deux points particuliers, pris sur chacun des organes entre lesquels la transmission a lieu ;

La classe B comprend les transmissions dont le sens est toujours le même, mais où le rapport des vitesses varie ;

La classe C comprend enfin les transmissions dont le sens est variable, que le rapport des vitesses soit variable ou non.

La classification de M. Willis se résume donc dans le tableau à double entrée suivant, où nous avons inscrit quelques exemples.

	SENS DE LA TRANSMISSION CONSTANT.		SENS DE LA TRANSMISSION périodiquement variable.
	CLASSE A. Rapport des vitesses constant.	CLASSE B. Rapport des vitesses variable.	CLASSE C. Rapport des vitesses constant ou variable.
Ier GENRE. Pièces en contact immédiat.	Engrenages.	Courbes roulantes.	Excentriques.
IIe GENRE. Emploi d'un lien rigide.	Roues accouplées.	Joint universel,	Parallélogramme de Watt.
IIIe GENRE. Emploi d'un lien flexible.	Poulies et courroies.	Bobine pour câbles plats.	Poulies avec tendeur oscillant.

CHAPITRE II

---

212. Les engrenages ont pour objet de transformer un mouvement de rotation autour d'un axe en un mouvement de rotation autour d'un autre axe; si le premier mouvement est uniforme, le second doit être aussi uniforme, de telle sorte qu'il existe un rapport constant entre les vitesses de rotation simultanées autour de chacun des axes.

Les engrenages se partagent en plusieurs classes suivant la situation relative des deux axes autour desquels s'opèrent les deux rotations. Ces deux axes peuvent être parallèles, ou concourants, ou enfin ils peuvent se croiser dans l'espace sans avoir aucun point commun.

Dans le premier cas, l'engrenage est *cylindrique*.

Dans le second, l'engrenage est *conique*.

L'engrenage *hyperboloïde* et la *vis sans fin* sont des solutions directes du troisième cas; la vis sans fin suppose les deux axes rectangulaires.

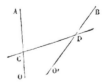

Fig. 224.

Mais on peut toujours ramener le troisième cas aux deux premiers; car, étant donnés deux axes OA, O'B, qui ne se rencontrent pas, on peut, pour transmettre le mouvement de l'un à l'autre, se servir d'un axe auxiliaire, CD, qui les rencontre tous deux, puis transmettre la rotation de l'axe OA à l'axe CD par un engrenage conique, et la rotation de l'axe CD à l'axe O' B par un second engrenage conique.

La transmission par engrenages s'opérant par contact immédiat entre les pièces, et conservant le rapport des vitesses angulaires, appartient au premier genre, et à la première classe, A, de la nouvelle classification.

ENGRENAGES CYLINDRIQUES.

213. *Transmission par simple adhérence.* — Les axes donnés étant supposés parallèles, prenons-les perpendiculaires au plan du papier ; soit O la trace de l'un, O' la trace de l'autre.

Soit ω la vitesse de la rotation autour de l'axe O, et ω' la vitesse de la rotation autour de l'axe O', ces deux rotations ayant lieu *en sens contraire* l'une de l'autre, comme l'indiquent les flèches.

Joignons OO', et sur cette droite cherchons un point A tel, qu'en considérant successivement ce point comme lié à l'axe O et à l'axe O', *il ait dans les deux mouvements des vitesses linéaires égales et dirigées dans le même sens.*

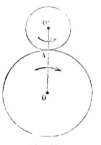

Fig. 225.

S'il est entraîné par la rotation autour de O, le point A a une vitesse linéaire perpendiculaire à OA, et égale à OA × ω; de même, s'il est lié à l'axe O', il a une vitesse linéaire perpendiculaire à O'A, et égale à O'A × ω'. Les deux vitesses sont d'ailleurs *dirigées dans le même sens*, et elles seront égales si l'on a l'équation

$$AO \times \omega = O'A \times \omega',$$

ou bien

$$\frac{OA}{O'A} = \frac{\omega'}{\omega},$$

c'est-à-dire si le point A partage la droite OO' dans le *rapport inverse des vitesses angulaires.*

Le rapport des vitesses angulaires étant donné, la position du point A sur la ligne des centres s'en déduit sans aucune ambiguïté.

Du point O comme centre avec un rayon égal à OA, décrivons une circonférence ; de même, du point O′ comme centre, décrivons une circonférence avec un rayon égal à O′A ; ces deux circonférences seront tangentes en A. Imaginons qu'on leur communique autour de leurs centres, dans le sens des flèches, des vitesses angulaires égales respectivement à ω et ω′ ; les deux circonférences, dans leur mouvement simultané, ne glisseront jamais l'une contre l'autre au point de contact A, puisque les vitesses linéaires de ces deux circonférences sont rigoureusement égales.

Si donc, à la place de ces circonférences, on monte sur les axes O et O′ deux roues matérielles ayant pour rayons OA et O′A, et si l'on forme les jantes de ces roues de matières ayant la propriété d'adhérer l'une à l'autre, il n'y aura qu'à communiquer à la roue OA un mouvement de rotation égal à ω pour donner à la roue O′A, en sens contraire, un mouvement de rotation égal à ω′, car l'adhérence qui se développe au contact A empêche le glissement d'une des roues sur la jante de l'autre. Le problème de la transformation est ainsi résolu par le simple contact de deux roues : dans cette solution, le mouvement relatif de l'une des roues par rapport à l'autre est un roulement sans aucun mélange de glissement (§ 180).

Lorsque la communication du mouvement s'opère ainsi par simple contact d'une roue à l'autre, *le travail du frottement au point de contact des deux roues est nul;* le frottement n'est pas nul, car c'est le frottement qui entraine une roue au moyen de l'autre ; mais le *travail du frottement*, ou le produit de la force du frottement par le glissement relatif, est constamment égal à zéro[1].

---

[1] On verra plus tard la définition du *travail mécanique.* Il suffit ici de faire observer que le travail est le produit d'une force par un espace parcouru, et qu'il y a intérêt dans les machines à réduire le plus possible le travail du frottement et des autres résistances accessoires, dites *résistances passives.*

La solution qui vient d'être indiquée est appliquée dans l'industrie ; on entoure les deux roues, soit d'une bande de cuir, soit d'une couche de gutta-percha, pour assurer une adhérence suffisante entre les deux roues; enfin, c'est la simple adhérence de la roue motrice de la locomotive sur le rail qui rend possible la traction des trains sur les chemins de fer.

Mais cette solution a des inconvénients qui ne permettent pas de l'employer d'une manière générale. Les parties en contact des deux roues s'usent rapidement par l'effet de leur pression mutuelle. Il en résulte que l'adhérence diminue successivement; pour la ramener à sa limite, il faut rapprocher les axes O et O' de la quantité perdue par l'usure du pourtour des roues. On doit donc se réserver un moyen de *rappeler* les axes, et de régler à volonté la pression des roues l'une sur l'autre, pression à laquelle le frottement est proportionnel. Or la pression mutuelle des deux roues se transmet aux arbres tournants et à leurs tourillons; augmenter la pression mutuelle des deux roues au point A, c'est augmenter le frottement dans les tourillons des arbres; il est possible par conséquent, si l'on a de grands efforts à transmettre d'une roue à l'autre, qu'il n'y ait rien à gagner, comme *travail du frottement*, à l'adoption de la transmission par adhérence.

214. *Solution géométrique du problème des engrenages.* — Les circonférences OA, O'A, jouent un grand rôle dans la théorie des engrenages. On les appelle les *circonférences primitives* des roues.

L'une des roues est la *roue menante*, l'autre *la roue menée*. Quand l'engrenage est construit de telle sorte que chaque roue puisse *mener* l'autre, on dit qu'il est *réciproque*. Tous les engrenages ne sont pas réciproques, comme nous le reconnaîtrons plus loin.

Les deux roues ayant généralement des rayons inégaux, on donne quelquefois le nom de *pignon* à la plus petite.

La solution générale du problème des engrenages consiste à armer l'une des roues, la roue menante, de parties appelées *dents*, qui font saillie sur la circonférence primitive, et à découper dans l'autre roue, la roue menée, des cavités dans lesquelles les dents viennent successivement s'engager. Les dents doivent avoir un profil tel, que, dans le mouvement commun des deux roues conjuguées, elles soient toujours tangentes au profil du creux avec lequel elles sont en prise et qu'elles poussent dans la direction convenable. Il est nécessaire, en effet, que les deux profils soient toujours tangents au point où ils agissent l'un sur l'autre ; ils ne peuvent se couper, car il en résulterait que le plein de la dent pénétrerait dans le plein de la roue conjuguée ; et s'ils se pressaient par une arête, cette arête agirait sur le profil à la façon d'un outil tranchant : ou bien elle en altérerait le tracé, ou bien elle s'effacerait elle-même par l'usure ; les profils seraient donc ramenés, par l'usure des pièces, aux conditions du contact géométrique qu'on peut leur assurer tout d'abord.

Dans le mouvement relatif d'une roue par rapport à l'autre, le profil du creux de la roue menée doit donc être constamment tangent au profil de la dent de la roue menante ; si l'on se donne arbitrairement le premier profil, on obtiendra le second en cherchant la courbe *enveloppée* par le premier profil, dans le mouvement relatif de la roue menée par rapport à la roue menante.

Le mouvement relatif de la roue O′ par rapport à la roue O (§ 185) est une rotation autour du point A, égale à la somme ω + ω′ des deux rotations données ; en d'autres termes, la roue O′ roule sur la circonférence primitive O.

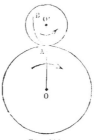

Fig. 226.

Soit AB (fig. 226) une courbe quelconque, arbitrairement choisie, attachée à la roue O′, et représentant le profil du creux ; pour en déduire le profil correspondant de la dent à ajouter à la circonférence O, on fera rouler sur la roue O la roue O′ qui entraine ce profil AB, et l'on construira la courbe formée par les intersections successives de ce profil.

Le problème est ainsi ramené à trouver la courbe enveloppée par une ligne plane, de forme constante, qui se déplace dans son plan d'après une loi déterminée. Nous savons résoudre ce problème (§ 140).

Soit MN (fig. 227) la ligne mobile dans une de ses positions

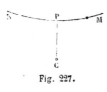

Fig. 227.

particulières; au même instant, soit C le centre instantané de rotation de la figure; si du point C on abaisse une perpendiculaire CP sur la ligne MN, le point P, pied de cette perpendiculaire, est le point où MN touche son enveloppe.

Appliquons ce théorème aux engrenages. Faisons rouler (fig. 228) le cercle O′ sur le cercle O; soit O″ une position du

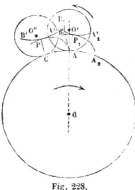

Fig. 228.

cercle mobile au bout d'un certain temps, et soit C le point de contact des deux cercles dans cette position. Pour trouver la position correspondante du profil AB, prenons sur le cercle O″, à partir du point C, un arc CA′ égal à l'arc AC; le point A′ sera la position du point A dans le cercle O″; le profil AB occupera par conséquent la position A′ B′. On aura donc un point du profil conjugué en abaissant du point C, centre instantané de rotation de la figure

O″, une perpendiculaire CP sur A′ B′; si l'on répète cette construction pour un certain nombre de positions intermédiaires entre O′ et O″, on obtiendra pour la dent le profil AP.

215. Cette construction nous fournit un théorème. Ramenons la figure O″ sur la figure O′, par une rotation autour du centre O, et faisons participer la roue O à cette rotation; le point A de cette roue viendra en A_2 à une distance $AA_2 = AC$; le point C viendra en A, le point A′ en A'_1, et l'arc AA'_1 sera égal à AA_2; le profil A′B′ prendra la position $A'_1 B'_1$, le point P passera en P_1, et le profil AP viendra occuper la position $A_2 P_1$; enfin la droite CP, normale aux deux profils, prendra la posi-

tion AP_1, et *sera encore normale au point* P_1 *aux deux profils qui sont en prise.* Mais les deux roues O et O′ sont alors ramenées à leur position véritable, et elles ont reçu autour de leurs centres respectifs des déplacements angulaires simultanés proportionnels à leurs vitesses ω et ω′. Donc, *dans le mouvement commun des deux roues, la droite élevée perpendiculairement au point de contact des deux profils en prise passe constamment par le point de contact* A *des deux circonférences primitives.*

216. Ce théorème conduit immédiatement à la détermination de l'*arc de glissement élémentaire* de l'un des profils sur l'autre (fig. 229).

Considérons dans une position quelconque les deux profils en prise, CD et BE, et soit P leur point de contact; la droite PA est normale à la fois aux deux lignes BE, CD, en vertu du théorème précédent.

Cherchons le glissement relatif élémentaire, $d\sigma$, de l'un des profils par rapport à l'autre.

Fig. 229.

Pour cela observons que le mouvement relatif de la roue O′ par rapport à la roue O est une rotation autour du point A, et que la vitesse angulaire est égale à la somme, $\omega + \omega'$, des vitesses données. Dans un temps infiniment petit dt, le profil CD tourne autour de A d'un angle $(\omega + \omega') dt$; et le point de contact P parcourt sur le profil BE un arc égal à $(\omega + \omega') dt \times AP$, ou à $p (\omega + \omega') dt$, en appelant p la longueur de la normale commune AP; c'est là le glissement élémentaire. Cette expression peut se transformer; en effet ωdt est l'angle dont tourne pendant le temps dt la roue O autour de son centre; soit ds l'arc infiniment petit décrit dans ce temps dt par un point de la circonférence primitive OA : nous aurons $\omega dt = \dfrac{ds}{R}$,

R étant le rayon OA; de même, $\omega' dt = \dfrac{ds}{R'}$, R′ étant le rayon de la circonférence primitive O′A.

L'arc *as* est le même pour ces deux circonférences, puisque leurs vitesses linéaires sont égales.

Donc

$$(\omega + \omega') dt = ds \left(\frac{1}{R} + \frac{1}{R'} \right),$$

et par suite

$$p (\omega + \omega') dt = p \left(\frac{1}{R} + \frac{1}{R'} \right) ds,$$

ou bien

$$d\sigma = p \left(\frac{1}{R} + \frac{1}{R'} \right) ds,$$

formule qui donne l'arc de glissement relatif élémentaire en fonction du déplacement linéaire commun aux deux roues, mesuré sur les circonférences primitives.

Remarquons que, pour un même déplacement ds, l'arc de glissement $d\sigma$ est proportionnel à p; comme cet arc $d\sigma$ entre en facteur dans l'expression du travail du frotttement, il y a intérêt à le réduire le plus possible.

On doit donc faire en sorte que p reste toujours très-petit. Les profils des deux roues doivent être choisis de manière que le contact puisse avoir lieu à un certain instant au point A lui-même; alors p est nul, et le glissement élémentaire est nul aussi. On limite d'ailleurs la dent de manière à maintenir p au-dessous d'une certaine valeur; le contact des deux profils cesse au point où la longueur de la dent fait défaut; la continuité de la transmission exige qu'au même moment deux nouveaux profils soient en prise au point A; ces deux profils se déplacent ensuite simultanément, comme l'ont fait les deux précédents, et quand leur contact cesse, le contact est établi au point A entre les deux profils qui les suivent. On voit par là qu'il y a une relation à observer entre la longueur des dents et l'espacement de deux profils consécutifs, mesuré sur l'une ou l'autre des circonférences primitives. Cet espacement est ce qu'on appelle le *pas* de l'engrenage.

217. La petitesse du pas permet d'obtenir approximative-

ment la valeur de l'arc total de glissement relatif, Σ, pour une dent particulière, depuis le moment où le contact des deux profils conjugués est établi au point A, jusqu'au moment où la prise cesse, les deux roues ayant avancé d'un pas.

Quand un corps roule et glisse à la fois sur un autre, on obtient l'arc de glissement élémentaire en prenant la distance infiniment petite produite par le déplacement relatif entre deux points primitivement en contact (§ 182).

Appliquons cette règle au déplacement commun des deux roues O et O'. Soit $AB = AC = S$ le pas dont se déplacent simultanément les deux circonférences ; les deux points C et B étaient primitivement réunis en un seul au point A. Donc le glissement relatif n'est autre chose que la distance CB. Le pas étant très-petit, on peut confondre sensiblement les arcs AC, AB avec les perpendiculaires CC', BB', qui sont égales entre elles, puisque les arcs sont égaux ; la distance CB est, par suite,

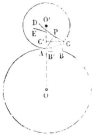

Fig. 230.

égale à sa projection C'B' sur la ligne des centres, ou à la somme $AB' + AC'$.

Or l'arc AB, dans le cercle O, peut être confondu avec sa corde, ce qui donne

$$S^2 = 2R \times AB'.$$

De même dans le cercle O',

$$S^2 = 2R' \times AC'.$$

Donc enfin

$$AB' + AC' = \text{arc de glissement total } \Sigma = \frac{S^2}{2}\left(\frac{1}{R} + \frac{1}{R'}\right).$$

On arrive au même résulat en intégrant par approximation l'équation

$$d\sigma = p \left(\frac{1}{R} + \frac{1}{R'}\right) ds.$$

On peut regarder en effet la perpendiculaire $AP = p$ comme

sensiblement égale à l'arc AB = s ; remplaçant donc p par s, et intégrant entre les limites 0 et S, il vient pour le glissement total Σ

$$\Sigma = \left(\frac{1}{R} + \frac{1}{R'}\right) \int_0^S s\,ds = \frac{S^2}{2} \times \left(\frac{1}{R} + \frac{1}{R'}\right).$$

218. Nous avons vu qu'il y avait avantage à réduire le pas, S, mesuré sur les deux circonférences primitives, ce qui ne peut se faire sans augmenter le nombre des dents sur chaque roue. Soit m le nombre des dents de la roue O, m' le nombre des dents de la roue O' ; on aura les relations :

$$mS = 2\pi R,$$
$$m'S = 2\pi R'.$$

Donc

$$m = \frac{2\pi R}{S} \quad \text{et} \quad m' = \frac{2\pi R'}{S}.$$

Le pas est ainsi une partie aliquote de chacune des circonférences primitives. C'est une commune mesure de ces deux circonférences. Sur chaque roue, le pas comprend deux parties, un *plein*, qui sert de base à la saillie de la dent, et un *creux*, intervalle libre entre deux pleins consécutifs, dans lequel vient se loger la dent de la roue conjuguée. La dent reçoit d'ailleurs un profil symétrique sur ses deux faces, pour que la roue O puisse conduire la roue O' dans un sens ou dans l'autre ; on donne la réciprocité à l'engrenage, quand cela est possible, en ajoutant à la roue O' des dents destinées à agir sur les faces des creux de la roue O. Chaque dent remplit le creux de la roue conjuguée au passage à travers la ligne des centres, sauf un *jeu*, qu'il est nécessaire de ménager entre les profils qui ne doivent pas agir l'un sur l'autre. Ce jeu facilite le passage des deux roues à travers la ligne des centres ; mais, par contre, si l'on renverse subitement le mouvement de l'une des roues, le contact des deux roues ne s'établit pas immédiatement sur les faces opposées, et il se produit ce qu'on appelle un *temps perdu*.

En résumé, le pas S se compose de l'épaisseur de la dent de la roue O, mesurée sur la circonférence primitive, augmentée de l'épaisseur de la dent de la roue O' et d'un certain jeu que l'expérience a conduit à déterminer, et qui est d'autant plus petit que l'engrenage est plus soigné et plus voisin de sa forme géométrique. L'usure mutuelle des dents fait décroître les épaisseurs et augmente le jeu, sans rien changer au pas.

Ce sont des conditions de résistance qui limitent le nombre des dents sur chaque roue; les dents transmettent des pressions d'une roue à l'autre; il faut donc leur donner des dimensions telles, qu'elles ne soient pas exposées à rompre ou à fléchir, et l'on ne pourrait sans danger en réduire indéfiniment l'épaisseur.

219. Les vitesses angulaires des deux roues sont proportionnelles à $\frac{S}{R}$ et à $\frac{S}{R'}$, et par suite proportionnelles à $\frac{1}{m}$ et à $\frac{1}{m'}$; le rapport $\frac{\omega'}{\omega}$ des deux vitesses angulaires est donc égal à l'inverse $\frac{m}{m'}$ du rapport des nombres de dents sur chaque roue. L'emploi des roues d'engrenage suppose donc que les vitesses angulaires sont commensurables entre elles [1].

[1] La détermination du nombre de dents qu'il convient de donner aux roues d'engrenage a été pour Huygens l'occasion de découvrir les propriétés des fractions continues, et de créer ainsi une des plus fécondes théories de l'arithmétique. Il appliqua cette théorie à la résolution du problème suivant *Une fraction exprimée par un grand nombre de chiffres étant donnée, trouver toutes les fractions en moindres termes qui approchent si près de la vérité, qu'il soit impossible d'en approcher davantage sans en employer de plus grands.* On doit regarder, dit Lagrange, la méthode employée par Huygens, comme une des principales découvertes de ce grand géomètre. La construction de son *automate planétaire* paraît en avoir été l'occasion. En effet, il est clair que, pour pouvoir représenter exactement les mouvements et les périodes des planètes, il faudrait employer des roues où les nombres de dents fussent précisément dans les mêmes rapports que les périodes dont il s'agit ; mais comme on ne peut pas multiplier les dents au delà d'une certaine limite dépendante de la grandeur de la roue, et que d'ailleurs les périodes des planètes sont incommensurables, on doit moins ne peuvent être représentées avec une certaine exactitude que par de très-grands nombres, on est obligé de se contenter d'un *à peu près*, et la difficulté se réduit à trouver des rapports exprimés en plus petits nombres, qui approchent autant qu'il est possible de la vérité, et plus que ne pourraient faire d'autres rapports

En général, les roues d'engrenage ont au moins 6 ou 8 dents ; le nombre de dents excède rarement 120[1] ; le rapport des vitesses angulaires d'une roue de 6 dents engrenant avec une roue de 120 est égal à 20.

On appelle *raison* d'un engrenage, ou d'un *équipage de roues dentées*, le rapport de la vitesse angulaire de la dernière roue de l'équipage à la vitesse angulaire de la première, ce rapport étant pris avec le signe + ou le signe —, suivant que les rotations s'opèrent dans le même sens ou en sens contraires. Il est facile de voir que la *raison* d'un équipage de roues dentées est le produit des raisons de chacun des engrenages particuliers qui composent cet équipage.

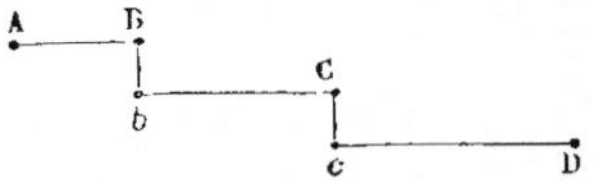

Prenons pour exemple l'équipage de roues dentées représenté par le diagramme ci-contre.

Fig. 231.

La roue A engrène avec la roue B, laquelle porte un pignon b qui engrène avec la roue C ; celle-ci porte un pignon c qui engrène avec la roue D.

Si l'on appelle

$$\omega, \quad \omega', \quad \omega'', \quad \omega'''$$

les vitesses angulaires des arbres A, Bb, Cc, D, on aura pour les *raisons* des engrenages successifs (A, B), (b, C), (c, D),

$$-\frac{\omega'}{\omega}, \quad -\frac{\omega''}{\omega'}, \quad -\frac{\omega'''}{\omega''} ;$$

nous prenons ces rapports avec le signe — parce que nous supposons tous les engrenages *extérieurs;* les deux roues qui composent chacun des engrenages tournent donc chacune en sens contraire de l'autre.

La raison ε de l'équipage est, par définition, égale à $-\dfrac{\omega'''}{\omega}$;

quelconques qui ne seraient pas conçus en termes plus grands. Huygens résout cette question par le moyen des fractions continues... » (Lagrange, additions à l'Algèbre d'Euler, § Ier, 22.)

[1] On excepte la crémaillère.

elle est aussi égale au produit des trois facteurs négatifs

$$\left(-\frac{\omega'}{\omega}\right)\times\left(-\frac{\omega''}{\omega'}\right)\times\left(-\frac{\omega'''}{\omega''}\right).$$

Si l'on représente par A, B, b, C, c, D, les nombres de dents des roues et des pignons, on aura

$$\frac{\omega'}{\omega}=\frac{A}{B}, \quad \frac{\omega''}{\omega'}=\frac{b}{C}, \quad \frac{\omega'''}{\omega''}=\frac{c}{D},$$

et par suite

$$\varepsilon=-\frac{Abc}{BCD}.$$

La *raison* d'un équipage de roues dentées est donc égale au rapport du produit des nombres de dents des *roues menantes* au produit des nombres de dents des *roues menées*, ce rapport étant pris avec le signe + si les deux roues extrêmes tournent dans le même sens, et avec le signe — si elles tournent en sens contraires.

RELATION ENTRE LES RAYONS DE COURBURE DES DEUX PROFILS EN PRISE.

220. Soient O, O', les circonférences primitives tangentes en A; QP, PR les deux profils en prise tangents en P. La droite AP sera normale à la fois aux deux profils, et les centres de courbure des profils au point P seront situés quelque part sur cette droite, en C pour le profil PQ, en C' pour le profil PR.

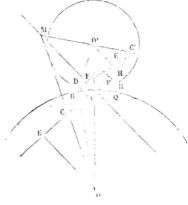

Fig. 252.

Prenons à partir du point A, sur les circonférences primitives, deux arcs infiniment petits, AB, AD, égaux entre eux. Joignons CB, OB, C'D, O'D; puis faisons tourner les deux roues de manière à

amener à la fois les deux points B et D au point A. Les
points C et C' étant les centres de courbure des profils, les
droites CB, C'D sont encore normales à ces profils, et les
points B et D se réunissant au point A, ces droites CB, C'D
viennent, en vertu du déplacement des deux roues, se placer
en prolongement l'une de l'autre, suivant la normale commune aux deux profils dans leur nouvelle position.

Le mouvement angulaire relatif de la roue O' par rapport à
la roue O est donc une rotation qui amène la normale DC' en
prolongement de la normale CB, c'est-à-dire une rotation
mesurée par l'angle EFC' de ces deux droites; d'un autre côté,
le déplacement angulaire relatif de la roue O' par rapport à
la roue O est la somme des angles aux centres BOA, DO'A; et
comme dans le triangle CC'F l'angle extérieur EFC' est la
somme des deux angles intérieurs opposés C et C', on a l'égalité

$$C + C' = BOA + DO'A.$$

Cette égalité établit une relation entre les rayons de courbure des deux profils.

Soient en effet $CP = \rho$, le rayon de courbure du profil PQ ;
$C'P = \rho'$, le rayon de courbure du profil PR ;
$AP = p$, la distance du point de contact A des circonférences
primitives au point de contact P des profils;
$PAO' = \alpha$, l'angle de la normale commune avec la ligne des
centres ;
$AB = AD = ds$, l'arc infiniment petit pris sur les circonférences primitives.

Élevons en A une perpendiculaire indéfinie AM sur la droite
CC'; les droites CB, C'D font avec la droite AM des angles qui diffèrent infiniment peu de l'angle droit; elles coupent donc toutes
deux la ligne AM en un même point F, projection commune
sur AM des points B et D, dont la distance est un infiniment petit du second ordre, et qu'on peut regarder par suite comme
confondus en un seul et même point. Les angles infiniment
petits BCA, DC'A, angles que nous avons désignés par les lettres

C et C′, sont donc mesurés par les rapports $\frac{AF}{AC}$, $\frac{AF}{AC'}$. Mais
$AC = \rho - p$, $AC' = \rho' + p$, et l'on a par conséquent les égalités

$$\text{angle } C = \frac{AF}{\rho' - p}, \quad \text{angle } C' = \frac{AF}{\rho' + p}.$$

D'un autre côté l'angle BOA est égal à $\frac{AB}{R}$, et l'angle DO′A
est égal à $\frac{AD}{R'}$, ou à $\frac{AB}{R'}$.

On a donc la relation

$$\frac{AF}{\rho - p} + \frac{AF}{\rho' + p} = AB\left(\frac{1}{R} + \frac{1}{R'}\right) = ds\left(\frac{1}{R} + \frac{1}{R'}\right);$$

ou bien, en observant que AF est la projection de l'arc
$ds = AB$, qui fait avec AM un angle égal à α, ce qui donne
$AF = ds\cos\alpha$, on obtient en définitive, après suppression du
facteur commun ds,

(1)
$$\frac{\cos\alpha}{\rho - p} + \frac{\cos\alpha}{\rho' + p} = \frac{1}{R} + \frac{1}{R'}.$$

Cette équation donne ρ' en fonction de ρ, de p et de α. Elle
est connue sous le nom d'*équation de Savary*.

Elle est susceptible d'interprétation géométrique.

Les termes de l'équation sont les uns relatifs à la roue O,
les autres à la roue O′. Séparons ces termes dans chaque
membre; il viendra

$$\frac{\cos\alpha}{\rho - p} - \frac{1}{R} = \frac{1}{R'} - \frac{\cos\alpha}{\rho' + p},$$

ou bien

$$\frac{R\cos\alpha - \rho + p}{R(\rho - p)} = \frac{\rho' + p - R'\cos\alpha}{R'(\rho' + p)}.$$

Renversons ces fractions, pour avoir des longueurs dans
les deux membres, et multiplions par $\sin\alpha$:

(2)
$$\frac{R(\rho - p)\sin\alpha}{R\cos\alpha - \rho + p} = \frac{R'(\rho' + p)\sin\alpha}{\rho' + p - R'\cos\alpha}.$$

Abaissons des points O et O′ des perpendiculaires OK, O′H sur la normale commune CC′. Nous aurons

$$R \sin \alpha = OK,$$
$$\rho - p = AC$$
$$R \cos \alpha + p - \rho = AK + AP - CP = KC,$$
$$R' \sin \alpha = O'H,$$
$$\rho' + p = AC',$$
$$\rho' + p - R' \cos \alpha = C'P + AP - AH = C'H.$$

L'équation (2) se transforme en l'égalité

(3)
$$\frac{OK \times AC}{KC} = \frac{O'H \times AC'}{C'H}.$$

Soit M le point où la droite OC prolongée rencontre la droite AM ; les triangles semblables CAM, CKO donnent

$$AM = \frac{OK \times AC}{KC}.$$

Appelons de même M′ le point où C′O′ prolongée coupe la droite AM ; nous aurons, à cause des triangles semblables C′AM′, C′HO′,

$$AM' = \frac{O'H \times AC'}{C'H}.$$

Donc, en vertu de l'équation (3), AM = AM′ et par suite les points M et M′ coïncident, et les trois droites AM, OC, O′C′ concourent en un même point M.

De là résulte la construction suivante, pour déterminer le centre C′, connaissant le centre C.

On joindra OC, et on cherchera le point de rencontre M de cette droite avec la perpendiculaire AM, élevée au point A sur la normale commune aux deux profils en prise ; on joindra ce point au point O′, et la droite MO′ prolongée coupera la normale commune au centre C du second profil.

Cette construction est une extension de celle que nous avons indiquée (§ 191) pour trouver le rayon de courbure d'une courbe épicycloïdale. Il serait facile de l'en déduire.

MÉTHODE DES ROULETTES.

221. Soient OA et O'A les deux circonférences primitives tangentes au point A.

Traçons arbitrairement une courbe LL', et soit M un point invariablement lié à cette courbe.

Faisons rouler la courbe LL' sur la circonférence OA ; le point M décrira dans ce mouvement une ligne MN. Puis faisons rouler la même courbe sur la circonférence O'A ; dans ce mouvement le point M engendrera une courbe MN', qui sera tangente en M à la courbe MN, car les deux courbes sont en ce point normales à la même droite AM.

Les deux courbes MN', MN peuvent servir des profils conjugués aux roues O et O'.

En effet, faisons rouler la circonférence O' sur la circonférence O ; et, en même temps, faisons rouler la courbe LL' sur la circonférence O', de manière que le point de contact des deux lignes coïncide constamment avec le point de contact des deux cercles O et O'. La ligne LL' roulera alors à la fois sur les deux circonférences O et O' ; le point M décrira dans son

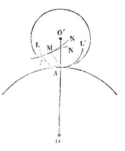

Fig. 255.

mouvement absolu la courbe fixe MN, tandis qu'il décrira la courbe MN, dans son mouvement relatif par rapport à la roue O'. Or ces deux courbes ont pour normale commune, en chacun de leurs points communs successifs, la droite qui joint ce point au point de contact correspondant des cercles O et O' ; elles sont donc tangentes, et par conséquent la courbe fixe MN est l'enveloppe des positions successives de la courbe mobile MN', ce qui est la condition même à laquelle doivent satisfaire les profils conjugués (§ 214).

Étant donné le profil MN' sur la roue O', on sait qu'on peut trouver une courbe LL' telle, qu'un point M lié à cette courbe décrive la ligne MN' quand on fait rouler la courbe cherchée sur la circonférence donnée O'A (§ 146).

On pourra donc toujours ramener la recherche du profil conjugué MN à celle de la courbe roulante LL', qui engendre le profil donné MN', et à la construction de l'épicycloïde décrite par le point M quand on fait rouler la même courbe sur la seconde circonférence primitive OA.

222. L'*engrenage à lanterne* est celui dans lequel on adopte pour profil des dents du pignon un point unique, ou plutôt un cercle de rayon très-petit, décrit autour de ce point comme centre.

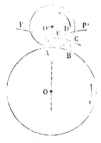

Fig. 254.

Supposons d'abord que le profil donné du creux de la roue O' se réduise à un seul point A, situé sur la circonférence primitive; ce sera, par exemple, une aiguille implantée sur le périmètre de la roue O'.

L'enveloppe des positions successives de ce profil dans le mouvement relatif sera la courbe engendrée par le point A lui-même.

Ce sera donc l'épicycloïde AP, décrite par le point A quand on fait rouler le cercle O' sur le cercle O.

Si ensuite on fait rouler le cercle O' dans l'autre sens, le point A décrira la branche symétrique AP' de la même épicycloïde.

Soit AB=AC le pas.

C sera la position sur la roue O' de l'aiguille voisine de l'aiguille A; menons au point B l'épicycloïde BD : elle passera au point C, et formera avec le profil AP' une figure ogivale ADB; mais la dent de la roue O ne doit pas pousser l'aiguille plus loin que l'intervalle AC; la portion CD du profil moteur est donc inutile, et il convient de couper la dent ADB par un arc de cercle EC, décrit du point O comme centre avec la distance OC pour rayon. La partie utile de la dent est le profil trapézoïdal BCEA ; la face BC est celle qui pousse les aiguilles de la roue O′ dans le sens des flèches ; la face opposée AE les pousse quand on renverse le sens des mouvements. Dans ce tracé géométrique nous n'avons pas réservé de jeu.

225. Le tracé pratique de ce système d'engrenage diffère du tracé géométrique ainsi résumé. Les aiguilles A, C de la roue O′ ne peuvent être sans épaisseur ; on substitue aux points A et C des fuseaux circulaires, décrits avec un même rayon très-petit, autour de ces points comme centres.

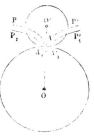

Les profils AP, AP′ doivent être amaigris chacun d'une quantité égale au rayon de ces cercles. Le profil corrigé, au lieu d'être un arc d'épicycloïde, est une

Fig. 255.

trajectoire orthogonale des normales à cette épicycloïde.

A la courbe AP on substitue donc une courbe équidistante A_1P_1, et de même à la courbe AP′ une courbe équidistante $A_1'P_1'$. Ces deux nouvelles courbes ne se rejoignent plus en un même point, comme le faisaient les deux premières, car l'une, A_1P_1, est l'enveloppe des positions successives du bord du fuseau situé à gauche, tandis que l'autre, $A_1'P_1'$, est l'enveloppe des positions du bord situé à droite (fig. 256) ; on peut

Fig. 256.

les raccorder en traçant de l'une à l'autre une courbe $A_1A''A_1'$ qu'on appelle *courbe d'évidement* et dans le creux de laquelle le fuseau vient se loger au moment où il traverse la ligne des centres. Le tracé des dents s'effectue en définitive comme l'indique la figure 257. Rigoureusement, les rebroussements A_1 et A_1' ne sont pas situés sur la normale à l'épicycloïde au point A ; mais l'écart est négligeable quand le rayon des fuseaux est très petit.

224. L'engrenage à lanterne est l'engrenage primitif des moulins; la figure 238 en représente la disposition.

La grande roue porte alors le nom de *rouet*; la roue O', celui de *lanterne*. Le nom de roue est réservé pour le récepteur hydraulique qui donne le mouvement à toute la machine.

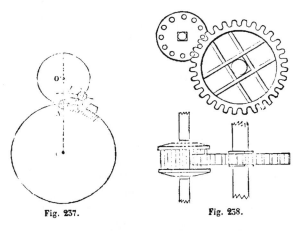

Fig. 237.   Fig. 238.

La roue menée est formée de deux plateaux circulaires traversés par l'arbre tournant. Ces plateaux, ou *tourteaux*, débordent la circonférence primitive; les cercles équidistants qui représentent les dents de cette circonférence sont les sections droites des fuseaux cylindriques implantés dans les tourteaux; l'assemblage des deux tourteaux par l'intermédiaire des fuseaux constitue la *lanterne*; elle a dans le sens de son axe une largeur supérieure à celle de la roue menante; les dents de la roue viennent pénétrer entre les deux tourteaux. Ces dents sont généralement en bois, et elles sont implantées sur la jante de la roue, qui est également en bois. Les dents d'engrenages qui peuvent ainsi se détacher d'une roue sont nommées *alluchons*. Les fuseaux cylindriques de la lanterne sont aussi en bois dans les anciens moulins. L'engrenage est alors formé d'une multitude de pièces, faciles à tailler et à remplacer.

On a été conduit à substituer le fer au bois pour les fu-

seaux de la lanterne; remarquons en effet que le contact des
fuseaux avec les dents de la roue O a lieu toujours à peu près
sur la même génératrice; en coupe, le point de contact du
cercle avec le profil qui le pousse varie à peine de position
dans le parcours d'un pas. Sur le profil de la dent au contraire, le contact se déplace d'un bout à l'autre de l'étendue
de ce profil. De là résulte que, pour la dent, l'usure se répartit
avec une certaine égalité sur tous les points de son développement, tandis qu'elle porte tout entière sur une même région du fuseau; cette pièce se refouille de plus en plus, jusqu'à
la rupture. Le fer est préférable au bois
pour un organe qui doit être employé
dans de semblables conditions[1].

225. L'engrenage à lanterne que nous
venons de décrire est extérieur; le même
tracé s'applique à l'engrenage intérieur:
la lanterne est alors au dedans de la
grande roue; les dents de cette roue sont
dirigées vers son centre. A l'épicycloïde
extérieure est substituée une épicycloïde
intérieure. Les vitesses de rotation des
deux roues sont dirigées dans le même
sens, ce qui arrive toujours quand l'engrenage est intérieur. Mais on a alors
une certaine difficulté pour loger les

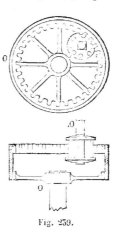

Fig. 239.

bras de la roue O, car il faut les placer en dehors de la région
occupée par la lanterne; on donne à cette dernière pièce plus
d'épaisseur qu'aux dents de la roue O. De plus, son axe O'
ne peut être prolongé et soutenu que d'un côté. C'est ce qu'indique la figure 239.

[1] Dans les engrenages délicats, on peut encore réduire le travail du frottement
en terminant les fuseaux par des pointes comme l'arbre d'un tour § 206); cette
disposition leur permet de tourner autour de leur axe de figure. Le glissement
du fuseau sur la dent est remplacé par un roulement.

ENGRENAGE A FLANCS.

226. Soient OA, O'A les deux circonférences primitives.

Prenons le rayon O'A pour profil du creux de la roue O', et cherchons la forme correspondante du profil des dents de la roue O. Il suffit de faire rouler le cercle O' sur le cercle O, et de construire l'enveloppe des positions successives de ce rayon O'A.

Considérons le cercle mobile dans la position O''; le point

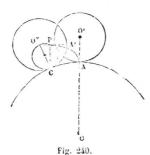

A a été amené dans la position A', et l'arc CA' est égal à l'arc CA. Le point P, pied de la perpendiculaire abaissée du point C sur O''A', est un point du profil cherché. Décrivons une circonférence sur O''C comme diamètre; elle passera par le point P, puisque l'angle O''PC est droit. De plus l'angle A'O''C a pour mesure, dans le cercle dont

Fig. 240.

O''C est le rayon, le rapport $\dfrac{\text{arc A'C}}{\text{O''C}}$; dans le cercle dont O''C est le diamètre, il a pour mesure

$$\frac{\frac{1}{2}\,\text{arc CP}}{\dfrac{\text{O''C}}{2}}.$$

On a donc l'égalité

$$\frac{\text{arc A'C}}{\text{O''C}} = \frac{\frac{1}{2}\,\text{arc CP}}{\frac{1}{2}\,\text{O''C}};$$

et par suite, arc A'C = arc CP = arc CA; le point P peut donc être obtenu en faisant rouler sur la circonférence OA le cercle décrit sur le rayon O'A comme diamètre; le point A de ce cercle décrira le profil cherché, qui est, par conséquent, un arc d'épicycloïde.

Remarquons que si l'on fait rouler le cercle de diamètre O'A dans la circonférence primitive O', le point A du cercle mobile

décrit le diamètre AO'; de sorte que les deux profils qui engrènent ensemble sont les lieux géométriques décrits par un
même point d'un cercle, qui roule successivement sur chacune des circonférences primitives (§ 221).

227. Jusqu'ici l'une des roues, O, porte les dents épicycloïdales, et l'autre roue, O', porte des flancs rectilignes.

Pour donner la réciprocité à l'engrenage à flancs, on prolongera à l'*intérieur* la dent de la roue O, par un rayon qui
formera le profil du flanc de cette roue ; puis on prolongera à
l'*extérieur* le flanc de la roue O' par un profil épicycloïdal engendré par un point de la circonférence décrite sur OA comme
diamètre, quand elle roule à l'extérieur de la circonférence
primitive O'A. De cette façon, chaque roue portera un flanc
droit raccordé avec la dent épicycloïdale; le flanc de chaque roue
engrènera avec la dent de l'autre roue, et l'engrenage sera *réciproque*. Cette réciprocité géométrique est nécessaire au point
de vue physique pour que chaque roue puisse mener l'autre.

L'engrenage serait à l'abri des *arcs boutements*, si la dent
pouvait toujours mener le flanc, et si jamais le flanc ne menait
la dent, ce qui supposerait que le contact des deux profils
pût commencer seulement au passage de la ligne des centres.
Cette condition n'est pas possible à satisfaire quand chaque
roue est appelée à servir de roue menante. Le contact, ayant
lieu sur une certaine longueur après la ligne des centres, a
aussi lieu sur certaine longueur avant cette ligne ; dans cette
région, les frottements sont beaucoup plus durs. Si les dents
étaient trop longues, il arriverait que la pointe de la dent
menée par le flanc exercerait contre la surface du flanc une
pression assez grande pour arrêter le mouvement de transmission, ou bien pour enlever un copeau de matière sur le profil du flanc, comme un ciseau poussé à la surface d'un ma-
drier. On évite cet effet en adoptant un pas très-petit et des
dents très-courtes. C'est pour cela qu'on *échancre* les dents
en les coupant par un cercle qui leur enlève toute la portion
nuisible de leur longueur [1].

---

[1] La théorie du frottement dans les engrenages nous permettra plus tard de

Si l'on donnait à la roue O′ seulement des flancs, à la roue
O seulement des dents, et qu'on voulût conduire la roue O
par la roue O′, ce seraient les flancs qui conduiraient les
dents ; le frottement serait très-dur, l'usure des profils très-
rapide ; enfin l'arc-boutement serait à craindre. Au contraire,
en donnant à chaque roue des flancs et des dents, on conduit
aussi facilement la première roue par la seconde que la
seconde par la première.

La nécessité d'éviter les arc-boutements justifie aussi la
présence du jeu dans les engrenages ; s'il n'y avait pas de jeu,
les deux côtés d'une dent seraient à la fois en contact avec
les deux côtés d'un creux, et l'arc-boutement pourrait se
produire à la pointe la plus éloignée de la ligne des centres.

228. L'engrenage à flancs peut être employé pour l'engrenage intérieur, mais alors il n'est pas réciproque.

Soient O et O′ les centres des circonférences primitives, et A
leur point de contact.

Prenons le rayon O′A pour profil du flanc de la roue O′ ;
nous trouverons le profil correspondant de la roue O, en

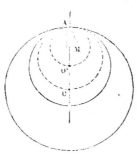

Fig. 241.

faisant rouler dans le cercle OA un
cercle décrit sur O′A comme diamètre ; le point A de ce cercle décrira l'épicycloïde cherchée AM. Le
côté gauche de la droite AO′ appartiendra au plein de la roue O′, et le
côté droit de l'épicycloïde AM appartiendra au plein de la roue O ; les
pleins sont indiqués ci-contre par
des hachures. Essayons maintenant
d'armer la roue O′ de dents et la

roue O de flancs ; le flanc de la roue O sera encore le rayon OA ;
la dent de la roue O′ aura pour profil la courbe décrite par le
point A du cercle construit sur le diamètre OA, roulant dans le
cercle O′. On obtient ainsi pour nouveaux les profils des lignes

rendre compte de toutes ces particularités, que nous nous contentons d'indiquer ici.

qui reviennent sur la région de la figure déjà occupée par les anciens; la roue O devrait avoir pour profil de ses dents la courbe MA, prolongée par un flanc revenant dans la direction AO. Ces nouvelles lignes peuvent être construites géométriquement, mais elles ne peuvent servir de limite entre le plein et le vide, parce qu'il ne reste plus de place libre à affecter aux pleins de la seconde construction après qu'on a achevé la première.

D'ailleurs il est facile de voir que les flancs rectilignes adaptés à la grande roue O couperaient le profil conjugué de la roue O' d'un côté de la ligne des centres.

Car le profil AM, conjugué du flanc AO, vient en CM', quand le flanc prend la position BO, et l'arc AC étant égal à AB, les deux lignes BO et CM' se croisent en un certain point I.

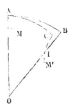

Fig. 242.

Si la petite circonférence O' avait un diamètre moindre que le rayon OA de la grande, l'épicycloïde décrite par un point de la circonférence de diamètre OA roulant sur la circonférence O' serait extérieure à O' et ne pourrait engrener avec le flanc AO.

En résumé, l'engrenage intérieur ne peut être réciproque ; l'une des deux roues, la grande, O, qui reçoit les dents, est la roue menante ; l'autre, O', la petite, qui reçoit les flancs, est la roue menée.

Pour achever les profils ainsi tracés et les raccorder sur chaque roue les uns aux autres, il suffit de faire rouler extérieurement aux deux circonférences primitives un cercle de petit rayon : un point de la circonférence de ce cercle décrira les deux profils conjugués qui limitent l'un les parties saillantes de la roue intérieure, l'autre les parties rentrantes, ou creux, de la grande roue.

229. Du reste, il est toujours possible d'éviter les engrenages intérieurs en introduisant entre les deux axes de rotation une troisième roue, dite *roue folle*. L'engrenage intérieur a pour objet de faire tourner dans le même sens les deux roues

qui le composent. La raison d'un tel engrenage est donc positive. Si ω est la vitesse de rotation du premier arbre O et ω'

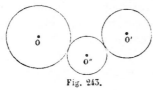

Fig. 243.

celle du second O', la raison ε
de l'engrenage intérieur qu'on
formerait directement avec les
deux arbres O et O' est le rap-
port $+\frac{\omega'}{\omega}$. Or soit ω" la vitesse
de rotation d'une troisième roue O" extérieure aux deux premières ; nous aurons pour la raison ε' de l'équipage O, O", O'

$$\left(-\frac{\omega''}{\omega}\right)\times\left(-\frac{\omega'}{\omega''}\right)=+\frac{\omega'}{\omega}.$$

L'introduction de la roue intermédiaire O", quel que soit
d'ailleurs le nombre de ses dents, établit donc entre les arbres
O et O' le rapport convenable des vitesses angulaires, et assure
le sens voulu à la transmission.

250. L'engrenage à flancs peut être aussi appliqué au cas
particulier de la crémaillère ; on peut considérer ce cas comme
celui de l'engrenage de deux roues, dont l'une serait de rayon
infini ; c'est la limite entre l'engrenage intérieur et l'engrenage extérieur. La crémaillère résout le problème de la transformation d'un mouvement circulaire en un mouvement rectiligne, ou réciproquement.

Supposons que la circonférence O se soit changée en une

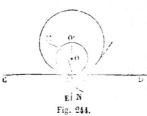

Fig. 244.

droite CD, tangente au point A à
la circonférence primitive O'.

Si c'est la droite CD qui doit
mener la circonférence O', on
prendra pour flancs de la roue O'
des rayons issus du point O' ; les
dents de la crémaillère CD s'obtiendront en faisant rouler sur
la *droite primitive* CD la circonférence décrite sur O'A comme
diamètre ; dans ce mouvement, le point A décrit une cycloïde AM.

Pour donner ensuite la réciprocité à l'engrenage, on prendra pour flancs de la crémaillère des droites AE perpendiculaires à CD, et on trouvera les dents correspondantes de la roue O′ en faisant rouler la tangente CD sur le cercle O′; le point A décrit dans ce mouvement une développante, AN, du cercle de rayon O′A.

ENGRENAGE A DÉVELOPPANTES DE CERCLE.

231. L'engrenage à développantes de cercle est le système le plus parfait d'engrenage.

Soient O, O′ les centres des circonférences primitives, A leur point de contact sur la ligne OO′. Par le point A menons une droite PP′ quelconque.

Des points O et O′ abaissons les perpendiculaires OP, O′P′ sur cette droite, et décrivons ensuite des circonférences des points O et O′ comme centres avec OP, O′P′ pour rayons. La droite PP′ sera une tangente commune à ces deux circonférences.

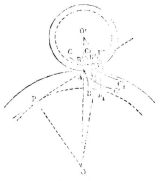

Fig. 215.

Cela posé, décrivons la développante BAC du cercle OP en la faisant passer au point A; décrivons la développante B′AC′ du cercle O′P′ en la faisant passer de même au point A. Les deux courbes BAC, B′AC′, attachées l'une à la roue O, l'autre à la roue O′, pourront engrener ensemble. En effet, faisons tourner la roue O, dans le sens du mouvement, d'un angle quelconque AOA_1; et en même temps la roue O′ d'un angle $A′_1O′A$; ce mouvement simultané amène le point B en B_1 sur la circonférence auxiliaire OP, et le point B′ en $B′_1$ sur la circonférence O′P′. On a les proportions

$$\frac{BB_1}{AA_1} = \frac{OP}{OA}, \quad \frac{B′B′_1}{AA′_1} = \frac{O′P′}{O′A};$$

or $\dfrac{OP}{OA} = \dfrac{O'P'}{O'A'}$; de plus, les arcs AA_1, AA'_1 sont égaux entre
eux, comme arcs décrits en même temps par les circonfé-
rences primitives; donc enfin $BB_1 = B'B'_1$. Les développantes
BAC, B'AC' prennent, par suite du mouvement commun
des deux roues, les positions B_1MC_1, $B'_1MC'_1$ qui se touchent
sur la droite PP', en un point M, éloigné du point A d'une longueur égale aux arcs BB_1, $B'B'_1$, comptés sur les circonférences
auxiliaires.

Le point de contact des deux profils en prise se déplace donc
le long de la droite PP', et cette droite reste constamment
normale aux deux profils en prise dans une position quelconque des deux roues conjuguées.

Les principaux avantages du tracé par développantes de
cercle sont les suivants :

1° Les profils sont déduits, sur la roue O, d'une construction dans laquelle on ne fait intervenir que la circonférence
OP; sur la roue O', d'une construction dans laquelle on ne
fait entrer que la circonférence O'P'. On pourra donc
faire engrener ensemble deux roues dentées à développantes de cercle, quels qu'en soient les rayons, *pourvu que
les pas soient les mêmes, et que les creux de chaque roue
soient assez grands pour laisser passer les dents de l'autre
roue.* La même facilité n'existe pas avec les systèmes d'engrenage à flancs ou à fuseaux; il faut, avec ces systèmes, construire spécialement l'une des roues pour engrener avec
l'autre, et l'on n'est pas maître de lui donner tel rayon qu'on
voudra.

2° La poussée mutuelle qu'exerce une des roues sur la roue
conjuguée est appliquée au point de contact des deux profils, et, abstraction faite du frottement, elle est normale aux
deux profils en prise; dans l'engrenage à développantes, elle
est donc toujours dirigée suivant la droite PP', laquelle a une
position constante; il résulte de là que dans ce système la
pression mutuelle exercée par une roue sur l'autre ne subit
pas les mêmes variations d'intensité que dans les autres, pour

lesquels la direction de la force pivote autour du point A pendant que les roues avancent d'un pas.

3° L'usure des profils qui glissent l'un sur l'autre est sensiblement proportionnelle à la pression mutuelle; si la pression est à peu près constante, l'usure sera aussi à peu près partout la même, de sorte que les profils s'useront parallèlement; le profil modifié sera la même développante de cercle que le profil primitif, de sorte que les conditions géométriques de l'engrenage ne sont pas modifiées par l'usure.

252. Il y a encore pour le tracé des engrenages, d'autres méthodes pratiques, dont l'une, celle de M. Willis, paraît maintenant adoptée partout en Angleterre. Nous renverrons pour l'exposition de cette méthode à la *Cinématique* d'Edmond Bour, pages 202 et suivantes.

ENGRENAGE SANS FROTTEMENT DE WHITE.

253. L'engrenage de White a pour but de faire engrener une roue avec une autre roue, sous la condition que le rapport des vitesses soit constant et que le point de contact des deux dents en prise soit constamment situé sur la ligne des centres. S'il en est ainsi, le glissement est constamment nul et le travail du frottement toujours égal à zéro.

Pour remplir ces conditions, il suffit de multiplier à l'infini le nombre des dents, de manière à réduire le pas à une longueur infiniment petite. Voici comment White est parvenu à réaliser cette disposition, qui au premier abord ne paraît pas admissible dans la pratique[1].

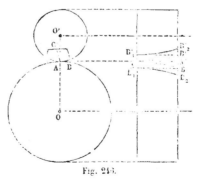

Fig. 243.

---

[1] Sans multiplier à l'infini le nombre de dents, on peut l'accroître notable-

On ne peut placer une infinité de dents les unes à côté des autres le long des circonférences primitives et dans le plan même de ces circonférences; White les répartit pour ainsi dire sur les diverses sections droites du cylindre formant la roue O, en rangeant leurs racines le long d'une ligne AB, arbitrairement tracée sur la surface convexe de ce cylindre. Pour trouver la ligne correspondante qui servira de base aux dents de la roue O', développons sur son plan tangent la surface du cylindre AO à partir de l'arête projetée en A, et enroulons-la ensuite autour du cylindre O'. La ligne AB, dans cette déformation, ira former une ligne AB' sur la surface du second cylindre primitif. Les deux courbes AB, AB', ainsi construites, auront la propriété de se rencontrer toujours en un point de la génératrice de contact AA' des deux cylindres, lorsque ceux-ci prendront leur mouvement commun. Si le cylindre AA' avait une longueur suffisante, on pourrait en faire le tour entier avec une seule et même courbe continue AB, avec une hélice par exemple, qui reviendrait au bout d'une spire à la génératrice AA'; mais, sans augmenter ainsi la longueur du cylindre, on peut y reporter les différents tronçons de la courbe directrice; il suffit de faire partir la ligne destinée à prolonger le tronçon AB, du point B'$_1$, situé à l'autre extrémité du cylindre sur la même génératrice que le point B; ce qui donnera un arc B$_1$B$_2$ sur le premier cylindre, et un arc B'$_1$B'$_2$ correspondant sur le second. On fera ainsi le tour des cylindres primitifs.

Prenons un profil complet AC, de forme arbitraire, mais normal au point A au cylindre primitif AO; puis faisons-le glisser successivement le long des lignes AB, B$_1$B$_2$,... sur la surface du cylindre OA. Il engendrera dans ce mouvement une surface continue qui constituera la dent de la roue O; ce serait une dent continue si l'on supposait les différents arcs AB, B$_1$B$_2$.... réunis

ment, et diminuer ainsi le travail du frottement, sans compromettre la résistance des parties en contact, en plaçant sur le même cylindre des engrenages *accolés et échelonnés*. Cette solution a été indiquée pour la première fois par Hooke. L'engrenage de White est pour ainsi dire la limite vers laquelle tend cette disposition, lorsqu'on augmente indéfiniment le nombre des dentures ainsi juxtaposées bout à bout sur la surface du cylindre indéfiniment prolongé.

On prendra de même, pour profil du creux à pratiquer dans le cylindre O'A, un profil normal à la circonférence primitive, et on fera mouvoir ce profil le long des lignes AB', B'$_1$B'$_2$... pour engender le *creux continu* de la roue O'. La dent ne doit recevoir qu'une faible saillie sur la surface du cylindre, assez seulement pour accuser le premier élément normal au point A; le creux ne doit, de même, avoir que les dimensions nécessaires pour loger la dent à son passage dans le plan des axes des deux cylindres. Si l'on fait tourner le cylindre O, la dent conduira le creux, de telle manière que le point de contact se trouve toujours sur la génératrice commune projetée en A ; il se déplace le long de cette génératrice. Le glissement relatif est nul ; car chaque cylindre roule sur l'autre, sans glissement des parties en contact, comme si la transmission avait lieu par simple adhérence.

L'engrenage de White a bien une infinité de dents; si l'on coupe les deux cylindres par une série de plans normaux à leurs axes, les coupes présentent chacune, pour ainsi dire, un engrenage ordinaire; au lieu d'être empilées de manière à se recouvrir mutuellement, ces coupes sont placées en retraite graduelle l'une par rapport à l'autre, de sorte qu'une seule coupe forme, à un instant donné, l'engrenage où la prise des dents a lieu.

On voit aussi que, dans cet engrenage, le contact des deux roues a lieu en un point unique, tandis que, dans l'engrenage cylindrique ordinaire, le contact a lieu le long d'une génératrice rectiligne de la dent et du creux; cette considération seule montre que l'engrenage de White n'est applicable qu'à des transmissions délicates.

Rigoureusement, l'axe instantané de rotation d'un des cylindres par rapport à l'autre n'est pas la génératrice de contact de ces deux cylindres, mais bien une droite oblique à celle-ci et tangente à la fois au creux et à la dent continue.

De là résulte que le mouvement relatif est, non pas un roulement simple, mais le résultat de la combinaison d'un roulement, et d'un pivotement autour de la normale aux deux surfaces pressées. Ce pivotement est tout à fait sans inconvénient tant que les efforts à transmettre sont faibles.

L'engrenage de White s'applique aux engrenages intérieurs comme aux engrenages extérieurs.

ENGRENAGE CONIQUE OU ROUES D'ANGLE.

254. La théorie des engrenages coniques est calquée sur celle des engrenages cylindriques.

Soient OB, OB' les deux axes concourants autour desquels doivent s'opérer les deux rotations, savoir, ω autour de OB, et

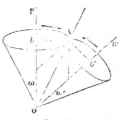

Fig. 247.

ω' autour de OB'. Nous supposerons que ces rotations ont des sens contraires, c'est-à-dire que l'axe de la première soit OB, et l'axe de la seconde le prolongement de OB'.

Cherchons dans le plan BOB' un point A tel, que, entraîné successivement dans le mouvement autour de OB, puis dans le mouvement autour de OB',

il ait la même vitesse linéaire en grandeur et en direction. Il faudra pour cela que l'on ait, en abaissant sur les axes les perpendiculaires A , Ab',

$$Ab \times \omega = Ab' \times \omega',$$

équation qui définit une droite AO, diagonale du parallélogramme construit dans l'angle BOB', avec des côtés proportionnels à ω et à ω'. Imaginons que cette droite AO tourne autour de OB, de manière à engendrer un cône droit à base circulaire dont OB soit l'axe ; puis, qu'elle tourne autour de OB', de manière à engendrer un second cône de révolution ; ces deux cônes seront tangents tout le long de la génératrice OA ; et si on leur imprime, autour de leurs axes et dans le sens des flèches, des vitesses angulaires égales à ω et à ω', ils n'auront pas de glissement l'un sur l'autre, puisque les vitesses linéaires des points en contact sont égales et dirigées dans le même sens au passage du plan BOB'.

On pourra donc transformer la rotation ω autour de OB en une rotation ω' autour de OB' par la simple adhérence entre les deux cônes OB et OB', comme on transforme (§ 213) la rotation autour d'axes parallèles par la simple adhérence entre deux cylindres.

Pour déduire de là l'engrenage conique, coupons les deux cônes par une surface sphérique ayant le point O pour centre et un rayon OA arbitraire.

Cette surface coupe les cônes suivant les deux cercles Ab, Ab'. Traçons sur la sphère, à partir du point A, une courbe quelconque qui représentera le profil du creux pratiqué dans la roue Ab'; cherchons ensuite l'enveloppe des positions de cette courbe dans le mouvement relatif du cercle Ab' par rapport à Ab; ce mouvement se réduit au roulement du premier cercle de la sphère sur le second; dans ce mouvement, chaque point du profil mobile décrit une courbe épicycloïdale sphérique, et l'enveloppe des positions de ce profil s'obtiendra en appliquant les mêmes principes que ceux qui nous ont servi pour la recherche de l'enveloppe des positions d'une figure plane de forme constante, mobile dans son plan suivant une loi donnée (§ 140).

Les courbes ainsi tracées serviront de directrices à des surfaces coniques ayant pour centre commun le point O, et dont l'une formera la surface de la dent d'une roue, et l'autre la surface correspondante du creux de l'autre roue; les deux surfaces coniques se toucheront à un instant donné suivant une génératrice, et le plan élevé par cette génératrice perpendiculairement aux deux surfaces coniques en prise passera par la droite OA, génératrice de contact des deux cônes primitifs.

On pourra donc construire les engrenages coniques comme on construit des engrenages cylindriques, en effectuant sur la sphère les constructions analogues à celles qu'on effectuerait sur le plan, puis en prenant les figures résultantes pour bases de cônes, dont le sommet commun soit au point O.

Le prolongement de ces surfaces jusqu au point O est purement fictif, car, dans la pratique, on limite les roues à deux sphères concentriques.

255. Les constructions à exécuter sur une surface sphérique matérielle sont aussi faciles que les constructions sur un plan; les arcs de grand cercle y remplacent les lignes droites. Mais il serait difficile de réaliser matériellement la surface sphérique auxiliaire pour y tracer les profils des pleins et des creux des deux roues. Si la sphère était développable, on l'appliquerait sur un plan, et alors on n'aurait plus qu'à effectuer des constructions planes, qu'on reporterait ensuite sur la surface sphérique. Ce procédé est inadmissible, puisque la sphère n'est pas applicable sur un plan. Mais nous n'avons pas besoin pour notre tracé de toute la surface de la sphère auxiliaire; les figures à construire sont en effet réparties sur deux zones étroites, l'une ayant le cercle A*b*, l'autre le cercle A*b'* pour lignes moyennes; on peut remplacer ces zones, à cause de leur petite largeur, par les surfaces développables des cônes droits qui leur sont circonscrits; on pourra alors dérouler les cônes sur le plan, et on aura, par ce procédé, développé approximativement, non pas la sphère entière, mais les régions de cette sphère qui sont utiles pour la solution du problème proposé.

Cette simplification a été imaginée par Tredgold.

Au point A, pris sur la génératrice de contact des cônes primitifs, élevons sur OA une perpendiculaire SS', dans le plan des deux axes. Elle coupera les axes en deux points S et S' qui seront les sommets respectifs des cônes de révolution circonscrits à la sphère suivant les cercles A*b*, A*b'*. Ces cônes S et S' seront tangents entre eux suivant leur génératrice commune SS', car ils ont pour plan tangent commun un plan conduit par SS' perpendiculairement au plan BOB'. Imaginons que le tracé de la base de l'engrenage dessiné sur la sphère soit reporté sans altération sur les cônes qui ont avec elle une zone commune tout le long des parallèles A*b*, A*b'*. Considéré sur ces cônes aux environs de la génératrice SS', le tracé ne différera en rien de celui d'un engrenage cylindrique qui aurait pour centres les

points S et S′ et pour rayons primitifs SA, S′A ; on pourra, par
suite, substituer approximativement
à l'engrenage conique l'engrenage
cylindrique des deux secteurs primitifs de rayons SA, S′A, que l'on obtient
en développant sur un plan l'ensemble des deux surfaces coniques S et S′.

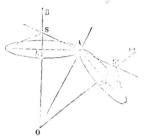

Fig. 248.

Décrivons sur un plan avec des
rayons égaux à SA et à S′A deux cercles tangents en A ; prenons sur les
circonférences des arcs MAN, M′AN′
respectivement égaux en longueur aux circonférences Ab, Ab′ ;
partageons ensuite ces arcs, le premier en un nombre entier, m,
de parties égales, le second, en m′ parties
égales, de manière qu'il y ait égalité entre
ces parties : puis faisons le tracé d'un engrenage cylindrique, entre les portions de
circonférence M′AN′, MAN. Une fois ce
tracé fait, il suffira d'enrouler les figures
planes ainsi dessinées sur les cônes S et
S′. Elles serviront de base aux dents coniques de l'engrenage demandé.

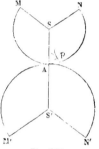

Fig. 249.

Dans l'engrenage conique comme dans
l'engrenage cylindrique, les vitesses angulaires sont inversement proportionnelles aux nombres de
dents des roues.

TRANSMISSSION AUTOUR D'AXES NON CONCOURANTS ET NON PARALLÈLES.

236. *Double engrenage conique.*
— On se propose de transformer un
mouvement de rotation ω autour
d'un axe OO en un mouvement de
rotation ω′ autour de l'axe O′O′.
Coupons ces deux axes par un
troisième axe auxiliaire AB autour
duquel nous imaginerons une rotation égale à ω″.

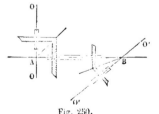

Fig. 250.

On pourra transformer d'abord la rotation ω en la rotation ω″ au moyen d'une roue d'angle ayant son sommet en A ; puis la rotation ω″ en la rotation ω′ au moyen d'une seconde roue d'angle ayant son sommet en B. Soient m, m'' les nombres de dents des roues d'angle en A ; et m''_1, m' les nombres de dents des roues d'angles en B ; on aura les relations

$$\frac{\omega''}{\omega} = \frac{m}{m''} \quad \text{et} \quad \frac{\omega'}{\omega''} = \frac{m''_1}{m'}.$$

Il en résulte

$$\frac{\omega'}{\omega} = \frac{m\, m''_1}{m'\, m''}.$$

C'est la relation à laquelle doit satisfaire le double engrenage ; on devra, tout en restant dans les limites pratiques convenables, trouver des nombres entiers qui vérifient cette équation.

ENGRENAGE HYPERBOLOÏDE.

257. Proposons-nous de trouver une transformation directe de la rotation ω en la rotation ω′.

Soit OO′ la perpendiculaire commune aux deux axes ; prenons sur cette droite un point A quelconque que nous supposerons d'abord entraîné par la rotation ω, puis par la rotation ω′.

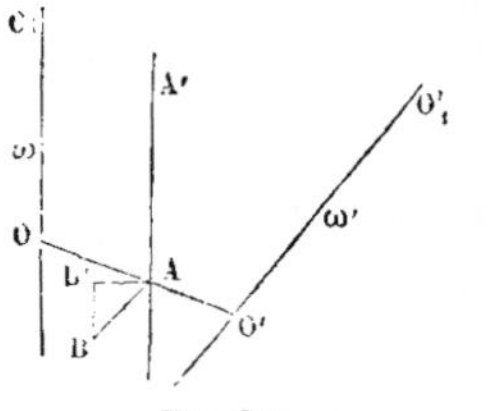

Fig. 251.

Le premier mouvement amène, dans un temps infiniment petit dt, le point A en un point B, à une distance $AB = \omega \times OA \times dt$; l'élément AB est perpendiculaire à la fois à OO′ et à OO$_1$.

Le second mouvement amène le point A au point B′, dans une direction AB′, normale à la fois à OO′ et à O′O′$_1$, et à une distance $AB' = AO' \times \omega' \times dt$; l'angle B′AB est égal à l'angle de l'axe OO$_1$ avec l'axe O′O′$_1$.

Il est donc impossible de trouver sur la droite OO′ un point A tel, que, entraîné successivement par chaque rotation, il ait dans les deux cas la même vitesse linéaire en grandeur et en direction; quelles que soient les surfaces en contact, il y aura toujours entre elles un certain *glissement relatif* dont la mesure est donnée par l'arc BB', distance acquise, au bout d'un temps dt très-court, par les deux points qui étaient en coïncidence au point A au commencement de cet intervalle de temps (§ 182).

On peut du moins choisir le point A sur la droite OO', de telle sorte que le glissement BB' soit le plus petit possible.

Soit

OO' = a, quantité donnée,

OA = x, quantité inconnue, qu'il s'agit de déterminer;

la distance AO' sera égale à $a - x$.

Nous aurons

$$AB = \omega x \, dt,$$
$$AB' = \omega' (a - x) \, dt.$$

Désignons par θ l'angle des deux axes OO_1, $O'O'$, qui est égal à l'angle B'AB; le triangle BAB' nous donne

$$\overline{BB'}^2 = \omega^2 x^2 dt^2 + \omega'^2 (a-x)^2 dt^2 - 2\omega\omega' x (a-x) \, dt^2 \cos\theta.$$

Le minimum de BB' s'obtiendra en égalant à zéro la dérivée du second membre par rapport à x. Il vient ainsi l'équation

$$\omega^2 x - \omega'^2 (a - x) - \omega\omega' (a - x) \cos\theta + \omega\omega' x \cos\theta = 0.$$

On en déduit

$$\frac{x}{a-x} = \frac{\omega'^2 + \omega\omega' \cos\theta}{\omega^2 + \omega\omega' \cos\theta}.$$

On a donc pour déterminer le point A la proportion

$$\frac{OA}{O'A} = \frac{\omega'}{\omega} \times \frac{\omega' + \omega \cos\theta}{\omega + \omega' \cos\theta}.$$

Si $\theta = 0$, l'engrenage devient cylindrique, et on retrouve la condition connue

$$\frac{OA}{O'A} = \frac{\omega'}{\omega}.$$

Si $\theta = 90°$, $\dfrac{OA}{O'A} = \left(\dfrac{\omega'}{\omega}\right)^2$. Enfin si $\omega = \omega'$, on a $\dfrac{OA}{O'A} = 1$, et le point A est le milieu de OO', quel que soit l'angle θ.

Le point A étant déterminé par cette condition, on connaîtra la direction BB' de l'arc de glissement en construisant un triangle semblable au triangle ABB', dans lequel on connaît l'angle θ et le rapport des deux côtés qui le comprennent. Si par le point A nous menons une droite AA' parallèle à BB', cette droite, entraînée par le mouvement autour de OO_1, décrira un hyperboloïde de révolution, et, entraînée par le mouvement autour de $O'O'_1$, décrira un second hyperboloïde. Ces deux surfaces se toucheront suivant la droite AA', et quand on les fera tourner toutes deux avec les vitesses ω, ω' autour des axes OO_1, $O'O'_1$, elles glisseront l'une sur l'autre le long de la génératrice de contact. En d'autres termes, la génératrice de contact sera à chaque instant *l'axe de rotation et de glissement* du mouvement relatif d'une des surfaces par rapport à l'autre ($\S$ 162) ; on peut donc construire cette génératrice en composant la rotation ω' autour de $O'O'_1$, avec une rotation égale et contraire à ω, autour de OO_1 ($\S$ 170)

On pourra prendre sur les surfaces des deux hyperboloïdes deux zones conjuguées, c'est-à-dire deux zones comprises entre les *parallèles* menés sur chaque surface par deux points de la génératrice de contact AA' ; puis on tracera sur ces deux zones une série de génératrices rectilignes équidistantes ; ce seront les bases des dents dont on devra garnir chaque surface ; ces dents seront de petites portions de surfaces saillantes, des stries obliques sur les couronnes des roues, et qui glisseront les unes sur les autres dans le passage commun par la génératrice de contact des deux surfaces primitives.

VIS SANS FIN ET ENGRENAGE HÉLICOÏDE.

238. Soit O une roue infiniment mince ; cette roue, munie de dents RP profilées suivant une développante

du cercle OA, pourra engrener avec les flancs droits PQ
d'une crémaillère BC (§ 250). Supposons qu'à la crémaillère BC
on substitue la surface d'une vis à filet carré, et que PQ soit
une génératrice de l'hélicoïde à plan
directeur dont l'axe est la droite BC.
Un déplacement longitudinal de l'hélicoïde, tel que celui que l'on donne à
une crémaillère, équivaut à un déplacement angulaire de la surface autour
de son axe BC; car ce déplacement
angulaire a pour effet d'amener dans le
plan de la figure une génératrice P'Q',

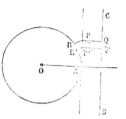

Fig. 252.

plus basse, par exemple, que la génératrice PQ; ce qui entraîne la rotation de la roue O, comme si la crémaillère s'était
déplacée longitudinalement de la quantité PP'. On voit donc
que cet engrenage hélicoïdal fournit un moyen de transformer
un mouvement de rotation autour d'un axe CB en un mouvement de rotation autour d'un axe O, perpendiculaire à CB.

Nous avons supposé la roue O sans épaisseur, ce qui est inadmissible en pratique; la dent à profil de développante, RP, a
nécessairement une certaine épaisseur, et elle doit recevoir,
par suite, dans le sens de l'épaisseur, l'obliquité demandée
par la forme de la surface hélicoïdale avec laquelle elle doit
être en contact aux environs du point P. Or le contact des
deux surfaces a toujours lieu dans un même plan AP, parallèle à l'axe CB de l'hélicoïde et perpendiculaire au plan de la
figure. Tous les points de contact successifs de l'hélicoïde avec
la dent de la roue OA sont à une même distance de l'axe
CB, et, par suite, l'inclinaison sur le plan de la figure du plan
tangent à l'hélicoïde en ces points P, P' est toujours la même.
Les profils RP, R'P' doivent être touchés par ce plan tangent;
il en résulte que la véritable forme de la dent RP est l'enveloppe d'un plan mobile, dont la trace sur le plan de la figure
est tangente à la développante RP, et qui fait avec ce plan un
angle constant. La surface enveloppe de ce plan mobile est un
hélicoïde développable, dont l'arête de rebroussement est

une hélice tracée sur le cylindre OA. On ne doit donner du reste à la dent qu'une faible épaisseur.

La vis sans fin peut être construite de telle sorte, que la vis mène la roue sans que la roue mène la vis; c'est ce qui arrive si le pas de l'hélice est suffisamment petit.

Si, au contraire, le pas de l'hélice est très-allongé, la roue peut mener la vis sans que la vis puisse mener la roue ; on emploie un engrenage de cette nature dans le régulateur à ailettes.

Enfin, pour des valeurs moyennes du pas, l'engrenage est réciproque.

La recherche des conditions de la transmission appartient à la théorie du frottement dans les machines.

On peut transformer l'engrenage de la vis sans fin en un engrenage de deux roues à axes rectangulaires non concourants. Imaginons pour cela qu'on augmente le rayon de la vis, en en réduisant la longueur, et en multipliant le nombre des filets hélicoïdaux; on obtiendra par cette transformation deux roues engrenant l'une avec l'autre, par des dents hélicoïdales tracées obliquement aux couronnes.

RENSEIGNEMENTS PRATIQUES SUR LES ENGRENAGES.

239. Le pas S d'un engrenage se calcule par la formule

$$S = \frac{2\pi R}{m},$$

m étant le nombre de dents d'une roue, et R le rayon de sa circonférence primitive.

La roue conjuguée devra donner la même valeur de S :

$$S = \frac{2\pi R'}{m'}.$$

Sur chaque roue, le pas S est la somme du *plein* et du *creux;* le *creux* est égal au *plein* de la roue conjuguée, plus un *jeu*.

Les *pleins* des deux roues conjuguées peuvent n'être pas

égaux; cela arrive si les dents des deux roues ne sont pas formées de la même matière, les dents en fer demandant moins de largeur, par exemple, que les dents en bois.

Le *jeu* doit varier avec la nature des matières employées pour les dents, et aussi avec le soin apporté à l'engrenage; on le fait du $\frac{1}{10}$ au $\frac{1}{20}$ du plein pour les engrenages à dents métalliques, et du $\frac{1}{6}$ au $\frac{1}{10}$ pour les engrenages à dents en bois.

M. Willis indique les proportions suivantes comme adoptées dans la meunerie.

Saillie de la dent, en dehors de la circonférence primitive. . . . . $\frac{3}{10}$ S.

Profondeur du creux, en dedans de la même circonférence. . . . . $\frac{4}{10}$ S.

Jeu au fond du creux. . . . . $\frac{1}{10}$ S.

Largeur du plein de la dent sur la circonférence primitive.. . . . . $\frac{5}{11}$ S.

Largeur du vide sur la même circonférence. . . $\frac{6}{11}$ S.

Jeu sur la circonférence primitive. . . . . . $\frac{1}{12}$ S.

Dimensions des dents. — On calcule les dimensions des dents par les formules suivantes :

Soit P la pression mutuelle qui s'exerce entre deux dents en prise;

K, un coefficient constant ;

L, la saillie totale de la dent, mesurée à partir du fond du creux ;

b, l'épaisseur de la dent, mesurée dans le sens des génératrices du cylindre, ou perpendiculairement au plan de la roue ;

h, la largeur ou le plein, mesuré sur la circonférence primitive.

P est exprimé en kilogrammes; L, *b*, *h* sont exprimés en mètres.

1° Les quantités L et *h* sont liées entre elles par les formules :

L = 1, 2 *h*, si l'engrenage est soumis à de grandes charges;

L = 1, 5 *h*, si l'engrenage est soumis à des charges médiocres.

2° On a de plus l'équation

$$PL = Kbh^2.$$

Dans cette équation, on peut faire K = 250,000 si les dents sont en fer, et K = 145,000 si elles sont en bois.

3° La valeur de *b* doit être comprise entre 3*h* et 6*h*, suivant que P est plus ou moins grand.

On a dressé des tables qui donnent ces dimensions pour les cas les plus usuels.

Dimensions de la jante. — La jante des roues d'engrenage en fer reçoit une largeur égale à l'épaisseur *b* des dents ; et une épaisseur (dans le sens du rayon) égale à la largeur des dents, *h*, ou bien aux $\frac{2}{3}$ de cette largeur si l'on ajoute une nervure intérieure. Si la roue est exposée à des chocs, on fait saillir la jante latéralement aux dents, de manière à leur fournir un appui à leurs deux extrémités.

Pour les roues en bois, les dents sont des alluchons rapportés qui traversent la jante et débordent à l'intérieur ; on les fixe solidement au moyen de coins en bois.

Dimensions des bras. — Le nombre des bras de la roue dépend de son diamètre ; pour les petites roues au-dessous de 1ᵐ,30 de diamètre, on met quatre bras.

On en met 6 pour un diamètre variable de 1ᵐ,30 à 2ᵐ,50;

        8   —   de 2ᵐ,50 à 5ᵐ,00;

     10   —   de 5ᵐ,00 à 7ᵐ,00.

La section du bras est en général une croix, dont les dimensions vont en diminuant du moyeu à la jante. Les saillies latérales de la croix se fondent avec la nervure intérieure de la jante, s'il existe une telle nervure.

Le calcul de la section de ces pièces est un problème de la *résistance des matériaux.*

Les frottements sont plus durs quand le contact des profils en prise a lieu en arrière de la ligne des centres, que lorsqu'il a lieu au delà de cette ligne; si donc une des roues est toujours la roue menante, et l'autre la roue menée, il est bon de faire en sorte que la prise soit moins longue avant la ligne des centres qu'après, en d'autres termes, que l'*arc d'approche* soit moins long que l'*arc de retraite ;* on donne par exemple au premier une longueur égale à la moitié du pas, et au second une longueur égale aux $\frac{3}{4}$ du pas. Cela suffit pour assurer la continuité de la transmission.

TRAINS DE ROUES DENTÉES.

240. Soit proposé de transformer, par une série de roues dentées extérieures les unes aux autres, une rotation uniforme ω autour d'un axe A en une rotation uniforme ω' autour d'un axe parallèle B. Les vitesses angulaires ω et ω' sont données, et leurs sens sont déterminés.

Si ω et ω' sont de même sens, il faudra au moins une roue intermédiaire entre les deux arbres A et B pour assurer la transmission sans qu'on ait recours aux engrenages intérieurs.

Attribuons aux rotations ω et ω' les signes + ou — suivant le sens dans lequel ces rotations s'effectuent. Imaginons des axes intermédiaires,

$$P_1, \quad P_2, \dots \quad P_n,$$

autour desquels nous supposerons les vitesses

$$\omega_1, \quad \omega_2, \dots \quad \omega_n.$$

Sur chaque axe P_k nous plaçons deux roues dentées, invariablement liées ensemble; la première, munie de m_k dents, engrène avec une roue de l'arbre P_{k+1} ; l'autre, munie de μ_k dents, engrène avec une roue de l'arbre P_{k-1} ; en résumé, nous pouvons représenter la transmission par le diagramme suivant :

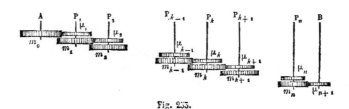

Fig. 255.

m_0 est le nombre de dents de la roue fixée sur l'arbre A, et μ_{n+1} celui de la roue fixée sur l'arbre B.

Nous aurons la suite d'équations :

$$-\frac{\omega_1}{\omega} = \frac{m_0}{\mu_1},$$

$$-\frac{\omega_2}{\omega_1} = \frac{m_1}{\mu_2},$$

$$\cdot$$
$$\cdot$$

$$-\frac{\omega_k}{\omega_{k-1}} = \frac{m_{k-1}}{\mu_k},$$

$$-\frac{\omega_{k+1}}{\omega_k} = \frac{m_k}{\mu_{k+1}},$$

$$\cdot$$
$$\cdot$$
$$\cdot$$

$$-\frac{\omega'}{\omega_n} = \frac{m_n}{\mu_{n+1}}.$$

Multipliant ces équations membre à membre, il vient

$$\frac{\omega'}{\omega} = (-1)^{n+1} \frac{m_0 m_1 \dots m_n}{\mu_1 \mu_2 \dots \mu_{n+1}}.$$

Le rapport $\frac{\omega'}{\omega}$ étant donné avec son signe, on verra d'abord s'il faut prendre pour n un nombre pair ou impair. On pourra toujours changer le signe du rapport en introduisant entre deux arbres consécutifs, P_k et P_{k+1}, un arbre portant une roue parasite qui engrène à la fois avec la roue m_k et la roue μ_{k+1} (§ 216) ; le nombre de dents de cette roue n'influe pas sur le rapport des vitesses angulaires.

Laissons donc de côté le signe, auquel on pourra toujours satisfaire, et proposons-nous de trouver les nombres de dents $m_0,\ldots, m_n, \mu_1\ldots, \mu_{n+1}$ qui vérifient le mieux possible en valeur absolue l'équation

$$\frac{\omega'}{\omega} = \frac{m_0 m_1 \ldots m_n}{\mu_1 \ldots \mu_{n+1}}.$$

La première chose à faire, c'est de déterminer deux nombres entiers N et N', proportionnels à ω' et ω; ensuite on décomposera N et N' en un même nombre de facteurs entiers ; on doit chercher à rendre ces facteurs au moins égaux à 8 et au plus égaux à 120 ; alors on pourra les adopter comme nombres des dents à attribuer à chaque roue.

Le problème à résoudre consiste donc d'abord à trouver l'expression approximative du rapport $\frac{\omega'}{\omega}$ par une fraction $\frac{N'}{N}$ dont les termes puissent être décomposés en facteurs compris entre les limites convenables.

241. On peut réduire le rapport $\frac{\omega'}{\omega}$ en fraction continue, et prendre pour $\frac{N}{N'}$ l'une des *réduites* de cette fraction continue, ou bien l'une des fractions *intermédiaires* que l'on peut intercaler entre deux réduites consécutives. On essayera parmi ces diverses fractions celle qui se prête le mieux à la décomposition demandée. On peut d'ailleurs introduire aux deux termes de la fraction que l'on adopte un ou plusieurs facteurs communs, pour compléter le nombre égal de facteurs qui doit se trouver définitivement dans les deux termes, chacun de ces facteurs indiquant le nombre de dents d'une roue.

Soit proposé par exemple de réaliser un rapport de vitesses angulaires égal à $\frac{823}{407}$. On essayera d'abord de décomposer les termes en facteurs; mais la fraction s'y refuse, parce que 823 est un nombre premier.

Elle s'exprime par la fraction continue suivante :

$$\frac{823}{407} = 2 + \cfrac{1}{45 + \cfrac{1}{4 + \frac{1}{2}}};$$

les réduites successives sont :

$$\frac{2}{1} \quad \frac{91}{45} \quad \frac{366}{181} \quad \frac{823}{407}.$$

Si l'on prenait la troisième réduite, qui diffère de la valeur de la fraction d'une quantité moindre que $\frac{1}{181 \times 407}$, on aurait pour la raison du train

$$\frac{366}{181} = \frac{2 \times 3 \times 61}{181}.$$

Mais 181 est un nombre premier plus grand que la limite admissible. On essayera ensuite la fraction intermédiaire entre $\frac{366}{181}$ et $\frac{91}{45}$, obtenue en ajoutant ces deux fractions terme à terme; il vient

$$\frac{366 + 91}{181 + 45} = \frac{457}{226},$$

fraction irréductible, car 457 est premier.

Aucune des fractions $\frac{366}{181}$, $\frac{457}{226}$, $\frac{823}{407}$ ne se prête à la décomposition. Aussi on s'en tiendra à la fraction $\frac{91}{45}$, et ce rapport pourra se réaliser de plusieurs manières; par exemple:

1° Avec un engrenage direct; une roue de 91 dents engrenant avec une roue de 45;

2° Avec un train de deux arbres tournants.

On a en effet

$$91 = 7 \times 13$$

et

$$45 = 9 \times 5.$$

Les nombres 7 et 5 étant au-dessous de la limite inférieure 8, on les multipliera tous les deux par 2, ce qui n'altère pas la raison de l'équipage; et on obtiendra le train

$$m_0 = 14 \quad \mu_1 = 9$$
$$m_1 = 13 \quad \mu_2 = 10,$$

dont la raison est

$$\varepsilon = \frac{14 \times 13}{9 \times 10} = \frac{91}{45}.$$

La fraction $\frac{91}{45}$ diffère de la véritable valeur du rapport donné d'une quantité moindre que $\frac{1}{45 \times 181} = \frac{1}{8145}$.

L'erreur aurait été plus grande si l'on avait altéré d'une unité les termes des fractions précédemment essayées pour les rendre décomposables en facteurs.

Nous ferons connaître bientôt une méthode qui conduit à des solutions plus rigoureuses; elle résulte de l'emploi des *trains épicycloïdaux*.

242. Le problème qui suit se présente souvent quand il s'agit de choisir les nombres de dents pour un train de roues dentées.

Étant données deux fractions irréductibles $\frac{a}{b}$, $\frac{c}{d}$, *dont la première est plus petite que la seconde, trouver la fraction* $\frac{x}{y}$ *comprise entre ces deux fractions, qui soit exprimée par les moindres nombres* x *et* y.

Nous avons par hypothèse la double inégalité

$$\frac{a}{b} < \frac{x}{y} < \frac{c}{d};$$

multiplions par bdy pour chasser les dénominateurs. il viendra

$$ady < bdx < cby.$$

Nous pouvons poser

$$bdx - ady = p,$$
$$bdx - cby = -q,$$

en appelant p et q des entiers positifs indéterminés.

Divisons la première équation par d, la seconde par b ; nous aurons

$$bx - ay = \frac{p}{d},$$

$$dx - cy = -\frac{q}{b}.$$

Par conséquent p est un multiple de d, et q un multiple de b. Ces équations résolues par rapport à x et y nous donnent

$$x = \frac{\frac{p}{d} c + \frac{q}{b} a}{bc - ad},$$

$$y = \frac{p + q}{bc - ad}.$$

Donc $p + q$ est un multiple du déterminant $\Delta = bc - ad$, du groupe $\begin{vmatrix} b & a \\ d & c \end{vmatrix}$, lequel déterminant est positif, à cause de l'inégalité $\frac{a}{b} < \frac{c}{d}$

Le même déterminant doit de plus diviser $\frac{p}{d} c + \frac{q}{b} a$.

Un nombre limité d'essais conduira à la solution cherchée.

Les moindres valeurs de x et y correspondent aux moindres valeurs de p et q ; or p est un des termes de la suite d, $2d$, $3d$..., et q est un des termes de la suite b, $2b$, $3b$...

En vertu de la troisième condition $p + q$ doit être compris dans la suite Δ, 2Δ, 3Δ....

On satisfait aux quatre conditions à la fois en posant

$$p = \Delta d,$$
$$q = \Delta b.$$

Car alors $p + q = \Delta (d + b)$ est multiple de Δ, et $\frac{p}{d} c + \frac{q}{b} a = \Delta (c + a)$ est aussi multiple de Δ. Il est donc inutile de pousser les séries des multiples de d et de b au delà de leurs $\Delta^{ièmes}$ termes, et l'on aura par suite à essayer au plus Δ^2 combinaisons.

243. Deux cas particuliers sont à remarquer :

1° Si $\Delta = 1$, la solution consiste à poser $p = d$, $q = b$, et par suite $\frac{a + c}{b + d}$ est la fraction la plus simple qui soit comprise entre les fractions données, $\frac{a}{b}$, $\frac{c}{d}$. Lorsque $bc - ad = 1$, le déterminant du système

$$\begin{vmatrix} b & b + d, \\ a & a + c, \end{vmatrix}$$

est égal à $b(a + c) - a(b + d) = bc - ad = \Delta = 1$.

De même le déterminant

$$\begin{vmatrix} b + d & d \\ a + c & c \end{vmatrix}$$

est égal à l'unité; de sorte que la fraction intercalaire possède, par rapport à chacune des fractions données, la propriété exprimée pour celles-ci par l'équation $\Delta = 1$[1].

2° Si b et d sont premiers entre eux, la quatrième condition est comprise dans la troisième. En effet $\frac{p}{d} c + \frac{q}{b} a$ étant divisible par Δ, $pbc + qda$ est divisible par $bd\Delta$. Or je dis qu'il suffit que $p + q$ soit multiple de Δ pour que $pbc + qda$ soit multiple de $bd\Delta$.

---

[1] M. Brocot a fondé sur cette remarque une méthode pour la recherche du nombre de dents d'un équipage de roues dentées.

Soit $p = m\Delta + s$, m étant le quotient et s le reste de la division de p par Δ. Nous aurons aussi $q = m'\Delta - s$, en appelant m' le quotient pris par excès de la division de q par Δ. Les nombres m et m' sont tous deux entiers.

Donc

$$pbc + qda = m\Delta bc + sbc + m'\Delta da - sda$$
$$= \Delta(mbc + m'da) + s(bc - ad)$$
$$= \Delta(mbc + m'da + s),$$

et par conséquent $pbc + qda$ est multiple de Δ dès que $p + q$ est lui-même multiple de Δ.

Il en résulte que $pbc + qda$ est divisible par $bd\Delta$. Car, puisqu'on a $bc - ad = \Delta$ et que b et d sont par hypothèse premiers entre eux, b et Δ sont aussi premiers entre eux, sans quoi tout facteur premier commun à b et à Δ, diviserait ad, ce qui est impossible, ni a ni d n'ayant de facteur commun avec b. De même d et Δ sont premiers entre eux.

Les trois nombres b, d, Δ sont donc premiers entre eux deux à deux, et la somme $pbc + qda$, divisible à la fois par chacun de ces nombres, est divisible par leur produit.

244. Application. — Soit proposé de trouver la fraction la plus simple comprise entre $\dfrac{16}{25}$ et $\dfrac{17}{26}$.

Nous aurons

$$a = 16,$$
$$b = 25,$$
$$c = 17,$$
$$d = 26,$$
$$\Delta = 25 \times 17 - 16 \times 26 = 425 - 416 = 9.$$

Essayons successivement pour p les multiples de 26, et pour q les multiples de 25 ; puis formons les sommes $p + q$. On obtient ainsi les résultats inscrits dans le tableau suivant (les nombres *soulignés* sont, parmi les sommes $p + q$, les multiples du déterminant Δ) :

$p =$	26	52	78	104	130
	25	51	77	103	129	155
$q =$	50	76	102	128	154	**180**
	75	101	127	**153**
	100	**126**

La moindre solution a lieu pour $p = 26$, $q = 100$; la somme $p + q$ est égale à 126, qui est multiple de 9. D'ailleurs les dénominateurs 25 et 26 étant premiers entre eux, la quatrième condition est satisfaite dès que les trois premières le sont.

Donc enfin

$$x = \frac{1 \times 17 + 4 \times 16}{9} = 9 ,$$

$$y = \frac{126}{9} = 14 .$$

La fraction cherchée est $\frac{9}{14}$.

On aurait d'autres solutions en prenant $p = 78$ et $q = 75$, ou bien $p = 130$ et $q = 50$; la première hypothèse donne la fraction $\frac{11}{17}$, et la seconde la fraction $\frac{13}{20}$, toutes deux comprises entre $\frac{16}{25}$ et $\frac{17}{26}$, mais dont les termes sont plus grands que ceux de la fraction $\frac{9}{14}$.

$\frac{9}{14}$ est donc la solution définitive.

TRAINS ÉPICYCLOIDAUX.

240. On appelle *train épicycloïdal* un appareil de roues dentées dont la première est montée sur un axe fixe O, tandis que les suivantes sont montées sur des axes mobiles, entraînés par

un *bras* ou *châssis* OA, lequel tourne autour de l'axe O. Si, en

Fig. 254.

même temps que la première roue O tourne, on imprime au bras OA un mouvement de rotation autour du point O, le mouvement effectif des roues du train sera un mouvement composé, résultant de leur liaison avec la roue O et du mouvement du bras OA.

Appelons ω la vitesse angulaire de la première roue O, et ω′ la vitesse angulaire d'une roue déterminée du train, ayant son centre quelque part en A sur le bras OA, cette vitesse angulaire étant prise par rapport à des axes de direction constante menés dans son plan par le centre A de cette roue ; soit enfin *u* la vitesse angulaire du châssis autour du point O. La vitesse angulaire de la roue A par rapport au châssis sera égale à ω′ — *u* (§ 104 et 94) ; et la vitesse angulaire de la roue O par rapport au même châssis sera ω — *u*; donc le rapport des vitesses angulaires simultanées des **roues A et O**, par rapport à un même système OA, est égal à

$$\frac{\omega' - u}{\omega - u}.$$

Ce rapport est égal à la *raison* ε de l'équipage des **roues** dentées formé par la roue O et les roues qu'elle met en mouvement jusqu'à la roue A inclusivement (§ 219) ; or le nombre ε ne dépend que des nombres de dents des roues qui constituent la transmission. On a donc

(1) $$\varepsilon = \frac{\omega' - u}{\omega - u}.$$

Cette formule est générale, pourvu qu'on attribue les signes convenables aux vitesses angulaires ω, ω′, *u*, et à la *raison* ε. Elle est due à M Willis.

246. *Exemple. Engrenage planétaire de Watt.* —La première roue O et la dernière roue A ont le même nombre de dents et engrènent l'une avec l'autre : on fera donc ε = — 1.

La seconde roue A est fixée invariablement à l'extrémité

d'une bielle AB, qui se meut parallèlement à elle-même : donc $\omega' = 0$. Le mouvement de la bielle transmet au *lien* OA, autour du point O, un mouvement de rotation dont la vitesse angulaire est u. Il en résulte pour la roue O une vitesse angulaire, ω, donnée par la formule (1) en y faisant $\omega' = 0$ et $\varepsilon = -1$; on en déduit $\omega = 2u$.

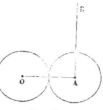

Fig. 255.

La roue O fait donc deux tours quand le rayon OA en fait un.

247. *Autre exemple de train épicycloïdal plan.* — Deux roues dentées α, α', indépendantes l'une de l'autre, sont montées sur un même arbre AA. Ces roues engrènent l'une avec la roue β, l'autre avec la roue β', qui sont liées invariablement l'une à l'autre par l'axe CC, lequel est lui-même entraîné par le *bras* BB, autour de l'arbre AA. On imprime à l'arbre AA, et par suite au bras BB, une vitesse angulaire u; on imprime en même temps une vitesse angulaire ω à la roue α autour du même arbre. On demande quelle

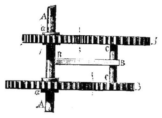

Fig. 256.

sera la vitesse angulaire ω' de la roue α'.

Appliquons la formule générale (1) au train épicycloïdal formé par les roues α, β et le bras BB; ω'' étant la vitesse angulaire du système rigide β, β', par rapport à des axes mobiles de direction constante, et ε la *raison* de l'engrenage (α, β), on aura

$$\varepsilon = \frac{\omega'' - u}{\omega - u}.$$

La même formule peut s'appliquer au train formé par les roues α', β' et le bras BB, et si nous appelons ε' la *raison* de l'engrenage $(\alpha' \beta')$, nous aurons de même

$$\varepsilon' = \frac{\omega'' - u}{\omega' - u}.$$

Divisons ces deux équations l'une par l'autre; nous éliminons ω'', et il vient

$$\frac{\varepsilon}{\varepsilon'} = \frac{\omega' - u}{\omega - u},$$

ou bien

$$\varepsilon\omega - \varepsilon'\omega' = (\varepsilon - \varepsilon')\,u,$$

équation qui donne ω' en fonction de ω et de u. Supposons par exemple que la roue α ait 10 dents, et la roue β, 15 dents; que la roue α' ait 25 dents, et la roue β', 12 dents; il en résultera

$$\varepsilon = -\frac{10}{15}, \quad \varepsilon' = -\frac{25}{12}.$$

Supposons en outre que la roue α reste immobile, ce qu'on exprimera en faisant $\omega = 0$. Il viendra, entre les vitesses angulaires ω' et u, la relation

$$\frac{25}{12}\,\omega' = -\left(\frac{10}{15} - \frac{25}{12}\right) u = +\frac{255}{15 \times 12}\,u,$$

donc

$$\frac{\omega'}{u} = +\frac{255}{25 \times 15} = +\frac{17}{25}.$$

La roue α' et le bras BB tournent donc dans le même sens.

PROBLÈME.

248. Sur l'arbre AA est montée une roue M, qui engrène avec une roue N, montée sur un axe BB. En un point donné

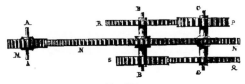

Fig. 257.

de l'un des rayons de cette roue N, est fixé un axe CC, lequel est entraîné dans le mouvement de la roue N, et porte deux roues solidaires, P et Q. La roue Q engrène avec une roue

fixe S, montée sur l'axe BB. La roue P engrène avec la roue
mobile R, montée également sur l'axe BB.

On demande de déterminer le rapport des vitesses angulaires des roues M et R, connaissant les nombres

$$m, n, p, q, r, s,$$

des dents que portent respectivement les roues

$$M, N, P, Q, R, S.$$

On observera que les trois roues N, R, S, bien que montées
sur le même axe géométrique, sont indépendantes les unes
des autres.

Appelons :

ω la vitesse angulaire de la roue M ;

ω' la vitesse angulaire de la roue N, qui sera aussi la vitesse angulaire du *bras porte-train* de l'arbre CC ;

ω'' la vitesse angulaire, par rapport à des axes de direction
constante, de l'arbre CC, et des deux roues solidaires qu'il
porte ;

ω''' la vitesse angulaire de la roue R.

La vitesse angulaire de la roue S est nulle.

Soit ε la raison de l'engrenage (M, N);

ε' la raison de l'engrenage (P, R);

ε'' la raison de l'engrenage (Q, S).

Nous aurons les relations suivantes :

$$\varepsilon = \frac{\omega'}{\omega} = -\frac{m}{n} \text{ (engrenage extérieur M, N)},$$

$$\varepsilon' = \frac{\omega''' - \omega'}{\omega'' - \omega'} = -\frac{p}{r} \text{ (train épicycloïdal P, R)},$$

$$\varepsilon'' = \frac{-\omega'}{\omega'' - \omega'} = -\frac{q}{s} \text{ (train épicycloïdal Q, S)}.$$

On a donc

$$\omega' = -\frac{\omega m}{n}, \quad \omega'' - \omega' = \frac{s}{q} \omega',$$

$$\omega'' = \omega' \times \frac{q + s}{q} = -\omega \times \frac{m}{n}\left(\frac{q + s}{q}\right),$$

$$\omega''' = \omega' - \frac{p}{r}(\omega'' - \omega') = \omega' - \frac{ps}{qr}\omega' = -\omega \times \frac{m}{n}\left(1 - \frac{ps}{qr}\right).$$

Cette dernière équation résout la question.

Supposons en second lieu qu'on introduise une nouvelle roue faisant corps avec la roue M, engrenant avec la roue S, et portant m' dents. La vitesse angulaire de la roue S ne sera plus nulle ; appelons-la ω^{iv} ; et soit ε''' la raison de l'engrenage formé par la roue S et la nouvelle roue. Nous aurons la série d'équations :

$$\varepsilon = \frac{\omega'}{\omega} = -\frac{m}{n},$$

$$\varepsilon' = \frac{\omega''' - \omega'}{\omega'' - \omega'} = -\frac{p}{r},$$

$$\varepsilon'' = \frac{\omega^{\mathrm{iv}} - \omega'}{\omega''' - \omega'} = -\frac{q}{s},$$

$$\varepsilon''' = \frac{\omega^{\mathrm{iv}}}{\omega} = -\frac{s}{m'}.$$

On en déduit

$$\omega' = -\omega \times \frac{m}{n},$$

$$\omega^{\mathrm{iv}} = -\omega \times \frac{s}{m'},$$

$$\omega'' = \omega' - \frac{s}{q}(\omega^{\mathrm{iv}} - \omega') = -\omega \times \frac{m}{n} - \frac{s}{q}\left(-\omega \times \frac{s}{m'} + \omega \times \frac{m}{n}\right)$$

$$= -\omega \times \left(\frac{m}{n} - \frac{s^2}{qm'} + \frac{sm}{qn}\right),$$

et enfin

$$\omega''' = \omega' - \frac{p}{r}(\omega'' - \omega') = -\omega\left(\frac{m}{n} + \frac{ps}{qr}\left(\frac{s}{m'} - \frac{m}{n}\right)\right).$$

PARADOXE DE FERGUSSON.

249. Une roue d'engrenage A est fixe ; autour de son axe tourne le *bras porte-train* BB. Ce bras porte deux axes α et β parallèles au premier.

Sur l'axe α est montée une roue C, qui engrène d'un côté

avec la roue fixe A, et de l'autre avec trois roues folles P, Q, R,
montées sur le même
axe β.

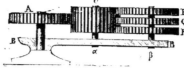

La roue A porte n dents ;
La roue P en porte
$n + 1$;
La roue Q, n ;
Et la roue R, $n - 1$.

Fig. 258.

Le nombre des dents de la roue C est indifférent.

On propose de déterminer les vitesses angulaires ω'_1, ω'_2, ω'_3,
des trois roues P, Q et R, lorsqu'on imprime au bras porte-
train une vitesse angulaire u autour de l'axe fixe A.

La formule $\varepsilon = \dfrac{\omega' - u}{\omega - u}$ s'applique successivement aux trains
épicycloïdaux (A, P), (A, Q), (A, R), et donne, pour le premier,

$$\frac{n}{n+1} = \frac{\omega'_1 - u}{-u} :$$

donc

$$\omega'_1 = u - \frac{n}{n+1}\, u = u \times \frac{1}{n+1}, \text{ valeur positive;}$$

pour le second,

$$\frac{n}{n} = \frac{\omega'_2 - u}{-u} :$$

donc

$$\omega'_2 = 0;$$

pour le troisième,

$$\frac{n}{n-1} = \frac{\omega'_3 - u}{-u} :$$

donc

$$\omega'_3 = u - \frac{n}{n-1}\, u = u \times \frac{-1}{n-1}, \text{ valeur négative.}$$

La roue P tournera donc (par rapport au bras porte-train)
dans le même sens que le bras porte-train lui-même ; la

roue Q restera immobile, et la roue R tournera en sens contraire.

Ce résultat semble paradoxal, parce que, les trois roues P, Q, R ayant à très-peu près le même nombre de dents, on s'attend à les voir prendre des mouvements identiques.

EXEMPLE DE TRAIN ÉPICYCLOÏDAL SPHÉRIQUE.

250. On appelle ainsi les trains épicycloïdaux qui renferment des roues d'angles.

Un arbre AA′ tourne autour de son axe avec une vitesse angulaire ω, en entrainant dans son mouvement les deux roues

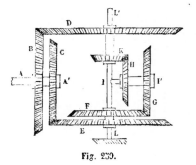

Fig. 250.

dentées B et C. La roue B engrène avec la roue D, qui fait corps avec une roue K.

La roue C engrène avec la roue E, qui fait corps avec une roue F.

La roue F engrène avec une roue G, et la roue K avec la roue H ; les roues G et H sont solidaires, et montées toutes deux sur un arbre mobile, HI′, autour duquel elles tournent librement.

L'arbre HI′ est lié invariablement à un autre arbre LL′, qui traverse les roues D, E, F, K en leurs centres.

On demande la vitesse angulaire Ω de cet arbre LL′.

Tous les mouvements considérés s'accomplissent autour d'axes concourants au point I, intersection des axes HI′ et LL′.

Soient b, c, d, e, f, g, h, k, les nombres de dents des roues de l'équipage.

La vitesse angulaire du système D K autour de l'axe LL′ sera égale à $\omega \times \dfrac{b}{d}$.

De même la vitesse angulaire du système EF autour du

même axe sera égale à $\omega \times \dfrac{c}{e}$. Les deux vitesses angulaires sont dirigées en sens contraire l'une de l'autre. Si nous re-gardons la première comme positive, nous devons regar-der la seconde comme négative. Nous pouvons de même attri-buer un signe à Ω, en lui appliquant la même convention.

Imprimons par la pensée aux trois systèmes DK, EF et II′ une vitesse angulaire, autour de l'axe LL′, égale et contraire à Ω; alors les roues H et G seront ramenées à tourner autour d'un axe fixe, et les systèmes DK et EF seront animés respective-ment de vitesses angulaires égales, en grandeur et en signe, à

$$\omega \times \frac{b}{d} - \Omega$$

et

$$-\omega \times \frac{c}{e} - \Omega,$$

autour de l'axe commun LL′. La vitesse angulaire apparente de la roue F sera égale en valeur absolue à $\omega \times \dfrac{c}{e} + \Omega$.

Soit donc ω' la vitesse angulaire du système HG autour de son axe II′ supposé fixe; nous aurons pour les deux engrenages coniques (K, H) et (F, G), en prenant les rapports des vi-tesses angulaires absolues, les relations

$$\left(\omega \times \frac{b}{d} - \Omega \right) k = \omega' h,$$

$$\left(\omega \times \frac{c}{e} + \Omega \right) f = \omega' g.$$

Éliminons ω' par la division, et nous aurons, pour détermi-ner $\dfrac{\Omega}{\omega}$, l'équation

$$\frac{\omega \times \dfrac{b}{d} - \Omega}{\omega \times \dfrac{c}{e} + \Omega} \times \frac{k}{f} = \frac{h}{g}.$$

On en déduit

$$\Omega = \frac{\omega}{de} \times \frac{begk - cdfh}{gk + hf}.$$

Ce dispositif est employé pour réaliser des mouvements extrêmement lents. Il suffit en effet de prendre des nombres de dents suffisamment grands, et satisfaisant à la condition

$$cdfh - begk = \pm 1.$$

Or cette équation est toujours possible en nombres entiers; on prendra pour c, d, f, b, e, g, des nombres tels, que le produit cdf soit premier avec le produit beg; les méthodes de l'analyse indéterminée font alors connaître h et k.

A cet égard, les trains épicycloïdaux rentrent dans la classe des *mouvements différentiels* que nous examinerons plus loin.

USAGE DES TRAINS ÉPICYCLOÏDAUX POUR RÉALISER AVEC PRÉCISION LE RAPPORT DES VITESSES ANGULAIRES DES ARBRES TOURNANTS.

251. Nous prendrons pour exemple le dispositif suivant :
AA, arbre moteur; vitesse angulaire, ω.
C, D, roues faisant corps avec l'arbre AA.

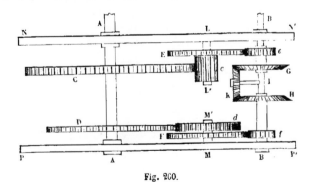

Fig. 260.

LL', MM', arbres auxiliaires, portant l'un les roues solidaires c et E, et l'autre les roues solidaires d et F ; la roue c engrène avec la roue C; de même *d* engrène avec la roue D; ω', vitesse angulaire de l'arbre LL'; ω'₁, vitesse angulaire de l'arbre MM'.

BB, arbre auquel on veut transmettre le mouvement; vitesse angulaire, *u*; cet arbre est solidaire du bras IK, autour duquel tourne la roue d'angle K.

e et G, roues dentées solidaires, montées sur un arbre concentrique à BB'; vitesse angulaire, ω''. La roue *e* engrène avec E; la roue d'angle G engrène avec K.

f et H, roues dentées solidaires, montées sur un arbre concentrique à l'arbre BB; vitesse angulaire, ω''₁. La roue *f* engrène avec F; la roue d'angle H avec la même roue d'angle K. Ceci suppose les deux roues G et H égales et garnies du même nombre de dents.

Nous représenterons le nombre de dents de chaque roue par la lettre que cette roue porte dans la figure. On aura donc G = H.

NN', PP', flasques qui supportent les arbres tournants.

La vitesse de rotation ω' de l'arbre LL' est donnée en grandeur et en signe par l'équation

$$\omega' = -\frac{C}{c}\,\omega.$$

De même la vitesse de rotation du système formé par les roues *e* et G est

$$\omega'' = -\frac{E}{e}\,\omega' = +\frac{CE}{ce}\,\omega.$$

On aura donc aussi pour le système des deux roues solidaires *f* et H

$$\omega''_1 = -\frac{F}{f}\,\omega'_1 = +\frac{DF}{df}\,\omega.$$

Imprimons par la pensée à tous les systèmes qui tournent autour de l'axe BB une vitesse égale et contraire à la vitesse *u* du bras porte-train IK; le système *e*G sera réduit à la vitesse ω'' − *u*, et le système *f*H à la vitesse ω''₁ − *u*; ces deux systèmes tendent à faire tourner en sens contraires la roue d'angle K, qui maintenant est supposée mobile autour d'un axe fixe. La vitesse angulaire qu'elle reçoit du système eG est donc égale à $(\omega'' - u) \times \dfrac{G}{K}$, et celle qu'elle reçoit du système fH est dirigée en sens contraire, et égale par conséquent, en grandeur et en signe, à $(u - \omega''_1) \times \dfrac{H}{K}$. Ces deux vitesses doivent être égales : donc

$$(\omega'' - u) \times \frac{G}{K} = (u - \omega''_1) \times \frac{H}{K},$$

équation d'où les nombres G, H et K disparaissent comme facteurs communs, car nous savons que $H = G$.

Donc

$$u = \frac{1}{2}(\omega'' + \omega''_1) = \frac{1}{2}\omega\left(\frac{CE}{ce} + \frac{DF}{df}\right).$$

Supposons que le rapport de u à ω soit exprimé par une fraction, $\dfrac{P}{Q}$, dans laquelle le numérateur P soit un nombre premier très-grand, le dénominateur Q étant un nombre décomposable en facteurs compris entre les limites convenables. Posons, par exemple,

$$Q = qq'q'',$$

en n'admettant que trois facteurs. Nous aurons à satisfaire à l'égalité

$$\frac{u}{\omega} = \frac{P}{Q} = \frac{P}{qq'q''};$$

et nous pouvons décomposer cette fraction en deux fractions plus simples. Soit en effet

$$\frac{P}{qq'q''} = \frac{x}{q'q''} + \frac{y}{qq''}.$$

On en déduira

$$q'x + qy = P,$$

équation résoluble en nombres entiers, pourvu que q' et q soient premiers entre eux.

Quand on aura trouvé la solution la plus simple de cette équation, on pourra poser

$$\frac{x}{q'q''} + \frac{y}{qq''} = \frac{1}{2}\left(\frac{CE}{cc} + \frac{DF}{df}\right)$$

Il suffira de prendre

$$c = q',$$
$$e = f = q'',$$
$$d = q,$$

et de faire en sorte que

$$CE = 2x$$

et

$$DF = 2y.$$

252. Voici un exemple de décomposition donné par Edmond Bour[1] ; il s'agit d'établir un train reliant l'aiguille des heures d'une horloge à une aiguille faisant un tour entier dans une lunaison moyenne, c'est-à-dire dans 29 jours 12 heures 44 minutes 3 secondes, ou enfin dans

2551443 secondes.

Le temps du tour entier de l'aiguille des heures est 12 heures, ou 43200 secondes.

Le rapport des vitesses est donc

$$\frac{2551443}{43200} = \frac{850481}{14400}.$$

Le numérateur est un nombre premier ; les trains de roues dentées ne permettraient donc pas l'établissement exact du rapport donné.

On peut décomposer 14400 en quatre facteurs

$$3 \times 3 \times 64 \times 25.$$

Partageons-les en deux groupes, de manière que les produits partiels dans chaque groupe soient premiers entre eux ; par exemple

$$3 \times 3 \quad \text{et} \quad 64 \times 25.$$

---

[1] *Cinématique*, p. 259.

Puis faisons

$$\frac{850481}{14400} = \frac{x}{3 \times 3} + \frac{y}{64 \times 25}$$

Il en résulte l'équation indéterminée

$$1600\,x + 9y = 850481,$$

qu'il s'agit de résoudre en nombres entiers positifs.

On satisfait à l'équation en prenant $x = 500 = 20 \times 25$; d'où

$$y = \frac{850481 - 800000}{9} = \frac{50481}{9} = 5609 = 71 \times 79.$$

Cette solution a l'avantage d'admettre des facteurs compris dans les limites convenables.

On a donc identiquement

$$\frac{850481}{14400} = \frac{20 \times 25}{3 \times 3} + \frac{71 \times 79}{64 \times 25},$$

et l'on devra déterminer les nombres de dents C,E,D,F,c,e,d,f, des roues de l'équipage de manière à satisfaire à l'égalité

$$\frac{1}{2}\left(\frac{CE}{ce} + \frac{DF}{df}\right) = \frac{20.25}{3.3} + \frac{71.79}{64.25}.$$

On fera par exemple :

$$c = 6$$
$$e = 6$$
$$C = 80$$
$$E = 50$$
$$d = 52$$
$$f = 25$$
$$D = 71$$
$$F = 79.$$

CHAPITRE III

DES CAMES ET DES COURBES ROULANTES.

————

253. La came est une partie saillante, *b*, adaptée à un arbre tournant, et destinée à soulever le *mentonnet, a*, d'un pilon ou d'un marteau, qui retombe quand la came cesse de le soutenir. Le mouvement de l'arbre, l'espacement des cames, et la levée du pilon ou du marteau, doivent être réglés de telle sorte, que la chute soit terminée avant que la came suivante soit en prise avec le mentonnet.

On diminue les résistances en faisant passer la came à travers une fente pratiquée dans la tige du pilon (fig. 262); elle agit alors sur un rouleau *r* mobile autour de son axe; ou bien on fait passer la tige du pilon entre deux cames jumelles, qui agissent sur une traverse passée dans l'axe de la pièce. Ces diverses dispositions ont l'avantage d'éviter la

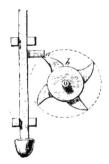

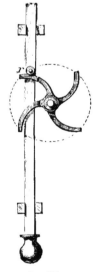

Fig. 261.   Fig. 262.

poussée latérale exercée par la came sur le pilon et le frottement du pilon contre ses guides.

THÉORIE DES CAMES ET MARTEAUX.

254. Une came C est fixée au pourtour de la circonférence d'un arbre tournant T, mobile autour de l'axe projeté en A (fig. 265). Le contour EF de cette came soulève un mar-

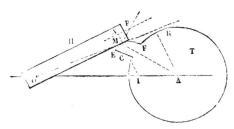

Fig. 265.

teau H, mobile autour de l'axe projeté au point O, et le laisse retomber lorsque l'arbre tournant continue sa marche. Il résulte de là que le mouvement circulaire continu de l'arbre T produit pour le marteau H un mouvement circulaire alternatif, dans lequel la came agit seulement pour soulever le marteau, et l'abandonne à son propre poids quand il doit retomber.

On demande les rapports des vitesses angulaires du marteau et de la came, à un instant quelconque de la période du soulèvement du marteau.

Soit M, à cet instant, le point de contact des deux pièces.

Appelons ω la vitesse angulaire de la came autour du point A, et ω' la vitesse angulaire correspondante du marteau.

Dans un temps dt infiniment court, le point M, considéré comme appartenant à la came, décrit un arc élémentaire $MP = MA \times \omega\, dt$, perpendiculaire au rayon AM.

Le même point M, considéré comme appartenant au mar-

teau, décrit dans le même temps un arc élémentaire MN, égal
à $OM \times \omega' dt$ et perpendiculaire au rayon OM.

Les deux points qui, au commencement du temps dt, étaient
en coïncidence au point M, s'écartent donc l'un de l'autre à la
distance NP au bout de ce temps. L'arc NP est *l'arc de glisse-*
ment du marteau sur la came (§ 182), et comme ces deux
corps se touchent au point M, on doit admettre (en négligeant
les infiniment petits d'ordre supérieur au premier) que le
glissement mutuel a lieu suivant la tangente commune, ce qui
revient à dire que la direction de l'élément NP est parallèle à
la tangente aux profils en prise au point de M, ou qu'elle est
perpendiculaire à la normale commune MI à ces deux profils.

Il est facile de construire un triangle semblable au triangle
infinitésimal MNP. Prolongeons OM, et du point A menons AR
parallèle à MI. Le triangle MAR sera semblable au triangle MNP,
comme ayant ses côtés respectivement perpendiculaires aux
côtés de ce triangle. En effet, MA est perpendiculaire à MP, MR
à MN, et AR à NP; donc on a la suite de rapports égaux

$$\frac{MN}{MR} = \frac{MP}{MA} = \frac{NP}{AR},$$

ou bien

$$\frac{OM \times \omega' dt}{MR} = \frac{MA \times \omega dt}{MA} = \frac{NP}{AR}.$$

La première égalité nous donne le rapport des vitesses an
gulaires

$$\frac{\omega'}{\omega} = \frac{MR}{OM};$$

mais les droites IM et AR étant parallèles, nous avons aussi la
proportion

$$\frac{MR}{OM} = \frac{IA}{OI},$$

et par suite

$$\frac{\omega'}{\omega} = \frac{IA}{OI}.$$

Le rapport des vitesses angulaires des deux corps en contact est donc à chaque instant égal au rapport inverse des segments déterminés sur la ligne des centres par la normale commune aux deux profils en prise.

Le troisième rapport, $\dfrac{NP}{AR}$, nous fait connaître la valeur de l'arc de glissement ; nous avons en effet

$$NP = AR \times \omega dt.$$

Les triangles semblables OIM, OAR nous donnent

$$AR = MI \times \frac{OA}{OI} ;$$

mais de la proportion

$$\frac{\omega'}{\omega} = \frac{IA}{OI},$$

on déduit

$$\frac{\omega' + \omega}{\omega} = \frac{OI + IA}{OI} = \frac{OA}{OI}$$

Donc

$$AR = MI \times \frac{\omega' + \omega}{\omega},$$

et par suite

$$NP = MI \times (\omega' + \omega)\, dt.$$

La vitesse de glissement $\dfrac{NP}{dt}$ est donc égale au produit de la somme, $\omega + \omega'$, des vitesses angulaires par la longueur MI de la normale commune, prise entre le point de contact M des deux profils et la ligne OO′ des centres.

Nous retrouvons ainsi, par une analyse directe, les résultats obtenus dans la théorie générale des engrenages comme application des principes du mouvement relatif (§ 215 et 216).

Si, au lieu de mettre en mouvement un marteau, la came soulevait un pilon, les résultats que nous venons d'obtenir seraient encore applicables ; il suffirait de supposer que le point O s'éloigne à l'infini, dans une direction AO, perpendiculaire à la course du pilon.

Pour que le rapport des vitesses angulaires des deux corps en prise soit constant, il faut que le point I soit fixe sur la ligne OA : c'est ce qui a lieu dans les engrenages.

Si l'on veut que le glissement soit constamment nul, il faut que le point de contact M des deux profils ne sorte pas de la ligne des centres; alors le rapport des vitesses angulaires est nécessairement variable.

COURBES ROULANTES.

255. Soient MN, PQ, deux courbes solides, mobiles dans leur plan, l'une MN, autour du point O, l'autre PQ, autour du point O'. Nous supposerons que ces deux courbes agissent l'une et l'autre par contact direct, comme une came sur un marteau, et nous nous proposerons de déterminer la condition nécessaire et suffisante pour qu'elles roulent l'une sur l'autre dans leur mouvement relatif.

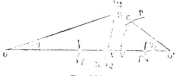

Fig. 264

Il faut et il suffit pour cela que le point de contact A ne sorte pas de la ligne des centres OO', car alors l'arc de glissement sera constamment nul. Le rapport des vitesses angulaires sera égal à chaque instant au rapport des segments OA, AO, de sorte que ce rapport sera variable, le point A n'étant pas fixe sur la ligne OO'.

Les courbes roulantes appartiennent, en général, à la classe B du premier genre de la classification de Willis.

Soit A le point de contact des deux courbes à un instant donné.

Prenons sur les deux courbes deux points B et C tels, que l'arc AB soit égal à l'arc AC. Rapportons la courbe AB au pôle

O et à l'axe polaire OA, et faisons d'une manière générale
$r = $ OB, $\theta = $ BOA. De même rapportons la courbe AC au pôle
O′ et à l'axe polaire O′A, en posant O′C $= r'$ et CO′A $= \theta'$.

Nous regarderons θ' comme une fonction de θ telle, que
l'arc AB soit égal en longueur à l'arc AC. Quand on fait
tourner la courbe MN d'un angle θ autour du point O dans le
sens de la flèche f, et la courbe PQ d'un angle θ' autour du
point O′, dans le sens de la flèche f', il faut que les deux
points B et C viennent se confondre en un point A′ de la
ligne des centres, et de plus, que les deux courbes soient
encore tangentes en ce point. Ces deux conditions s'expriment
par les égalités

$$r + r' = 2a,$$

en appelant $2a$ la distance constante OO′, et

$$r\frac{d\theta}{dr} = -r'\frac{d\theta'}{dr'}$$

En effet $r\dfrac{d\theta}{dr}$ est la tangente trigonométrique de l'angle

OBN que fait la courbe MN avec le rayon vecteur OB ; $r'\dfrac{d\theta'}{dr'}$
est de même la tangente de l'angle QCO′, et l'égalité précédente exprime que ces deux angles sont supplémentaires, ce
qui assure le contact des deux courbes lorsque les points B et C
viennent se réunir au point A′.

Le rapport des vitesses angulaires des deux courbes à l'instant où elles ont le point A′ pour point de contact, est donné
par le rapport inverse des segments OA′, O′A′, ou par le rapport des rayons vecteurs r, r'. Les équations précédentes le démontrent; en effet, de la première équation on tire en différentiant

$$dr + dr' = 0.$$

Donc

$$r d\theta = r' d\theta',$$

et par suite

$$\frac{d\theta}{d\theta'} = \frac{r'}{r}.$$

On voit aussi que les deux équations, supposées vérifiées pour tous les points conjugués, B et C, des deux courbes, assurent l'égalité des arcs AB, AC. En effet, l'arc AB a pour différentielle

$$\sqrt{dr^2 + r^2 d\theta^2},$$

et l'arc AC

$$\sqrt{dr'^2 + r'^2 d\theta'^2}.$$

Ces deux différentielles sont égales ; par suite les deux arcs ne diffèrent que d'une constante, et cette constante est nulle, puisque les deux arcs s'annulent ensemble pour $\theta = 0$.

Étant donnée l'équation $r = F(\theta)$ de la courbe MN, on obtiendra l'équation $r' = f(\theta')$ de la courbe roulante conjuguée, au moyen des deux équations :

$$r' = 2a - r,$$

$$d\theta' = \frac{r}{r'} d\theta = \frac{r}{2a - r} d\theta.$$

256. *Applications.* — *Ellipses roulantes.* — Considérons deux ellipses égales, MN, PQ, tangentes l'une à l'autre au point A, sommet commun de leurs grands axes.

Faisons tourner l'ellipse MN autour de son foyer O, et l'ellipse PQ autour de son foyer O' ; les deux courbes MN et PQ auront la propriété d'être des courbes roulantes. Il est facile de le reconnaître par la simple géométrie. Soient F et F' les

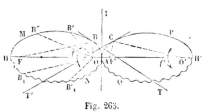

Fig. 265.

seconds foyers des deux courbes. Prenons sur la première un point B quelconque, et déterminons sur la seconde un point C tel, que l'arc AC soit égal à l'arc AB. Les points C et B seront symétriques par rapport à la tangente AI menée aux deux ellipses au point A. Joignons OB, FB, O'C, F'C. Nous aurons O'C $=$ FB; donc O'C $+$ OB $=$ FB $+$ OB, quantité constante, égale au grand axe AH de l'ellipse, ou à la distance, OO' $= 2a$, des centres de rotation. La condition $r + r' = 2a$ est donc remplie. Les deux courbes seront d'ailleurs tangentes lorsque les points B et C se seront réunis en un seul. En effet, menons la tangente BT; elle fait des angles égaux avec les droites FB, BO menées aux foyers de la courbe; donc l'angle FBT est le supplément de l'angle OBT. Mais FBT est, en vertu de la symétrie, égal à l'angle O'CT'. Donc les angles OBT, O'CT' sont supplémentaires, ce qui vérifie la seconde condition.

Soit c la demi-excentricité des ellipses. Le rapport des vitesses angulaires des deux courbes autour des points O et O' variera entre les limites $\dfrac{OA}{O'A} = \dfrac{a-c}{a+c}$, lorsqu'elles sont dans la position représentée par la figure, et $\dfrac{a+c}{a-c}$, lorsque le contact a lieu entre les points H et H'. Chaque courbe a fait alors une demi-révolution autour de son point fixe.

On remarquera que, tant que les rayons successifs OB, OB', OB'' sont croissants, la courbe MN peut pousser la courbe PQ en tournant dans le sens de la flèche f; lorsque au contraire le point de contact a dépassé le sommet H, les rayons OB'$_1$, OB''$_1$ sont décroissants, et par suite la courbe MN serait sans action sur la courbe PQ, et ce serait celle-ci qui devrait pousser la première. Pour assurer néanmoins la transmission de l'ellipse MN à l'ellipse PQ, il suffit de garnir de dents d'engrenage la demi-ellipse AB$_1$ H, et la demi-ellipse AQH'.

Quand l'une des ellipses fait un tour entier, l'autre fait également un tour entier; le rapport moyen des vitesses angulaires pour un nombre entier de tours est donc égal à l'unité.

SPIRALE LOGARITHMIQUE.

257. Soit MN une spirale logarithmique ayant pour pôle le point O, et représentée par l'équation

$$r = ae^{m\vartheta}.$$

La courbe roulante conjuguée est la même spirale PQ, inversement placée, et représentée par l'équation

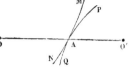

Fig. 266.

$$r' = ae^{-m\vartheta'}.$$

La condition $r + r' = 2a$ sera remplie si l'on prend pour θ et $0'$ des valeurs satisfaisant à l'équation

$$e^{m\vartheta} + e^{-m\vartheta'} = 2.$$

On a d'ailleurs, en différentiant les équations des deux courbes,

$$dr = mae^{m\vartheta}\,d\theta, \qquad \text{donc} \quad d\theta = \frac{dr}{ma}e^{-m\vartheta},$$

$$dr' = -mae^{-m\vartheta'}\,d\theta', \qquad d\theta' = -\frac{dr'}{ma}e^{m\vartheta'} = \frac{dr}{ma}e^{m\theta'}.$$

Multiplions la première par

$$r = ae^{m\vartheta},$$

la seconde par

$$r' = ae^{-m\vartheta'};$$

il viendra

$$rd\theta = \frac{dr}{m},$$

$$r'd\theta' = \frac{dr}{m}.$$

Donc $rd\theta = r'd\theta'$, et les conditions du roulement sont toutes deux remplies.

On a utilisé cette propriété de la logarithmique dans le dispositif suivant.

O et O', centres de rotation, sont les centres des deux carrés égaux BCDE, A*fgh*, partagés chacun en quatre carrés plus pe-

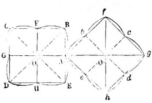

Fig. 267.

tits par des droites menées parallèlement aux côtés par le centre de la figure. On trace un arc de spirale logarithmique du point A, milieu de côté BE, au point B; un autre arc, du point A au point E, et de même sur les trois autres côtés. On en fait autant sur les quatre côtés du carré O'. Enfin, on fait en sorte que le sommet A du carré O' coïncide à l'origine du mouvement avec le milieu A du côté BE. Les deux courbes égales AB, A*b* auront, comme on vient de le démontrer, la propriété de rouler l'une sur l'autre, et les points *b* et B viendront se réunir en un seul point de la ligne OO'.

Le rapport des vitesses angulaires qui était, au départ, égal à $\frac{OA}{O'A}$, ou à $\frac{1}{\sqrt{2}}$, sera devenu, lorsque les deux figures auront décrit un angle de 45°, égal à $\frac{OB}{O'b} = \sqrt{2}$.

Ce sont les deux limites du rapport, qui est égal, en moyenne, à l'unité par chaque huitième de tour.

COURBES DÉRIVÉES.

258. Les courbes

$$r = f(\theta),$$
$$r' = \varphi(\theta'),$$

étant une solution des équations

$$r + r' = 2a,$$
$$r d\theta = r' d\theta',$$

on obtiendra d'autres solutions en substituant à θ et à θ' des angles $\frac{\theta}{k}$, $\frac{\theta'}{k}$, altérés dans un même rapport constant, sans rien changer aux rayons r et r' ; de sorte que les courbes

$$r = f\left(\frac{\theta}{k}\right),$$
$$r' = \varphi\left(\frac{\theta'}{k}\right),$$

satisfont encore aux conditions.

On pourra, par exemple, transformer les ellipses roulantes en d'autres courbes qui aient les mêmes rayons vecteurs, avec les angles polaires réduits au tiers ou au quart ; ces nouvelles courbes feront passer le rapport des vitesses angulaires trois fois ou quatre fois par le maximum et par le minimum de sa valeur pour un tour entier de chaque courbe.

COURBE EN CŒUR.

259. La courbe en cœur est un excentrique destiné à transformer un mouvement de rotation uniforme en un mouvement rectiligne alternatif. On peut, par une disposition convenable de l'appareil, lui faire produire un mouvement rectiligne alternatif quelconque, uniforme, uniformément varié, uniforme avec intermittences. Supposons, par exemple, qu'on veuille obtenir un mouvement uniforme dans chaque partie de la course.

Par le centre O de la rotation (fig. 268) menons des droites OC, OD, OE, OF, OG, OH, OI faisant entre elles et avec les droites OA, OB des angles égaux à une fraction quelconque, $\frac{1}{8}$ par exemple, de deux angles droits. Le mouvement de la courbe en cœur se faisant dans le sens de la flèche, au bout de $\frac{1}{16}$ de tour, le point C sera parvenu en c, et par suite l'extrémité d'une pièce mobile assujettie à suivre la droite fixe MN aura été poussée de la quantité Ac. Au bout de $\frac{2}{16}$ de tour, elle aura été poussée de même en d; au bout de $\dfrac{3}{16}$, en e, et ainsi de suite. Pour que le mouvement soit uniforme pendant tout le demi-tour, il faut que les intervalles Ac, cd, de... ib, soient égaux, Ab représentant la course totale de la pièce mobile.

On devra donc partager Ab en 8 parties égales; les divisions feront connaître les longueurs des rayons OC, OD, OE, OI, OB, et permettront de tracer la courbe AB.

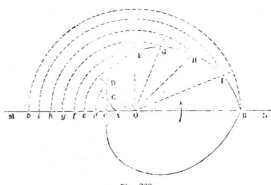

Fig. 268.

Cette courbe est une spirale d'Archimède. Si l'on appelle r_0 la distance OA, r et θ le rayon vecteur et l'angle polaire d'un point de la courbe, rapportée au pôle O et à l'axe OM, on aura entre r et θ la relation linéaire

$$r = r_0 + a\,\theta.$$

Donnons à θ deux valeurs supplémentaires θ' et $\pi - \theta'$, les valeurs correspondantes de r étant r' et r''; nous aurons

$$r' = r_0 + a\,\theta',$$
$$r'' = r_0 + a\,(\pi - \theta')$$

donc

$$r' + r'' = 2r_0 + \pi a,$$

quantité constante.

Par conséquent, si l'on répète symétriquement la courbe

ACFB au-dessous de la droite MN, on complétera la courbe
en cœur par un arc tel, que tous les diamètres menés par
le point O seront égaux entre eux et égaux à la distance AB.
On pourra donc placer sur la tige mobile que doit conduire la
courbe deux galets laissant entre eux la distance AB ; l'un
sera poussé de A en *b* par le contact de l'axe AGB ; et dans
la seconde moitié du tour, le se-
cond galet sera ramené au point B
par la pression de l'arc symétrique. On obtiendra ainsi le mouvement alternatif.

La figure 269 représente la disposition employée en pratique.

Les galets sur lesquels agit la
courbe en cœur ont un certain
diamètre, et il faut par conséquent
substituer au tracé géométrique
que nous venons d'indiquer une
courbe parallèle à une distance
égale au rayon des galets.

Les points anguleux A et B du
tracé géométrique AMBM' donnent

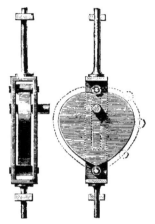

Fig. 269.

lieu à une petite difficulté pour le tracé altéré *ambm'*, qui doit
en être écarté d'une quantité constante A*a* = B*b*. Au point A
les deux arcs de la courbe obtenue ne se rejoignent pas ; il
faut les raccorder par un arc de cercle
aa', décrit du point A comme centre
avec A*a* pour rayon. Cet arc représente
le logement du galet quand son centre
passe en A ; il appartient en réalité à
l'enveloppe des positions successives
du galet.

Au point B, les deux arcs obtenus se
croisent, et chacun retranche à l'autre
une petite longueur *cb'* = *cb*. En réalité,

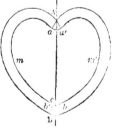

Fig. 270.

la courbe en cœur se termine à la pointe *c* ; il en résulte que

quand le galet passe en B, il ne touche pas le contour de la
courbe. Le mouvement n'est donc pas strictement guidé au
passage du galet à la pointe de l'appareil.

EXCENTRIQUE DE M. MORIN.

260. L'excentrique de M. Morin assure la continuité du
mouvement transmis, et fait passer par tous les états de grandeur la vitesse de la tige menée par les galets.

Soit O l'arbre tournant; décrivons de ce point comme
centre, avec un rayon arbitraire Oα, une circonférence αεβφ.
Soit L la course qu'on veut donner à la tige menée par l'excentrique. Nous allons construire la courbe des espaces décrits par cette tige.

Pour cela prenons sur une droite une longueur AC égale
au développement de la circonférence Oα.

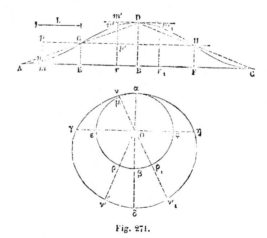

Fig. 271.

Partageons la droite AC en quatre parties égales aux points
E, B et F. Portons en ces points des ordonnées $EG = \frac{1}{2} L$,
$BD = L$, $FH = \frac{1}{2} L$.

Par les trois points G, D, H faisons passer une parabole GDH, ayant pour axe la droite DB. Répétons ensuite de A en E l'arc de parabole GD, en le traçant symétriquement par rapport au point G. De même répétons de H en C l'arc de parabole DH, en le traçant symétriquement par rapport au point H.

Nous obtenons ainsi une ligne continue AGDHC, tangente à l'horizontale aux points A, D et C ; nous prendrons cette ligne pour *courbe des espaces* décrits par la tige de l'excentrique, quand l'excentrique lui-même fait une révolution entière autour de son centre de rotation O.

Si nous prenons sur la première moitié de la courbe deux points n et n' symétriques par rapport au point G, nous aurons à la fois $mn = m'n'$, $Am = Dm' = Br$, $np = n'p'$, et enfin $mn + rn' = BD$. Et comme l'arc DH est symétrique de l'arc DG par rapport à la droite DB, nous aurons aussi pour le point n'_1, symétrique de n' par rapport à cette droite, $mn + r'_1 n'_1 = DB$, avec $Br_1 = Am$, ou bien $mr_1 = AB = \pi \times O\alpha$.

La courbe des espaces va nous servir à tracer le contour de l'excentrique.

A chaque point m de la droite AC correspond un point μ de la circonférence $\alpha\varepsilon\beta\varsigma$. Il suffit pour l'obtenir de prendre arc $\alpha\mu = Am$. Les deux points m et r_1, qui sont distants d'une quantité égale à AB ou à $\pi \times O\alpha$, correspondent sur la circonférence à deux points μ et ρ_1 diamétralement opposés.

Sur le prolongement de chaque rayon $O\mu$, portons, à partir de la circonférence, une quantité $\mu\nu$ égale à l'ordonnée mn. Nous avons ainsi $\varepsilon\gamma = EG$, $\rho\nu' = rn'$, $\beta\delta = BD$, $\rho_1\nu_1' = r_1 n'_1$, $\varsigma\eta = FH$, et nous obtiendrons la courbe cherchée en joignant les points α, ν, γ, δ, η, par une ligne continue.

La distance $\nu\nu'_1$ de deux points diamétralement opposés sur l'excentrique est égale au diamètre du cercle primitif, augmenté de $\mu\nu + \rho_1\nu'_1$ ou de L. Cette distance est donc constante, de sorte qu'on pourra embrasser l'excentrique par deux galets posés d'une manière fixe sur la tige, et qui, dans la rotation de l'appareil, resteront toujours tangents à son contour.

Il est facile de voir que la ligne AGDHC est la *courbe des espaces* de la tige conduite par l'excentrique ; comme elle ne présente aucun point anguleux, les variations de la vitesse de la tige seront continues; aux points A, B, C, où le mouvement de la tige change de sens, la vitesse devient nulle par degrés insensibles. La courbe en cœur au contraire maintient constante la vitesse de la tige dans toute l'étendue de chaque course, et tend à la faire changer brusquement de sens à chaque extrémité, ce qui développe un surcroît de résistance, et ce qui nuit à la conservation des pièces. Tout arc de courbe passant par les trois points A, G, D, ayant pour centre le point G, et tangent à l'horizontale à A et en D, pourrait servir à construire un excentrique possédant les mêmes propriétés [1].

EXCENTRIQUE TRIANGULAIRE.

261. L'excentrique triangulaire (fig. 272) a pour objet de transformer un mouvement de rotation continu en un mouvement rectiligne alternatif interrompu par des repos.

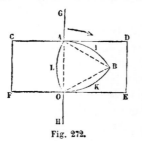

Fig. 272.

Cet appareil est représenté en OAB. Les trois distances OA, OB, AB sont égales, de sorte que le triangle OAB est un triangle équilatéral. Des points O, A, B, comme centres, on décrit, avec le côté du triangle pour rayon, les arcs de cerc'e AIB, BKO, OLA. L'excentrique est le solide prismatique droit qui a pour base le contour curviligne OLAIBKO. Il est mobile autour du point O, et il est entouré d'un cadre CDEF, assujetti par ses guides, aux points G et II, à se mouvoir dans la direction GH ou dans la direction IIG.

---

[1] Comme exemples, on peut prendre une sinusoïde AGDIIC, ou encore un arc de la courbe $y = Ax (a^2 - x^2)$, rapportée à des axes menés par le point G, cet arc étant répété symétriquement en DIIC. La portion utile de la courbe est comprise entre les abscisses $-\frac{a}{\sqrt{3}}$ et $+\frac{a}{\sqrt{3}}$ (§ 36).

La hauteur du cadre CF est égale à la corde OA des arcs qui composent l'excentrique, ou au rayon de ces arcs. Faisons tourner le triangle autour du point O dans le sens de la flèche. Dans ce mouvement, l'arc OKB (fig. 273) vient appuyer sur le côté FE du cadre, et le fait descendre dans le sens GII. Pendant le même temps, le côté opposé du cadre, CD, passe constamment par le sommet A, car il est écarté

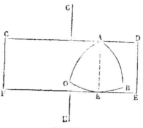

Fig. 273.

du côté FE d'une quantité CF = OA = AK, distance du point de contact K au centre A de l'arc OB. Le mouvement continue ainsi jusqu'à ce que le contact entre FE et OB ait lieu en B. Alors commence une nouvelle période, dans laquelle (fig. 274) c'est le sommet B qui pousse le côté FE du cadre, pendant que l'arc AO glisse tangentiellement au côté opposé CD. Cette seconde période se termine quand le point de contact de OA et de CD est arrivé en O.

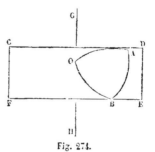

Fig. 274.

Le sommet B cesse à ce moment de faire descendre le côté FE, et la rotation de l'excentrique autour du point O n'agit plus sur le cadre tant que le contact reste établi entre le côté FE et l'arc de cercle AB (fig. 275). Car la distance d'un point quelconque de cet arc au point O est toujours la même. Il y aura donc immobilité du cadre pendant tout le temps que l'excen-

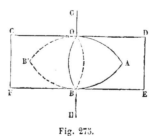

Fig. 275.

trique met à passer de la position OBA à la position OB'B. Au delà, l'excentrique pousse le côté CD du cadre dans la direction IIG, et le ramène dans sa position primitive, où il le laisse immobile pendant tout le temps que l'arc BA glisse sur le côté CD. En résumé, le tour entier de l'excentrique se décompose en six périodes égales, dont quatre pendant lesquelles le cadre est en mouvement, et deux pendant lesquelles il reste immobile.

1re *période.* . . .	L'arc OB pousse FE. . . .	} Course dans le
2e *période.* . . .	Le sommet B pousse FE. .	} sens GH.
3e *période.* . . .	L'arc AB tangent à FE. . .	Repos.
4e *période* . . .	L'arc BO pousse CD. . . .	} Course dans le
5e *période* . . .	Le sommet B pousse CD. . .	} sens HG.
6e *pér* · . . .	L'arc AB tangent à CD. . .	Repos.

Chacune de ces périodes correspond pour l'excentrique à un déplacement angulaire de 60 degrés.

262. Cherchons l'équation du mouvement du cadre.

Soit $OA = r$, le côté du triangle équilatéral.

Appelons θ l'angle dont tourne l'excentrique autour du point O, à partir de la position OAB (fig. 272).

Pendant la première période, l'espace x décrit par le cadre est égal à l'espace décrit par le point A en projection sur la direction GH; on aura donc

$$x = r(1 - \cos\theta).$$

Cette équation s'applique au mouvement entre les limites $\theta = 0$ et $\theta = 60°$.

Pendant la seconde période, le chemin décrit par le cadre est égal à la projection du chemin décrit par le sommet B (fig. 274). Or le rayon OB est de 60° en avance sur le rayon OA, et quand la première période se termine, le cadre a déjà décrit un chemin égal à $x = r(1 - \cos 60°) = \frac{1}{2}r$.

Le mouvement dans la seconde période est donc défini par l'équation

$$x = r(1 - \cos(60° + \theta)) - r = -r\cos(60° + \theta).$$

Elle donne en effet $x = \frac{1}{2}r$ pour $\theta = 60°$. Elle donne $x = r$

pour $\theta = 120°$, et s'applique à toute valeur de θ comprise entre $60°$ et $120°$.

Enfin l'équation du mouvement est $x = r$ pour toute valeur de θ de $120°$ à $180°$.

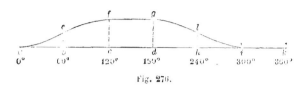

Fig. 276.

La courbe des espaces présente la forme *aefglik*, pour un tour entier. Elle ne présente aucun point anguleux.

265. L'excentrique triangulaire est un cas particulier de *l'excentrique à cadre*. Soit ABCD un cadre rectangulaire attaché à une tige mobile parallèlement aux côtés AD, BC.

Soit de plus un contour fermé MN, inscrit entre les côtés AB, DC du rectangle, et tel, que, si on lui mène deux tangentes parallèles quelconques T, T', la distance TT' de ces tangentes soit constante et égale à la hauteur AD du cadre. En faisant tourner l'excentrique MN autour d'un point quelconque O de son plan, les côtés AB, DC du cadre

Fig. 277.

toucheront constamment le bord de l'excentrique, et par suite recevront des déplacements réglés sur la distance variable du point O aux tangentes à la courbe MN. On peut rapporter la courbe MN à des coordonnées particulières, savoir la distance $Op = p$ du point O à une tangente, et l'angle $\theta = pOY$, de la droite Op avec un axe fixe, OY, angle égal à l'angle de la tangente pm avec l'axe perpendiculaire OX.

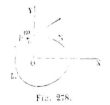

Fig. 278.

L'équation $p = f(\theta)$ définissant la courbe, la même équation, dans laquelle on aura remplacé θ par une fonction du temps t, définira le mouvement rectiligne du cadre. La condition relative à la distance des tangentes opposées s'exprimera par l'équation

$$f(\theta) + f(\theta + \pi) = \text{constante} = AD.$$

Enfin pour passer des coordonnées rectangles x et y, de la courbe MN, aux coordonnées p et θ, on aura les équations

$$p = \frac{x\,dy - y\,dx}{\sqrt{dx^2 + dy^2}}, \quad \tan g\,\theta = \frac{dy}{dx}.$$

La transformation inverse s'opérerait au moyen des formules

$$x = \frac{dp}{d\theta}\cos\theta - p\sin\theta, \quad y = \frac{dp}{d\theta}\sin\theta + p\cos\theta.$$

Ces équations s'obtiennent immédiatement en observant que la distance mp est égale à $\dfrac{dp}{d\theta}$.

CHAPITRE IV

TRANSMISSION PAR COURROIE

264. Les courroies servent à transformer un mouvement circulaire autour d'un axe en un mouvement circulaire autour d'un axe généralement parallèle au premier.

Soient O et O′ la projection des axes parallèles ; soient ω et ω′ les vitesses de rotation qui doivent avoir lieu respectivement autour de ces axes. Supposons-les d'abord de même sens.

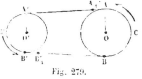

Fig. 279.

Pour lier ces axes entre eux par une courroie et réaliser le rapport $\frac{\omega}{\omega'}$ des vitesses angulaires, on montera sur les deux axes O et O′ des tambours cylindriques, ayant des rayons OA, O′A′ qui satisfassent à la proportion

$$\frac{OA}{O'A'} = \frac{\omega'}{\omega}.$$

Puis on fera passer la courroie sur les deux tambours, de manière à embrasser les arcs ACB, A′C′B′ et à suivre d'un tambour à l'autre les tangentes AA′, BB′. La courroie doit être assez tendue pour qu'elle ne puisse pas glisser sur la surface des tambours ; cela étant, la transmission satisfait aux conditions imposées. En effet, si on imprime un petit déplacement au tambour OA autour de son axe O, le point A s'avancera d'une quantité infiniment petite AA_1', le long

de la tangente AA_1' ; la longueur de la courroie restant invariable, le point B' se transportera le long de B' B d'une
quantité $B'B_1$ égale à AA_1 ; la vitesse angulaire de l'arbre OA
est mesurée par le rapport $\dfrac{AA_1}{OA}$, et celle de l'arbre $O'A'$ par
le rapport $\dfrac{B'B_1}{O'A'}$ ou $\dfrac{AA_1}{O'A'}$.

Le rapport des vitesses angulaires est donc égal à $\dfrac{O'A'}{OA}$ ou
à $\dfrac{\omega}{\omega'}$; si le premier arbre reçoit une vitesse angulaire ω, le second prendra une vitesse angulaire ω'. Dans cette transmis-
sion, les vitesses linéaires sont égales à la surface des deux
tambours.

Si les vitesses angulaires ω et ω' étaient en sens contraire
l'une de l'autre, la courroie pourrait encore servir à lier les
deux axes, mais il faudrait la mener suivant les tangentes in-

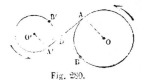

Fig. 280.

térieures aux deux cercles. Dans ce
cas, on a soin de retourner la courroie dans le passage du point A au
point A' et du point B' au point B ; de
cette manière, la courroie peut être
mise en contact avec les deux tam-
bours par sa face rugueuse, et non par sa face lisse ; et de plus,
au point D d'intersection des deux tangentes, les deux *brins*

Fig. 281.

AA', BB' sont à moitié retournés, et passent
de champ l'un à côté de l'autre, sans se gêner
mutuellement, comme cela aurait lieu si en
cet endroit ils avaient conservé la position à
plat qu'ils ont sur les cylindres.

Pour assurer la stabilité de la courroie sur
les tambours, et l'empêcher de se jeter de
côté, on a soin de donner à la surface des
tambours un léger bombement (fig. 281) ; la
courroie s'applique sur la partie du cylindre
qui a le plus grand diamètre ; elle a, en général, une ten-

dance à gagner les diamètres les plus grands, et par suite, elle reste dans le plan moyen du tambour, de chaque côté duquel les rayons vont en décroissant.

265. Lorsque la tension de la courroie devient trop faible pour développer sur les tambours l'adhérence nécessaire à la transmission, on peut accroître cette tension en faisant peser sur la courroie, en un point quelconque *m* de la portion libre AB, un rouleau N, mobile autour de son axe, et attaché à un levier coudé, qui peut tourner autour du point fixe l, et qui porte à son extrémité un contre-poids Q. La poignée M sert à déplacer le système autour de son axe. L'addition du contre-poids ne change rien au rapport des vitesses angulaires des deux arbres tournants; mais elle ac-

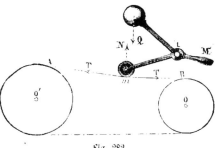

Fig. 282.

croît l'adhérence, et cela de deux manières : 1° en augmentant la tension T de la courroie, par suite de la pression exercée par le rouleau N; 2° en augmentant légèrement les longueurs des arcs embrassés.

Lorsque la courroie est très-longue, son poids seul suffit à développer l'adhérence nécessaire, sans même qu'elle soit tendue en ligne droite. On a utilisé cette propriété pour transmettre à grande distance le mouvement de rotation d'un axe à un autre; la distance des deux arbres O et O' peut être portée à une centaine de mètres et au delà.

Fig. 283.

Ce genre de transmission à grande distance a été appliqué par M. Hirn à l'usine du Logelbach. Il est maintenant fort employé dans l'industrie. Le fil métallique qu'on substitue alors aux courroies plates dessine deux courbes AA', BB', entre les

deux poumes. Les tambours à surface légèrement bombée sont
remplacés dans ce cas par des gorges de poulie où le fil
trouve à s'engager.

266. La transmission par courroie est l'une des plus employées dans les usines pour communiquer aux divers outils
des ateliers le mouvement emprunté à un arbre tournant qui

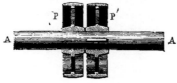
Fig. 284.

reçoit l'action du moteur. Il
faut qu'on puisse à volonté
interrompre le mouvement
de l'outil, et le faire naître de
nouveau; pour cela (fig. 284)
on monte à côté du tam-
bour P′, sur lequel passe la
poulie et qui transmet le mouvement à l'outil, un tambour P de diamètre égal, mais qui n'est pas calé sur l'arbre AA′,
de telle sorte qu'il puisse tourner autour de cet arbre sans

Fig. 285.

l'entraîner dans son mouvement. Ce second
tambour est ce qu'on appelle une *poulie folle*.
Quand l'ouvrier veut faire cesser le mouvement de l'outil, il n'a qu'à pousser latéralement un levier (fig. 285), terminé par une
fourche embrassant la courroie du côté du
brin qui arrive à la poulie, et non du côté
du brin qui la quitte ; entraînée par cette
fourche, la courroie se déplace latéralement d'une certaine quantité, et quitte le
tambour P′, pour entourer la poulie folle.
L'outil est alors *désembrayé*. Pour le re-
mettre en mouvement, il suffit de déplacer le levier en sens

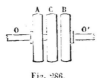
Fig. 286.

contraire, ce qui ramène la courroie sur le
tambour P′.

On se sert aussi du déplacement latéral
de la courroie pour changer le sens du mouvement de certaines machines-outils. Pour
cela, on monte sur un même *axe géométrique*
trois tambours égaux A, B, C (fig. 286) ; l'un de ces tambours

est monté sur l'*axe matériel* O; le second, B, est monté sur un autre *axe matériel* O'; le tambour intermédiaire C est une poulie folle. L'axe O communique à l'outil un mouvement dans un certain sens, et l'axe O', le mouvement en sens contraire. Supposons qu'il s'agisse du mouvement rectiligne alternatif de la machine à raboter; on reliera le levier de la courroie à la machine, de manière que, quand le rabot arrive à l'extrémité de sa course, la courroie soit déplacée latéralement dans le sens convenable de la quantité AB. A ce déplacement correspondra le changement de sens dans le mouvement de la machine. La poulie folle C, interposée entre les deux tambours A et B, a pour objet d'éviter les chocs brusques dans le passage de la courroie d'un tambour à l'autre, et de donner lieu à un petit *temps perdu*, pendant lequel l'outil, cessant d'être sollicité par le tambour, A, que la courroie vient de quitter, perd graduellement sa vitesse, pour en prendre une contraire au moment où la courroie atteint l'autre tambour, B.

Lorsque l'outil mis en mouvement par la courroie doit travailler, suivant les circonstances, à des vitesses très-différentes les unes des autres, on remplace les deux tambours sur lesquels passe la courroie, par une série de tambours de différents diamètres, juxtaposés et montés ensemble sur le même arbre. De cette manière, on a par exemple le choix entre 4 tambours moteurs, A, B, C, D, qui correspondent respectivement aux tambours a, b, c, d de la machine-outil. On a soin que la somme des rayons des tambours correspondants soit sensiblement constante. De cette manière, la même courroie pourra servir, sans variation de longueur, à transmettre le mouvement de l'un des arbres à l'autre; en effet, la longueur d'une courroie est à peu près égale au double de la distance des centres des tambours, augmenté de la somme des deux demi-circonférences embrassées; si R et r sont les rayons

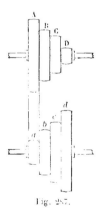

Fig. 287.

des deux tambours, et D la distance des centres, supposée très-grande par rapport à ces rayons, la longueur L de la courroie est à peu près égale à

$$L = 2D + \pi (R + r)^1,$$

et comme D est constant pour deux tambours conjugués, il faut que R + r soit aussi constant pour une même longueur L.

Le rapport des vitesses angulaires des deux tambours est égal à l'inverse du rapport des rayons; si par exemple les rayons des tambours A, B, C, D, sont représentés par les nombres 4, 3, 2, 1,

et ceux des tambours a, b, c, d, par les nombres 1, 2, 3, 4,

qui donnent chacun avec son conjugué une même somme 5, le rapport de la vitesse angulaire de l'arbre inférieur à la vitesse angulaire de l'arbre supérieur est égal aux nombres

$$4, \qquad \frac{3}{2}, \qquad \frac{2}{3}, \qquad \frac{1}{4},$$

suivant que la courroie passe sur les tambours

A et a,   B et b,   C et c,   D et d.

La transmission par courroie transforme un mouvement circulaire continu en un mouvement circulaire continu.

[1] Voici la formule exacte qui donne la longueur de la courroie tendue :
Soit α l'angle aigu (évalué en parties du rayon) que fait la courroie avec la ligne des centres des tambours; nous aurons, en supposant $R > r$, ou au moins égal à r,

Fig. 288.

$$L = \pi (R + r) + 2 \sqrt{D^2 - (R \mp r)^2} + 2\alpha (R \mp r).$$

Il faut prendre le signe supérieur —, si la courroie est extérieure aux deux cylindres, et le signe inférieur +, si elle passe entre les deux. L'angle α est donné par l'équation

$$\tan g \, \alpha = \frac{R \mp r}{\sqrt{D^2 - (R \mp r)^2}},$$

Lorsque α est très-petit, que R est peu différent de r, et qu'enfin la courroie est extérieure, on peut prendre approximativement

$$L = \pi (R + r) + 2D.$$

Remarquons l'analogie qui existe entre cette transmission et l'engrenage par adhérence. Là encore les vitesses linéaires des deux circonférences primitives sont égales. Pour faire varier l'adhérence, au lieu d'avoir à changer la distance des arbres tournants, on abaisse sur la courroie un rouleau muni d'un contre-poids, ce qui est infiniment plus simple. L'adhérence de la courroie sur le tambour est d'ailleurs bien mieux assurée que l'adhérence de deux roues tangentes l'une à l'autre, et elle croit rapidement avec les arcs embrassés.

INFLUENCE DE L'EXTENSION DES COURROIES.

267. Soient O et O' (fig. 289) deux arbres tournants, sur lesquels on a monté deux tambours AB, CD, réunis l'un à l'autre par une courroie ABCD.

Nous supposerons que le tambour AB *mène* le tambour CD , c'est-à-dire que l'effort moteur P soit appliqué au premier tambour, et que l'effort résistant Q soit appliqué au second ; les deux tambours tournent dans le sens des flèches *f* et *f'*.

Dans ces conditions, il est facile de voir que le *brin* DA doit être plus tendu que le brin CB ;

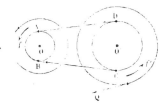

Fig. 289.

le premier est pour le tambour O' le *brin conducteur*, le second est pour le même tambour le *brin résistant*. Soit T la tension du brin AD, et T' la tension du brin CB.

La tension de la courroie varie du point A au point B, entre les limites T et T' ; elle varie du point C au point D, entre les limites T' et T.

Nous allons exprimer que dans un même temps *les longueurs de courroie qui s'enroulent sur les deux cylindres correspondent à des quantités égales de matière.* Cette égalité est nécessaire pour assurer le *régime permanent* de la courroie.

Suivons l'appareil pendant un temps *dt* infiniment petit ;

soient ω et ω' les vitesses angulaires des deux tambours, r et r' leurs rayons ; soit enfin ds la longueur infiniment petite de courroie, *prise dans l'état naturel*, qui s'enroule pendant le temps dt, au point A sur le cylindre O, et au point C sur le cylindre O'.

On sait que l'unité de longueur d'un fil, dans l'état naturel, prend sous la tension T la longueur $1 + \alpha T$, α étant un coefficient constant pour une même nature de fil. Il en est de même des courroies. La longueur ds qui s'enroule sur le cylindre O étant soumise à la tension T, comme tout le brin DA, occupe sur le cylindre un arc égal à $ds(1+\alpha T)$; ce qui correspond à un angle au centre

$$\omega dt = \frac{ds(1+\alpha T)}{r}.$$

La même longueur ds qui s'enroule sur le cylindre O' au point C, sous la tension T', correspond à un angle au centre

$$\omega' dt = \frac{ds(1+\alpha T')}{r'}.$$

Donc

$$\frac{\omega r}{\omega' r'} = \frac{1+\alpha T}{1+\alpha T'}.$$

On voit qu'on n'a pas exactement $\omega r = \omega' r'$, à cause de l'élasticité du lien qui réunit les deux tambours.

M. Kretz, qui le premier a donné cette théorie, a reconnu qu'en pratique, pour assurer un rapport donné $\frac{\omega}{\omega'}$ entre les vitesses angulaires, il suffit de déterminer r' en fonction de r par l'équation $\frac{r'}{r} = \frac{\omega}{\omega'}$, puis de réduire r' du cinquantième environ de sa valeur.

TRANSMISSION PAR COURROIE ENTRE DEUX ARBRES NON PARALLÈLES.

268. Soient O et O' les deux axes qui ne sont ni concourants ni parallèles.

Nous commencerons par monter sur ces deux axes deux tambours cylindriques, M et N, que nous supposerons réduits à leurs plans moyens. Soit AB la droite suivant laquelle ces deux plans se coupent. Prenons sur cette droite deux points arbitraires C et D, et de chacun de ces points menons aux cercles M et N des tangentes CE, CF, et DG, DH. Puis plaçons en K et L, près des points C et D, des poulies de renvoi dont les axes soient perpendiculaires aux plans ECF, GDH. Une courroie sans fin EFHG, pourra passer sur les surfaces des quatre poulies, en les touchant chacune suivant leurs sections droites. La transmission sera donc réalisée, et elle pourra se faire dans les deux sens.

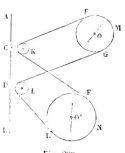

Fig. 290.

On supprime quelquefois les deux poulies de renvoi K et L, en profitant de cette circonstance, que le brin qui aboutit à une poulie doit seul être dans le plan de la section droite, et qu'il n'y a pas d'inconvénient à dévier l'autre brin. Mais cette solution simplifiée ne se prête pas à la transmission dans les deux sens[1].

[1] V. *Cours de mécanique* d'Edmond Bour, CINÉMATIQUE, p. 236.

CHAPITRE V

---

269. Ces transmissions constituent le troisième genre de la classification de Willis. Nous examinerons successivement les transmissions par *bielle et manivelle*, par *excentrique à collier*, par *bielle et manivelles inégales*, par *bielle d'accouplement ;* enfin nous étudierons la transmission connue sous le nom de *joint universel.*

TRANSFORMATION D'UN MOUVEMENT RECTILIGNE ALTERNATIF EN UN MOUVEMENT CIRCULAIRE CONTINU. — BIELLE ET MANIVELLE.

270. La tige T d'un piston mobile dans un cylindre est animée d'un mouvement de va-et-vient le long d'une droite OX ; elle est guidée dans ce mouvement par deux glissières

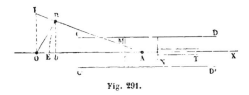

Fig. 291.

fixes, CD, C'D', parallèles à la droite OX, et entre lesquelles la *coquille* MN, attachée invariablement à la tige T du piston, a la liberté de glisser à frottement doux.

Pour transmettre le mouvement à un arbre tournant, dont l'axe est projeté en un point O de la droite OX, on se ser⁴ d'une *bielle* AB, dont l'extrémité A est articulée à la coquille, et dont l'autre extrémité B s'articule en un point du rayon OB fixé à l'arbre. Le rayon OB prend le nom de *manivelle*. Il porte en B un *bouton* cylindrique dont l'axe est parallèle à l'arbre O, et qui passe dans un *œil* ménagé à l'extrémité de la bielle.

Nous avons déjà étudié (§ 135) cette transformation de mouvement et reconnu que la vitesse V du point A était liée à la vitesse angulaire ω de l'arbre par la relation

$$V = OI \times \omega,$$

OI étant la longueur comprise, sur une perpendiculaire à OX, entre le point O et la rencontre de la direction AB de la bielle.

Si du point A comme centre avec AB pour rayon nous décrivons un arc de cercle pour rabattre AB de A en E sur la droite AD, le point E aura un mouvement identique à celui du point A, puisque ces deux points sont constamment à la même distance l'un de l'autre

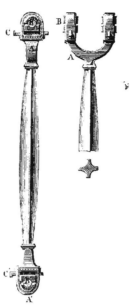

Fig. 2'2.

A, tête à fourche, embrassant l'extrémité du balancier ou la coquille du piston. A', tête articulée ou bouton de la manivelle. B, B', axes passant dans les paliers. C', C', clavettes de serrage, appuyant d'un côté sur les coussinets, de l'autre côté sur des contre-clavettes fixes.

sur la droite qu'ils parcourent tous deux. Or abaissons du point B une perpendiculaire B*b* sur OA. La distance *b*E serait infiniment petite du second ordre si l'angle BAO, qui mesure l'obliquité de la bielle, était infiniment petit. Si donc la bielle est suffisamment longue, on pourra sans grande erreur négliger *b*E devant la longueur AB et confondre le mouvement du point A avec le mouvement du point *b*, pro-

.jection du bouton de la manivelle sur le diamètre OX. L'erreur commise est nulle aux *points morts*; elle est maximum

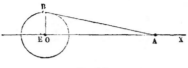

Fig. 293.

quand la manivelle fait un angle droit avec la droite OX (fig. 293); car c'est alors que l'angle BAO est le plus grand possible. En général, on donne à la bielle BA une longueur égale à 5 fois la manivelle BO. Dans ces conditions, le maximum OE de l'erreur que l'on commet en confondant le mouvement du point A avec le mouvement de la projection du point B, est donné rigoureusement par l'équation

$$OE \times (2AB - OE) = \overline{OB}^2,$$

et approximativement par l'équation

$$OE \times 2AB = \overline{OB}^2.$$

On a donc à peu près

$$\frac{OE}{OB} = \frac{OB}{2AB}.$$

Si donc

$$\frac{OB}{AB} = \frac{1}{5},$$

le rapport $\frac{OE}{OB}$ sera à peu près égal à $\frac{1}{10}$, et $\frac{OE}{AB}$ à $\frac{1}{50}$.

La longueur de la manivelle OB est rigoureusement égale à la moitié de la course du piston, ou de l'intervalle qui sépare les

Fig. 294.

deux positions extrêmes du point mobile A. Lorsque le bouton de la manivelle passe au *point mort* B_1, la bielle et la manivelle sont en prolongement l'une de l'autre, et par suite la distance OA_1 du point mobile A au point fixe O est égale à OB + BA; lorsque la manivelle a accompli une demi-révolution et que le bouton passe au second *point mort* B$_2$, la bielle revient en retour de la manivelle, et le point A se trouve alors en A$_2$, à une distance du point O égale à BA — OB ; la course du piston A$_1$A$_2$ est donc égale à la différence

$$(BA + OB) - (BA - OB), \quad \text{ou à} \quad 2\,OB.$$

Cette relation est rigoureuse, et ne dépend pas de la longueur de la bielle.

271. Cherchons la relation qui existe entre les positions simultanées du point A, tête de la tige du piston, et du point B, bouton de la manivelle.

Comptons à partir de la droite OX (fig. 291), et de droite à gauche, les angles φ décrits par le rayon OB autour du point O. Rapportons au point O la position du point A, donnée par l'abscisse OA $= x$. Soit OB $= r$ et BA $= l$, quantités constantes. Soit enfin α l'angle variable BAO. Nous aurons pour définir cet angle l'équation

$$l \sin \alpha = r \sin \varphi,$$

et pour définir x, la relation

$$x = l \cos \alpha + r \cos \varphi.$$

Si l'on suppose l plus grand que r, l'angle α sera nécessairement aigu dans le triangle OBA, et son cosinus sera positif. Quant au terme $r \cos \varphi$, il change périodiquement de signe, lorsque l'arc croît au delà de toutes limites.

De la première équation on tire

$$\sin \alpha = \frac{r}{l} \sin \varphi,$$

ce qui montre que α ne croît pas indéfiniment, mais qu'il oscille entre deux limites données en faisant

$$\varphi = \frac{\pi}{2} \quad \text{et} \quad \varphi = \frac{3\,\pi}{2}.$$

On en déduit

$$\cos \alpha = \sqrt{1 - \frac{r^2}{l^2} \sin^2 \varphi}$$

et

$$x = l\sqrt{1 - \frac{r^2}{l^2}\sin^2\varphi} + r\cos\varphi\,;$$

le radical doit toujours être pris positivement dans cette équation. Jamais x ne devient imaginaire ni négatif, car r étant $< l$, $r^2\sin^2\varphi$ est *a fortiori* $< l^2$, et la quantité sous le radical reste positive. De plus, les limites de x correspondent à $\varphi = 0$, ce qui donne

$$x = l + r,$$

et à $\varphi = \pi$, ce qui donne

$$x = l - r,$$

quantités toutes deux positives.

Si l est très-grand par rapport à r, on peut supprimer le terme $\dfrac{r^2\sin^2\varphi}{l^2}$ devant l'unité, et l'équation se réduit à

$$x = l + r\cos\varphi,$$

égalité à laquelle on parvient aussi en supposant l'arc α nul. La plus grande erreur commise en adoptant cette formule réduite correspond à la plus grande valeur de $\sin\varphi$, c'est-à-dire à $\varphi = \dfrac{\pi}{2}$. On a alors, par la formule exacte,

$$x = l\sqrt{1 - \frac{r^2}{l^2}} = \sqrt{l^2 - r^2},$$

et, par la formule approchée,

$$x = l$$

272. Aux points morts, le piston, parvenu à l'une des extrémités de sa course, n'agit plus sur la bielle, et ne contribue plus à imprimer un mouvement de rotation continu à l'arbre O. Le mouvement une fois commencé peut se prolonger, comme nous le verrons plus tard, en vertu de la propriété connue sous le nom d'*inertie de la matière;* la manivelle et la bielle cessent bientôt d'avoir toutes deux une même direction, et la transmission du mouvement redevient possible. Il n'en est

pas moins vrai que si la machine était à l'un des points morts à l'instant où l'on veut la mettre en train, l'effort du piston sur la bielle resterait sans effet; pour déterminer le mouvement de l'arbre dans un sens plutôt que dans le sens opposé, il faut que le mécanicien agisse sur la manivelle dans le sens voulu, et lui donne un déplacement qui permette à la transmission de s'opérer. C'est cette opération qu'on appelle *abatage* dans les machines à vapeur à cylindre unique. La nécessité de l'abatage est évitée dans les machines à deux cy-

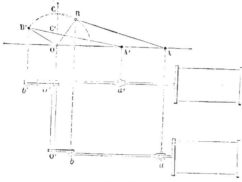

Fig. 295.

lindres (fig. 295). Chaque cylindre a son piston, sa bielle et sa manivelle. L'arbre tournant porte à la fois deux manivelles OB, OB', que l'on place à angle droit l'une sur l'autre ; lorsque l'une passe à un point mort, l'autre, qui a sur la première une avance ou un retard de 90°, produit tout son effet, de sorte que la transmission est toujours assurée, soit par les deux manivelles, soit par l'une des deux.

Les vitesses simultanées des deux pistons ne sont pas égales. Si ω représente la vitesse de rotation de l'arbre O, la vitesse linéaire v du piston correspondant à la bielle AB est égale à $OC \times \omega$, tandis que la vitesse v' du piston correspondant à la bielle A'B' est $OC' \times \omega$.

La transmission par bielle et manivelle peut s'opérer dans

les deux sens. Lorsque la transmission est double, et que les
deux manivelles sont calées à angle droit, on renverse le
mouvement de rotation de l'arbre en changeant à la fois le
sens de la marche des deux pistons.

La transmission par bielle et manivelle est *réciproque*, c'est-
à-dire que si l'on fait tourner l'arbre de rotation, le mouvement alternatif du piston en résulte. Dans ce cas, les points
morts de la manivelle sont sans inconvénient.

Cette transmission fournit donc un moyen de transformer
un mouvement circulaire continu en un mouvement rectiligne
alternatif.

273. L'*excentrique à collier* (fig. 296) est une transformation
du même genre, dont la théorie géométrique se ramène à celle
de la bielle et de la manivelle. Sur un arbre O est calé un
cercle dont le centre C est situé en dehors de l'axe O, et dont

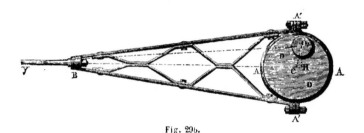

Fig. 296.

la circonférence enveloppe l'arbre entièrement; c'est cette
circonférence massive D qu'on appelle *excentrique*. Au pourtour du cercle est placé un *collier* ou *bague* AA, qui enveloppe
tout l'excentrique et à l'intérieur duquel cette pièce peut glisser à frottement doux. Le collier est attaché à des barres
droites A'B, entre toisées l'une à l'autre et qui se réunissent
en un même point, mobile sur une droite OY (ou sur un arc
de cercle de faible longueur, qu'on peut confondre sans erreur
avec une droite), dont le prolongement passe par le point O,
centre de rotation de l'arbre.

Joignons le point O au point C et le point C au point Y; ces longueurs restent constantes dans le mouvement, car la droite OC appartient au système invariable de l'arbre et CY est la distance constante du point Y, qui fait partie du système des barres d'excentrique, au point C, centre du cercle formé par le collier AA. Tout se passe donc comme si une manivelle OC, égale à l'excentricité, menait la bielle CY ; le mouvement circulaire continu de l'excentrique imprime donc au point Y le long de sa trajectoire un mouvement alternatif dont l'amplitude est égale à 2OC.

Cette transformation de mouvement n'est généralement pas réciproque, parce que la poussée qu'on exercerait dans le sens YB produirait une augmentation de frottement de la bague contre l'excentrique et ne pourrait faire tourner cette pièce. L'excentrique a, comme nous le verrons plus tard, l'inconvénient d'accroître beaucoup le *travail du frottement* développé par l'emploi d'une bielle et d'une manivelle; malgré cette infériorité, l'excentrique est très-employé dans les machines, parce que le calage de cette pièce sur l'arbre tournant évite les coudes qu'il serait nécessaire d'y ménager pour le passage des bielles. On peut regarder l'excentrique comme un système particulier de manivelle dans lequel le bouton, sans changer de centre, aurait augmenté de diamètre jusqu'à envelopper l'arbre tournant lui-même.

TRANSMISSION PAR BIELLE ET MANIVELLES INÉGALES.

274. Nous avons déjà donné (§ 139) la théorie géométrique de ce mécanisme. Il nous reste à chercher les conditions pour que le mouvement puisse être indéfiniment prolongé dans le même sens autour de chaque arbre tournant.

Nous allons déterminer les conditions nécessaires et suffisantes pour que les deux manivelles Ab, Ba (fig. 155) puissent faire chacune un tour entier autour des centres A et B. Pour cela, commençons par chercher s'il y a des limites à l'excursion des points b et a sur les circonférences que ces points décrivent dans leurs mouvements simultanés.

Du point B comme centre (fig. 297), avec un rayon égal en valeur absolue à la différence $ab - Ba$,

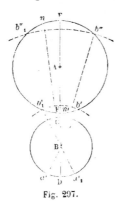

Fig. 297.

décrivons un arc de cercle; si cet arc rencontre la circonférence lieu du point b en deux points b' et b'_1, le bouton b de la manivelle Ab ne pourra pas pénétrer dans l'arc $b'b'_1$, compris entre ces deux points; car, pour tout point m de cet arc, on aurait B$m <$Bb', c'est-à-dire que dans le triangle Bma, formé par le centre B, l'extrémité m de la bielle et le point mobile a, le côté Bm serait moindre que la différence $ab - Ba$ des deux autres côtés, ce qui est impossible.

Du point B comme centre, avec un rayon égal à $ab + Ba$, décrivons un second arc de cercle; si cet arc coupe le cercle décrit par le point b en deux points b'', b''_1, ces points représenteront de même les limites de l'excursion possible du point b. Autrement on obtiendrait un triangle Ban dans lequel le côté Bn, plus grand que Bb'', serait plus grand que la somme, $ab + Ba$, des deux autres côtés.

S'il en est ainsi, le point b est assujetti à parcourir soit l'arc $b''b'$, soit l'arc $b'_1b''_1$, et à osciller entre les deux extrémités de l'un de ces arcs. C'est ce qui a lieu dans la transmission du balancier à l'arbre tournant d'une machine à vapeur.

On saura de même si l'excursion du point a est limitée sur la circonférence Ba, en traçant du point A comme centre, d'abord avec un rayon égal à la somme $ab + Ab$, puis avec un rayon égal en valeur absolue à la différence $ab - Ab$, des arcs de cercle qui pourront couper en deux points, ou toucher en un seul point, ou enfin ne pas rencontrer du tout, la circonférence décrite par l'extrémité a de la manivelle Ba.

Pour que le mouvement de rotation autour du centre A du plus grand cercle ne soit arrêté nulle part, il faut et il suffit

que quand le point b passe au point E de la ligne des centres,
la bielle soit au plus égale à ED, et que quand le point b passe
au point F, à l'autre extrémité du diamètre, la bielle soit au
moins égale à GF. Car GF est la plus courte droite qu'on puisse
mener du point F à la circonférence B, de même que ED est la
plus longue droite qu'on puisse mener à cette circonférence
à partir du point E. Appelons a la distance AB des centres, R
le rayon Ab, r le rayon Ba, et enfin l la longueur de la bielle;
supposons $R > r$, ou au moins $R = r$, et admettons d'abord
que le centre du petit cercle soit extérieur au grand. Il faudra
qu'on ait à la fois, pour assurer la continuité de la rotation,

$$l = \text{ou} < (a + r - R)$$

et

$$l = \text{ou} > (a + R - r).$$

Ces conditions sont incompatibles avec la condition $R > r$;
mais on y satisfait en supposant $R = r$ et $l = a$

Il peut en être autrement lorsque le
petit cercle est intérieur au grand
(fig. 298). En effet, au moment où le
point b passe au point E, la longueur l
de la bielle doit être comprise entre ED
et EG, puisqu'elle aboutit en un point
de la circonférence GD; et quand le
point b passe en F, elle doit être comprise
entre FG et FD; c'est-à-dire que la lon-
gueur l doit satisfaire à la fois aux quatre inégalités

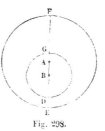

Fig. 298.

$$R - a - r < l < R - a + r$$

et

$$R + a - r < l < R + a + r.$$

Pour que ces conditions soit compatibles, il faut et il suffit que
$r > a$; car alors la seconde limite inférieure, $R + a - r$, est
au-dessous de la première limite supérieure, $R - a + r$, et on
peut trouver entre ces deux limites des valeurs de l satisfaisant à la fois aux quatre inégalités.

En définitive, il y a deux cas seulement dans lesquels le mouvement des deux arbres tournants peut être indéfiniment polongé dans le même sens :

1° $R = r$, $l = a$;

2° $R > r > a$, et $a < (R - r)$; cette dernière condition montre que le petit cercle est à l'intérieur du grand; l'inégalité $r > a$ indique de plus que le centre du grand cercle est à l'intérieur du petit. Alors la longueur l de la bielle doit être comprise entre les deux limites $R + (r - a)$ et $R - (r - a)$.

Si $R = r$, et $l = a$, et qu'on fasse tourner les deux manivelles dans le même sens, la droite ab (fig. 135) reste constamment parallèle à la ligne AB des centres, et par suite le point c est infiniment éloigné. **La formule du rapport des vitesses donne alors**

$$\frac{\omega'}{\omega} = 1,$$

égalité qu'il est facile d'établir directement. On a ainsi la transmission par *bielle d'accouplement*, que l'on emploie pour relier l'une à l'autre les roues motrices d'une locomotive.

On pourrait aussi avec cette liaison faire tourner l'une des roues en sens contraire de l'autre; mais le rapport des vitesses serait alors variable.

TRANSMISSIONS DU BALANCIER.

275. On appelle *balancier*, dans les machines à vapeur à cylindre vertical, une pièce AD (fig. 299), oscillante, ou animée d'un *mouvement circulaire alternatif*; ce mouvement lui est communiqué à une extrémité par le piston de la machine, et elle le transmet par l'autre extrémité à un arbre tournant, auquel on doit communiquer un *mouvement circulaire continu*.

Les transmissions du balancier comprennent donc une transformation du mouvement rectiligne alternatif en circulaire alternatif, et une transformation du mouvement circulaire alternatif en circulaire continu. Elles s'opèrent toutes deux au moyen d'un lien rigide.

La première est réalisée par l'appareil appelé *parallélo-gramme articulé*; la se-conde, au moyen de la bielle et de la mani-velle. Occupons-nous d'abord de ce second dispositif.

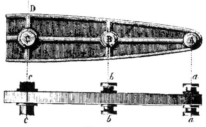

276. Soit O (fig. 300) la projection de l'arbre tournant, OP la mani-velle qui le met en mouvement, C l'axe du balancier; A, l'articula-tion de la bielle, AP, qui réunit le balancier au bouton P de la manivelle.

Fig. 299.

C, *cc*, axe de rotation du balancier. B, *bb*, et A, *aa*, axes auxquels s'articulent les bielles et les tiges mises en mouvement par le balancier.

Du point O comme centre, avec un rayon OA′, égal à la somme OP + PA, décrivons un arc de cercle qui coupe en A′ l'arc de cercle décrit par le point A autour du point C. Le point A′ sera une des limites de l'excursion du balancier. Du point O comme centre, avec un rayon OA″, égal à la diffé-rence PA — OP, coupons l'arc A′A″ par un second arc de cercle ; nous déterminerons ainsi le point A″, se-conde limite de l'excursion du balan-cier ; de sorte que, pendant que la manivelle tourne indéfiniment autour du point O, le balancier CA oscille en-tre les positions extrêmes CA′ et CA″.

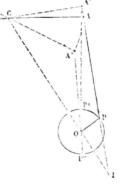

Fig. 300.

A un instant quelconque, le rapport des vitesses angu-laires des droites CA, OP autour des points fixes, C et O, est égal au rapport des segments OI, CI, interceptés par la bielle sur la ligne des centres ; ce rapport change de signe en passant par zéro, à chaque fois que les trois points A, R, O, se trouvent situés sur une même droite (ᵷ 139).

277. Soient OA, O'A' (fig. 301) deux droites égales, mobiles dans le plan de la figure, la première autour du point O, la seconde autour du point O'; ces deux droites sont parallèles dans leur position moyenne ; la première peut s'en écarter, dans un sens et dans l'autre, d'un angle BOA = COA, et elle est animée d'un mouvement circulaire alternatif qui la fait passer de la position extrême OB à l'autre position extrême OC.

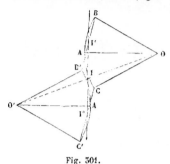

Fig. 301.

Le point A de la droite OA est lié au point A' de la droite O'A', par une droite AA' de longueur constante ; le mouvement de la droite OA définit donc complétement le mouvement de la droite O'A'. On trouvera, par exemple, les positions extrêmes O'B' et O'C' de la droite O'A', en cherchant les intersections B' et C' de l'arc de cercle C'A'B', décrit par le point A' autour du centre O', et des arcs décrits des points B et C comme centres, avec un rayon égal à AA'.

Le lieu géométrique décrit par le milieu de la droite de jonction des points mobiles A et A' est une courbe I' I″ qui a un *centre* à l'intersection de la droite AA' et de la droite OO', et qui diffère très-peu d'une ligne droite si les proportions de la figure sont convenablement choisies. On appelle ce lieu la *courbe à longue inflexion.*

La courbe passant par son centre a en effet une *inflexion* au point I. De plus, on peut prévoir qu'elle a une courbure très-peu prononcée ; car les lignes décrites par les extrémités de

la droite finie AA' étant des arcs de cercles égaux, mais orientés en sens contraire l'un de l'autre, la courbe décrite par le
point milieu de la droite AA' a pour ainsi dire une courbure
moyenne entre ces deux courbures égales et opposées ; sa
courbure est donc voisine de zéro, et elle est tout à fait nulle
au point où elle coupe la droite OO'. En résumé, le mouvement
du milieu de la droite AA' est à peu près rectiligne.

Watt s'est servi de cette propriété pour établir la liaison
entre la tête du piston de la machine à vapeur et le balancier
et éviter les poussées latérales
qu'entraîne la connexion directe
de ces deux pièces.

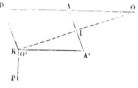

Il a remarqué que si l'on prolonge OA (fig. 502, 303 et 504)
d'une quantité AD égale à OA, et
que l'on complète le parallélo-

Fig. 302.

gramme ADKA', le point K se trouve en ligne droite avec
les points O et I dans toutes les positions du parallélogramme, et à une distance OK du point O, double de la distance OI.

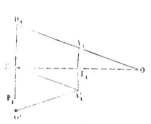

Fig. 503.

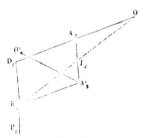

Fig. 504.

La ligne décrite par le sommet K de ce parallélogramme est
donc homothétique à la ligne décrite par le point I ; si celle-ci
se confond sensiblement avec une droite, l'autre se confondra de même avec une droite parallèle à la première. Watt
a pris le point K, sommet du parallélogramme articulé,
pour y attacher la tête du piston P ; dans la position moyenne,

le point O', centre du *contre-balancier* O'A', qui assure le mouvement du point A', coïncide en projection avec le sommet K, point d'attache de la tige du piston. Le point I, situé au milieu de la bride AA' et animé comme le point K d'un mouvement alternatif sensiblement rectiligne, mais de course deux fois moindre, sert à attacher la tige de l'une des pompes de la machine.

ÉQUATION DE LA COURBE A LONGUE INFLEXION.

278. Soit OAA'O' le système articulé dans sa position moyenne, c'est-à-dire dans la position où les deux balan-

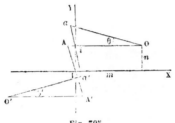

ciers OA, O'A' sont parallèles, et où le point milieu du lien AA' occupe le centre du lieu géométrique qu'il décrit.

Nous prendrons pour axes coordonnés les droites IX, IY, la première parallèle, la seconde perpendiculaire aux directions OA, O'A'.

Fig. 305.

Soient m, n les coordonnées du point O ; — m, — n seront les coordonnées du point O'.

Soit OA = a, et AA' = $2b$.

Amenons la figure articulée dans une position quelconque, Oa a'O'. Appelons x_1,y_1, les coordonnées du point a, x_2,y_2, les coordonnées du point a' ; les coordonnées x, y du milieu de la droite AA' seront

(1) $$x = \frac{x_1 + x_2}{2}.$$

(2) $$y = \frac{y_1 + y_2}{2}.$$

Prenons pour inconnues auxiliaires les angles d'écart, $\theta = a$OA, $\theta' = a'$O'A', des balanciers par rapport à leurs positions moyennes.

Il viendra

(3) $$x_1 = m - a\cos\theta,$$

(4) $$y_1 = n + a\sin\theta,$$

(5) $$x_2 = -m + a\cos\theta',$$

(6) $$y_2 = -n + a\sin\theta'.$$

On a d'ailleurs

(7) $$(x_2 - x_1)^2 + (y_2 - y_1)^2 = 4b^2.$$

Entre ces sept équations, éliminons les variables x_1, y_1, x_2, y_2, θ et θ'; l'équation finale, qui ne contiendra plus que x, y et des constantes, sera l'équation du lieu.

Ajoutons membre à membre les équations (3) et (5), puis les équations (4) et (6); il viendra, en remplaçant $x_1 + x_2$ et $y_1 + y_2$ par leurs valeurs prises dans les équations (1) et (2),

$$a(\cos\theta' - \cos\theta) = 2x,$$
$$a(\sin\theta' + \sin\theta) = 2y.$$

On en déduit

$$\cos\theta' = \frac{2x}{a} + \cos\theta,$$

$$\sin\theta' = \frac{2y}{a} - \sin\theta.$$

Élevant au carré ces équations et ajoutant, il vient

$$1 = \frac{4x^2}{a^2} + \frac{4y^2}{a^2} + \frac{4}{a}(x\cos\theta - y\sin\theta) + 1,$$

ce qui se réduit à

(8) $$y\sin\theta - x\cos\theta = \frac{1}{a}(x^2 + y^2).$$

Des équations (3) (4) (5) et (6) on tire successivement :

$$x_2 - x_1 = -m + a\cos\theta' - m + a\cos\theta = a(\cos\theta' + \cos\theta) - 2m$$

$$= a\left(\frac{2x}{a} + 2\cos\theta\right) - 2m = 2\left[x - m + a\cos\theta\right]$$

$$y_2 - y_1 = -n + a\sin\theta' - n - a\sin\theta = a(\sin\theta' - \sin\theta) - 2n$$

$$= a\left(\frac{2y}{a} - 2\sin\theta\right) - 2n = 2\left[y - n - a\sin\theta\right].$$

Substituons ces valeurs dans l'équation (7) ; nous obtenons l'équation suivante, en divisant par 4 :

$$(x - m + a \cos \theta)^2 + (y - n - a \sin \theta)^2 = b^2,$$

ou bien

$$(x - m)^2 + (y - n)^2 + 2a (x \cos \theta - y \sin \theta) - 2a (m \cos \theta - n \sin \theta) + a^2 - b^2 = 0.$$

Remplaçant $x \cos \theta - y \sin \theta$ par sa valeur tirée de l'équation (8), il vient l'équation

$$(9) \qquad m \cos \theta - n \sin \theta = \frac{(x - m)^2 + (y - n)^2 + a^2 - b^2 - 2 (x^2 + y^2)}{2a} = \mathrm{P},$$

en représentant par P, pour abréger, la fonction entière du second degré qui figure dans le second membre.

Nous resoudrons les équations (8) et (9) par rapport à $\sin \theta$ et $\cos \theta$; puis, élevant au carré et ajoutant, l'angle θ sera éliminé :

$$(8) \qquad x \cos \theta - y \sin \theta = - \frac{(x^2 + y^2)}{a.},$$

$$(9) \qquad m \cos \theta - n \sin \theta = \mathrm{P},$$

$$\cos \theta = - \frac{\dfrac{n (x^2 + y^2)}{a} + \mathrm{P}y}{nx - my},$$

$$\sin \theta = - \frac{\dfrac{m (x^2 + y^2)}{a} + \mathrm{P}x}{nx - my}.$$

Donc l'équation finale est

$$(10) \qquad \left(\frac{n (x^2 + y^2)}{a} + \mathrm{P}y \right)^2 + \left(\frac{m (x^2 + y^2)}{a} + \mathrm{P}x \right)^2 = (nx - my)^2.$$

P étant un polynome du second degré en x et y, Py et Px sont du troisième, et le polynome que l'on obtient en développant les carrés est du sixième. La courbe est du sixième degré. Elle passe à l'origine, puisque $x = 0$, $y = 0$ satisfont à l'équation. On sait d'ailleurs que ce point est un centre pour la courbe.

La courbe lieu des points i à la forme d'un 8 allongé ; le point double est au point I; l'une des branches touche en ce point l'axe IY, et a une inflexion. La même branche a deux autres points d'inflexion, symétriques par rapport au centre I, et peu éloignés de ce point. De là une certaine étendue sur laquelle la courbure est très-peu prononcée, et que Watt a pu sans grande erreur confondre avec une ligne droite. L'axe IY rencontre la courbe en six points, savoir, m_1, m_2, le point I de la branche pq, et le point d'inflexion I de l'autre branche, qui compte pour trois, puisque la droite IY a avec cette branche un contact du second ordre.

Fig. 506.

TRACÉ GÉOMÉTRIQUE DU PARALLÉLOGRAMME DE WATT.

279. Soit O (fig. 507) l'axe de rotation du balancier; OD, OF, ses positions extrêmes, qui font des angles égaux avec la droite OE, sa position moyenne.

Menons la corde DF, puis par le point F, milieu de la flèche ER, menons une droite PQ parallèle à DF. Ce sera cette droite que nous ferons décrire à la tête du piston.

Des points A, E et F menons à la droite PQ trois droites DG, EK, FM, égales entre elles et égales au petit côté du parallélogramme articulé. Ces trois droites feront des angles égaux avec PQ.

Soient A, B, C, les milieux du balancier dans ces trois positions. Achevons les parallélogrammes ADGH, BEKL, CFMN.

Il suffira de chercher le centre de la circonférence qui passe par les trois points H, L, N; en assujettissant le sommet H du parallélogramme articulé à se mouvoir sur cette circonférence, on forcera le sommet G à se trouver sur la droite PQ aux points G, K et M, et par suite il s'écartera peu de cette droite dans les points intermédiaires de sa course.

Or il est facile de voir que le centre de la circonférence pas-

sant par les points H, L et N, est au point K. Joignons en effet
KH, KR et RA. La droite PQ étant perpendiculaire au milieu
de ER, on a KR = KE = GD = AH. Les droites KR, AH sont
d'ailleurs parallèles; donc la figure KRAH est un parallélogramme dans lequel KH = RA. Mais le point A étant le milieu de l'hypoténuse OD
du triangle rectangle DRO,
on a AR = AD, et par con-
séquent KH = AD = GH =
KL. On prouverait de même
que KN = KL.

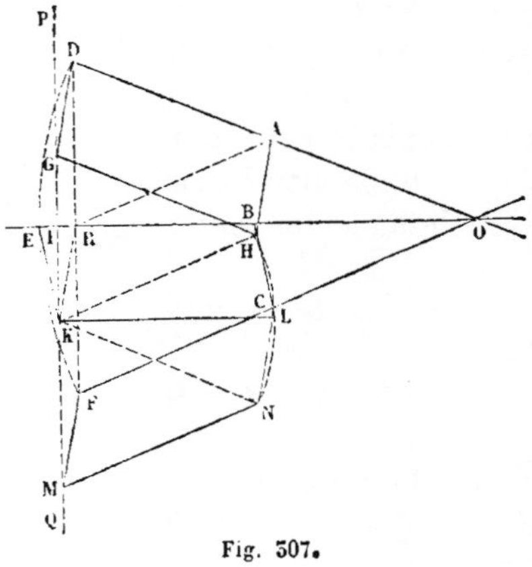

Le point K est donc à
égale distance des trois
points H, L et N.

La corde DF représente
la course du piston. Watt
déterminait la longueur OD
par la condition que la distance OI fût triple de la
demi-course DR. Appe-

Fig. 507.

lons l la longueur OD, α l'angle d'écart DOE, et p la course DF;
nous aurons entre ces trois quantités les équations

$$\frac{1}{2}l(1+\cos\alpha)=\frac{3}{2}p$$

et

$$p=2l\sin\alpha.$$

On déterminera donc α par l'équation

$$\frac{1+\cos\alpha}{2}=3\sin\alpha,$$

ou bien

$$\frac{2\sin\frac{\alpha}{2}\cos\frac{\alpha}{2}}{2\cos^2\frac{\alpha}{2}}=\frac{1}{6},$$

ou enfin

$$\tan\frac{\alpha}{2}=\frac{1}{6}.$$

Donc

$$\alpha = 18° 65' 28''.$$

Avec cet angle d'écart, les quantités OD, DF et RI sont entre elles comme les nombres entiers

$$57, \quad 24, \quad 1.$$

Enfin Watt donnait à la bride DG une longueur comprise entre p et $\frac{6}{7} p$.

La déviation est très-petite. De Prony, opérant sur des longueurs $l = 2^m,515$ et $DG = 0^m,762$, l'a trouvée seulement de 2 millimètres; M. Tchébychef a indiqué, dans les Mémoires de l'Académie de Pétersbourg (1854 et 1861), certaines modifications de tracé, qui permettraient de la réduire encore beaucoup. Mais cette amélioration n'a pas pénétré dans la pratique.

PARALLÉLOGRAMME POUR BATEAUX.

280. Dans les bateaux à vapeur à palettes, on ne peut pas placer le balancier au-dessus des cylindres, parce que cette pièce a un poids très-lourd, qui compromettrait la stabilité du bâtiment.

La tige du piston (fig. 308) fait mouvoir une potence aux extrémités de laquelle sont attachées deux bielles descendantes AB (la seconde est cachée derrière la première).

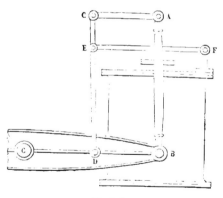

Fig. 308.

Le point A est donc animé d'un mouvement rectiligne alter-

natif suivant la verticale, et le point B, d'un mouvement circulaire alternatif autour du centre C. Une tige rigide DE, articulée en D avec le balancier CB, et en E avec le contre-balancier
EF, porte, en un point G de son prolongement, une bride GA
qui la rattache invariablement à la tête du piston; on dispose
des proportions de la figure de manière que le point G décrive
à très-peu près une droite verticale. La bride GA, toujours
égale et parallèle à DB, maintient donc la tige du piston sur
la verticale, malgré les actions exercées obliquement par la
bielle AB, lorsque la figure n'est pas dans sa position moyenne.

APPAREIL ARTICULÉ POUR OPÉRER SUR UN PLAN LA TRANSFORMATION
PAR RAYONS VECTEURS RÉCIPROQUES.

281. Deux droites égales, OA, OB, sont assujetties à **tourner
autour d'un centre fixe O. Un losange** articulé, ACBD, a deux

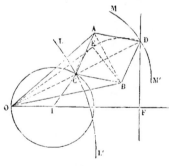

sommets opposés, **A et B**,
situés aux extrémités des
droites OA, OB. Il résulte de
cette disposition que les deux
autres sommets, **C et D**, sont
toujours sur une même droite
passant par le point O, et
perpendiculaire au milieu
de la diagonale AB. Je dis de
plus que le produit OC × OD
est constant.

Fig. 309.

En effet, du point B,
comme centre, et avec un rayon BC, décrivons un cercle qui
passera par le point D ; du point O, menons à ce cercle une
tangente OE. Nous aurons

$$OC \times OD = \overline{OE}^2 = \overline{OB}^2 - \overline{BE}^2 = \overline{OB}^2 - \overline{BC}^2,$$

quantité constante, quelle que soit la déformation de la figure.

Si donc on fait suivre au point C une ligne quelconque LL',

un crayon placé au sommet D tracera la ligne MM', transformée de LL' par rayons vecteurs réciproques. Le produit
constant des rayons vecteurs conjugués sera la différence des
carrés des longueurs OB, OC.

M. Peaucellier a fait observer que l'on pouvait, en assujettissant le sommet C à se mouvoir le long d'une circonférence passant par le point O, faire décrire une droite au
sommet D. Il suffit pour cela de relier le point C à un centre
fixe, I, par une bride invariable IC, dont la longueur soit égale
à la distance OI des deux centres fixes; la transformée par
rayons vecteurs réciproques du cercle décrit par le point C sera
la droite DF, perpendiculaire à la direction OL (§ 112).

Cette remarque renferme la solution rigoureuse du problème que Watt a approximativement résolu par son *parallélogramme articulé*. Il suffit, en effet, de soutenir la tige du piston,
mobile le long de la droite DF, par le système OICBDA, pour
que la transmission du mouvement au balancier, au moyen
d'une bielle faisant suite à la tige FD, n'entraine aucune déviation latérale de cette tige.

La transformée par rayons vecteurs réciproques d'une circonférence étant une autre circonférence, on peut se servir
du même dispositif pour tracer un cercle de rayon très-grand,
en faisant suivre au point C un cercle de rayon plus petit. Le
tracé des cartes stéréographiques, par exemple, pourrait être
notablement simplifié au moyen du parallélogramme articulé
de M. Peaucellier.

MOUVEMENT DU TIROIR POUR UNE DISTRIBUTION SIMPLE.

282. Le tiroir d'une machine à vapeur est conduit par un
excentrique à collier, qui équivaut à une manivelle dont la
longueur serait égale à l'excentricité (§ 272). Nous allons
exposer la théorie générale du mouvement du tiroir, d'après
M. Zeuner, de Zurich[1].

[1] *Traité des distributions par tiroirs*, traduction de MM. Debize et Mérijot,
1869, Dunod.

Soit B le point milieu du tiroir; OB, la direction de la *glace*
du tiroir, c'est-à-dire du plan sur lequel il glisse dans un sens
et dans l'autre, en découvrant alternativement les lumières
d'admission. Ce plan prolongé passe par l'axe O de l'arbre
tournant. La direction suivie par le piston de la machine passe
aussi par le point O; nous la représenterons par la droite OZ.

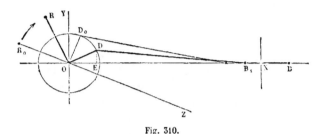

Fig. 310.

Soit OR la manivelle motrice, et OD la manivelle équivalente à l'excentrique; l'angle ROD des deux manivelles est
constant.

La manivelle OD mène la bielle DB, qui conduit le tiroir B_1B.
Soit $OD = r$, $DB_1 = l$, $B_1B = l_1$, quantités constantes.

Pour définir la position du piston et celle du tiroir, **nous
donnerons** l'angle $\omega = R_0OR$ de la manivelle motrice avec la
direction ZO prolongée; si OD_0 est la position de l'excentrique
quand la manivelle motrice passe au point mort R_0, l'an-
gle D_0OD sera égal à ω. La direction OD_0 fait un angle $YOD_0 = \delta$,
avec la perpendiculaire OY élevée sur la glace du tiroir, et
c'est cet angle que nous appellerons *angle d'avance* du tiroir,
ou *avance angulaire*.

Cherchons la distance OB. Pour cela projetons le point D en
E sur la droite OB; nous aurons

$$OE = OD \cos DOE = r \sin YOD = r \sin (\omega + \delta),$$
$$ED = r \cos (\omega + \delta),$$
$$EB_1 = \sqrt{\overline{DB_1}^2 - \overline{DE}^2} = \sqrt{l^2 - r^2 \cos^2 (\omega + \delta)} = l \sqrt{1 - \left(\frac{r}{l}\right)^2 \cos^2 (\omega + \delta)}.$$

Développons en série le radical par la formule du binôme, et arrêtons-nous au second terme :

$$\sqrt{1 - \left(\frac{r}{l}\right)^2 \cos^2(\omega + \delta)} = 1 - \frac{r^2}{2l^2}\cos^2(\omega + \delta).$$

Dans cette formule, on néglige les puissances de $\frac{r^2}{l^2}$. Nous nous contenterons de cette approximation, et nous aurons par conséquent

$$OB = x = OE + EB_1 + B_1 B$$
$$= r\sin(\omega + \delta) + l + l_1 - \frac{r^2}{2l}\cos^2(\omega + \delta).$$

Dans cette équation, donnons successivement à ω les valeurs 0 et π, qui correspondent aux deux points morts de la manivelle motrice : il viendra

$$\text{pour } \omega = 0, \quad x_1 = r\sin\delta + l + l_1 - \frac{r^2}{2l}\cos^2\delta,$$
$$\text{pour } \omega = \pi, \quad x_2 = -r\sin\delta + l + l_1 - \frac{r^2}{2l}\cos^2\delta.$$

Cherchons le milieu, X, de l'intervalle des deux points définis sur la droite OB par ces valeurs x_1 et x_2. Si l'on représente par x' l'abscisse de ce point, qu'on appelle *centre d'oscillation* du tiroir, on aura

$$x' = \frac{x_1 + x_2}{2} = l + l_1 - \frac{r^2}{2l}\cos^2\delta.$$

Comptons maintenant les abscisses du point B à partir du point X, et soit ξ la distance XB, ou l'*écart du tiroir;* il vient

$$\xi = x - x' = r\sin(\omega + \delta) - \frac{r^2}{2l}\left[\cos^2(\omega + \delta) - \cos^2\delta\right]$$
$$= r\sin(\omega + \delta) + \frac{r^2}{2l}\sin(2\delta + \omega)\sin\omega$$
$$= r\sin\delta\cos\omega + r\cos\delta\sin\omega + \frac{r^2}{2l}\sin(2\delta + \omega)\sin\omega,$$

expression de la forme

$$\xi = A\cos\omega + B\sin\omega + F.$$

dans cette équation, A et B sont des constantes; F est une
fonction de ω, mais cette fonction n'acquiert jamais de
bien grandes valeurs, parce qu'elle contient en facteur la
quantité $\frac{r^2}{l}$, laquelle est toujours très-petite. C'est un terme
correctif qu'on peut supprimer dans la plupart des applications.

DIAGRAMME DE M. ZEUNER.

283. Laissant de côté le terme correctif F, M. Zeuner a
donné une interprétation géométrique de la formule

$$\xi = A\cos\omega + B\sin\omega,$$

qui définit l'écart du tiroir à partir de son centre d'oscillation,
en fonction de l'angle ω, décrit à partir du point mort par la
manivelle motrice. Cette équation,
considérée comme une relation entre
l'angle polaire ω et le rayon vecteur ξ,
représente une circonférence passant
par le pôle.

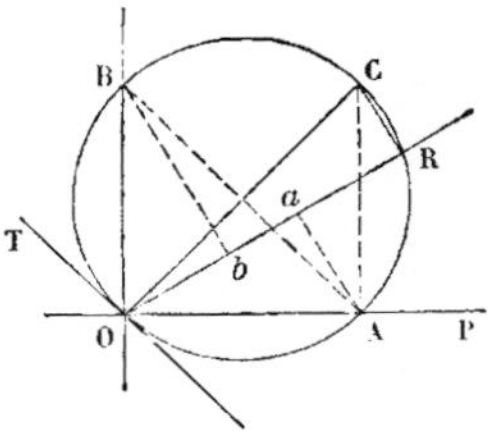

Soit OP l'axe polaire, O le pôle.

Prenons sur OP une longueur
OA = A, et sur une perpendiculaire
à OP une longueur OB = B. Puis fai-
sons passer une circonférence par les trois points A, O, B. Ce
sera la circonférence cherchée.

Fig. 311.

En effet, menons par le point O une droite quelconque OR,
faisant avec OP un angle ROP = ω. Projetons les points B et
A en b et a sur la droite OR. Nous aurons $Oa = A\cos\omega$,
$Ob = B\sin\omega$. Menons le diamètre OC. Les quatre points O, B,
C, A, sont les sommets d'un rectangle inscrit, et par suite
la corde AC est égale et parallèle à OB. D'ailleurs si l'on joint
CR, l'angle CRO est droit; aR est la projection sur OR de
la droite CA, égale et parallèle à OB. Donc aR = Ob, et par conséquent $A\cos\omega + B\sin\omega = $ OR. Donc enfin OR = ξ.

L'écart du tiroir est ainsi représenté, pour un angle ω donné, par la longueur OR correspondante à cet angle.

Si l'on attribue à ω des valeurs supérieures à l'angle TOP, qui correspond à la tangente au cercle au point O, mais inférieures au même angle augmenté de π, l'écart ξ devient négatif, et considéré comme rayon vecteur, il doit être porté sur le prolongement de la droite qui fait avec OP l'angle ω; cette construction reproduit la circonférence OACB déjà décrite. Comme les valeurs négatives de ξ correspondent à des écarts du tiroir différents de ceux qui sont représentés par les valeurs positives, il est bon de distinguer sur la figure les deux circonférences qui correspondent à chacune de ces valeurs; on y parvient en convenant de prendre toujours positivement la valeur de ξ considérée comme un rayon vecteur, ce

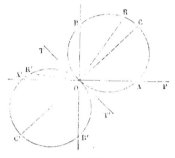

Fig. 512.

qui conduit à adopter (fig. 512) la circonférence OACB pour les valeurs qui sont naturellement positives, et une circonférence égale, OA'C'B', tangente au point O à la première, pour les valeurs négatives prises positivement. Ainsi, pour l'angle ω = ROA décrit par la manivelle motrice, l'écart du tiroir sera positif et égal à OR; pour l'angle R'OA, il sera négatif et égal à — OR'. Les limites de l'écart dans un sens et dans l'autre sont + OC, et — OC', pour des angles ω égaux à COA et à COA + π. Le diamètre OC des circonférences est égal à $\sqrt{A^2 + B^2}$, et l'angle COA a pour tangente $\dfrac{B}{A}$.

Dans le cas de la distribution simple on a

$$A = r \sin \delta,$$
$$B = r \cos \delta.$$

Donc

$$\sqrt{A^2 + B^2} = r$$

et

$$\frac{B}{A} = \frac{\cos \delta}{\sin \delta} = \cot. \ \delta = \tang \left(\frac{\pi}{2} - \delta \right).$$

Le diamètre des circonférences qui constituent le diagramme est égal au rayon d'excentricité, et l'angle COA est le complément de l'avance angulaire.

Le même procédé s'applique au tracé d'un *diagramme des vitesses* du tiroir. L'angle ω croît proportionnellement au temps, quand on suppose constante la vitesse angulaire de l'arbre tournant; négligeant le terme correctif F, on a, en appelant Ω cette vitesse angulaire,

$$\frac{d\xi}{dt} = \left[- A \sin \omega + B \cos \omega \right] \Omega.$$

La vitesse linéaire du tiroir est donc proportionnelle à la fonction B cos ω — A sin ω, laquelle peut se représenter par les rayons vecteurs d'une circonférence, ou mieux d'une double circonférence, si l'on exclut encore les valeurs négatives du rayon vecteur. Les circonférences des espaces pourront être employées pour représenter les vitesses, moyennant qu'on choisisse convenablement l'échelle, et qu'on fasse tourner les deux cercles d'un angle droit dans leur plan autour du point O.

Enfin on obtiendrait la *courbe des accélérations* en changeant encore l'échelle et en faisant tourner d'un nouvel angle droit la courbe des vitesses, ce qui ramène à la courbe des espaces. On a en effet

$$\frac{d\xi}{dt} = - (A \cos \omega + B \sin \omega) \ \Omega^2 = - \Omega^2 \xi.$$

Nous verrons plus tard, dans l'étude de la machine à vapeur, l'utilité de ces diverses considérations.

Si l'on conservait le terme correctif, $F = \dfrac{r^2}{2l} \sin (2\delta + \omega) \sin \omega$ dans la formule qui donne ξ, on obtiendrait une courbe différente du cercle; mais le terme F est toujours très-petit en valeur absolue, et s'annule pour quatre positions de la manivelle motrice, définies par les quatre équations

$$\omega = 0, \qquad 2\delta + \omega = 0,$$
$$\omega = \pi, \qquad 2\delta + \omega = \pi,$$

c'est-à-dire pour les angles — 2δ, 0, $\pi - 2\delta$ et π.

Le maximum de sa valeur absolue correspond au maximum ou au minimum de $\sin (2\delta + \omega) \sin \omega$; égalant à zéro la dérivée de ce produit par rapport à ω, il vient

$$\cos (2\delta + \omega) \sin \omega + \sin (2\delta + \omega) \cos \omega = \sin (2\delta + 2\omega) = .0$$

Le maximum cherché correspond aux quatre valeurs

$$2\delta + 2\omega = 0, \qquad 2\delta + 2\omega = 2\pi,$$
$$2\delta + 2\omega = \pi, \qquad 2\delta + 2\omega = 3\pi,$$

ou bien à $\omega = - \delta$, $\omega = \dfrac{\pi}{2} - \delta$, $\omega = \pi - \delta$, $\omega = \dfrac{3}{2}\pi - \delta$,

angles qui définissent deux directions rectangulaires.

Les valeurs correspondantes de la fonction sont :

$$F = - \frac{r^2}{2l} \sin^2\delta \quad \text{pour une des directions,}$$

et $F = + \dfrac{r^2}{2l} \cos^2\delta$ pour l'autre.

On pourra, s'il en est besoin, corriger à l'aide de ces valeurs les cercles du diagramme.

COULISSE DE STEPHENSON.

284. La *coulisse de Stephenson* est l'appareil le plus généralement employé sur les locomotives pour changer le sens de la marche, et pour faire varier la détente de la vapeur.

Deux excentriques circulaires égaux, A et A', sont calés sur un même arbre tournant O (fig. 313). Les barres AB, A'B' de ces deux excentriques sont articulées aux points B et B' avec une *coulisse* en arc de cercle, dans laquelle est engagé le *coulis-*

seau C. Un point particulier de la coulisse, le point B par exemple, est en outre assujetti à rester à une distance invariable, LB′, d'un point fixe L. Le coulisseau C fait corps avec

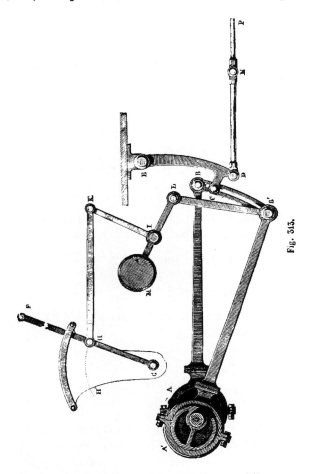

Fig. 313.

une pièce CDE suspendue au point fixe E et mobile autour de ce point. Elle commande par son extrémité D une tige DNP, articulée aux points D et N, et destinée à transmettre au *tiroir* un mouvement rectiligne alternatif. On peut modifier l'ampli-

tude de ce mouvement en relevant plus ou moins la coulisse BB′; pour cela, on n'a qu'à agir sur le levier FG, appelé
levier de changement de marche, en faisant décrire à l'articulation H, autour du centre G, une portion plus ou moins grande
de l'arc de cercle HH′. La tringle HK transmet ce déplacement
au levier coudé KIL, mobile autour de *l'arbre de relevage* I.
Une double *bielle de relevage*, LB′, rattache l'extrémité L de ce
levier à l'articulation B′ de la coulisse. Le contre-poids M, qui
équilibre les pièces mobiles dans toutes leurs positions, est
destiné à faciliter ces manœuvres.

La théorie de la coulisse de Stephenson a été faite par
M. Phillips[1].

Réduisons les excentriques aux manivelles équivalentes
OA, OA′; soient (fig. 514) AB,
A′B′, les bielles qui com-
mandent la coulisse BB′; soit
P un point de la coulisse attaché à distance invariable du
point L, lequel reste fixe tant
qu'on n'altère pas la position
du levier de changement de
marche. Cherchons le centre

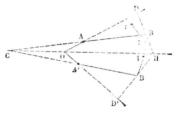

Fig. 514.

instantané de rotation du système solide BB′.

Soit H le centre cherché.

Le point P, dans le mouvement instantané de la coulisse,
est assujetti à rester à une distance invariable du point L.
Donc la droite LP est normale au déplacement du point P, et
par suite le point H se trouve sur la droite LP prolongée. Joignons HB, HB′. La coulisse tournant autour du point H, par
hypothèse, on peut regarder la transmission comme s'opérant
du centre O au centre H par une bielle AB, et par deux manivelles inégales OA, BH, ou bien par le bielle A′B′ et par deux
manivelles inégales OA′, HB′.

Le point D, point de concours des droites OA, HB, est le cen-

[1] *Annales des mines*, 1854.

tre instantané de la bielle AB, et le point D′, point de concours des droites OA′, HB′, est le centre instantané de la
bielle A′B′.

Joignons HO, et prolongeons les droites BA, HO jusqu'à leur
rencontre en C. Le rapport des vitesses angulaires simultanées autour des centres H et O, résultant de la liaison OABH,
sera égal au rapport des segments, $\dfrac{CO}{CH}$. De même si l'on prolonge B′A′ jusqu'à la rencontre de HO en un point C′, le rapport des vitesses angulaires autour des mêmes centres, résultant de la liaison OA′B′H, sera égal à $\dfrac{C'O}{C'H}$.

Ces deux rapports devant être égaux, le point C′ et le point
C coïncident. Donc le point H est situé à l'intersection de la
droite LP avec la droite CO, qui joint le point O au point de
concours C des directions BA, B′A′ des bielles.

285. Pendant le relevage de la coulisse, l'arbre tournant O
restant immobile, le point B tourne autour de l'articulation A ;
la droite BA est donc normale à la trajectoire du point B,
de même la droite B′A′ est normale à la trajectoire décrite
par le point B′ ; donc enfin l'intersection C de ces deux droites
est le centre instantané de rotation de la coulisse pendant
l'opération du relevage.

286. Lorsque le coulisseau est très-près du point B, l'excentrique A commande seul la marche du tiroir. Si on le fait passer
au point B′, en relevant la coulisse, c'est l'excentrique A′ qui
commande la marche, et la distribution est renversée ; la machine prend alors la marche rétrograde. Si enfin le coulisseau
est amené au milieu I de la coulisse, on dit que la coulisse est
au point mort ; le tiroir conserve un petit mouvement oscillatoire, généralement insuffisant pour démasquer les lumières
d'admission, et la distribution de la vapeur est interrompue.
La course du tiroir varie quand on change la position du coulisseau, soit entre les points I et B, soit entre les points I et B′ ;
en même temps la longueur de la *détente* de la vapeur dans
le cylindre est modifiée.

Le mouvement du tiroir est encore défini approximativement par une équation de la forme

$$\zeta = A \cos \omega + B \sin \omega + F,$$

F étant un terme de correction qui reste très petit lorsque
le rayon d'excentricité est suffisamment petit par rapport à la
longueur des bielles. Mais cette équation suppose que la coulisse BB' est un arc de cercle de rayon égal à la longueur AB
des bielles. Quand il en est autrement, le centre d'oscillation
du tiroir n'est pas immobile et se déplace suivant les positions du coulisseau sur la coulisse.

JOINT UNIVERSEL.

287. La transmission connue sous le nom de *joint universel* ou de *joint hollandais*, a pour objet de transformer un mouvement de rotation autour d'un axe en un mouvement de rotation autour d'un autre axe rencontrant le premier, de telle
sorte que, lorsque le premier arbre fait un tour entier, le second fasse aussi un tour entier.

Soit AB le premier axe, et EF le second ; les deux directions de ces axes se coupent en un point O.

La transmission s'établit en ajoutant aux deux arbres des
fourchettes demi-circulaires CBD, GFH ; la figure suppose que
l'une, CBD, est tracée dans le plan du papier, tandis que l'autre, GFH, est tracée
dans un plan perpen-
diculaire au plan de
la première ; elles
ont chacune la forme
d'une demi-circonfé-
rence décrite du point
O comme centre. Aux

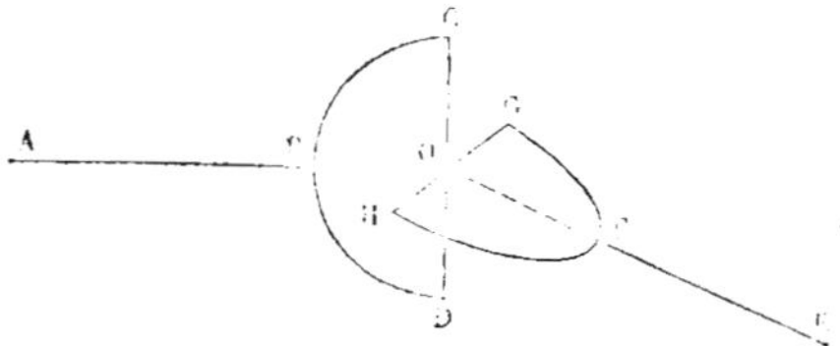

Fig. 315.

points C, D, G, H, les fourchettes sont percées pour recevoir les
extrémités des branches d'un *croisillon* solide CGDH, dont les

deux branches CD, HG se coupent au point O à angle droit et en parties égales.

Si l'on fait tourner la fourchette CBD autour de l'axe AB, la branche CD du croisillon est entraînée dans ce mouvement ; les points C et D décrivent une circonférence dans un plan perpendiculaire à l'axe OA. L'angle COH reste toujours droit, et les points H et G de l'autre branche restent à des distances constantes des points C et D, tout en parcourant une circonférence dont le plan est normal à l'axe OE.

Lorsque l'extrémité C revient à son point de départ, le premier arbre a fait un tour entier, mais l'extrémité H est revenue à son point de départ, et l'arbre EF a aussi fait un tour entier.

288. Proposons-nous d'étudier le mouvement du croisillon pendant la durée d'une révolution entière accomplie à la fois par les deux arbres.

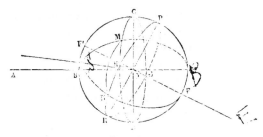

Fig. 516.

Considérons (fig. 516) la sphère qui a le point O pour centre et la distance OC pour rayon. L'extrémité C de la fourchette CBD décrit sur cette sphère le grand cercle CMD, dont le plan est normal à l'axe AO ; l'extrémité H de l'autre fourchette, que nous pouvons concevoir comme située sur la même surface sphérique, décrit sur cette surface une circonférence de grand cercle PNR, dont le plan est normal à l'axe OE. Par hypothèse, la distance sphérique des deux points mobiles est constante et égale à un quadrant. Si donc le premier point s'avance en M sur la première circonférence, on trouvera la position correspondante du second en décrivant du point M comme centre, avec un rayon sphérique MN égal à un quadrant, un arc qui coupera le cercle PR au point N cherché.

Soit α l'angle B'OE que fait le prolongement de l'axe AB avec l'autre axe FE. Appelons x l'arc CM qui définit la position du point M, et y l'arc HN qui définit la position correspondante du point N. Le triangle sphérique MHN a pour côtés

$$\text{MH,} \qquad \text{HN,} \qquad \text{MN}$$

$$\text{les arcs} \quad \frac{\pi}{2} - x, \qquad y, \quad \text{et} \quad \frac{\pi}{2}.$$

L'angle MHN, opposé au côté $\frac{\pi}{2}$, est égal au supplément de l'angle B'OE, ou à $\pi - \alpha$.

Le triangle polaire du triangle MHN aura pour angles

$$\frac{\pi}{2} + x, \qquad \pi - y, \quad \text{et} \quad \frac{\pi}{2}.$$

Il sera donc rectangle, et l'hypoténuse sera égale à α. Or le cosinus de l'hypoténuse est le produit des cotangentes des angles contigus : on aura donc

$$\cos \alpha = \cot \left(\frac{\pi}{2} + x \right) \cot (\pi - y) = \operatorname{tang} x \cot y,$$

ou enfin

$$\operatorname{tang} x = \operatorname{tang} y \cos \alpha,$$

relation à laquelle on serait parvenu directement en appliquant la formule fondamentale au triangle sphérique MNH, dans lequel le côté MN est égal à un quadrant.

Différentiant, il vient

$$\frac{dx}{\cos^2 x} = \frac{dy}{\cos^2 y} \cos \alpha;$$

le rapport $\dfrac{dx}{dy}$ est le rapport des vitesses angulaires, ω et ω', autour des arbres AO et OE, et l'on a

$$\frac{\omega}{\omega'} = \frac{dx}{dy} = \frac{\cos^2 x \cos\alpha}{\cos^2 y}.$$

Or de l'équation

$$\tan g\, x = \tan g\, y \cos\alpha$$

on tire

$$\cos^2 x = \frac{1}{1 + \tan g^2 y \cos^2\alpha}.$$

Donc

$$\frac{\omega}{\omega'} = \frac{\cos\alpha}{\cos^2 y\,(1 + \tan g^2 y \cos^2\alpha)} = \frac{\cos\alpha}{\cos^2 y + \sin^2 y \cos^2\alpha} = \frac{\cos\alpha}{1 - \sin^2 y + \sin^2 y \cos^2\alpha}$$

$$= \frac{\cos\alpha}{1 - \sin^2\alpha \sin^2 y}.$$

Le minimum du rapport $\dfrac{\omega}{\omega'}$ correspond au minimum de $\sin^2 y$, c'est-à-dire à $y = 0$ et $y = \pi$; le point N passe alors au point H ou au point G, et le rapport $\dfrac{\omega}{\omega'}$ a pour valeur $\cos\alpha$.

Le maximum a lieu pour $y = \dfrac{\pi}{2}$ ou $\dfrac{3\pi}{2}$, c'est-à-dire pour le passage du point N en P ou en R, et du point M en H ou en G; la valeur minimum est $\dfrac{\omega}{\omega'} = \dfrac{\cos\alpha}{1 - \sin^2\alpha} = \dfrac{1}{\cos\alpha}$

Le rapport $\dfrac{\omega}{\omega'}$ est donc toujours compris entre les deux limites $\cos\alpha$ et $\dfrac{1}{\cos\alpha}$. Sa valeur moyenne pour un tour entier est l'unité; lorsque y augmente de 2π, x augmente aussi de 2π. La période la plus petite est égale à un quart de tour.

La valeur moyenne du rapport est ainsi la moyenne proportionnelle entre ses valeurs extrêmes.

289. En général, soit $f(y)$ une fonction de la variable y, dont on demande la valeur moyenne dans l'intervalle compris en-

tre les valeurs $y = m$, $y = n$. Cette valeur moyenne est donnée par l'équation

$$u = \frac{\int_m^n f(y)\, dy}{n - m}.$$

Cherchons, d'après cette règle, la valeur moyenne du rapport $\frac{\omega}{\omega'}$ pour un tour entier, c'est-à-dire entre les limites $y = \beta$ et $y = \beta + 2\pi$, β étant un arc quelconque.

Nous aurons pour la valeur cherchée

$$u = \frac{\int_\beta^{\beta+2\pi} \frac{\omega}{\omega'}\, dy}{2\pi}$$

Mais $\frac{\omega}{\omega'} dy = dx$, et comme x augmente de 2π quand y augmente lui-même de 2π, nous trouverons, en définitive,

$$u = \frac{2\pi}{2\pi} = 1.$$

On en déduit l'identité

$$\int_\beta^{\beta+2\pi} \frac{\cos \alpha\, dy}{1 - \sin^2\alpha \sin^2 y} = 2\pi,$$

quels que soient les arcs constants β et α.

290. Reprenons la recherche du rapport $\frac{\omega}{\omega'}$ par la géométrie.

Par le point M et l'axe OA faisons passer un plan : il coupera la surface de la sphère suivant le grand cercle BMB', et l'arc BM de ce cercle sera la position prise par la demi-fourchette de l'arbre AB quand elle aboutit au point M. De même, faisons passer un plan par le point N et l'axe OE; il coupera la sphère suivant le grand cercle FNF', et l'arc FN représentera la position correspondante de la demi-fourchette de l'arbre OF. Le plan BMB' est normal au grand cercle CM, trajectoire de l'extré-

mité M du quadrant MN; de même le plan F'NF est normal
en N à la trajectoire PNR de l'autre extrémité du même quadrant.

Ces deux plans se coupent suivant une droite qui passe par
le centre O de la sphère et par le point S, intersection des
deux grands cercles tracés à sa surface. La droite OS est donc
l'*axe instantané de rotation* du quadrant mobile MN, c'est-à-
dire du croisillon. En d'autres termes, à chaque instant le
croisillon a pour axe instantané de rotation l'intersection des
plans des deux fourchettes.

Le point S, intersection des deux grands cercles déterminés
par ces plans, est mobile à la surface de la sphère ; il coïncide
avec le point F' quand la figure est dans la position que nous
lui avons attribuée en premier lieu; il coïncide avec le point
B quand la fourchette CBD s'est avancée d'un angle droit.
Enfin, le point S décrit à la surface de la sphère une courbe
fermée comprise entre les points F' et B ; cette courbe
peut servir de directrice à un cône dont le sommet est au
point O, et qui contient la suite des axes instantanés du croisillon.

Pour avoir le rapport des vitesses angulaires des deux arbres
à un même instant, il suffit d'observer que la vitesse angulaire
du premier arbre AB est égale à la vitesse linéaire du point
M, divisée par la distance MO, du point M à cet arbre, laquelle
distance est constante ; que de même la vitesse angulaire du
second arbre est égale à la vitesse linéaire du point N divisée
par la distance NO, qui est aussi constante et égale à MO. Les
vitesses angulaires des deux arbres sont donc entre elles
comme les vitesses linéaires des points M et N ; mais les points
M et N, considérés comme appartenant au croisillon , ont des
vitesses proportionnelles à leurs distances respectives à l'axe
instantané OS. Le rapport des vitesses angulaires $\frac{\omega}{\omega'}$ varie donc
avec ces distances. Dans la première position que nous avons
supposée pour le joint, il est égal au rapport des distances des
points C et H à l'axe OF' (fig. 517), et si nous abaissons CC'

perpendiculaire sur OF′, il sera exprimé par la fraction $\frac{CC'}{IIO} = \text{Cos} z$, qui est plus petite que l'unité.

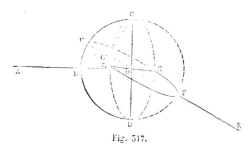

Fig. 317.

Dans la position à 90° en avant de la première (fig. 518), l'axe AO est devenu l'axe instantané de rotation, et par suite le rapport des deux vitesses angulaires est exprimé par la fraction $\frac{IIO}{RR'}$, rapport égal à l'inverse du précédent.

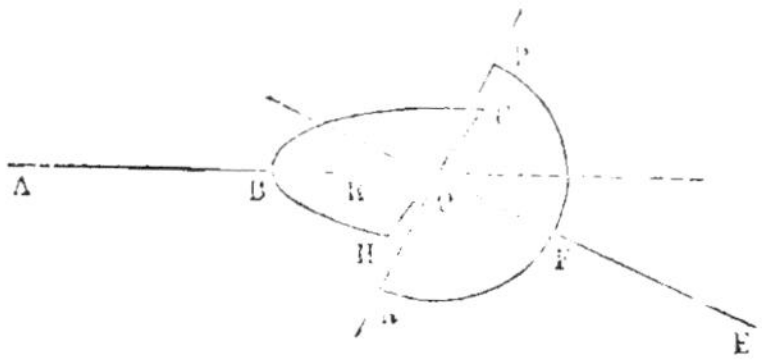

Fig. 518.

Le rapport des vitesses angulaires, qui est en moyenne égal à l'unité, varie entre ces deux limites.

On voit que les variations du rapport des vitesses sont d'autant moindres que l'angle AOE des deux arbres est plus voisin de deux droits. La transmission est possible tant que cet angle est supérieur à un droit : de là le nom d'*universel* donné à ce système de joint. Mais lorsque l'angle des deux arbres est droit, la transmission cesse d'être admissible, car alors les distances CC′ et RR′ sont nulles ; de sorte que, si la vitesse angulaire de l'un des arbres est constante, la vitesse angulaire de l'autre devrait varier à chaque tour de zéro à l'infini, ce qui dénote une impossibilité.

291. Le joint universel est employé dans les ateliers où l'on doit installer un arbre tournant d'une très-grande longueur.

L'ajustage d'un tel arbre sur un grand nombre de paliers serait extrêmement difficile, et demanderait une précision à peu près impossible à réaliser dans la pratique : un léger tassement, une petite déviation dans la pose, fausseraient la direction de l'arbre et donneraient naissance à des résistances presque insurmontables. On évite cet inconvénient en fractionnant l'arbre en tronçons et en réunissant ces tronçons les uns aux autres par le système de fourchettes et croisillons. Les angles de deux tronçons successifs étant très-voisins de 180°, les rapports des vitesses angulaires sont à très peu près égaux à l'unité, comme si l'arbre était continu.

Les Hollandais se sont longtemps servis du joint universel pour rattacher la *vis d'Archimède*, destinée aux épuisements de leurs polders, à un arbre horizontal qu'un moulin à vent met en mouvement. Les variations du rapport des vitesses angulaires sont sans inconvénient pour ce genre de travail. Elles empêcheraient, au contraire, d'employer le joint universel pour les transmissions à grande vitesse, lorsque l'angle des deux axes n'est pas très ouvert.

DOUBLE JOINT DE HOOKE.

292. Lorsqu'on veut transmettre un mouvement de rotation d'un arbre à un autre arbre qui rencontre le premier sous un angle droit, le joint universel ne s'applique plus; mais on peut couper les deux axes donnés par un axe auxiliaire faisant avec chacun d'eux des angles plus ouverts, et appliquer un joint universel du premier axe à l'axe auxiliaire, et un autre joint universel de l'axe auxiliaire au second axe donné.

Si l'angle des deux axes donnés, sans être rigoureusement droit, était voisin de l'angle droit, la transmission directe par joint universel serait défectueuse, parce qu'elle donnerait lieu à de très-fortes variations du rapport des vitesses. En employant un axe auxiliaire, on pourra ouvrir les angles davantage et

réduire de beaucoup ces inégalités, et même, si l'on fait en
sorte que l'axe auxiliaire coupe les deux axes donnés sous des
angles égaux, les variations de vitesse produites par le premier joint pourront être exactement corrigées par celles que
produit le second, de telle manière que la transmission de-
vienne rigoureusement uniforme. On obtient alors le double
joint de Hooke.

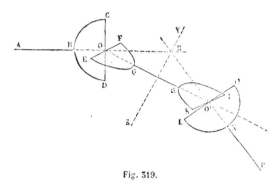

Fig. 519.

Soient (fig. 519) AB, PN, les deux axes donnés, qui se coupent en R sous un angle quelconque ARP. Prenons à partir du point R deux longueurs égales, $RO = RO'$; menons
la droite OO', qui nous servira d'axe auxiliaire; elle coupe les
deux autres axes sous des angles AOO', OO'P égaux chacun à
la moitié de l'angle ARP augmentée d'un angle droit. Établis-
sons un premier joint universel en O, à la rencontre des
axes AO, OO'; un second joint en O' à la rencontre des
axes OO', O'P. Nous rendrons parallèles les branches EF, KI
des deux croisillons qui sont liés à l'arbre intermédiaire OO',
ce qui revient à placer dans un seul et même plan les deux
fourchettes de cet arbre.

Par le point R, conduisons un plan XY perpendiculaire à
l'axe OO'. Il est facile de voir que dans toutes les positions du
système, les deux joints O et O' seront symétriques par rapport
à ce plan; le joint O' peut être considéré comme l'image du
joint O, vue dans un miroir plan qui serait placé en XY perpen-

diculairement à la droite OO'. Lorsque le point C de l'arbre AB parcourt un certain arc, le point M de l'arbre PN parcourt un arc symétrique et par suite égal, de sorte qu'en définitive les vitesses angulaires autour des arbres AB, PN sont constamment les mêmes, bien que la transmission s'opère de l'un à l'autre au moyen d'un arbre OO' dont la vitesse angulaire est variable.

295. Ce résultat est indépendant de la longueur OO', et subsiste encore à la limite lorsque les deux points O et O' viennent se confondre avec le point R. Pour rendre possible la

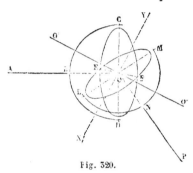

Fig. 320.

transmission ainsi concentrée sur un même point, il faut supprimer les branches CD, LM des croisillons, qui se gêneraient dans leur mouvement commun, et les remplacer par des circonférences massives décrites sur ces branches comme diamètres. Le mouvement des deux circonférences ne sera arrêté nulle part si leurs diamètres sont assez différents pour permettre à la plus petite de passer dans la plus grande.

La transmission prend alors la forme représentée par la figure 320 :

AB, premier axe,

CBD, première fourchette;

PN, second axe;

LNM, seconde fourchette, de rayon plus petit;

O, intersection des deux axes :

CEDF, circonférence massive, réunie à la première fourchette aux points C et D, mobile autour du diamètre CD, et tenant lieu de la branche CD du croisillon;

LFME, circonférence massive de diamètre un peu plus petit que la précédente; elle est rattachée à la seconde fourchette par les points L et M, autour desquels elle peut tourner, et à la première circonférence par les points E et F, situés à un quadrant des points G et M. Elle tient lieu de la branche LM du second croisillon. L'axe EF, qui représente à la fois les branches EF et KI des deux croisillons de l'axe OO', peu têtre à volonté conservé en entier, ou réduit à ses portions utiles, E et F.

La circonférence LFME doit être d'un diamètre assez petit pour passer dans le creux LNM de la seconde fourchette ; la seconde fourchette doit de même passer dans la circonférence CEDF, qui doit passer dans le creux CBD de la première fourchette.

Il ne reste rien de l'axe intermédiaire O'O''. Le mouvement des deux arbres est symétrique par rapport au plan XY, qui est normal à cet axe intermédiaire, et qui partage en deux parties égales l'angle des deux axes donnés.

L'ensemble des deux circonférences concentriques massives CEDF, LFME, dont l'une est mobile autour d'une droite, CD, passant par son centre, et dont l'autre est mobile autour d'un diamètre, E , de la première, à angle droit sur la droite CD, constitue l'*assemblage à la Cardan*.

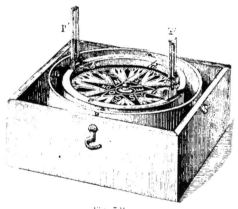

Fig. 521.
P, P' *pinnules* pour viser dans le plan vertical *ab*.

On l'emploie dans la marine pour la suspension de la boussole (fig. 521), des baromètres, etc.; l'instrument ainsi suspendu , libre d'osciller dans tous les sens , peut rester dans la position verticale sans participer aux oscillations du bâtiment.

APPLICATION DU JOINT AUX PRESSES TYPOGRAPHIQUES

294. Le joint universel est employé dans les presses typographiques pour transmettre le mouvement des rouleaux qui portent la composition, à la table de marbre sur laquelle est placé le papier. L'arbre dévié, auquel le joint communique le mouvement, porte un pignon qui engrène avec une crémaillère attachée à la table de marbre ; l'engrenage a lieu tantôt par-dessous, tantôt par-dessus, de manière que la table accomplisse toute sa course alternativement dans un sens et dans l'autre.

Ce mode de transmission a l'inconvénient de rendre variable le rapport des vitesses de la table et des rouleaux ; il en résulte pour l'impression le défaut connu sous le nom de *papillotage*.

M. Normand a entièrement corrigé ce défaut en substituant au pignon circulaire engrenant avec une crémaillère droite un pignon ovale engrenant avec une crémaillère ondulée. Le tracé de cet engrenage, à vitesse variable, est fait sous la condition de rendre uniforme le mouvement de la table ; l'irrégularité de la transmission par le joint universel est compensée dans chaque position des pièces par l'irrégularité due au pignon ovale.

Depuis, M. Heuze a imaginé une seconde solution dérivée des mêmes principes, et qui, tout en conservant le pignon circulaire et la crémaillère droite des anciennes machines, altère au moyen d'un engrenage à roues ovales la vitesse de rotation des rouleaux. Dans cette solution, la table de marbre conserve son mouvement irrégulier, mais les rouleaux reçoivent aussi un mouvement irrégulier tel, que le rapport des vitesses reste constant, ce qui suffit pour éviter le papillotage.

CHAPITRE VI

TRANSMISSIONS DIVERSES

MOUVEMENTS DIFFÉRENTIELS.

295. On appelle *mouvement différentiel* un mouvement lent obtenu par la composition de deux mouvements en sens contraires.

Les *trains épicycloïdaux*, par exemple, permettent de réaliser de véritables mouvements différentiels (§ 250). En voici d'autres exemples.

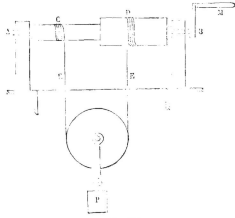

Fig. 522.

Le *treuil différentiel*, ou *treuil chinois* (fig. 522), consiste en

un arbre tournant horizontal, AB, sur lequel sont montés bout
à bout deux cylindres, C et D, de rayons différents. La corde E,
attachée par ses deux extrémités à la surface de ces cylindres,
s'enroule sur le cylindre D, et se déroule du cylindre C, à mesure
qu'on tourne la manivelle M. Elle soutient un poids P par l'intermédiaire d'une poulie. Soit r le rayon du cylindre C, et R
le rayon du cylindre D ; pour un tour de manivelle opéré dans
le sens convenable, le cylindre D enroulera une longueur de
corde sensiblement égale à $2\pi R$; en même temps, le cylindre
C déroulera une longueur de corde égale à $2\pi r$; le poids P montera de la demi-différence de ces deux longueurs, ou de $\pi(R-r)$;
le mouvement du poids P sera donc identique à celui qu'il
prendrait si l'on employait un treuil de rayon $\dfrac{R-r}{2}$. On verra
plus tard l'utilité de cette disposition.

296. La *vis différentielle* de Prony (fig. 523) repose sur un
principe analogue.

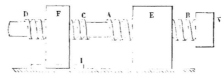

Fig. 523.

La vis V traverse deux écrous, E, F ; l'écrou E est fixe ; l'écrou
F est mobile le long d'une rainure, I.

La surface de la vis est garnie en AB d'un filet dont nous
désignerons le pas par h, de telle sorte que, quand on fait faire
un tour entier à la vis dans le sens convenable, la vis avance
dans son écrou, vers la gauche, d'une quantité égale à h.

La région CD de la vis est garnie d'un filet dont le pas, h', est
moindre que h ; l'écrou F est creusé suivant le tracé de ce filet.
Si donc la vis n'avait aucun mouvement longitudinal, un tour
entier de la vis ferait reculer vers la droite l'écrou mobile F de
la quantité h'. Mais la vis s'avançant vers la gauche de la
quantité h, et entraînant l'écrou dans ce mouvement, l'écrou

n'avance en définitive vers la gauche que de la différence $h - h'$, c'est-à-dire qu'il se déplace comme l'écrou mobile d'une vis fixe qui aurait un pas égal à cette différence.

297. Le mouvement est donné à la *machine à aléser* (fig. 524) par la roue G, montée sur l'arbre creux *cccc*. L'outil B est monté sur cet arbre, à l'intérieur duquel passe une vis IIII, prise à ses extrémités dans des collets fixés à l'arbre et entraînés dans son mouvement de rotation.

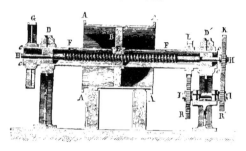

Fig. 524.

Le cylindre creux porte une roue d'engrenage L, qui engrène avec la roue R ; celle-ci fait corps par l'intermédiaire de l'axe I, avec une roue R′ qui engrène avec la roue K, donnant le mouvement à la vis. Il résulte de ces dispositions que, quand on fait tourner la roue G, l'outil B tourne au dedans du cylindre, et avance en même temps d'une certaine quantité.

Soit h le pas de la vis, n le nombre des dents de la roue K, n' et n'' les nombres des dents des roues R et R′, enfin m le nombre des dents de la roue L.

Pour un tour de la roue G, la roue L fait aussi un tour ; la roue R et la roue R′ font donc une fraction de tour égale à $\dfrac{m}{n'}$, et la roue K une fraction de tour égale à $\dfrac{m}{n'} \times \dfrac{n''}{n}$; c'est aussi le déplacement angulaire absolu de la vis IIII. Le déplacement angulaire de la vis par rapport à la roue L est donc égal à la différence $1 - \dfrac{m}{n'} \times \dfrac{n''}{n}$.

L'outil E, pendant qu'il fait un tour entier avec l'arbre, s'avance le long de cet arbre, en vertu du mouvement relatif imprimé à la vis, d'une quantité égale à $h\left(1 - \dfrac{m}{n'} \times \dfrac{n''}{n}\right)$.

En général, $n' = n''$ et $m = n - 1$, et le déplacement longitudinal de l'outil est égal à $h\left(1 - \dfrac{n-1}{n}\right) = \dfrac{h}{n}$.

On obtient ainsi un mouvement très-lent de l'outil, ce qui est essentiel pour le succès de l'opération qu'on veut exécuter.

BANC A BROCHES.

298. On appelle *banc à broches* l'appareil employé dans les filatures de coton pour faire subir au fil une première torsion, et le renvider en même temps sur une bobine, que l'on placera ensuite sur la *mull-Jenny*, où s'achève le filage.

Fig. 525.

Le fil provenant des cylindres étireurs entre dans la broche, où ses fibres, d'abord parallèles, reçoivent une torsion hélicoïdale. La *broche* se compose de deux *ailettes* équilibrées *ab*, *a'b'*, dont l'une seulement est creuse. Le fil traverse la partie supérieure de la broche, entre au point *a* dans l'ailette, et en sort au point *b*, pour s'enrouler sur une bobine B, montée sur l'axe AA de la broche. On donne à l'ailette, autour de l'axe AA, un mouvement de rotation qui produit à la fois la torsion des fibres élémentaires du fil, et l'enroulement du fil autour de la bobine. Si celle-ci restait immobile, l'enroulement du fil serait très-rapide, et il en résulterait des tensions qui ne tarderaient pas à rompre des fibres encore trop peu résistantes. Pour empêcher ces ruptures, tout en donnant à l'ailette une grande vitesse angulaire, on communique à la bobine une vitesse angulaire un peu moindre et dans le même sens, de sorte que l'enroulement du fil autour de la bobine s'opère comme si, la bobine étant fixe, l'ailette tournait autour d'elle avec la différence des deux vitesses angulaires absolues.

299. Outre ce mouvement de rotation autour de son axe, la bobine doit recevoir un mouvement de translation le long du même axe, de manière que les spires successives du fil enroulé

Fig. 526.

se placent jointivement les unes à côté des autres; la bobine doit donc alternativement monter et descendre, de manière à présenter successivement toutes ses sections droites en regard du point b qui fournit le fil. Ce mouvement rectiligne alternatif est obtenu (fig. 526) au moyen d'une roue dentée, engrenant alternativement avec deux crémaillères, cd, $c'd'$, solidaires l'une de l'autre, et commandant une même tige AB. Le changement de sens entraîne le déplacement de l'axe de rotation de la roue autour de l'arête ab, à chaque fois que la crémaillère atteint la fin de sa course.

L'engrenage se transportant de l'une des crémaillères à la crémaillère opposée, le mouvement de translation se renverse. Ce mouvement est communiqué à un chariot, qui porte une série de broches semblables à celle que nous venons de décrire.

300. Mais à chaque fois que le mouvement rectiligne de la bobine vient à changer de sens, le rayon de la surface convexe sur laquelle l'enroulement doit se faire a augmenté de l'épaisseur du fil. La quantité de fil fournie dans l'unité de temps par les cylindres étireurs restant la même, il faut, pour que les conditions de l'enroulement soient conservées, que la vitesse

angulaire de la bobine se modifie. Elle doit tourner plus lentement à mesure que son rayon effectif augmente. En même temps sa vitesse de translation doit varier en raison inverse de ce même rayon, car chaque spire du fil enroulé représente une longueur de fil proportionnelle à ce rayon, sans occuper sur la bobine un plus grand espace en hauteur.

Soit r le rayon de la bobine quand elle est vide, ε l'épaisseur du fil, μ le nombre de courses simples de la bobine depuis le commencement du renvidement ; appelons n le nombre constant de tours que fait l'ailette en une minute, et n' le nombre de tours que doit faire la bobine pendant le même temps, pour toute la durée de la $(\mu+1)^{me}$ course ; soit enfin L la longueur constante de fil à renvider par unité de temps, et II la hauteur de la bobine à garnir, hauteur que, pour plus de simplicité, nous regarderons comme constante.

Au bout de μ courses simples, le rayon du renvidement sera égal à $r+\mu\varepsilon$. En une minute, l'ailette fait n tours, et la bobine n' ; la vitesse relative de l'ailette par rapport à la bobine est donc de $n-n'$ tours par minute, et comme chaque tour correspond à une longueur sensiblement égale à $2\pi(r+\mu\varepsilon)$, on a la première équation

$$2\pi(r+\mu\varepsilon)(n-n')=L.$$

La longueur de fil renvidée sur la bobine pendant la $(\mu+1)^{me}$ course est égale à $2\pi(r+\mu\varepsilon)\times\dfrac{II}{\varepsilon}$; car $\dfrac{II}{\varepsilon}$ représente le nombre des spires jointives qui garnissent la surface extérieure de la bobine. Si donc on divise cette quantité par L, on aura la durée, t, de la $(\mu+1)^{me}$ course. Par conséquent

$$\frac{2\pi(r+\mu\varepsilon)\times\dfrac{II}{\varepsilon}}{L}=t.$$

On en déduit

$$\frac{II}{t}=\frac{L\varepsilon}{2\pi(r+\mu\varepsilon)}:$$

ce qui montre que la vitesse, $\dfrac{II}{t}$, de la translation de la bobine, varie en raison inverse du rayon effectif de l'enroulement. On peut aussi diviser membre à membre les deux équations, ce qui donne

$$\frac{\frac{H}{\varepsilon}}{L(n-n')} = \frac{t}{L} \quad \text{et} \quad \frac{H}{t} = \varepsilon(n-n'),$$

équation évidente, puisqu'elle exprime que la hauteur totale à renvider, H, est le produit de la durée du renvidement par la hauteur, $\varepsilon(n-n')$, enroulée dans chaque unité de temps.

On voit ainsi que le mouvement de la bobine comprend une rotation et une translation, et que les vitesses de ces deux mouvements simples varient pour chaque course longitudinale du chariot.

301. Le mouvement est transmis à la bobine au moyen d'un train épicycloïdal imaginé par Houldsworth, et qu'il est bon d'étudier à part (fig. 527).

L'arbre D, animé d'un mouvement uniforme, fait tourner la roue d'angle Q ; une seconde roue N, à engrenage cylindrique, est montée sur un axe géométrique en prolongement de celui de la roue Q ; elle reçoit son mouvement d'un pignon M, qui lui-même emprunte son mouvement à l'arbre D, mais par l'intermédiaire d'une courroie et d'un cône : transmission qui permet de faire varier entre certaines limites le rapport des vitesses angulaires. Un rayon de la roue N porte une roue d'angle P, qui engrène, d'une part avec la roue Q, de l'autre avec une roue égale R, montée aussi sur le

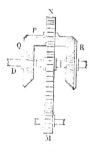

Fig. 527.

prolongement du même axe géométrique. C'est cette dernière roue R qui transmet la rotation à la bobine, par un dispositif que nous décrirons tout à l'heure.

Si on appelle Ω la vitesse de rotation de la roue N autour de son axe, et ω la vitesse de rotation de la roue Q, la vitesse relative de Q par rapport à N sera $\omega - \Omega$; soit n le nombre de dents des roues égales Q et R, et n' le nombre de dents de la roue P; la vitesse angulaire de P, autour de son axe supposé fixe, sera

$$(\omega - \Omega) \times \frac{n}{n'} ;$$

et la vitesse angulaire de R, dans son mouvement relatif pris par rapport à la roue N, sera

$$-(\omega - \Omega) \times \frac{n}{n'} \times \frac{n'}{n} = -(\omega - \Omega) = \Omega - \omega.$$

Par suite, la vitesse absolue de la roue R sera égale à $(\Omega - \omega) + \Omega = 2\Omega - \omega$.

La vitesse ω est constante; mais la vitesse Ω varie au moment opportun par le déplacement de la courroie à la surface du cône; et par suite la vitesse $2\Omega - \omega$ varie, et communique à la bobine le mouvement variable demandé.

502. Venons enfin à la description sommaire d'un *banc à broches*, représenté dans ses traits principaux par la figure 528.

AAA, chariot portant les broches, mobile dans un sens et dans l'autre suivant la verticale.

BB, arbre qui donne aux bobines le mouvement de rotation, au moyen d'engrenages hyperboloïdes. Cet arbre est entraîné dans le mouvement de translation du chariot.

CC, arbre fixe, qui donne le mouvement de rotation constant aux ailettes, par des engrenages analogues, représentés sur la figure en a, a, a (une seule broche est figurée en entier).

DDD, arbres fixes en prolongement les uns des autres; l'un d'eux fait tourner la roue Q et lui communique la vitesse ω; il commande, par l'intermédiaire des roues E,F,G, l'arbre H sur lequel passe la courroie.

II, cône ou *fusée*, qui reçoit son mouvement de la courroie, et le transmet par l'engrenage (K, L) au pignon M; ce dernier pignon engrène avec la roue N, et lui communique la vitesse angulaire Ω.

Q,P,R,N, train épicycloïdal de Houldsworth, communiquant à la roue R une vitesse angulaire égale à $2\Omega - \omega$.

(S,T), engrenage conique qui transmet le mouvement au *long pignon* UU. Le long pignon engrène avec un train de roues dentées V,X,Y,Z,W, mobile avec le chariot AA, et fait tourner l'axe BB, dans toutes les positions qu'il occupe successivement.

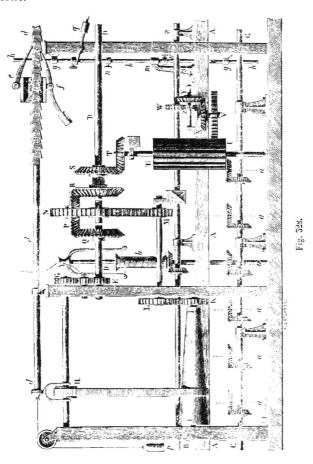

Fig. 328.

Le mouvement de translation alternatif est donné au chariot par une roue à double crémaillère (§ 298), non représentée sur la figure.

A mesure que la courroie se déplace vers la gauche, le pignon
M tourne plus lentement, et la vitesse Ω diminue. La vitesse ω
restant constante, la roue R éprouve une diminution de vitesse, qui se transmet à la bobine b. La variation de vitesse est
réglée par le tracé de la fusée H.

Pour faire appuyer la courroie vers la gauche à chaque fois
que le chariot a accompli une course entière, soit ascendante,
soit descendante, on se sert d'un poids p, qui tire vers la gauche,
par l'intermédiaire d'un fil passant sur une poulie, une fourche
embrassant le tambour H. La tige ddd, terminée par un double
rochet, retient le poids pendant la durée d'une course du chariot ; c'est à quoi servent les cliquets e et f. Ce dernier est muni
d'un contre-poids, qui tend à le maintenir fermé ; l'autre tend
à se fermer de lui-même. Une tige hhh, traversant des anneaux
fixes g, g, porte deux taquets n, n', entre lesquels se meut l'anneau m, qui fait corps avec le chariot. Quand celui-ci atteint
l'extrémité de sa course, l'anneau m presse sur le taquet n ou
sur le taquet n', et déplace la tige hh soit vers le haut, soit vers
le bas. Dans le premier cas, elle soulève le cliquet e ; dans le
second, elle abaisse le cliquet f. La tige dd glisse alors de la
longueur d'une demi-dent du rochet, et s'arrête sur celui des
deux cliquets qui reste en prise. La courroie subit un déplacement vers la gauche, et la vitesse Ω diminue en conséquence.
Un contre-poids q sert à équilibrer la tige hh.

Cette description sommaire suffit pour faire comprendre la
marche de l'appareil. Il y aurait encore à décrire la transmission qui rend variable la vitesse de translation du chariot, et
les mécanismes accessoires au moyen desquels on peut altérer légèrement à chaque course la longueur à renvider sur la
bobine, pour suivre la conicité de ses rebords. Nous renverrons
pour cet objet aux traités spéciaux des machines employées
dans la filature.

ROUES DE RÖMER.

303. La transmission imaginée par l'astronome Römer est un engrenage cylindrique dans lequel on fait varier, suivant une loi donnée, le rapport des vitesses angulaires.

Soient ST et S'T' les deux axes parallèles; joignons deux points S et S' pris sur ces axes, et décrivons deux surfaces coniques de révolution, en faisant tourner successivement la droite SS' autour de ST, puis autour de S'T'. Ces deux surfaces se toucheront suivant l'arête SS'.

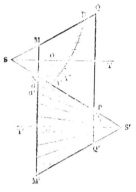

Sur la surface du cône S'T', plaçons des dents coniques équidistantes, représentées sur la figure par les droites ab, ab',... convergentes vers le sommet S'.

Les dents conjuguées du cône S présenteront au contraire de simples saillies, occupant peu de longueur sur les génératrices de ce cône;

Fig. 529.

elles sont figurées par les points A, A', A",... répartis suivant une certaine ligne AB, qu'il s'agit de déterminer. Pour y parvenir plus facilement, nous les supposerons infiniment rapprochées de manière à dessiner une ligne continue.

Quand le contact des deux systèmes tournants a lieu sur une dent A, la transmission s'opère comme si l'engrenage était réduit aux deux circonférences primitives que l'on obtient en coupant les cônes par un plan OO', conduit par le point A normalement aux deux axes.

Le rapport des vitesses angulaires, $\dfrac{\omega'}{\omega}$, est donc égal au rapport inverse, $\dfrac{OA}{O'A}$, des rayons de ces deux circonférences.

Soit φ l'angle total, mesuré à partir d'un plan méridien arbi-

traire, qui définit la génératrice SA à la surface du premier
cône. Ce même angle est la quantité dont le cône S aura tourné
autour de son axe pendant un certain temps t. Nous suppo-
serons la loi de variation du rapport $\dfrac{\omega'}{\omega}$ donnée par une équation de la forme

$$\frac{\omega'}{\omega} = F(\varphi).$$

L'équation $\dfrac{OA}{O'A} = F(\varphi)$ est donc, dans un système particulier des coordonnées, l'équation de la courbe cherchée, AB.

Dans un temps infiniment petit, le cône S tourne autour de
son axe de l'angle $d\varphi$; en même temps, le contact des deux
cônes se transporte de la dent A à la dent A'; soit $d\theta$ l'angle
A'SA. Appelons r le rayon vecteur, SA, d'un des points de la
courbe AB. L'angle θ sera l'angle des génératrices du cône S
développé sur un plan, et la courbe AB sera définie en coordonnées polaires par une relation entre les quantités r et θ.

Or, pour un déplacement angulaire infiniment petit $d\varphi$, le
point A décrit, normalement au plan des deux axes, un chemin égal à $d\varphi \times OA$; ce chemin, considéré comme décrit par
l'extrémité de la génératrice SA, a aussi pour mesure $rd\theta$.

Donc

$$d\varphi \times OA = rd\theta,$$

et par suite

$$d\varphi = \frac{rd\theta}{OA}$$

Le rapport $\dfrac{OA}{r}$ est le sinus de l'angle constant, ASO, des génératrices du cône avec l'axe. Représentant cet angle par α, il
vient la relation très-simple

$$d\varphi = \frac{d\theta}{\sin \alpha};$$

d'où l'on déduit en intégrant

$$\varphi = \frac{\theta}{\sin \alpha} + \varphi_0.$$

La constante φ_0 peut être réduite à 0, en comptant l'angle
θ sur la surface du cône à partir de la génératrice pour
laquelle $\varphi = 0$.

On a d'ailleurs

$$OA = r \sin \alpha,$$
$$O'A = a - r \sin \alpha,$$

a désignant la distance des deux axes ; donc

$$\frac{\omega'}{\omega} = \frac{r \sin \alpha}{a - r \sin \alpha} = F\left(\frac{\theta}{\sin \alpha}\right).$$

L'équation polaire cherchée est en définitive

(1) $$r = \frac{a}{\sin \alpha} \frac{F\left(\frac{\theta}{\sin \alpha}\right)}{1 + F\left(\frac{\theta}{\sin \alpha}\right)}.$$

Les plans MM', QQ', limitant latéralement les deux surfaces
coniques, le rapport des vitesses angulaires peut varier entre
les fractions $\frac{MN}{NM'}$ et $\frac{PQ}{PQ'}$.

La courbe une fois tracée sur un plan au moyen de l'équation (1), il n'y a plus qu'à l'enrouler sur le cône S pour obtenir la courbe AB. Les dents sont ensuite espacées le long de
cette courbe, de telle manière qu'elles puissent engrener avec
les cannelures du cône S'.

504. Il resterait encore à décrire un grand nombre de dispositifs. Nous nous contenterons de donner, pour quelques-
uns, une indication sommaire et un croquis.

Joint d'Oldham (fig. 550). — X, Y, axes parallèles, peu éloignés l'un de l'autre.

ABCD, croisillon, dont les branches, faisant tourillons, peuvent glisser dans les orifices pratiqués aux extrémités des deux
fourches M et N.

Les vitesses angulaires autour des deux axes sont égales, et
le lieu décrit par le centre, O, du croisillon, est une circonférence.

Roue de champ[1] *d'Huygens avec long pignon* (fig. 531). — BB, long pignon mobile autour de son axe. Un autre axe perpendiculaire au premier porte la roue excentrique AA, garnie de dents engrenant avec le pignon.

Le rapport des vitesses est variable.

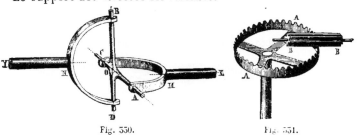

Fig. 550.   Fig. 551.

Manivelle à coulisse (fig. 532). — OO′, AA′, axes parallèles peu éloignés l'un de l'autre.

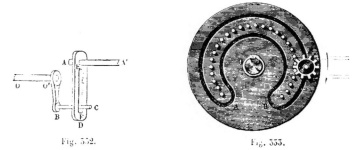

Fig. 552.   Fig. 533.

O′B, manivelle du premier arbre ;

BC, tige fixée au bouton de cette manivelle ;

AD, manivelle fixée au second arbre ;

EF, rainure dans laquelle glisse la tige BC.

Roues tronquées avec pignon mobile. — O, axe de rotation de la roue ;

P, pignon mobile dont l'axe suit la rainure AB. Il tourne autour des chevilles extrêmes pour passer d'un côté à l'autre de leur rangée, ce qui renverse le sens de la transmission.

[1] On appelle *roue de champ*, dans l'horlogerie, une roue dentée dont les dents sont dirigées parallèlement à son axe, ou perpendiculairement à son plan moyen.

CHAPITRE VII

APPAREILS PROPRES A L'OBSERVATION DES MOUVEMENTS.

305. La recherche de la loi du mouvement d'un point mobile comprend en général deux questions : recherche de la trajectoire du point, recherche du mouvement sur la trajectoire. Les deux questions peuvent être traitées à la fois : par exemple, on observe chaque jour la position d'une planète par rapport aux étoiles, c'est-à-dire on forme en fonction du temps le tableau des coordonnées astronomiques de ses positions successives. Ce tableau définit la suite des points occupés par la planète sur la sphère céleste, et l'heure de son passage en chacun de ces points; il définit donc à la fois la trajectoire et le mouvement sur la trajectoire. Remarquons toutefois que ces mesures d'angles ne conduisent qu'à la projection de la trajectoire sur la sphère céleste, et que cette projection n'est pas la même, suivant qu'on prend pour centre de la sphère le centre de la terre (*sphère géocentrique*), ou le centre du soleil (*sphère héliocentrique*); la détermination de la trajectoire complète exige en outre la mesure des rayons vecteurs.

Nous supposerons dans ce qui suit que les mouvements qu'il s'agit d'observer s'effectuent le long de trajectoires déterminées d'avance, et qu'on cherche seulement la *loi des mouvements*, c'est-à-dire la relation

$$s = f(t),$$

entre les arcs décrits, s, et le temps employé à les décrire, t

En d'autres termes, il s'agit de construire empiriquement la *courbe des espaces* pour un mouvement donné. Le procédé direct consiste à observer l'heure du passage du mobile en des points également espacés sur la trajectoire, ou bien à tenir note des espaces décrits par le mobile au bout d'intervalles de temps égaux entre eux. Par l'un ou par l'autre de ces deux procédés, on pourra construire un tableau qui donne un certain nombre de valeurs de t pour des valeurs correspondantes de s, ou réciproquement, et si l'on multiplie suffisamment les observations, on pourra trouver la forme de la fonction f. Cette méthode demande la mesure de l'espace s et du temps t.

306. Le temps se mesure à l'aide d'un chronomètre, c'est-à-dire en définitive au moyen d'un mouvement dont la loi est connue. Pour rendre l'observation plus commode, on peut se servir du *chronomètre à pointage ;* cet appareil porte un mécanisme qui permet à l'observateur de laisser sur le cadran une trace de l'instant où s'est accompli le phénomène observé, par exemple le passage du mobile en un point de repère. Il suffit pour cela de presser rapidement un bouton. On arrive ainsi à évaluer le temps avec une approximation d'une fraction de seconde. Mais cette approximation ne peut être poussée bien loin, car le mouvement de l'aiguille d'un chronomètre consiste dans la répétition de petits mouvements saccadés, égaux entre eux. Pris dans leur ensemble, cette série de mouvements équivaut sensiblement à un mouvement uniforme. Mais si l'on voulait évaluer avec un chronomètre de très petites fractions du temps, on ne le pourrait plus, parce que la vitesse de l'aiguille cesse d'être constante pendant l'intervalle à mesurer.

307. Les vibrations très rapides et isochrones du diapason permettent d'évaluer le temps avec une bien plus grande exactitude.

Imaginons qu'on fasse vibrer les branches d'un diapason fixé à demeure sur un support ; l'une des branches porte une pointe qui rase une surface plane sur laquelle est déposée une légère couche de noir de fumée ; donnons à cette surface plane un mouvement lent de translation, sensiblement uniforme. La pointe du diapason qui ne cesse de la toucher y tracera dans le noir de fumée une courbe sinueuse, et

Fig. 554.

chaque dent de la courbe, entre deux creux successifs a, b, correspondra à la durée d'une vibration complète du diapason, durée connue par le nombre de vibrations que le diapason effectue en une seconde. La durée de la seconde sera représentée par un certain nombre de dents, ou par un intervalle AB, et chaque dent représentera une fraction de la seconde égale à l'inverse de ce nombre. Si donc sur la même figure on marque des points qui correspondent à l'instant même de la production de phénomènes, il suffira de comparer ces points au tracé de la courbe du diapason pour avoir, avec une extrême précision, l'heure exacte de ces phénomènes.

Le *pointage* des phénomènes observés peut se faire à la main par l'observateur lui-même ; lorsqu'une grande rigueur est nécessaire, on emploie de préférence les courants électriques. L'appareil est monté de telle sorte, que le phénomène à observer ne puisse s'accomplir sans fermer un circuit ; le courant qui parcourt instantanément ce circuit opère le pointage sur le papier.

508. Certains appareils donnent directement le tracé de la courbe des espaces.

Supposons, pour plus de simplicité, que la trajectoire d'un point mobile soit rectiligne. Attachons un crayon au point mobile, et, en contact avec la pointe du crayon, faisons glisser une feuille de papier à laquelle nous imprimerons un mouvement uniforme perpendiculairement à la trajectoire du mobile. Le crayon dessinera sur cette feuille une courbe, dont les abscisses représenteront les valeurs du temps, et dont les ordonnées seront les espaces décrits par le mobile sur sa trajectoire. Cette courbe est donc la courbe des espaces.

La première application de cette méthode a été faite par Eytelwein à l'étude du mouvement de la soupape principale dans le bélier hydraulique. Le mouvement de la soupape est rectiligne alternatif, avec discontinuité. Un crayon, attaché à la soupape, dessinait une ligne sur une feuille de papier animée d'un mouvement uniforme ; cette ligne restait droite pendant tout le temps de l'immobilité de la soupape, puis ses ordonnées croissaient tout à coup pendant la période de soulèvement, restaient constantes pendant le repos de la soupape ouverte, et revenaient ensuite à leur valeur première, quand la soupape se refermait en retombant sur son siége.

La feuille de papier mobile reçoit le mouvement d'un cylindre sur lequel elle s'enroule, et qui est en communication avec le mécanisme d'une horloge. La vitesse angulaire du cylindre doit être telle, que la vitesse linéaire de la feuille de papier soit toujours la même. Il faut pour cela que la vitesse du cylindre varie à chaque instant, en raison inverse du rayon de la surface sur laquelle se fait l'enroulement du papier ; car le rayon de cette surface augmente à chaque tour d'une nouvelle épaisseur de papier. Si v est la vitesse constante de la feuille de papier, r le rayon primitif du cylindre, ε l'épaisseur de la feuille, la vitesse angulaire du cylindre doit être $\dfrac{v}{r}$ au commencement de l'observation, et doit s'abaisser à $\dfrac{v}{r + n\varepsilon}$ après n tours entiers du cylindre, qui ont produit l'enroulement de n épaisseurs successives. On obtient ce résultat en faisant communiquer l'horloge avec le cylindre, au moyen d'un fil qui s'enroule sur un tambour de rayon constant, et se déroule d'une *fusée conique* montée sur le même axe que le cylindre. C'est la disposition représentée figure 335.

A, cylindre sur lequel s'enroule la feuille F, en se déroulant du cylindre B ;

OO′, axe du cylindre A;

C, fusée conique montée sur l'axe OO′;

D, tambour, sur lequel s'enroule le fil, et qui est mis en mouvement par l'horloge ;

MN, courbe des espaces tracée par le crayon sur la feuille mobile F.

rs, droite tracée en même temps sur la feuille par un crayon fixe.

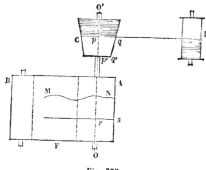

Fig. 335.

Le mouvement de rotation du tambour D étant uniforme, le mouvement de rotation de la fusée C sera varié, et sa vitesse angulaire sera proportionnelle à $\dfrac{1}{r+n\varepsilon}$, s'il y a à chaque instant égalité entre son rayon pq, à l'endroit où le fil s'en sépare, et le rayon rs du cylindre, y compris le papier qui y est déjà déposé. Or $rs = r + n\varepsilon$. On fera donc en sorte que pq soit aussi égal à $r + n\varepsilon$, n représentant ici le nombre de spires de fil comprises à la surface de la fusée entre le plan pq et le plan $p'q'$; ces spires sont équidistantes, et par suite la différence $pq - p'q'$ est proportionnelle à la distance pp'. La génératrice qq' de la fusée est donc une ligne droite.

APPAREIL DU GÉNÉRAL MORIN.

309. L'appareil du général Morin, représenté figure 336, est destiné à étudier expérimentalement les lois de la chute des corps pesants.

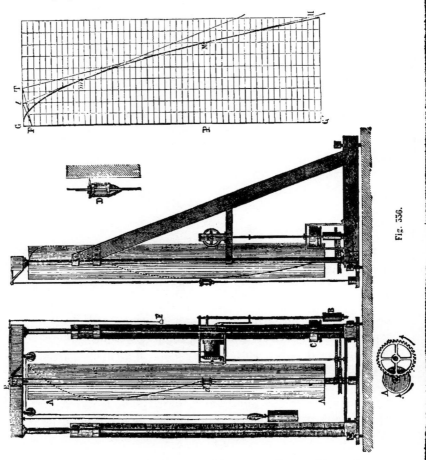

Fig. 336.

Le corps pesant *d*, représenté à part en D, reçoit une forme cylindro-conique, pour réduire la résistance à l'air. Il est

muni latéralement d'une double paire d'oreilles, à travers lesquelles passent deux tringles verticales destinées à le guider
dans son mouvement.

A l'état de repos, il est retenu en E par une pince, qu'on
peut ouvrir en tirant le cordon F. Le corps pesant porte un
pinceau chargé de matière co'orante, de telle sorte qu'en
tombant, il laisse une trace bien visible sur une feuille de
papier enroulée sur le cylindre vertical AA.

Le cylindre est mobile autour de son axe, et reçoit d'une
horloge une vitesse de rotation uniforme. Il résulte du mouvement vertical du poids, et du mouvement propre du cylindre,
que le pinceau trace sur le papier, non pas une droite parallèle à sa trajectoire, mais une certaine courbe dont on pourra
facilement étudier la forme après avoir déroulé le papier pour
l'appliquer sur une table plane. Cette courbe est représentée
sur l'épure GG'H de la figure ; c'est une parabole, tangente à
l'horizontale au point G. Chaque point M de la courbe correspond à un espace parcouru égal à GP, et à un intervalle de
temps proportionnel à PM, quantité dont s'est déplacée en tournant la surface du cylindre. Soient donc ω la vitesse angulaire
du cylindre, l'espace parcouru GP, et t la durée du parcours :
on aura, en appelant r le rayon du cylindre,

$$PM = \omega r \times t,$$
$$GP = s;$$

il sera par suite facile de démontrer la relation $s = \frac{1}{2} g t^2$; il
suffira de former pour un grand nombre de points le rapport
$\frac{s}{t^2}$, et de vérifier qu'il est constant. Sa valeur sera la moitié du
nombre g. On peut aussi reconnaître que la courbe est une
parabole, en remarquant que les perpendiculaires tF, TF...,
élevées sur des tangentes à la courbe mt, MT..., aux points où
ces tangentes rencontrent l'horizontale GT, vont concourir en
un même point F, situé sur la verticale GG'; ce point est le
foyer de la parabole.

PLATEAU TOURNANT DE PONCELET.

510. L'appareil à plateau tournant, imaginé par Poncelet
et appliqué par M. Morin dans ses recherches sur le tirage
des voitures, sert à étudier le mouvement de rotation autour
d'un axe.

Soit O l'arbre tournant, auquel on fixe invariablement le
plateau. Un crayon A, disposé de manière à toucher constamment le plateau, est porté par une tige O′A, mobile autour
d'un axe O′, parallèle à l'axe O et animée d'une vitesse angulaire uniforme.

Si le plateau était fixe, le crayon y tracerait la circonférence
ABC ; mais comme il est mobile, la ligne tracée par le crayon
est une certaine courbe AA′A″, trajectoire relative du crayon
par rapport au plateau.

Pour trouver la position vraie du crayon au moment où il
occupait la position A′ sur sa trajectoire relative, il suffit de
décrire du point O comme centre avec OA′ pour rayon, un arc

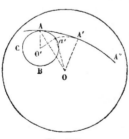

Fig. 557.

de cercle A′a′ ; l'intersection a′ de
cet arc avec le cercle ABC sera la
position demandée. Joignons OA et
O′a′. L'angle AO′a′ est la mesure du
temps qu'a mis le crayon à décrire
l'arc de trajectoire relative, AA′,
et pendant ce temps l'arbre O a
tourné de l'angle a′OA′.

On pourra donc, au moyen de la
trajectoire relative AA′A″, retrouver
l'heure du passage du crayon aux différents points de cette
trajectoire, et les valeurs des angles au centre décrits par le
plateau ; ce qui revient à définir la loi du mouvement angulaire.

DÉTERMINATION DE LA VITESSE DES PROJECTILES. — TAMBOUR DE
MATTEI ET GROSBERT.

311. Cet appareil consiste en un cylindre creux, AB, mobile
autour d'un axe fixe O'O'', et fermé en A et en B par deux
feuilles de papier, tendues suivant ses sections droites.
L'axe O'O'' est parallèle à la trajectoire MN du projectile, et à
une petite distance de cette trajectoire ; quand la balle traverse le cylindre, elle perce successivement les deux feuilles
A et B. Si le tambour était fixe, les deux trous α et β, formés
dans ces deux sections, seraient situés sur une parallèle à
l'axe O'O''.

Mais comme le cylindre tourne autour de son axe, il décrit
un certain angle pendant le temps que le mobile met à aller de
la section A à la section B ; de sorte que les points β et α ne
sont pas dans le même méridien du tambour. En projection
sur un plan normal à l'axe, on trouve un point a par lequel
la balle est entrée en perçant la section A, et un point b par lequel elle est sortie en perçant la section B ; l'angle bOa est
l'angle dont a tourné le cylindre pendant que la balle a parcouru l'espace αβ, égal à sa longueur.

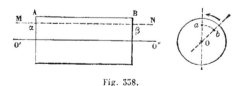

Fig. 358.

Soit n le nombre de tours du tambour par minute ; la
vitesse angulaire sera $\dfrac{2\pi n}{60}$; soit L la longueur du tambour, et
α l'angle bOa, mesuré directement après l'expérience.

Le tambour, tournant d'un angle $\dfrac{2\pi n}{60}$ par seconde, met un temps $t = \dfrac{\alpha \times 60}{2\pi n}$ à tourner de l'angle α. Ce temps est celui que la balle emploie à décrire l'espace L. La vitesse de la balle est donc

$$\frac{\text{L}}{\left(\dfrac{\alpha \times 60}{2\pi n}\right)} = \frac{2\pi \text{L} n}{\alpha \times 60}.$$

Pour déterminer la vitesse d'un boulet au sortir de la bouche à feu, on emploie le *pendule balistique*, dont la théorie ne peut être donnée qu'en dynamique.

CHRONOGRAPHE ÉLECTRIQUE DE M. MARTIN DE BRETTES.

312. Le *chronographe électrique* de M. Martin de Brettes, destiné à résoudre le même problème que l'appareil décrit dans le paragraphe précédent, repose sur l'emploi des courants d'induction qui se produisent dans un circuit fermé, au moment de l'interruption d'un courant voisin.

Un pendule se meut le long d'une plaque métallique sur laquelle on a placé une feuille de papier; il porte une pointe dirigée vers la plaque; si l'on fait passer un courant par le pendule, l'étincelle électrique jaillit de la pointe à la plaque en perçant la feuille.

Un premier courant est produit par le jeu de la détente du fusil, au moment où le coup part; il donne sur le papier un point qui correspond au commencement de l'expérience.

Ensuite la balle traverse successivement deux cibles distantes l'une de l'autre de 2 mètres; elles sont formées chacune d'un réseau de fils métalliques très fins, à travers lesquels passe un courant électrique. La rupture du réseau de la première cible interrompt ce courant, et fait naître, dans le circuit allant au pendule, un courant d'induction qui marque un second point sur la feuille de papier. Le même phénomène se produit quand la balle traverse la seconde cible. On a en définitive sur le papier trois points qui correspondent, l'un au commencement de l'expérience, les deux autres respectivement aux passages de la balle à travers les cibles. Chacun indique avec exactitude la position du pendule à l'instant où l'étincelle a percé la feuille de papier. Or on connait la loi du mouvement du pendule ; on peut donc déterminer le temps que le projectile a employé à passer d'une cible à l'autre, et en déduire la vitesse cherchée.

Le *chronographe* de M. Schultz, fondé sur la combinaison des courants électriques et du diapason pour la mesure des durées très petites, permet de déterminer la loi du mouvement du boulet dans l'âme du canon. L'appareil, construit par Froment, donne la mesure du temps avec une grande approximation.

Signalons en terminant ce chapitre les appareils de M. Lissajous pour l'étude optique des sons [1], ceux de M. Marcel Deprez dans ses diverses recherches sur la pression des gaz de la poudre, sur le retard de l'étincelle d'induction, sur le mouvement de la locomotive ; ceux enfin de M. Marey dans ses études sur le vol des oiseaux, la marche des animaux, et sur divers phénomènes physiologiques. On peut consulter sur ces différents sujets les ouvrages suivants :

Marey, *De la méthode graphique (Bulletins de la société de physique*, août et septembre 1879). — *La méthode graphique dans les sciences expérimentales, et principalement en physiologie et en médecine* (Paris, G. Masson).

Sebert, *Mémorial de l'artillerie de la Marine*, 1875 — brochures diverses sur les appareils Marcel Deprez.

---

[1] Leçons professées à la Société chimique, 1861.

ADDITIONS

Mouvement elliptique des planètes.

313. On peut abréger les démonstrations données dans les §§ 105 et 106 en procédant comme il suit.

Appelons r et r' les rayons vecteurs M'F, M'F' menés d'un point de l'ellipse aux deux foyers (fig. 96); soient a et b les demi-axes de la courbe, $2a$ étant celui qui contient les foyers F et F'. Il est facile de voir, en observant que la normale M'R' est la bissectrice de l'angle F'M'F, que l'on a

$$M' R' = \frac{b}{a} \sqrt{rr'},$$

et que l'angle $\alpha =$ R'M'F est donné par l'équation

$$\cos \alpha = \frac{b}{\sqrt{rr'}}$$

On en déduit sur-le-champ

$$M'R' \cos \alpha = \frac{b^2}{a},$$

quantité constante, ce qui démontre la proposition du § 106. En outre, on a la relation

$$\rho \cos^3 \alpha = \frac{b^2}{a}.$$

On en déduit

$$\rho \cos \alpha = \frac{b^2}{a} \times \frac{rr'}{b^2} = \frac{rr'}{a}.$$

Cette équation va nous donner plus simplement les résultats relatifs au mouvement elliptique des planètes (§ 115).

Soit v la vitesse de la planète au point A (fig. 110), ρ le rayon de courbure de la courbe en ce point, α l'angle de la normale AC avec le rayon vecteur AS, j' l'accélération totale dirigée suivant AS. On aura pour la composante normale de cette accélération

$$j \cos \alpha = \frac{v^2}{\rho},$$

et par suite

$$j = \frac{v^2}{\rho \cos \alpha}.$$

Or v est donné par l'équation des aires

$$\frac{1}{2} v \times r \cos \alpha = \frac{\pi ab}{T},$$

en désignant par T la durée d'une révolution.

Donc

$$v = \frac{2\pi ab}{T r \cos \alpha} = \frac{2\pi ab}{T b \sqrt{\dfrac{r'}{r}}} = \frac{2\pi a}{T} \sqrt{\frac{r}{r'}};$$

substituant les valeurs de $\rho \cos \alpha = \dfrac{rr'}{a}$ et de $v = \dfrac{2\pi a}{T} \sqrt{\dfrac{r'}{r}}$,

il vient

$$j = \frac{4\pi^2 a^2}{T^2} \times \frac{r'}{r} \times \frac{a}{rr'} = \frac{4\pi^2 a^3}{T^2} \times \frac{1}{r^3},$$

conformément au résultat indiqué § 115. On peut y parvenir encore plus simplement sans connaître le rayon de courbure ρ. Pour cela observons que l'autre composante de l'accélération totale est

$$j \sin \alpha = -\frac{dv}{dt} = -\frac{v dv}{ds},$$

en remplaçant dt par sa valeur $\dfrac{ds}{v}$.

Donc

$$vdv = -j\,ds\sin\alpha = -j\,dr.$$

Mais l'équation

$$v = \frac{2\pi a}{T}\sqrt{\frac{r'}{r}}$$

différentiée nous donne, en chassant $dr' = -dr$,

$$dv = -\frac{2\pi a^2}{T}\,\frac{dr}{r\sqrt{rr'}}.$$

Donc

$$vdv = -\frac{4\pi^2 a^3}{T^2}\times\sqrt{\frac{r'}{r}}\times\frac{dr}{r\sqrt{rr'}} = -\frac{4\pi^2 a^3}{T^2}\frac{1}{r^2}\,dr$$

et enfin

$$j = \frac{4\pi^2 a^3}{T^2}\times\frac{1}{r^2}.$$

514. On peut se proposer de construire l'ellipse que décrira le mobile A, connaissant la vitesse initiale v en grandeur et en direction, et sachant que l'accélération j, constamment dirigée vers le point fixe S, est inversement proportionnelle au carré de la distance AS.

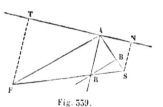

Fig. 539.

On posera $j = \dfrac{4\pi^2 a^3}{T^2}\dfrac{1}{r^2}$, et, puisque r et j sont donnés

quand le mobile est en A, on connaîtra le coefficient $\dfrac{4\pi^2 a^3}{T^2}$.

Soit M la valeur de ce coefficient.

La vitesse initiale V est donnée; elle a pour direction la droite donnée AT, qui est à une distance connue, SN$=p$, du point S; et l'on a par conséquent, d'après le théorème des aires,

$$\mathrm{V}p = \frac{2\pi ab}{\mathrm{T}}.$$

Divisons le carré de cette équation par $\mathrm{M} = \dfrac{4\pi^2 a^3}{\mathrm{T}^2}$; il viendra

$$\frac{b^2}{a} = \frac{\mathrm{V}^2 p^2}{\mathrm{M}} = \text{une quantité donnée.}$$

Nous prendrons sur AS à partir du point A une longueur AB égale à $\dfrac{b^2}{a}$, et nous éléverons en B une perpendiculaire sur AS, jusqu'à la rencontre en R avec la normale AR à la courbe.

Le point R appartiendra au grand axe, dont la direction sera SR ; et le second foyer F sera à l'intersection de SR prolongée avec une droite AF faisant avec AB un angle FAR = BAS. Le grand axe de l'ellipse a pour longueur la somme FA + AS, et l'ellipse peut être tracée, puisqu'on connaît ses foyers et son grand axe.

515. Il est aisé de voir que le grand axe, $2a$, de l'ellipse ne dépend pas de la direction AT dans laquelle le mobile est lancé avec la vitesse V à l'instant initial.

En effet, abaissons du second foyer F la perpendiculaire FT = p' sur la tangente AT. On sait que, dans l'ellipse, le produit pp' des distances des foyers à une tangente est constant et égal à b^2. Donc on peut remplacer b^2 par pp' dans l'équation

$$\frac{b^2}{a} = \frac{\mathrm{V}^2 p^2}{\mathrm{M}},$$

ce qui donne

$$a = \frac{\mathrm{M}}{\mathrm{V}^2}\frac{p'}{p}.$$

Or, remarquons que $p = r\cos\alpha$, et $p' = r'\cos\alpha$, en appelant r' le second rayon vecteur AF.

Donc

$$\frac{p'}{p} = \frac{r'}{r};$$

et l'on a

$$a = \frac{M}{V^2}\frac{r'}{r} = \frac{M}{V^2}\frac{2a-r}{r},$$

équation qui définit le demi grand axe a en fonction des données M, v et r, indépendamment de la quantité p, qui fixe la direction de la vitesse initiale.

PROBLÈME (§ 145).

316. *Étant donné un système de diamètres conjugués de l'ellipse, trouver la grandeur et la direction des deux axes* (fig. 144).

Notre démonstration invoque le théorème d'Apollonius $a'b'\sin\theta = ab$. Il est facile de l'en affranchir, en observant, avec M. Mannheim, que, tous les points de la circonférence OALC décrivant des diamètres de la grande circonférence dans le mouvement épicycloïdal, le point O parcourt la droite OC pendant que le point L, extrémité de la droite OM prolongée, parcourt la droite CL, perpendiculaire à OM. Donc il y a une position de la circonférence mobile dans laquelle la droite OM est couchée le long de la droite CL, le point O coïncidant avec le point C. Le point M est alors à l'extrémité du diamètre de la courbe perpendiculaire à OM, ou parallèle à la tangente MT, ou enfin conjugué de CM ; en d'autres termes, CM et CL sont les directions, et CM et OM les grandeurs des diamètres conjugués a' et b'. Le théorème d'Apollonius est alors démontré sur la figure, par l'égalité OM $\times$ ML $=$ MB $\times$ MA.

SUR LE MOUVEMENT D'UN SOLIDE DANS L'ESPACE.

317. Le mouvement élémentaire le plus général d'un solide est un mouvement hélicoïdal (§ 159). Cette proposition peut être regardée comme un corollaire d'un théorème que nous allons démontrer.

Étant données dans l'espace deux positions d'un même so-

lide, on peut toujours amener le corps de l'une de ces posi-
tions à l'autre par un déplacement hélicoïdal.

Soient M et M′ les deux positions du corps. Considérons
dans le corps M un point quelconque A, qui aura son homologue en A′ dans le corps M′. Imaginons pour le corps une
troisième position, que nous obtiendrons en donnant à tous
les points de M′ une translation égale à A′A. Ce mouvement
amènera le corps dans une position M″, qui a avec M le point
commun A.

Pour amener le corps M dans la position M′, on peut donc
l'amener d'abord dans la position intermédiaire M″, puis le
faire passer de M″ en M′ au moyen d'une translation unique
AA′. Le premier de ces deux déplacements est un déplacement
conique, qui peut être opéré par une rotation unique autour
d'une droite AL menée par le point A.

Coupons le corps M par un plan P normal à AL, et soit F la
figure obtenue par cette section. Le mouvement du corps est
entièrement défini par le mouvement de la figure F, qui passe
en F″ dans la position M″, puis qui vient prendre la position
F′ quand le corps vient en M′. *Dans ces deux mouvements le
plan P conserve son parallélisme.* En effet, la rotation autour de AL ne produit qu'un glissement du plan P sur lui-
même, puisqu'il est normal à l'axe, et la translation AA′ n'altère le parallélisme d'aucun plan attaché au corps M″. Donc
les deux figures F et F′ sont dans des plans parallèles. Projec-
tons la seconde figure sur le plan de la première; elle y formera une nouvelle figure F‴, qui peut être regardée comme
une autre position de la figure F dans le plan P. On peut
faire coïncider la figure F avec F‴ par une rotation unique
autour d'un point O du plan P; puis on amènera la figure
mobile en F′ par une translation le long de la normale OO′
au plan P menée par ce point O. En définitive, on fait passer
le corps de M en M′ par une rotation autour de la droite OO′,
et une translation le long de cette même droite, et, si l'on
imagine que ces deux mouvements sont simultanés et tous
deux uniformes, ils donneront par leur coexistence un mou-

vement hélicoïdal ayant pour axe OO′, et servant à faire
passer le corps de la première à sa seconde position.

318. On voit que la démonstration repose sur ce fait que,
deux positions. M et M′, d'un même corps étant données dans
l'espace, on peut toujours trouver un plan P lié au corps M
qui, transporté en P′ avec le corps M′, reste parallèle à sa position primitive : cette proposition étant très importante, nous
en donnerons ici une démonstration analytique.

Rapportons les divers points du corps M à trois axes coordonnés OX, OY, OZ, que nous pouvons supposer rectangulaires, bien que cette condition ne soit pas essentielle à la
démonstration. Rapportons aux mêmes axes les points du
corps M′ et cherchons quelles relations lient entre elles les
coordonnées x', y', z' des points de M′ aux coordonnées x, y, z
des points homologues de M. Si nous imaginons que le
corps M, en passant en M′, entraîne avec lui les axes coordonnés, tout point A du corps conservera ses coordonnées
x, y, z par rapport aux axes mobiles ; ainsi on peut regarder
x, y, z comme les coordonnées du point A par rapport aux
axes O′X′, O′Y′, O′Z′ liés à la position M′, et x', y', z' comme les
coordonnées du même point par rapport aux axes primitifs
OX, OY, OZ. On passe donc de (x, y, z) à (x', y', z') par les
formules de la transformation des coordonnées, et l'on peut
poser, par suite, les trois équations

$$(1) \quad \begin{cases} x = \alpha + ax' + by' + cz', \\ y = \beta + fx' + gy' + hz', \\ z = \gamma + lx' + my' + nz', \end{cases}$$

dans lesquelles α, β, γ, a, b, c,... l, m, n sont des quantités
connues.

Cela posé, cherchons à déterminer un plan P tel, que, lié
au corps M et entraîné avec lui dans la position M′, ce plan
reste parallèle à lui-même. Soit

$$(2) \quad Ax + By + Cz = D$$

l'équation de ce plan. A, B, C étant des coefficients inconnus

qui définissent le parallélisme du plan cherché. Si, dans cette
équation, nous substituons à x, y, z leurs valeurs en fonction de x', y', z' données par les équations (1), nous aurons une
équation en x', y', z', qui sera celle du plan P′ rapporté aux
axes OX, OY, OZ ; on trouve, en faisant cette substitution,
l'équation

$$(3) \qquad (Aa + Bf + Cl)\, x' + (Ab + Bg + Cm)\, y' + (Ac + Bh + Cn)\, z'$$
$$= D - (A\alpha + B\beta + C\gamma),$$

et ce plan P′ sera parallèle au plan P, si l'on a les égalités de
rapports

$$(4) \qquad \frac{Aa + Bf + Cl}{A} = \frac{Ab + Bg + Cm}{B} = \frac{Ac + Bh + Cn}{C};$$

ce qui donne deux équations définissant les rapports de deux
des coefficients A, B, C au troisième. Pour résoudre ces équations, appelons λ la valeur commune des trois rapports. Il
viendra les trois équations

$$(5) \quad \begin{cases} A\,(a - \lambda) + Bf + Cl = 0, \\ Ab + B\,(g - \lambda) + Cm = 0, \\ Ac + Bh + C\,(n - \lambda) = 0, \end{cases}$$

équations qui feraient A, B, C nuls à la fois, si le déterminant
de leurs coefficients n'était pas égal à zéro. On déterminera
donc λ en posant l'équation

$$(6) \quad \begin{vmatrix} a - \lambda & f & l \\ b & g - \lambda & m \\ c & h & n - \lambda \end{vmatrix} = 0,$$

équation du troisième degré en λ, qui donnera par conséquent toujours pour λ une racine réelle. A cette racine réelle
correspondent les valeurs réelles des rapports $\dfrac{A}{C}$, $\dfrac{B}{C}$, qui fixent
la position du plan cherché. On voit que la solution ne dépend
pas des quantités α, β, γ, et qu'elle laisse aussi indéterminée
la quantité D, qui achève de fixer la position du plan P, de
sorte que tous les plans parallèles à P jouissent de la même
propriété que le plan P, résultat évident *a priori*.

319. La démonstration fait voir qu'il existe toujours une série de plans P, tous parallèles, qui conservent leur parallélisme dans le transport de M en M'; mais, comme l'orientation du plan P est donnée par la résolution d'une équation du troisième degré, qui a, en général, une ou trois racines réelles, il semble qu'il puisse y avoir plus d'une solution. Il est facile de s'assurer qu'il n'en est rien, de sorte qu'on peut affirmer que l'équation (6) n'a qu'une racine réelle unique. En effet, si l'on pouvait attribuer à λ trois valeurs réelles distinctes, à chacune correspondrait une série distincte de plans réels, et il y aurait dans le corps trois plans P, Q, R, qui, transportés de M en M', prendraient des positions parallèles P', Q', R'. S'il en était ainsi, le corps pourrait être amené de M en M' par une simple translation, qui conserverait le parallélisme d'un plan quelconque lié avec lui. Dans ce cas, les formules de transformation (1) deviendraient simplement

$$x = \alpha + x',$$
$$y = \beta + y',$$
$$z = \gamma + z',$$

ce qui revient à faire

$$a = 1 \quad b = 0 \quad c = 0$$
$$f = 0 \quad g = 1 \quad h = 0$$
$$l = 0 \quad m = 0 \quad n = 1;$$

ces valeurs particulières introduites dans l'équation (6) donnent

$$\begin{vmatrix} 1 - \lambda & 0 & 0 \\ 0 & 1 - \lambda & 0 \\ 0 & 0 & 1 - \lambda \end{vmatrix} = 0,$$

d'où l'on déduit seulement λ = 1, racine triple. L'hypothèse des trois racines réelles n'est donc pas admissible. En résumé, l'équation (6) a une racine réelle unique, et deux racines imaginaires conjuguées; à celles-ci correspondent *deux plans imaginaires*, qui conservent leur parallélisme comme le plan P réel.

L'analyse complète ainsi le résultat obtenu par la géométrie.

Deux plans imaginaires conjugués se coupent suivant une droite réelle, laquelle doit conserver son parallélisme, comme les plans dont elle fait partie. Or il n'en est ainsi que pour les droites normales au plan P; donc les plans imaginaires conjugués qui restent parallèles à eux-mêmes se coupent suivant des normales au plan réel.

320. L'introduction des imaginaires en cinématique a été faite par M. Mannheim [1]. Étant données deux positions d'une même figure plane dans son plan, on reconnaît aisément qu'il existe un point réel O commun à ces deux positions : c'est le point autour duquel on doit faire tourner l'une des figures pour l'amener par une rotation unique à coïncider avec l'autre. Outre ce point réel, il y a deux points imaginaires qui restent fixes quand on déplace la figure dans son plan : ce sont les points I et J, intersections communes de tous les cercles du plan avec la droite de l'infini. En effet, si l'on joint à la figure F un cercle C quelconque, ce cercle prendra dans la seconde figure la position C', et les deux cercles C et C' passent tous deux par les points I et J. Ces deux points restent donc fixes dans le déplacement de la figure. Dans l'espace, le déplacement d'un solide peut être considéré comme entraînant une sphère arbitraire, et toutes les sphères ayant une circonférence commune dans le plan de l'infini, le mouvement du corps doit être regardé comme entraînant un glissement de cette circonférence imaginaire sur elle-même.

Ce sont là des considérations de géométrie paradoxale, dont il convient d'être très sobre en mécanique. L'imaginaire a des lois spéciales, qui ne s'étendent pas au monde réel, et qui, généralisées à tort, entraîneraient des conséquences inadmissibles. Nous nous contenterons de signaler le résultat suivant. Considérons le mouvement d'un point imaginaire défini dans un plan par les équations

$$x = f(t),$$
$$y = f(t)\sqrt{-1}.$$

[1] Congrès de l'Association française de 1873, à Lyon, page 82.

La vitesse totale v du point sera constamment nulle, bien que le point ne soit pas immobile. On a en effet

$$\frac{dx}{dt} = f'(t),$$

$$\frac{dy}{dt} = f'(t), \sqrt{-1},$$

et

$$v^2 = \left(\frac{dx}{dt}\right)^2 + \left(\frac{dy}{dt}\right)^2 = 0.$$

Il devait en être ainsi, en effet, pour un point qui parcourt la droite $y = x\sqrt{-1}$, droite le long de laquelle les distances de deux points sont constamment nulles, droite perpendiculaire à elle-même, asymptote d'un cercle quelconque ayant l'origine pour centre, etc.

521. M. Chasles a démontré, dans le mémoire qui fait suite à son *Aperçu historique sur l'origine et le développement des méthodes en géométrie*, que, lorsqu'une figure de forme quelconque éprouve un déplacement infiniment petit, les plans normaux aux trajectoires des points de cette figure enveloppent une seconde figure qui est *corrélative* de la première. Ce théorème résulte de ce que l'équation du plan normal à l'élément rectiligne décrit par un point ne contient qu'au premier degré les coordonnées de ce point, condition nécessaire et suffisante pour que les deux figures soient corrélatives, c'est-à-dire pour que tout plan de l'une corresponde à un point de l'autre, toute droite à une droite, tout point à un plan. Ce théorème se trouve généralisé dans le même mémoire, et s'applique à un déplacement fini quelconque, pourvu qu'on substitue aux plans normaux aux trajectoires des divers points, les plans élevés perpendiculairement au milieu des droites qui joignent les deux positions extrêmes d'un même point.

MOUVEMENT ÉPICYCLOÏDAL PLAN ($194).

522. Considérons un point quelconque M d'une circonférence AMB, de diamètre arbitraire AB $= a$, tangente en A aux courbes PQ et RS ; soit MAB $= \alpha$. La distance MA $= p$ sera égale à $a \cos \alpha$, et le rayon de courbure ρ de l'épicycloïde engendrée par le point M, quand la courbe PQ roule sur RS en entraînant la circonférence, est donné par la formule

$$\rho = \frac{p^2}{p - \mathrm{K} \cos \alpha} = \frac{a^2 \cos^2 \alpha}{a \cos \alpha - \mathrm{K} \cos \alpha} = \frac{a^2}{a - \mathrm{K}} \cos \alpha.$$

Il est facile de voir, d'après cette équation, que le lieu des centres de courbure C des épicycloïdes décrites par les points M de la circonférence AB est une circonférence ACD.

En effet

$$AC = MC - AM$$
$$= \rho - a \cos \alpha$$
$$= \left(\frac{a^2}{a - \mathrm{K}} - a \right) \cos \alpha$$
$$= \frac{\mathrm{K}a}{a - \mathrm{K}} \cos \alpha,$$

et le point C est la projection, sur la droite MA prolongée, d'un point fixe D pris sur AN à la distance AD $= \dfrac{\mathrm{K}a}{a - \mathrm{K}}$.

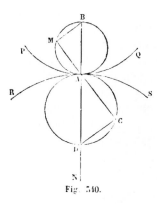

Fig. 540.

Ces deux circonférences AB, AD sont réciproques, c'est-à-dire que, si l'on considère les épicycloïdes engendrées par les divers points de la circonférence AD roulant sur PQ avec la courbe RS, les centres de courbure de ces courbes seront situés sur la circonférence AMB. En effet, MC est aussi bien le rayon de courbure de l'épicycloïde décrite par M quand AB est mobile, que le rayon de courbure de l'épicycloïde décrite par C quand AB reste fixe et que AD subit le mouvement. On peut d'ailleurs vérifier cette réciprocité par les formules. Soit

$$r = AC = \frac{Ka}{a - K} \cos \alpha.$$

Le rayon de courbure ρ' de l'épicycloïde décrite par le point C sera égal à

$$\rho' = \frac{r^2}{r - K \cos \alpha} = \frac{\left(\frac{Ka}{a - K}\right)^2 \cos^2 \alpha}{\left(\frac{Ka}{a - K} - K\right) \cos \alpha}$$

$$= \frac{\left(\frac{Ka}{a - K}\right)^2 \cos \alpha}{\frac{K^2}{a - K}} = \frac{a^2}{a - K} \cos \alpha = \rho,$$

et l'équation du lieu des centres de courbure sera par conséquent

$$r' = \rho' - \frac{Ka}{a - K} \cos \alpha = \left(\frac{a^2 - Ka}{a - K}\right) \cos \alpha = a \cos \alpha,$$

ce qui ramène au cercle AMB.

325. Cherchons encore quel est, à un instant donné, le lieu des

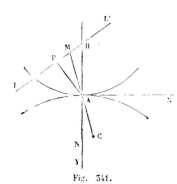

Fig. 341.

centres de courbure C des épicycloïdes décrites à cet instant par les divers points M d'une droite LL′ liée à la figure mobile.

Soient $MAB = \alpha$, $p = AM$ les coordonnées polaires du point M. L'équation de la droite sera

$$p \cos (\beta - \alpha) = a,$$

a étant la distance AP de la droite au pôle, et β l'angle PAB de la perpendiculaire à la droite avec l'axe polaire AB.

Le point C aura pour coordonnées polaires

$$AC = r, \quad CAN = \alpha;$$

d'ailleurs

$$MC = \rho = \frac{p^2}{p - \mathrm{K}\cos\alpha}.$$

Donc

$$r = \rho - p = \frac{p\,\mathrm{K}\cos\alpha}{p - \mathrm{K}\cos\alpha}.$$

Éliminant p, il vient pour l'équation polaire du lieu

$$r = \frac{\mathrm{K}\cos\alpha \times \dfrac{a}{\cos(\beta-\alpha)}}{\dfrac{a}{\cos(\beta-a)} - \cos\alpha}.$$

Revenons aux coordonnées rectangles, en prenant pour axe des x la tangente AX, et pour axe des y la normale AN. On aura

$$\cos\alpha = \frac{y}{r}, \quad \sin\alpha = \frac{x}{r}, \quad \cos(\beta-\alpha) = \frac{x\cos\beta + y\sin\beta}{r},$$

et

$$r = \frac{\mathrm{K}\dfrac{y}{r} \times \dfrac{x\cos\beta + y\sin\beta}{ar}}{\left(\dfrac{ar}{x\cos\beta + y\sin\beta} - \mathrm{K}\dfrac{y}{r}\right)} = \frac{a\,\mathrm{K}\,y}{ar - \mathrm{K}\dfrac{y}{r}(x\cos\beta + y\sin\beta)},$$

ou bien, en chassant le dénominateur,

$$ar^2 - \mathrm{K}y(x\cos\beta + y\sin\beta) = a\,\mathrm{K}\,y,$$

ou enfin

$$a(x^2 + y^2) - \mathrm{K}y(x\cos\beta + y\sin\beta) = a\,\mathrm{K}\,y,$$

équation d'une courbe du second ordre qui passe au point A, et qui touche l'axe AX en ce point.

———————

524. La démonstration donnée § 196 peut être simplifiée par l'emploi de l'analyse. Prenons pour axes coordonnés (fig 195) les droites AK, AN; soient α et β les coordonnées du point M; celles du point C, qui est situé avec le point M sur une droite passant par l'origine A, pourront être représentées par $-\lambda\alpha$, $-\lambda\beta$, λ étant le coefficient angulaire de la droite MC, et le

signe — indiquant que, sur la figure, les points M et C sont situés de divers côtés de l'origine. Si l'on fait AK=h, abscisse du point K où se coupent les deux droites MK, CK, les équations de ces deux droites seront :

$$y = \frac{-\beta}{h - \alpha}(x - h) \quad \text{pour MK,}$$

$$y = \frac{\lambda\beta}{h + \lambda\alpha}(x - h) \quad \text{pour CK.}$$

Les longueurs AF, AG représentent, au signe près, les ordonnées à l'origine de ces droites, et sont données en faisant $x = 0$ dans les équations. On a ainsi

$$y' = \text{AF} = \frac{\beta h}{h - \alpha},$$

$$y'' = \text{AG} = \frac{-\lambda\beta h}{h + \lambda\alpha}.$$

Donc

$$\frac{1}{\text{AF}} + \frac{1}{\text{AG}} = \frac{1}{y'} - \frac{1}{y''} = \frac{h - \alpha}{\beta h} - \frac{h + \lambda\alpha}{\lambda\beta h} = \frac{\lambda h - \lambda\alpha + h + \lambda\alpha}{\lambda\beta h} = \frac{\lambda - 1}{\lambda}\frac{\alpha}{\beta},$$

quantité constante, indépendante de h.

COMPOSANTES DE LA VITESSE D'UN POINT D'UN CORPS SOLIDE.

325. La démonstration du § 202 peut encore être donnée sous la forme employée dans le § 185. La vitesse du point M (fig. 203) est égale à $\omega \times$ MP, et elle est dirigée perpendiculairement au plan qui passe par le point M et l'axe OA. Prenons sur l'axe une longueur OA $= \omega$, et joignons OM, MA. Le triangle OMA aura pour aire la moitié du produit OA $\times$ MP, ou $\frac{1}{2}\omega \times$ MP, et la projection de la vitesse sur un axe, l'axe OZ, par exemple, sera par conséquent égale au double de la projection du triangle OMA sur le plan XOY. Or les coordonnées du point A sont

$$p, \quad q, \quad r;$$

celles de M sont

$$x, \quad y, \quad z.$$

La surface du triangle projeté sur le plan XOY a pour mesure, au signe près,

$$\frac{1}{2}(py - qx).$$

Donc, en doublant le résultat, et faisant abstraction provisoirement du signe,

$$\frac{dz}{dt} = py - qx.$$

Les autres équations se déduisent de celle-là par permutations tournantes. On détermine ensuite le signe par une hypothèse simple, en faisant coïncider, par exemple, l'axe de rotation avec l'axe OX, et en cherchant le sens du déplacement d'un point du corps situé sur l'axe OY.

DES ACCÉLÉRATIONS D'ORDRE SUPÉRIEUR AU PREMIER.

526. La notion de vitesse dans le mouvement d'un point se déduit de la comparaison du mouvement donné avec le mouvement rectiligne et uniforme qui, à un certain instant, en diffère le moins possible. De même, la notion d'accélération résulte de la comparaison entre le mouvement du point et le mouvement parabolique, uniformément varié en projection, qui serre de plus près le mouvement considéré. On peut aller plus loin et généraliser ces définitions : imaginons qu'à partir d'un certain instant, pris pour origine, les fonctions du temps qui expriment les coordonnées du point mobile par rapport à trois axes fixes, soient développables en séries convergentes, ordonnées suivant les exposants croissants du temps t. On pourra imaginer le mouvement d'un point qui serait réglé par ces mêmes séries, réduites aux termes d'un ordre déterminé et des ordres inférieurs; les divers coefficients des puissances de t conservées, ou, ce qui revient au même, les diverses dérivées des coordonnées par rapport au temps, feront connaître les accélérations des divers ordres. L'accé-

lération, telle qu'elle a été définie, peut être regardée comme une *vitesse du second ordre*; elle a pour composantes suivant les axes

$$\frac{d^2x}{dt^2}, \quad \frac{d^2y}{dt^2}, \quad \frac{d^2z}{dt^2}.$$

On dira de même que les dérivées du n^{me} ordre,

$$\frac{d^nx}{dt^n}, \quad \frac{d^ny}{dt^n}, \quad \frac{d^nz}{dt^n},$$

considérées comme dirigées respectivement suivant les trois axes, sont les composantes de *l'accélération de l'ordre* n — 1, ou *de la vitesse de l'ordre* n.

Les théorèmes démontrés pour l'accélération simple s'étendent, moyennant certaines modifications, aux accélérations d'ordre supérieur. Nous en donnerons un exemple.

Considérons le mouvement d'un point, que nous rapporterons, à partir de l'époque $t = 0$, à trois axes rectangulaires particuliers, savoir la tangente à la trajectoire, prise dans le sens du mouvement, la normale principale dirigée vers le centre de courbure de la trajectoire, et *la binormale*, ou la perpendiculaire au plan osculateur. Si l'on développe les valeurs de x, y, z suivant les puissances de t, on aura trois équations de la forme

$$x = a_1 t + a_2 t^2 + a_3 t^3 + \ldots\ldots + a_n t^n + \ldots\ldots,$$
$$y = \quad\quad b_2 t^2 + b_3 t^3 + \ldots\ldots + b_n t^n + \ldots\ldots,$$
$$z = \quad\quad\quad\quad c_3 t^3 + \ldots\ldots + c_n t^n + \ldots\ldots$$

a_1 est la vitesse, $2a_2$ et $2b_2$ sont la composante tangentielle et la composante normale de l'accélération. et z est du 3me ordre au moins, puisque, suivant la binormale, il n'y a pas de composantes d'accélération ni de vitesse. Les accélérations de l'ordre $n - 1$ auront respectivement pour composantes suivant les axes

$$\frac{d^nx}{dt^n} = n(n-1)\ldots\ldots 3.2.1 \times a_n,$$

$$\frac{d^ny}{dt^n} = n(n-1)\ldots\ldots 3.2.1 \times b_n,$$

$$\frac{d^nz}{dt^n} = n(n-1)\ldots\ldots 3.2.1 \times c_n.$$

de sorte que ces composantes s'obtiendront en multipliant les coefficients a_n, b_n, c_n par le produit $1 \times 2 \times 3 \times \ldots \times n$.

Or ces coefficients peuvent être déterminés, par la considération du mouvement lui-même, en fonction de l'écart entre la position exacte du point au bout du temps t, et la position que lui assigneraient les termes d'ordre $n-1$, pris seuls, c'est-à-dire la position qu'aurait le point soumis à la vitesse et aux accélérations d'ordre $n-2$ au plus que possède le point donné. Les composantes de cet écart projeté sur les 3 axes sont, en effet,

$$\xi = x - a_1 t - a_2 t^2 - a_3 t^3 \ldots \ldots - a_{n-1} t^{n-1} = a_n t^n + \ldots ,$$
$$\eta = y - b \, t^2 - b_3 t^3 \ldots \ldots \ldots - b_{n-1} t^{n-1} = b_n t^n + \ldots ,$$
$$\zeta = z - c_3 t^3 - c_4 t^4 \ldots \ldots \ldots - c_{n-1} t^{n-1} = c_n t^n + \ldots$$

Divisant par t^n, et faisant ensuite tendre t vers zéro, il vient, à la limite,

$$a_n = \lim. \frac{\xi}{t^n},$$
$$b_n = \lim. \frac{\eta}{t^n},$$
$$c_n = \lim. \frac{\zeta}{t^n},$$

et enfin

$$\frac{d^n x}{dt^n} = \lim. \frac{1 \, 2 \ldots \ldots n . \xi}{t^n},$$
$$\frac{d^n y}{dt^n} = \lim. \frac{1 . 2 \ldots \ldots n . \eta}{t^n},$$
$$\frac{d^n z}{dt^n} = \lim. \frac{1 . 2 \ldots \ldots n . \zeta}{t^n},$$

pour $t = 0$. Quand, dans ces équations, on fait $n = 2$, on retrouve la méthode qui nous a servi (§ 92) à déterminer l'accélération du premier ordre.

Les accélérations d'ordre supérieur ont été l'objet des recherches de plusieurs géomètres modernes, qui ont été conduits à généraliser les théories connues de l'accélération dans le mouvement relatif ou dans le mouvement épicycloïdal. Ces résultats ont un intérêt théorique incontestable, mais ils paraissent appartenir plutôt à la géométrie ou à l'analyse qu'à la mécanique, laquelle réclame seulement, en général, l'emploi des accélérations du premier ordre, les seules que nous ayons considérées.

RELATION ENTRE LES RAYONS DE COURBURE DES DEUX PROFILS EN PRISE (§ 220).

527. L'équation dite de *Savary* est due à Euler.

Il est facile de reconnaître que les deux points qui, sur les deux profils en prise, viennent à se confondre en un seul, quand les deux points B et D (fig. 252) traversent ensemble la ligne des centres, sont situés à des distances du point P égales respectivement à $\rho \times \dfrac{ds\cos\alpha}{\rho - p}$ pour l'un, et $\rho' \times \dfrac{ds\cos\alpha}{\rho' - p}$ pour l'autre profil. *L'arc de glissement* $d\sigma$ est la différence de ces deux arcs, et l'on a l'équation

$$d\sigma = \frac{\rho\, ds\cos\alpha}{\rho - p} - \frac{\rho'\, ds\cos\alpha}{\rho' + p},$$

formule identique à celle du § 216. En effet, on a

$$\frac{\rho}{\rho - p} - \frac{\rho'}{\rho' + p} = \frac{p\,\rho + \rho'}{(\rho - p)(\rho' + p)} = p\left(\frac{1}{\rho - p} + \frac{1}{\rho' + p}\right).$$

Or, l'équation de Savary donne

$$\frac{\cos\alpha}{\rho - p} + \frac{\cos\alpha}{\rho' + p} = \frac{1}{R} + \frac{1}{R'}.$$

Donc

$$d\sigma = p\, ds\cos\alpha\left(\frac{1}{\rho - p} + \frac{1}{\rho' + p}\right) = p\left(\frac{1}{R} + \frac{1}{R'}\right)ds.$$

ENGRENAGES A DÉVELOPPANTES DE CERCLE (§ 231).

528. Aux avantages de l'engrenage à développantes signalés dans le texte, il faut ajouter celui de permettre des variations dans la distance des deux axes. Deux roues à développantes, construites pour engrener ensemble dans une certaine position relative, pourront encore engrener ensemble si on altère

cette position relative. La circonférence primitive d'une roue à développantes de cercle est une circonférence arbitraire, concentrique à la circonférence qui sert au tracé. Les deux roues étant placées comme on voudra, on trouvera les circonférences primitives particulières qui correspondent à la distance de leurs centres, en menant une tangente commune intérieure aux deux cercles OP, O'P'; le point A, où cette tangente coupe la ligne des centres, est le point de contact des deux circonférences primitives, et les conditions de l'engrenage sont encore satisfaites, quelle que soit la distance OO'.

TRACÉ DES ENGRENAGES (§ 252).

529. M. Léauté a fait connaître récemment, dans les comptes rendus de l'Académie des sciences (1878-79) et dans le *Journal de l'École Polytechnique* (1879), des règles très simples pour la substitution d'arcs de cercle aux diverses courbes qu'on peut employer pour le tracé des dents d'engrenage. Ces règles sont une application des méthodes de M. Tchebicheff pour la substitution d'une fonction de forme déterminée à une fonction donnée quelconque, qu'elle doit représenter avec la plus grande approximation possible entre des limites définies.

PROBLÈME DU § 212.

530. *Trouver la fraction* $\frac{x}{y}$ *comprise entre deux fractions données* $\frac{a}{b}$, $\frac{c}{d}$, *qui soit exprimée par les moindres nombres* x *et* y.

La méthode indiquée peut être transformée comme il suit. Si $\frac{x}{y}$ est $> \frac{a}{b}$ et $< \frac{c}{d}$, le numérateur x est un entier compris entre $\frac{ay}{b}$ et $\frac{cy}{d}$; si donc on forme les deux suites

$$\frac{a}{b}, \quad \frac{2a}{b}, \quad \frac{3a}{b}, \dots$$

$$\frac{c}{d}, \quad \frac{2c}{d}, \quad \frac{3c}{d}, \dots$$

on trouvera la solution en prenant le plus petit multiplicateur y qui amène $\frac{cy}{d}$ et $\frac{ay}{b}$ à comprendre un nombre entier unique, lequel sera x. La condition à remplir s'exprime par l'équation

(1)
$$E\left(\frac{cy}{d}\right) - E\left(\frac{ay}{b}\right) = 1,$$

$E(\ \ )$ désignant la valeur entière de la quantité placée entre parenthèses, et l'on aura

$$x = E\left(\frac{cy}{d}\right),$$

y étant le moindre nombre qui satisfasse à l'équation (1).

Exemple :

$$\frac{a}{b} = \frac{16}{25}, \quad \frac{c}{d} = \frac{17}{26}.$$

Formons les deux suites, en indiquant les valeurs entières :

$\frac{16}{25}, \quad \frac{32}{25} = 1 + .., \quad \frac{48}{25} = 1 + .., \quad \frac{64}{25} = 2 + .., \quad \frac{80}{25} = 3 + .., \quad \frac{96}{25} = 3 + .$,

$\frac{17}{25}, \quad \frac{34}{26} = 1 + .., \quad \frac{51}{26} = 1 + .., \quad \frac{68}{26} = 2 + .., \quad \frac{85}{26} = 3 + .., \quad \frac{102}{26} = 3 + ...$

Les valeurs entières restent égales tant que le multiplicateur n'est pas 14. On a

$$\frac{16}{25} \times 13 = 8,.... \qquad \frac{17}{26} \times 13 = 8,...$$
$$\frac{16}{25} \times 14 = 8,... \qquad \frac{17}{26} \times 14 = 9,...$$

différence des valeurs entières $= 1$.

La solution cherchée est donc

$$\frac{E\left(\frac{17}{26} \times 14\right)}{14} = \frac{9}{14}.$$

551. L'emploi des fractions continues permet d'éviter ces tâ-

tonnements. Développons en fractions continues les deux fractions données, $\frac{a}{b}$ et $\frac{c}{d}$; les deux fractions continues qui les représentent auront, en général, un certain n ombre de dénominateurs communs, et ne commenceront à différer qu'à partir d'un dénominateur d'un certain rang. On aura, par exemple,

$$\frac{a}{b} = \alpha + \frac{1}{\beta} + \cdot \qquad \cdot + \frac{1}{\gamma} + \frac{1}{\delta} + \ldots$$

et

$$\frac{c}{d} = \alpha + \frac{1}{\beta} + \cdot \qquad \cdot + \frac{1}{\gamma} + \frac{1}{\delta'} + \ldots$$

les deux fractions ne commençant à différer qu'aux dénominateurs de même rang δ et δ'. Cela posé, la fraction continue

$$\alpha + \frac{1}{\beta} + \cdot \qquad \cdot + \frac{1}{\gamma} + \frac{1}{\delta''}$$

qui a pour dénominateurs les dénominateurs communs aux deux précédentes, sauf le dernier δ'', qui doit être compris entre δ et δ', sera comprise entre $\frac{a}{b}$ et $\frac{c}{d}$, et sera la plus simple possible, si δ'' est le plus petit entier compris entre δ et δ'.

Appliquons cette méthode aux fractions prises pour exemp!

$$\frac{16}{25} = \frac{1}{1} + \frac{1}{1} + \frac{1}{1} + \frac{1}{5} + \frac{1}{2}$$

t

$$\frac{17}{26} = \frac{1}{1} + \frac{1}{1} + \frac{1}{1} + \frac{1}{8};$$

on reconnait sur-le-champ que la solution la plus simple est

$$1 + \cfrac{1}{1 + \cfrac{1}{1 + \cfrac{1}{1 + \frac{1}{4}}}} = \frac{9}{14}.$$

On trouverait d'autres solutions, un peu moins simples, en mettant à la place du dernier dénominateur 4, les nombres 5, 6 et 7, intermédiaires, comme 4, entre 3 et 8; cela conduirait aux fractions intercalaires

$$\frac{11}{17}, \quad \frac{13}{20} \quad \text{et} \quad \frac{15}{23}.$$

352. On peut aussi résoudre le problème par une construction graphique; il suffit de former un quadrillage en traçant deux séries de parallèles rectangulaires et équidistantes. A toute intersection M du quadrillage correspond une fraction, dont le numérateur est égal à l'ordonnée Ma, et le dénominateur à l'abscisse Oa; la fraction mesure l'inclinaison de la droite OM. Soit M' un second point, correspondant à une autre

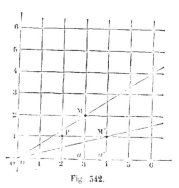

Fig. 542.

fraction $\dfrac{M'a'}{Oa'}$. Les fractions intercalaires seront représentées par les intersections comprises dans l'angle MOM' indéfiniment prolongé, et la plus simple fraction correspond à l'intersection P, la plus voisine de l'origine O. On reconnait ainsi immédiatement que la fraction $\dfrac{1}{5}$ est la plus simple fraction qu'on puisse insérer entre $\dfrac{1}{4}$ et $\dfrac{2}{5}$. Viennent ensuite $\dfrac{1}{5}$, puis $\dfrac{2}{4}$, ou $\dfrac{1}{2}$, fraction déjà trouvée, puis $\dfrac{2}{5}$, etc.

RECTIFICATION DE PRIORITÉ (§ 308).

333. La première application d'un appareil enregistreur à l'observation d'un phénomène n'est pas celle qu'Eytelwein a faite au mouvement de la soupape du bélier hydraulique. Dès 1734, D'Ons en Bray avait employé le même procédé pour l'enregistrement des indications de son anémomètre (Voir les Mémoires de l'ancienne Académie des sciences).

FIN.

INDEX ALPHABÉTIQUE

TABLE DES MATIÈRES

LIVRE II

Du mouvement curviligne et de l'accélération totale.

CHAPITRE UNIQUE.

LIVRE III

Du mouvement des systèmes invariables.

CHAPITRE PREMIER.

CHAPITRE II.

LIVRE IV

Théorie géométrique des mécanismes.

CHAPITRE PREMIER.

CHAPITRE II.

ADDITIONS.

Typographie A. Lahure, rue de Fleurus, 9, à Paris.

Imprimé en France
FROC020913131020
25418FR00021B/217